普通高等教育“十三五”规划教材

稀有金属冶金学

——钨钼钒冶金

主　编　党晓娥

副主编　魏新华　李兴波　马红周　刘成鹏

北　京

冶 金 工 业 出 版 社

2024

内 容 提 要

本书主要介绍了钨冶金、钼冶金和钒冶金。全书在介绍各金属及其化合物的理化性质和用途、冶金矿物原料特点以及矿物分布的基础上，结合目前各种金属冶炼新技术，基本上按照金属冶金过程的原理（化学反应、热力学和动力学、伴生矿物在分解过程的化学反应等）以及生产流程和主要设备逐一进行全面介绍。

本书为高等院校冶金及相关专业师生教学用书，亦可供从事稀有金属冶金的生产、科研、设计人员以及管理人员参考。

图书在版编目(CIP)数据

稀有金属冶金学. 钨钼钒冶金/党晓娥主编. —北京：冶金工业出版社，2018.9（2024.2 重印）

普通高等教育“十三五”规划教材

ISBN 978-7-5024-7848-3

Ⅰ.①稀… Ⅱ.①党… Ⅲ.①稀有金属—有色金属冶金—高等学校—教材 Ⅳ.①TF84

中国版本图书馆 CIP 数据核字(2018)第 205701 号

稀有金属冶金学——钨钼钒冶金

出版发行	冶金工业出版社	**电　话**	(010)64027926
地　址	北京市东城区嵩祝院北巷 39 号	**邮　编**	100009
网　址	www.mip1953.com	**电子信箱**	service@mip1953.com

责任编辑　杨盈园　美术编辑　彭子赫　版式设计　禹　蕊

责任校对　王永欣　责任印制　窦　唯

北京建宏印刷有限公司印刷

2018 年 9 月第 1 版，2024 年 2 月第 4 次印刷

787mm×1092mm　1/16；16.75 印张；403 千字；255 页

定价 39.00 元

投稿电话　(010)64027932　投稿信箱　tougao@cnmip.com.cn

营销中心电话　(010)64044283

冶金工业出版社天猫旗舰店　yjgycbs.tmall.com

(本书如有印装质量问题，本社营销中心负责退换)

前 言

随着国家对环保要求的日益严格以及对材料质量要求的日益提高，传统的稀有金属冶炼技术已不适应时代发展的需要。近十几年，我国开发出众多绿色稀有金属冶金新技术，例如，在钨冶金方面有硫磷混酸分解白钨技术、铵盐-氟盐体系分解复杂白钨技术，在钨酸铵溶液净化方面开发出一步离子交换技术、钨酸钠溶液碱性季铵盐萃取技术以及选择性沉淀结合碱式碳酸镁耦合除杂技术，在钨钼分离方面开发出密实移动床-流化床分离钨钼、特殊树脂沉淀法结合密实移动床-流化床以及双氧水络合-TRPO/TBP 混合协同萃取分离钨钼等技术，另外，还有铜钼渣处理等技术。在钼冶金方面有苛性钠-苏打浸出钼焙砂、钼精矿钙化焙烧-硫酸浸出或者硫酸熟化-水浸技术，在钼酸铵溶液净化方面开发出钒酸铵沉淀-离子交换除钒以及离子交换除微量钨等技术。而多数现用教材因内容未及时更新，无法适应冶炼新技术的发展现状，因此急需出版与现有钨、钼、钒提取技术发展相配套的新教材。

本教材在完善传统钨、钼及钒冶炼技术理论与工艺的基础上，增加了目前工业生产上应用较成熟的新理论、新工艺与新技术，按照学生的认知能力，重点从基本理论、工艺、设备等方面进行内容编排，加深学生对基本理论、工艺及设备等核心知识体系的理解，并结合可持续发展理念，增加冶金资源综合利用及“三废”治理相关内容。

稀有金属冶金学是冶金工程（本科）专业一门重要专业课。本书作为冶金工程（本科）的专业课教材，全面介绍了稀有金属钨、钼和钒化工产品生产原理及工艺流程，贴近生产实际，工程应用性强。

本书除作为高等院校教材外，也可供从事稀有金属的生产、设计人员及研究生参考，对稀有金属冶金领域的教学、生产、科研等均具有较大的参考价值。

参加本书编写的有西安建筑科技大学党晓娥（第 1 篇和第 2 篇第 4 章）、陕西盛华冶化有限公司魏新华、李兴波（第 2 篇第 1~3 章）及马红周（第 3 篇），全书由党晓娥修改定稿。此外，金锐矿业科技开发有限公司刘成鹏以及研究生刘安全、孟裕松、王璐等也为本书搜集素材，进行图片、文字编辑以及文稿校订等做了大量工作。本书还得到陕西省黄金与资源重点实验室、陕西省冶金工程技术中心以及陕西盛华冶化有限公司的资助，在此表示衷心感谢。

江西理工大学万林生教授对本书氨盐−氟盐体系分解白钨矿部分内容进行了审阅，并提出宝贵意见，在此表示衷心感谢。

由于作者水平所限，书中不妥之处，敬请读者批评指正。

党晓娥
西安建筑科技大学
2018 年 5 月

目　录

第1篇　钨冶金

第2篇 钼冶金

第3篇　石煤提钒

第1篇

钨冶金

1 概论

1.1 钨冶金发展简史

1758 年，瑞典化学家和矿物学家克朗斯泰特发现了钨矿物。1781 年，瑞典化学家卡尔·威廉·舍勒发现了白钨矿，并用硝酸从中提取出了钨酸。1783 年，胡塞·德卢亚尔和浮士图·德卢亚尔兄弟从黑钨矿中也提取出了钨酸。同年，用碳还原三氧化钨首次得到了钨粉。1841 年，英国科学家 Robert Oxland 取得了钨酸钠、钨酸和金属钨生产方法的英国专利权，开了碱法分解黑钨矿的先河，这是钨现代化学史上的一个重大进步，为钨的工业化生产开辟了道路。

18 世纪 50 年代，化学家就注意到了钨的添加对钢性质的影响，然而直到 19 世纪末和 20 世纪初，钨钢才开始生产并得到广泛应用。1900 年在巴黎世界博览会上首次展出了钨含量达 20%的高速钢，高速钢的出现标志着金属切割加工领域的重大技术进步。同年俄国发明家 A. H. Ладыгин 建议在照明灯泡中应用钨。1903 年美国的库利吉采用钨粉压制、重熔、旋锻、拉丝工艺制成钨丝，钨丝的出现推动了照明行业的发展，该方法也被认为是近代金属粉末生产的开端。1909 年 Кулидж 用粉末冶金法制成了延性钨丝，使钨在电真空技术中得到广泛应用成为可能。1925 年施劳特尔获得发明碳化钨钴硬质合金的美国专利权，这种专利方法于 1926 年首先在欧洲投入工业生产，这是现代钨工业生产工艺的基础。1927~1928 年研制出以碳化钨为主要成分的硬质合金，这是钨的工业发展史的一个重要阶段。这些硬质合金由于其良好的性能而被广泛应用到现代技术中。

1907 年，在江西省大余县西华山发现钨矿，1915~1916 年，开始开采钨矿。此后在南岭地区相继发现不少钨矿区，生产不断扩大，至第一次世界大战末期，钨精矿产量达到万吨，跃居世界钨精矿产量首位，迄今仍居世界第一位。中国对世界钨业发展作出了举世瞩目的贡献。

我国钨行业的发展大致可以分为三个阶段：第一个阶段是新中国成立后的前 30 年，

形成了比较完整的钨工业体系；第二个阶段是 1981~2000 年，钨冶金、加工及硬质合金业发展迅速，单一钨精矿出口的局面因为产品结构的调整而改变；第三个阶段是 21 世纪后，我国钨行业发展进入了全新时期，生产规模、技术、市场竞争力都已达到一定水平。特别是我国开发了新的钨矿分解技术、钨酸盐溶液净化技术以及钨钼分离技术等。尤其是近十几年来，我国钨冶炼企业面临黑钨资源短缺、环境污染严重、能源日益紧缺（消耗大）及钨产品质量提升的压力，水资源短缺已成为制约钨冶金工业发展的一个重要瓶颈，降低复杂钨矿处理成本、提高钨及伴生金属的回收率、提高杂质分离效果、增加产品附加值、节能降耗及实现水的闭路循环是钨冶炼技术的必然发展方向，这些促使我国的钨冶金企业与各大高校、研究院所相继合作开发出钨矿分解、钨酸盐溶液净化以及钨钼分离新技术等。另外，对钨酸铵溶液结晶基本理论也进行相应完善，使我国钨产业得到迅猛发展，这些新技术的开发使我国的钨冶炼技术走在国际前列。但冶金设备相对落后，冶金设备的大型化、自动化和连续化方面有待改善。另外，深加工技术与国外相比差距也较大。

对于钨行业而言，经过近十年的发展，我国已进入世界钨工业发展先进行列，正向钨工业强国靠近。中国钨产业政策、市场供应和价格走势已成为影响全球钨市场的关键主导因素。

1.2　钨及其主要化合物的性质

1.2.1　金属钨的性质

钨具有银白色金属光泽，在元素周期表中属ⅥB 族，原子序数 74，体心立方晶体。钨的熔点高，蒸气压很低，蒸发速度也较小。钨的硬度大，密度高，高温强度好。

常温下钨在空气中比较稳定，400℃开始失去光泽，表面形成蓝黑色致密的三氧化钨保护膜，740℃时，三氧化钨由三斜晶系转变为四方晶系，保护膜被破坏。在高于 600℃的水蒸气中，钨氧化为二氧化钨。钨在常温下不易被酸、碱溶液和王水侵蚀，但可以迅速溶解于氢氟酸和浓硝酸的混合酸中。有空气存在的条件下，熔融碱可以把钨氧化成钨酸盐，在有氧化剂（$NaNO_3$、$NaNO_2$、$KClO_3$、PbO_2）存在的情况下，生成钨酸盐的反应更猛烈。室温下钨能与氟反应，高温下能与氯、溴、碘、碳、氮、硫等化合，但不与氢化合。

1.2.2　钨化合物的性质

钨的外层电子结构为 $5d^4 6s^2$，其化合价主要为+6。此外，还有+2、+4、+5 等价态。

1.2.2.1　钨的氧化物

钨的氧化物主要为 WO_3 和 WO_2。此外，还有中间价态的 $WO_{2.9}$、$WO_{2.72}$ 等钨氧化物。这些钨氧化物由于氧含量的不同而展现出其各自独特的物理和化学性质。

A　三氧化钨（WO_3）

它是黄色粉末，酸性氧化物，不溶于水，但可溶于碱或氨水生成相应的钨酸盐，不溶于除氢氟酸外的其他无机酸。在 600~700℃能被 H_2 还原成 W，高于 800℃左右能显著升华。

WO_3 由钨精矿与氢氧化钠或苏打高温压煮高温熔融或制成钨酸钠溶液，经离子交换、化学沉淀、萃取提纯、蒸发结晶制得仲钨酸铵后，在700℃煅烧制得WO_3。如果以白钨精矿为原料，也可用盐酸分解制成钨酸，再经氨溶、蒸发结晶制得仲钨酸铵后于700℃煅烧得到WO_3，也可直接煅烧钨酸制得WO_3。

B 二氧化钨（WO_2）

它是棕色单斜晶系粉末状晶体，不溶于水、碱和稀酸。WO_2能溶解于热的和浓的无机酸、沸腾的和浓的碱金属氢氧化物溶液中，能迅速溶于稀的或浓的双氧水，同时会被硝酸氧化为WO_3。由于WO_2不稳定，在空气中容易被氧化为WO_3，在实际工业生产中并没有WO_2制品。

WO_2是WO_3生产金属钨粉的重要中间产品，从高价WO_3用氢还原制备金属钨粉的过程，往往都会经过WO_2的制取阶段。由于WO_2的粒度很大程度上决定金属钨粉的粒度，所以在WO_3氢还原过程，钨粉的粒度控制主要是通过控制WO_2的粒度来完成的。

C 蓝色氧化钨（$W_{20}O_{58}$或$WO_{2.9}$）

它是蓝色钨氧化物，是由还原剂与钨化合物作用的产物，通常称为蓝钨。工业上的蓝色氧化钨实际上是指数介于2.72~2.94之间的钨氧化物的混合物。

蓝色氧化钨的制取方法主要有APT密闭煅烧法、APT氢气轻度还原法和内在还原法，目前，我国工业上应用较多的是前两种。蓝色氧化钨是制造钨粉的重要原料之一。由于从蓝色氧化钨还原钨粉比较容易控制粒度和粒径分布，有利于在钨粉还原过程中掺入其他元素，所以蓝钨正在逐渐取代WO_3成为生产特殊钨材、钨粉的原料。

D 紫色氧化钨（$W_{18}O_{49}$或$WO_{2.72}$）

以APT为原料在一定条件下进行煅烧、分解、还原生成的钨氧化物，是一种紫色细碎晶体状粉末。

紫色氧化钨由强裂变性的八面体构成，紫钨具有与其他几种氧化钨不同的形态和结构，呈现固有晶形的针状和棒状，相互之间形成拱桥，颗粒分布较为松散，它的比表面、平均粒度及松装密度相对于蓝钨、黄钨都要小。因此它的性能也和其他氧化钨有很大的不同。因其独特的结构，在制取细钨粉和细碳化钨粉时，具有生产速度快，颗粒度细等优点，在科技和工业领域中被广泛应用。

1.2.2.2 钨酸

钨酸（通式为$mWO_3 \cdot nH_2O$）是由WO_3相互组合后，与水以不同比值、不同形式结合而成的多聚化合物。主要用于制造金属钨、钨丝、硬质合金、钨酸盐类，也可用作印染助剂。已知的钨酸主要有黄钨酸、白钨酸等。

A 黄钨酸

它呈淡橙黄色粉末，密度为7.16g/cm^3，熔点1473℃，制备条件不同，其组成略有差异。不溶于水，浸渍后，逐渐胶化，溶于氨水、碱性溶液和浓盐酸中。黄钨酸灼烧脱水生成WO_3，由盐酸酸化钨酸钠溶液变成聚钨酸钠溶液，然后在热的溶液中加入过量浓盐酸制备，这种黄钨酸含有钠杂质，近年来已改用离子交换法和溶剂萃取法制备。

B 白钨酸

它呈微晶形的白色粉末，白钨酸比较活泼，稍有光敏性，易于还原，由钨酸钠溶液滴加入稀硝酸中制得。用硝酸分解过氧化钨酸盐水溶液，也能得粉状白钨酸，其活泼性比微晶型粉状白钨酸差。白钨酸可用于制备多种含钨同多酸和杂多酸，也能用于制备碳化钨、低价钨的原子簇金属化合物等。

钨酸和钼酸性质上的重要差异是：钨酸在水中和盐酸中的溶解度远远小于钼酸，且随着温度的升高，钼酸溶解度增大，利用这一性质可从钨酸中除去部分钼。H_2WO_4 与 H_2MoO_4 在 HCl 中的溶解度如表 1-1-1 所示。

表 1-1-1 H_2WO_4 与 H_2MoO_4 在 HCl 中的溶解度 (g/L)

HCl 浓度/g · L^{-1}	20℃		50℃		70℃	
	H_2MoO_4	H_2WO_4	H_2MoO_4	H_2WO_4	H_2MoO_4	H_2WO_4
400	440.0	7.02	551.3	9.45	535.6	6.48
270	192.6	4.32	270.0	4.86	265.0	5.25
200	101.5	1.70	124.5	0.50	135.9	0.16
130	29.2	0.65	18.6	0.69	42.6	0.67
80	10.9	0.25	6.48	0.28	13.0	0.25
40	3.8	0.13	2.46	0.09	4.6	0.01

1.2.2.3 正钨酸盐

碱金属及铵的正钨酸主要有 Na_2WO_4、K_2WO_4、$(NH_4)_2WO_4$，其特点是在水中溶解度较大。碱土金属（除镁盐外）及铁、锰、铜等金属的正钨酸盐均难溶于水，例如 $CaWO_4$、$BaWO_4$、$FeWO_4$、$MnWO_4$、$PbWO_4$，其特点是与酸作用生成钨酸。

白钨矿的主要成分是 $CaWO_4$，经典化学净化法人造白钨过程的中间产物也是 $CaWO_4$。$CaWO_4$ 能被无机酸分解成 H_2WO_4，$CaWO_4$ 溶解度小，20℃时溶解度为 0.0133g/L，100℃时增加到 0.023g/L。

黑钨矿是 $FeWO_4$ 和 $MnWO_4$ 的类质同象混合物，不溶于水，能被无机酸分解成钨酸，与苛性碱反应生成钨酸盐。

正钨酸钠（Na_2WO_4）从 Na_2WO_4 的碱性溶液中可结晶出 $Na_2WO_4 \cdot H_2O$。

1.2.2.4 钨的同多酸及其盐类

钨的一个重要特点是能以+6 价形态形成种类繁多的多酸化合物，包括同多酸和杂多酸两大类，前者涉及同多酸阴离子，后者涉及杂多酸阴离子。

A 同多酸

上面所讲的钨酸盐都是在 pH 值大于 8 的碱性条件下形成的正盐。实际上，钨在水溶液中的性质非常复杂，钨的同多酸是 WO_4^{2-} 在 pH 值小于 8 时，两个或更多的 WO_4^{2-} 聚合成复杂的同多酸根，是 WO_4^{2-} 酸化过程的中间产物，其聚合程度主要取决于 pH 值，还与溶液浓度、温度、酸度等因素有关，一般随着酸度的增大，缩合程度也增加。WO_4^{2-} 的聚合过程及其与 pH 值关系见图 1-1-1。

聚合反应及其平衡常数如下：

$$7H^+ + 6WO_4^{2-} \Longrightarrow HW_6O_{21}^{5-} + 3H_2O \qquad \lg K = 53.98 + 0.02 \qquad \text{仲钨酸根 A}$$

$$14H^+ + 12WO_4^{2-} \Longrightarrow W_{12}O_{41}^{10-} + 7H_2O \qquad \lg K = 110.3 + 0.05 \qquad \text{仲钨酸根 Z}$$

$$18H^+ + 12WO_4^{2-} \Longrightarrow H_2W_{12}O_{40}^{6-} + 8H_2O \qquad \lg K = 132.5 + 0.03 \qquad \text{仲钨酸根 B}$$

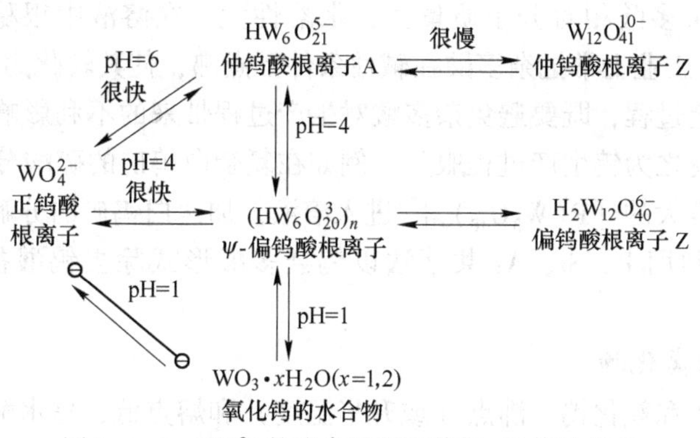

图 1-1-1 WO_3^{2-} 的聚合过程及其与 pH 值的关系

偏钨酸又称聚钨酸，属于12-钨同多酸类，简单结构式为 $H_6[H_2(W_3O_{10})_4] \cdot nH_2O$，$n$ 为10或23，于50℃时分解，由钨酸钠、钨酸铵等钨酸盐溶液酸化形成聚合偏钨酸。

偏钨酸及其盐类（包括钙盐、铁盐）的特点是在水中溶解度大，因此，当溶液中存在偏钨酸根离子时，难以用 Ca^{2+} 将其沉淀完全，此时应加碱或煮沸使偏钨酸盐生成正钨酸盐。

在工业上有较大意义的偏钨酸盐是偏钨酸铵（AMT），分子式为 $(NH_4)_2O \cdot 4WO_3 \cdot 8H_2O$。其特点是在水中溶解度大，20℃时为 303.9g/100g H_2O。将仲钨酸铵加热至 225~350℃失去部分氨和结晶水，可转化为AMT，也可用热离解、调酸法、双极膜电渗析技术、离子交换膜电解等方法制备偏钨铵酸。AMT主要用于制备钨系石油加氢催化剂。

B 钨的同多酸盐

a 仲钨酸铵（APT，$5(NH_4)_2O \cdot 12WO_3 \cdot nH_2O$）

它溶解度小，当温度低于50℃时，$n=11$，针状结晶；当温度高于50℃时，$n=5$，片状结晶。工业上常用蒸发结晶、酸中和、冷冻结晶法从钨酸铵溶液中制备APT。APT加热至600℃以上，失去全部氨和结晶水，彻底转化为黄色的 WO_3。

b 仲钨酸钠（$5Na_2O \cdot 12WO_3 \cdot nH_2O$）

它溶于冷水，温度升高，溶解度急剧升高。温度不同，n 不同，室温 $n=28$；60~80℃，$n=25$。热水中分解，加热至100℃开始失去水。

c 铵钠复盐（$3(NH_4)_2O \cdot Na_2O \cdot 10WO_3 \cdot 15H_2O$）

它溶解度小，将 Na_2WO_4 溶液中和至 pH 值为 6.5~6.8 时加入 NH_4Cl 制得。

$$12Na_2WO_4 + 6NH_4Cl + 12HCl + 9H_2O = 3(NH_4)_2O \cdot Na_2O \cdot 10WO_3 \cdot 15H_2O + 18NaCl$$

1.2.2.5 杂多酸及其盐类

杂多酸是由中心原子P、Si、As等和多原子Mo、W、V等按一定的结构通过氧原子配位桥联组成的一类含氧多酸，具有很高的催化活性和氧化还原性。杂多酸稳定性好，可用作均相及非均相反应甚至相转移的催化剂，对环境无污染，是一种多功能绿色催化剂，常用作芳烃烷基化和脱烷基反应、酯化反应、脱水/化合反应、氧化还原反应以及开环、缩合、加成和醚化反应等的催化剂。

工业钨酸钠溶液中常见的杂质元素的含氧酸根阴离子有 PO_4^{3-}、AsO_4^{3-}、SiO_3^{2-}，在酸性、中性和弱碱性条件下，杂原子P、Si、As与钨原子以1∶11、2∶17、1∶12摩尔比形成不溶的杂多酸。杂多酸相对分子质量大，水溶性大，在溶液中很稳定，在 pH 值大于 8.5 时才开始离解，工业上常把杂多酸在碱性条件下煮沸，使其转化为正盐。

在钨的湿法冶金过程，既要避免杂多酸对生产过程带来的不利影响，又要充分利用杂多酸的特殊性质，使之为钨生产过程服务。例如在复杂白钨矿的硫酸分解过程添加少量磷酸，则钨生成溶解度大的 $[P(W_3O_{10})_4]^{3-}$ 进入溶液，加速白钨矿的分解，也可利用杂多酸易被萃取的性质，利用 P、Si、As 共萃法以钨杂多酸形式除去钨酸盐溶液中的 P、As、Si 等。

1.2.2.6 钨的卤化物

它主要有氯化钨和氟化钨。沸点（或升华温度）和熔点低，易水解，有的在高温下还易发生各类歧化反应。

氯化钨分为六氯化钨、五氯化钨、四氯化钨、二氯化钨等，是面向新材料应用领域的重要原料。氯化钨氢还原的特点是存在多种低价氯化物，并伴生一系列分解反应和歧化反应。

A 六氯化钨（WCl_6）

它是暗紫色结晶，熔点 281.5℃，沸点 348℃。WCl_6 蒸气带黄红色，冷却时即得红色的结晶，但微热时则变为黑色，黑色的产物在干冰温度下冷却，又变为红色。

温度高于 600℃，WCl_6 明显离解成 WCl_5 和 WCl_4，加热时被空气氧化生成氯氧化钨（$WOCl_4$、WO_2Cl_2）或氧化钨，含有氯氧化钨的 WCl_6 极易被水汽所分解，高温条件下能被氢气还原析出钨粉。

B 五氯化钨（WCl_5）

它是墨绿色晶体，熔点 244℃，沸点 276℃。与 WCl_6 相似，遇水蒸气也易水解，将 WCl_6 用 H_2 还原或热离解，在一定条件下可得 WCl_5。

C 四氯化钨（WCl_4）

它是暗褐色固体，其吸湿性不如 WCl_5 强，但遇水则水解。即使加热也不熔融和升华，但若在真空下加热，达到熔点温度时分解。

$$WCl_4 = WCl_2 + WCl_5$$

D 二氯化钨（WCl_2）

它是灰色的无定形非晶粉末，易形成正八面体族群，难挥发，有强还原性，遇水激烈反应析出氢，490~600℃歧化成钨和 WCl_4。

E 二氯二氧化钨（WO_2Cl_2）

它是黄色片晶，熔点 266℃，高于 298℃时易发生分解并升华。

$$2WO_2Cl_2 = WO_3 + WOCl_4\uparrow$$

$$3WO_2Cl_2 = 2WO_3 + WCl_6\uparrow$$

故平衡气相为 WO_2Cl_2 与 $WOCl_4$、WCl_6 的混合物，升华残渣为 WO_3。

F 四氯氧化钨（$WOCl_4$）

它是橙红色针状晶，四方晶系，熔点 204℃，沸点 224℃，高于沸点局部分解为 WO_2Cl_2 和 WCl_6。易吸潮，水解时生成钨酸。

G　六氟化钨（WF_6）

它在不同的温度下为一种无色、无嗅的气体或透明的液体，其分子在常温下具有对称的正八面体结构，熔点 2.3℃，沸点 17.5℃，固体为易潮解的白色结晶，在潮湿空气中冒烟，常用钨与 F_2 或 NF_3 直接反应合成 WF_6。

WF_6 是一种强氟化剂，除镍、蒙乃尔合金和不锈钢外，在室温下能使许多金属氟化。在干燥状态时对玻璃的腐蚀较弱，但在湿气中能迅速反应。WF_6 与离子型卤化物反应可形成配位化合物，在高温下可被氢还原为钨。WF_6 遇水很快水解，迅速生成 HF 和 WO_3，因此 WF_6 在空气中的毒性与 HF 基本相同。

WF_6 是目前钨氟化物中唯一稳定并可工业化生产的品种，主要用作电子工业中金属钨化学气相沉积（CVD）工艺的原材料，用它制成的 WSi_2，可用作大规模集成电路（LSI）中的配线材料。另外，还可以作为半导体电极的原材料、氟化剂、聚合催化剂及光学材料的原料等。WF_6 在非电子方面的应用，可通过 CVD 技术使钨在钢的表面上生成坚硬的碳化钨，以改善钢的表面性能，还可用于制造某些钨制部件，如钨管和坩埚等。

H　钨的碳化物（WC）

它是黑色六方晶体，熔点 2870℃，沸点 6000℃，硬度与金刚石相近，为电、热的良好导体。WC 不溶于水、盐酸和硫酸，易溶于硝酸-氢氟酸的混合酸中。纯的 WC 易碎，若掺入少量钛、钴等金属，就能减少脆性。用作钢材切割工具的 WC，常加入碳化钛、碳化钽或它们的混合物，提高抗爆能力。碳化钨的化学性质稳定，其粉应用于硬质合金生产材料。

1.3　钨及其化合物的用途

钨作为一种难熔的稀有金属，因其特有的物理、化学性能常以纯金属状态和以合金系状态广泛应用于军工、电子、冶金、石油化工等重要工业领域。

1.3.1　钢铁工业

钨大部分用于生产特种钢，高速钢中含钨 9%~24%，合金工具钢中的钨钢含有 0.8%~1.2%的钨，铅钨硅钢含有 2%~2.7%的钨，铬钨钢含有 2%~9%的钨，铬钨锰钢含有 0.5%~1.6%的钨，钨磁钢含有 5.2%~6.2%钨。含钨的钢用于制造各种工具，如钻头、铣刀、拉丝模、阴模和阳模、气动工具等零件。

1.3.2　碳化钨基硬质合金

钨的碳化物硬质合金具有高的硬度、耐磨性和难熔性。这些合金含有 85%~95%的 WC 和 5%~14%的钴，钴作为黏结剂金属，使合金具有必要的强度。硬质合金又被称为“工业牙齿”，60%的钨消耗量都用于硬质合金的生产，被广泛应用于切削工具、耐腐蚀工具、钻头、刀具、金属加工工具及耐磨部件等。

1.3.3　耐热耐磨合金

作为最难熔的金属钨是许多热强合金的成分，如由 3%~15%的钨、25%~35%的铬、

45%~65%的钠、0.5%~2.75%的碳组成的合金，主要用于强耐磨的零件，例如航空发动机的活门、涡轮机叶轮、挖掘设备、犁头的表面涂层。在航空和火箭技术以及要求机器零件、发动机和一些仪器的高热强度的其他部门，钨和其他难熔金属（钽、铌、钼、铼）的合金用作热强材料。

1.3.4 高密度合金及触头材料

钨基高密度合金是以钨为基体，添加镍、铁、铜或其他金属元素所组成的合金，钨含量一般为90%~98%，合金的密度可达到16.5~19.0g/cm^3。钨基重合金既保持了钨的高密度、高强度和良好导电导热特性，又降低了制取温度、简化了制取工艺，并改善了合金的塑性和加工性能，成为比纯钨更容易制取并具有更好力学性能的工程材料。

钨基高密度合金主要用作航空航天的陀螺仪转子、配重、减振装置，常规武器的穿甲弹弹芯，防辐射的屏蔽装置和部件，机械制造用的压铸模、飞轮及自动手表摆锤等，电气设备的触头和电极（闸刀开关、断路器、点焊电极等）等。

其他应用主要有核子、军工、航天的高密度合金、真空热喷镀材料、电光源材料、钨化工产品的油漆组分、纺织物加重剂、石油工业的催化剂、医药以及高级润滑剂、压电材料、气敏材料等。

1.4 钨资源

1.4.1 钨矿物种类

钨在地壳中平均含量为1.3×10^{-6}，花岗岩中含量平均为1.5×10^{-6}。钨在自然界主要呈W^{6+}，由于W^{6+}离子半径小，电价高，具有强极化能力，易形成络阴离子，因此钨主要以WO_4^{2-}络阴离子形式与溶液中的Fe^{2+}、Mn^{2+}、Ca^{2+}等结合形成黑钨矿或白钨矿沉淀。

钨的重要矿物均为钨酸盐，成矿过程与WO_4^{2-}结合的阳离子主要有Ca^{2+}、Fe^{2+}、Mn^{2+}、Pb^{2+}，其次为Cu^{2+}、Zn^{2+}、Al^{3+}、Fe^{3+}、Y^{3+}等，因而矿物种类有限。如今在地壳中仅发现有20余种钨矿物和含钨矿物，即黑钨矿族：钨锰矿、钨铁矿、黑钨矿；白钨矿族：白钨矿（钙钨矿）、钼白钨矿、铜白钨矿；钨华类矿物：钨华、水钨华、高铁钨华、钇钨华、铜钨华、水钨铝矿；不常见的钨矿物：钨铅矿、斜钨铅矿、钼钨铅矿、钨锌矿、钨铋矿、锑钨烧绿石、钛钇钍矿（含钨）、硫钨矿等。具有经济开采价值的仅有黑钨矿和白钨矿。

1.4.1.1 白钨矿 [$Ca(WO_4)$]

它的WO_3含量为80.6%，无色或白色，一般多呈灰色、浅黄、浅紫或浅褐色。密度大，达6.10g/cm^3，属四方晶系的钨酸盐矿物，其中钨部分可被钼以类质同象形式[$Ca(MoO_4)$]替代。白钨矿无磁性，不导电，但在紫外线照射下发浅蓝色荧光。

1.4.1.2 黑钨矿 [$(Fe, Mn)WO_4$]

黑钨矿为$FeWO_4$与$MnWO_4$的类质同象体，又名钨锰铁矿，含WO_3约76%，呈褐黑色至黑色，显半金属光泽，密度为7.1~7.9g/cm^3，具有磁性和导电性。

1.4.2 钨矿物资源

钨资源主要有钨矿和钨的二次资源两种。

1.4.2.1 钨的二次资源

钨矿是一种不可再生的资源，但钨的二次资源是可以再生利用的。通常情况下，钨原矿中的 WO_3 含量小于 1%，而各种含钨废料，即便是低品位磨屑的含钨量，也较钨原矿的 WO_3 平均含量高出十余倍。据国外统计，约 1/3 的钨需求来自各种含钨废料，例如硬质合金、钨材、合金钢、高密度合金、钨触点材料等。

1.4.2.2 钨矿

2017 年全球钨储量为 3631.5kt，中国居全球第一位，钨矿基础储量（指地质勘探程度较高，可供企业近期或中期开采的资源量）为 2430kt，占世界总储量的 66.9%，主要集中于湖南、江西、广东和福建等省。在钨资源中，黑钨矿约占 23%，白钨矿约占 78%，黑白钨混合矿约占 10%。我国钨冶炼产品产量大，居世界第一位，所以钨资源消耗也大。随着优质易选易冶的黑钨矿资源多年的开采和消耗，钨矿石品位下降，黑钨矿资源消耗殆尽，以低品位白钨矿、黑白钨混合矿、二次资源等将成为提取钨的主要原料。

我国的钨冶炼主要原料白钨矿呈现出“三多一低”的突出特点：

（1）共伴生矿多、贫矿多、难选矿多、资源综合利用水平低。

（2）白钨矿资源禀赋差，组分复杂（伴生有钼、磷、砷、硅和含钙脉石等杂质）。如栾川钼矿的选矿尾矿中回收的钨产品含 WO_3 约为 20%左右，Mo 为 2%~3%，P_2O_5 约为 25%。白钨矿中 80%以上的地质品位小于 0.4%，且有用矿物因嵌布粒度细、选别率低，属典型的难选矿物。大部分的白钨矿选矿回收率低于 70%，比黑钨矿选矿回收率低 15%~20%。

（3）伴生元素利用率低、环境问题日益凸显。在传统冶炼工艺过程中，伴生元素钼、磷等难以综合利用。因此，如何实现现有白钨矿资源，特别是低品位、复杂、难选钨资源的高效利用，关系到中国钨工业的可持续发展。

钨矿床伴生有益组分通常有锡、钼、铋、铜、铅、锌、锑、金、银、钴、铍、锂、铌、钽、稀土、硫、磷、砷、萤石等，其中硫、磷、硅、砷、钼、锡、钙、锰、铜、铁、锑、铋、铅、锌等对钨冶炼工艺和钨制品有害，要经过选冶技术途径富集综合回收，变害为益，变废为宝，综合利用。

根据钨精矿的质量标准，除 WO_3 的含量要大于 65%以上外，其他有害杂质的含量要低于相应标准，特级品钨精矿质量要求还高。钨精矿质量规格见表 1-1-2。

表 1-1-2 钨精矿质量规格

品种			WO_3 含量/%（不小于）	杂质含量/%（不大于）									用途举例
类型	类别	品级		S	P	As	Mo	Ca	Mn	Cu	Sn	SiO_2	
黑钨精矿	I 类	特级	68	0.4	0.03	0.10	—	5.0	—	0.06	0.15	7.0	优质钨铁、直接炼合金钢
		一级	65	0.7	0.05	0.15	—	5.0	—	0.13	0.20	7.0	钨铁
		二级	60	0.7	0.05	0.20	—	5.0	—	0.15	0.20	—	

续表 1-1-2

品种			WO_3 含量/%（不小于）	杂质含量/%（不大于）									用途举例
类型	类别	品级		S	P	As	Mo	Ca	Mn	Cu	Sn	SiO_2	
黑钨精矿	Ⅱ类	一级	65	0.7	0.10	0.10	0.05	3.0	—	0.25	0.20	5.0	仲钨酸铵、硬质合金、钨材、钨丝、触媒
		二级	65	0.8	0.10	0.15	0.05	5.0	—	0.25	0.25	7.0	
		三级	60	0.9	0.10	0.15	0.10	5.0	—	0.30	0.30	—	
		四级	55	1.0	0.10	0.15	0.20	5.0	—	0.30	0.35	—	
		五级	50	1.2	0.12	0.15	0.20	6.0	—	0.35	0.40	—	
白钨精矿	Ⅰ类	特级	68	0.4	0.03	0.03	—	—	0.5	0.03	0.03	2.0	直接炼合金钢、优质钨铁
		一级	65	0.7	0.05	0.20	—	—	1.0	0.13	0.20	7.0	钨铁
		二级	60	0.7	0.05	0.20	—	—	1.5	0.25	0.2		
	Ⅱ类	一级	65	0.7	0.10	0.10	0.05	—	1.0	0.25	0.20	5.0	仲钨酸铵、硬质合金、钨材、钨丝、触媒
		二级	65	0.8	0.10	0.10	—	—	1.5	0.25	0.20	7.0	
		三级	60	0.9	0.10	0.15	—	—	2.0	0.3	0.20	—	
		四级	55	1.0	0.10	0.15	—	—	2.0	0.3	0.35	—	
		五级	50	1.2	0.12	0.15	—	—	2.0	0.3	0.40	—	
混合钨精矿			65	0.7	0.10	0.10	—	—	—	—	0.20	5.0	仲钨酸铵、硬质合金
钨细泥			30	2.0	0.50	0.30	—	—	—	0.5	—	—	

注：1. 表中“—”为杂质含量不限。

2. 精矿中钽铌为有价元素，如有需要，供方应报出分析数据。

3. 混合钨精矿、钨细泥的 Mo、Ca、Mn 含量虽不限制，但供方应报出分析数据。

4. 供需双方对表中规定的个别杂质含量及其他杂质（如 Fe、Sb、Pb、Bi 等）有特殊要求时，可协商解决。

表 1-1-2 表明，钨精矿中主要杂质元素有 S、P、Si、As、Mo、Sn 等，其中硅以石英和硅酸盐形式存在；钼主要以 $CaMoO_4$ 和 MoS_2 形式存在；锡主要以锡石［SnO_2］和黝锡［Cu_2FeSnS_4］形式存在；As 主要以臭葱石［$FeAsO_4$］、雌黄［As_2S_3］、毒矿［FeAsS］、雄黄［AsS］、白砒石［As_2O_3］及各种砷酸盐形式存在；钨精矿中磷常以磷灰石 $Ca_5(PO_4)_3$(F、Cl、OH)、磷钇矿 YPO_4 和独居石（Ce、La、Th）PO_4 等磷酸盐形态存在。这几种含磷矿物性质不同，磷灰石无磁性，密度较小（2.9~3.2g/cm³），具有可浮性，易溶于稀盐酸；磷钇矿密度较大（4.4~5.1g/cm³），具有弱磁性，难溶于稀盐酸；独居石密度较大（4.9~5.3g/cm³），具有弱磁性，与磷灰石磷钇矿共生。另外，还有其他的一些金属硫化物。这些杂质的存在不但会消耗分解试剂，加重钨酸钠溶液净化负担，而且影响钨产品质量，净化过程也会导致钨损失率增加，影响钨的直收率。因此，选矿过程要尽可能降低钨精矿中这些杂质矿物的含量，但是不能为了提高钨矿品位而影响钨的直收率，对于一些复杂矿物，要兼顾选矿率和钨的冶炼直收率。对于含高钼、磷的白钨矿，则要考虑钼和磷的综合回收，对其选矿要求比较低。

1.5 钨矿物原料的预处理

对于一些杂质元素含量较高的钨矿物，一般在分解前要对其进行预处理，以除去其中的大量杂质，达到提高钨的浸出率和降低分解液中杂质含量的目的。预处理方法主要有焙烧法和湿法，有的也采用焙烧-湿法联合预处理。

1.5.1 焙烧法

根据杂质元素类型及存在形式的不同，主要有弱氧化焙烧、还原焙烧、氯化焙烧等。焙烧法适合除去在焙烧过程易形成挥发性物质的元素，或者通过焙烧改变某些组分的相态，把影响分解过程的物质转变成惰性物质。焙烧预处理主要目的如下：

（1）除去钨矿物原料中吸附的浮选剂。这些浮选剂影响过滤速率，使渣含 WO_3 升高，钨浸出率降低。某钨矿预处理前后结果对比如表1-1-3所示。

表1-1-3　某钨矿预处理前后效果

项　目	直接浸出	400℃焙烧	850℃焙烧
渣含 WO_3/%	1.80	1.43	0.213
渣率/%	73.97	73.90	72.8
浸出率/%	96.06	96.81	99.54
平均过滤速率/$mL\cdot min^{-1}$	69.9+4.2	104.03+17.2	184.45+31.0

（2）挥发砷、硫及锡等杂质。

（3）改变矿物的物理结构（矿粒内部可能因热应力而产生裂纹）或某些组分的化学形态，有利于钨的分解。

焙烧法脱砷宜在弱氧化气氛中或还原气氛中进行，此时可使砷呈低价 As_2O_3 挥发，并使高价砷酸盐还原为低价 As_2O_3，提高脱砷率。焙烧前配料时，根据原料中砷含量的高低加入原料质量的2%～6%的木炭粉或煤粉，在700～800℃焙烧2～4h，如果木炭粉达不到脱砷要求，可加入少量硫黄。

$$2FeAsS + 6O_2 + C \xlongequal{} As_2O_3 + Fe_2O_3 + 2SO_2 + CO_2\uparrow$$

$$2As_2S_3 + 10O_2 + C \xlongequal{} 2As_2O_3 + 6SO_2 + CO_2\uparrow$$

$$CaO\cdot As_2O_5 + C \xlongequal{} As_2O_3 + CaO + CO_2\uparrow$$

若焙烧条件控制不好，则可能发生如下反应：

$$As_2O_3 + SiO_2 + O_2 \xlongequal{} As_2O_5 + SiO_2$$

$$FeO(CaO) + As_2O_5 \xlongequal{} FeO\cdot As_2O_5(\text{或 } CaO\cdot As_2O_5)$$

钨矿物中锡的脱除主要采用氧化焙烧和氯化焙烧。对于 SnO_2，宜采用氯化焙烧法。氯化焙烧除锡是利用固态 SnO_2 在830～850℃和还原气氛下，能与 NH_4Cl、$CaCl_2$ 等固态氯化剂反应生成易挥发的 $SnCl_4$（沸点114℃）及 $SnCl_2$（沸点623℃），从烟道气中排出。为了保证反应在还原气氛中进行，配料时需加入一定数量的木炭粉或锯木屑，反应式如下：

$$SnO_2 + CaCl_2 + C \xlongequal{} SnCl_2\uparrow + CaO + CO\uparrow$$

$$SnO_2 + 2NH_4Cl + 3C + O_2 \xlongequal{} SnCl_2\uparrow + 2NH_4\uparrow + 3CO\uparrow + H_2O$$

对于黝锡［Cu_2FeSnS_4］和SnS，宜采用氧化焙烧法，使其转变成NaOH难以浸出的SnO_2。

用上述方法除去某一杂质时，均可伴随除去部分其他杂质，如氯化焙烧降锡或还原焙烧除砷时均可除去相当数量的硫。焙烧过程由于产生含S、As等的烟气，需建设一套效果可靠的烟气处理系统。部分钨矿焙烧过程杂质的脱除效果如表1-1-4所示。

表1-1-4 钨矿焙烧过程杂质的脱除效果

项目	原 料	条 件	效 果
焙烧	白钨精矿含0.53%P、0.36%As	600~800℃	浮选剂、P、As、S脱除率：80%~90%
氧化焙烧	黑钨精矿含As 1.08%、S 1.10%	800℃，24h	94.25%的砷挥发；99%的硫挥发
	黑钨精矿含WO_3 46.43%、As 2.43%、S 4.75%	850℃，2h	80.10%的砷挥发；99.60%的硫挥发
煅烧	含钼白钨矿	600~650℃，1h	苏打高压浸出时，钨钼浸出率分别提高5%~7%和6%~8%
还原焙烧	黑钨精矿含1.12%Sn	900~1000℃，加矿量5%~10%焦屑	焙烧产品含Sn≤0.15%
氯化焙烧	钨中矿含18% WO_3、1.3% Sn、1.1% As、29.3% SiO_2	矿量5% $CaCl_2$，还原气氛，800~1000℃	Sn挥发80%，B挥发93%
	含63.40% WO_3，0.81% Sn	矿：氯化剂：碳=100：6：5；还原焙烧2h，氧化焙烧0.5h，830~850℃	（氯化铵）：Sn 97.70%挥发；钨损0.67%
			（氯化钙）：Sn 96.07%挥发；钨损0.71%
硫化焙烧	钨中矿含18% WO_3、1.3% Sn、1.1%As、29.3%SiO_2	850℃，加入10%的硫	97.10%的As挥发

1.5.2 湿法

用适当的酸、碱或盐的溶液对钨矿石进行洗涤，除去其中的磷、砷和钼等杂质。一般用稀盐酸浸出主要是除去磷灰石形态的磷，对独居石中磷无效，可以使磷含量降到0.05%以下，同时方解石等碱性矿物也被溶解及部分钼酸钙矿也被分解。该法除磷率一般在60%~80%左右。

对于钨精矿中的钼，一般用浮选法或者用次氯酸钠溶液氧化浸出，可脱除以辉钼矿形态存在的钼。次氯酸钠溶液氧化浸出宜在低于40℃进行，此时铁、铜硫化物的氧化速度比辉钼矿小，且有较高的选择性。若钼以氧化物形态存在，一般可用酸浸或碱浸方法处理。如用稀盐酸在加热条件下可使全部钼酸盐转变为易溶于盐酸的钼酸，钨的酸溶量随盐酸浓度和温度的增加而增加。例如某含氧化钼的钨矿物，采用1%HCl溶液分解钼矿物中的方解石，当溶液中的有效酸度降低到0.05%左右时，除钙过程基本结束，上清液排出送废水治理车间，酸浸渣进行二次酸浸。再向装有一次酸浸渣的反应器中加入5%的HCl进行二次浸出，控制终点HCl含量为3%，使钼全部浸出进入浸出液，白钨矿留在浸出渣中，浸出渣干燥即为富钨白钨矿。二次浸出液加热至80℃，用$FeCl_3$溶液沉淀钼，浸出液中的钼以钼酸铁形式被回收。

用上述方法除去某一杂质时，皆可伴随除去部分其他杂质，如酸浸法除钼、磷时，可除去相当量的钙、铋、铜等杂质，有时可从酸浸液中回收铋。用次氯酸钠溶液除钼时可除去部分铜、砷的硫化物等。常用的湿法预处理方法及大致效果见表1-1-5。

表1-1-5　常用的预处理方法及其处理效果

项目	原　料	条　件	效　果
稀酸浸出	白钨精矿含50%WO_3	每吨矿先用28%的盐酸140kg和180kg加水稀释后浸出，室温	$w(P)<0.02\%$，$w(As)<0.01\%$，$w(S)<1\%$
	白钨精矿含75%WO_3、0.53%P、0.36%As	稀盐酸浸出，20℃，固：液=1：1.5，残酸20g/L	$w(P)<0.01\%$
	含10.84%WO_3，23.73%CaO	1%的盐酸，室温，2h	除去40%的Ca，也可将大部分铋、铜浸出
稀碱浸出	钨中矿含25%WO_3、0.1%Mo、3.4%As	10～20g/L的NaOH，80～90℃，1h	除钼13%～15%、除砷20%～25%，钨损失约1%
	钨细泥	10～12g/L的NaOH溶液，85℃以上，1h	脱砷率：29.4%

1.5.3　焙烧-湿法联合处理法

对于一些复杂的钨矿物，也可用焙烧-湿法联合处理法。例如Киселева采用焙烧和浸出联合流程处理含WO_3 50.28%、P 0.27%、As 0.84%、S 2.58%的白钨精矿，在800℃焙烧2h后，再用盐酸浸出2h，最后得到精矿含WO_3 83.19%、P 0.019%、As 0.042%、S 0.21%。

1.6　从钨矿物原料制取钨产品工艺概述

从钨矿物原料制取致密金属钨，一般要经过钨矿物原料的分解、纯钨化合物制备、金属钨粉制取和钨材生产四个阶段。钨冶金原则工艺流程如图1-1-2所示。

我国早期主要采用苏打烧结-水浸法分解黑、白钨矿-净化除杂-人造白钨-酸分解-氨溶-蒸发结晶经典工艺生产APT，工艺流程长，金属收率低，产品质量差，产生的大量磷砷渣污染环境，苏打烧结-水浸法于1990年初基本退出工业生产。采用白钨矿盐酸分解-氨溶-蒸发结晶工艺生产APT，环境污染大，设备腐蚀严重，产品质量较差，2004年前后已陆续关闭。苏打压煮分解钨矿温度较高，能耗大，很难满足现行工业的技术要求，在我国应用很少。

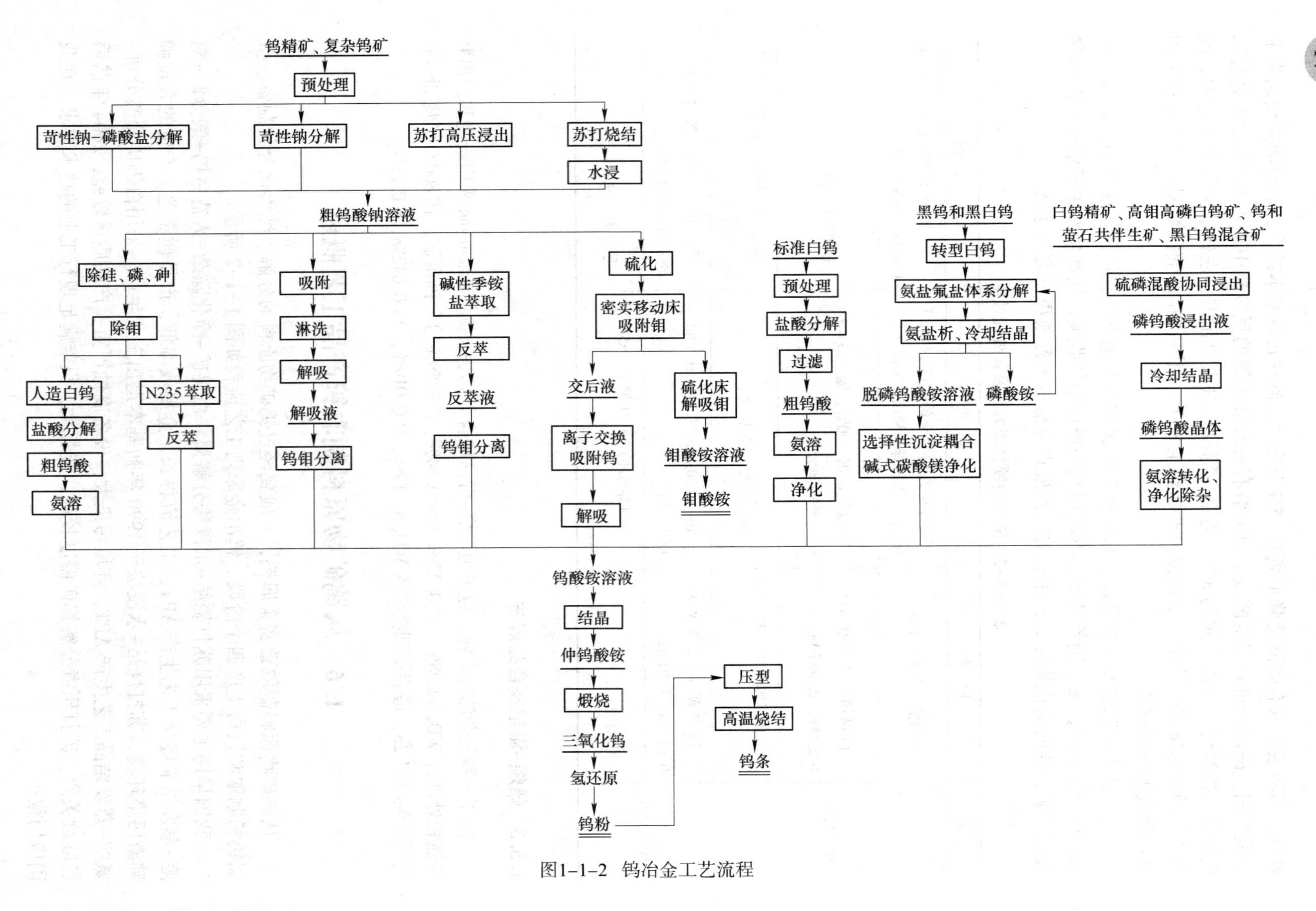

图1-1-2 钨冶金工艺流程

1981 年，黑钨矿苛性钠压煮-钨酸钠溶液净化除杂-萃取-蒸发结晶生产 APT 工艺在株洲硬质合金厂投入生产。该法只转型不除杂，萃取之前必须净化除杂。另外，萃取过程在酸性介质中进行，酸中和过程产生大量含盐废水，需要处理。

1983 年，中国首创的经典离子交换法在株洲钨钼材料厂诞生，取代了中和水解除硅-镁盐净化除磷、砷、硅-沉淀人造白钨-酸分解-氨溶等工序，工艺流程大大缩短，钨的回收率得到提高，“三废”排放也大大减少，成为我国 APT 生产的主流工艺。但交换之前需高倍稀释，产生大量含砷废水，需要处理，同时浪费大量残碱。

针对中国钨资源现状和传统工艺的局限性，中国钨冶金工作者从选矿-冶金相结合的技术路线出发，开发了一系列具有自主知识产权的钨矿碱分解工艺，缓解了中国钨工业面临的压力，并使中国钨冶炼处于世界领先水平。目前，我国钨矿分解以钠碱法为主，主要有苛性钠压煮、机械活化碱分解（热球磨）、常压反应挤出碱分解以及氢氧化钠-磷酸钠分解法。对于分解液中钨的回收，主要有一步离子交换法、金属硫化物选择性沉淀法-离子交换法、专用树脂吸附沉淀结合一步离子交换法、季铵盐碱性介质直接萃钨法等。

我国现行的主流工艺采用钠碱浸出-净化-铵盐转型工艺生产 APT 过程，必须使用苛性钠、碳酸钠、氯化铵或盐酸，由于 Na^+和 Cl^-化学性质比较活泼，难与不溶化合物实现沉淀分离，无法实现闭路循环。而且目前我国对污染物的排放限制也更加严厉，由抓末端治理向抓源头和全过程控制延伸，特别是我国黑钨资源接近枯竭，低品位、多矿物共生、细粒嵌布的复杂难处理白钨矿成为钨工业的主要原料来源。这些都使得钠碱冶炼技术面临的问题日益突出：

（1）越低品位的钨精矿越难分解，造成选矿回收率与冶炼回收率更加难以兼顾的矛盾；

（2）复杂矿的冶炼过程有害排放量更大，可溶性钠盐、废渣各 100kt/a，环境代价高；

（3）大量的含钙脉石恶化了钠碱冶炼过程，磷、钼等元素难以综合利用；

（4）压煮设备操作要求高、能耗大，钠碱试剂成本高。

这些问题已严重影响到我国钨行业的可持续发展。基于此，中南大学和钨冶炼企业合作，携手开发了“白钨矿硫酸-磷磷混酸协同分解-浸出渣可控生成-结晶提钨-母液循环-伴生元素钼磷综合回收技术”。硫磷混酸协同分解白钨矿，实现了钼、钨、磷和钙的综合回收，但钨从分解液中是以磷钨杂多酸盐形式析出，还需进一步除杂转型才能得到仲钨酸铵。张贵清教授等也开发了钠碱分解-季铵盐萃取-萃取液闭路循环工艺。

国家“十一五”规划规定了有色金属冶炼，特别是湿法冶炼要尽可能实现废水零排放，而现行的黑、白钨矿钠碱（酸）浸出-铵盐转型冶炼工艺，是沿用了 200 多年的钨的冶炼工艺，除张贵清教授开发的“钠碱分解-季铵盐萃取-萃取液闭路循环”工艺外，其他方法都无法实现废水零排放。要实现废水的零排放，传统的钨工艺体系就面临创新问题。基于此，江西理工大学万林生教授团队开发出“铵盐-氟盐体系分解白钨 $(NH_4)_3PO_4$-CaF_2-NH_4OH 体系闭路湿法冶炼技术”。该技术主要包括铵盐-氟盐体系分解白钨（如果处理黑钨或者黑白钨混合矿，则需要转型为白钨）、氨溶析-冷却结晶回收 $(NH_4)_3PO_4$、$(NH_4)_2WO_4$ 溶液净化（选择性沉淀法除钼、砷及锡结合碱式碳酸镁除磷、砷及硅）、冷凝-蒸馏-磷酸吸收氨尾气、钼铜渣循环利用等过程。第一次实现在白钨分解过程直接得到钨酸铵溶液，大大缩短了仲钨酸铵制备工艺，改写了世界黑白钨酸、碱冶炼的历史，是对世界钨冶炼工艺体系的重大创新，对我国钨工业的技术跨越以及提升国际竞争力具有重大意义。

2 钨矿物原料的分解

钨矿物原料分解是利用某种化学试剂与黑钨矿、白钨矿作用，破坏其化学结构，使钨与大量伴生元素如钙、铁、锰等得到初步分离。钨精矿的分解在钨的生产成本中占很大比例，工业上一般要求钨精矿的分解率通常要达到98%~99%以上。钨矿石分解是钨冶炼工艺的主要工序之一，分解技术的发展直接关系到钨冶炼过程原料及整个工艺流程的选择与发展。

2.1 氢氧化钠、磷酸盐-氢氧化钠及氟化钠-氢氧化钠分解法

2.1.1 苛性钠分解法

钨的 NaOH 浸出能选择性地溶解矿石中的钨并通过添加除杂剂来降低杂质的浸出率。NaOH 与大部分脉石矿物不发生作用，过量碱也可回收再利用，是钨的理想浸出试剂。NaOH 压煮法因具有设备简单、使用寿命长、易于维修、成本低、生产能力大、生产效率高等特点，成为钨矿分解技术中最为经典的方法。目前，国内钨矿物原料分解中有 90%以上采用该技术。按主体设备的不同，该法又分为苛性钠压煮、热球磨以及新开发出的常压反应挤出碱分解技术。

传统苛性钠压煮法主要用于分解黑钨矿及低钙黑钨矿（通常 Ca 含量小于 1%），在碱量系数过大以及在添加剂作用下，亦可分解黑白钨混合矿，甚至分解白钨精矿。机械活化碱分解（热球磨）可分解白钨矿、黑钨矿、黑白钨混合精矿、高钙黑钨精矿和高、低品位的钨中矿及白钨细泥等。传统的苛性钠压煮和机械活化碱分解需在高压设备中进行，对设备材质要求较高。赵中伟教授开发的常压反应挤出高碱分解法则在常压下就可实现黑、白钨矿的分解，分解温度比机械活化碱分解和苛性钠压煮法温度低，但需要高剪切力设备才能完成。

2.1.1.1 苛性钠分解原理

A Ca-W-H_2O、Fe-W-H_2O 和 W-Mn-H_2O 系的 E-pH 图

25℃时，W-Ca-H_2O（吴建国）、W-Fe-H_2O 系和 W-Mn-H_2O（K. Osseo-Asare）的电位-pH 图如图 1-2-1~图 1-2-3 所示。

图 1-2-1~图 1-2-3 表明，在 pH>6.8 左右时，NaOH 浸出（Fe、Mn）WO_4 是可行的，但 $CaWO_4$ 的稳定区域比（Fe、Mn）WO_4 稳定区域大得多，即使在 pH=15.5 左右也能够稳定存在。从热力学角度分析，$CaWO_4$ 的酸分解比苛性钠分解热力学推动力更大，这也是酸法更适合分解白钨矿的原因。苛性钠分解黑钨矿在较低 pH 值就可进行，而且分解黑钨矿过程加入氧化剂，有利于黑钨矿的分解产物转化为更稳定的高价氧化物，所以苛性钠压煮法更适合分解黑钨矿。

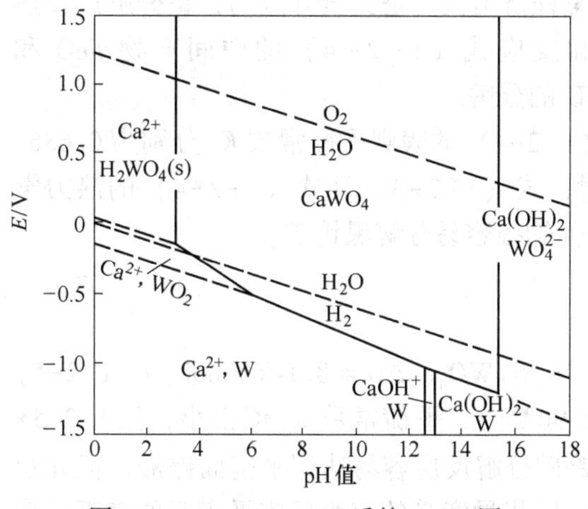

图 1-2-1 W-Ca-H_2O 系的 E-pH 图

(25℃, [Ca] = [W] = 10^{-3}M)

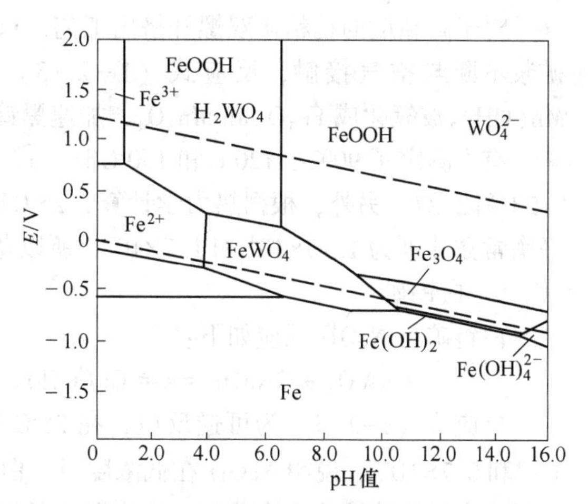

图 1-2-2 W-Fe-H_2O 系的电位-pH 图

(25℃, [W] = [Fe] = 10^{-3}M)

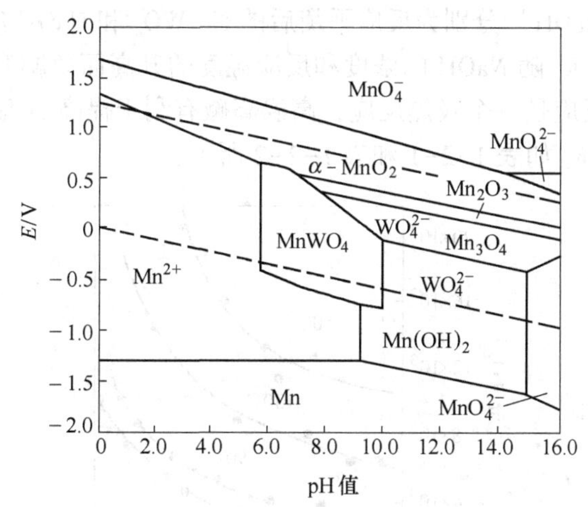

图 1-2-3 W-Mn-H_2O 的电位-pH 图

(25℃, [W] = [Mn] = 10^{-3}M)

B 主要反应及热力学条件

a 黑钨矿

分解过程，$FeWO_4$、$MnWO_4$ 与 NaOH 反应生成水溶性 Na_2WO_4。

$$(Fe,Mn)WO_4+2NaOH = Fe(OH)_2\ [或\ Mn(OH)_2]\downarrow +Na_2WO_4 \quad (1\text{-}2\text{-}1)$$

或

$$FeWO_4+2NaOH = Fe(OH)_2\downarrow +Na_2WO_4\ (低于\ 102℃) \quad (1\text{-}2\text{-}2)$$

$$FeWO_4+2NaOH = FeO\downarrow +H_2O+Na_2WO_4\ (高于\ 102℃) \quad (1\text{-}2\text{-}3)$$

$$MnWO_4+2NaOH = Mn(OH)_2\downarrow +Na_2WO_4 \quad (1\text{-}2\text{-}4)$$

标准状态下，温度低于 102℃时，$FeWO_4$ 与 NaOH 反应产物为 $Fe(OH)_2$；高于 102℃时，由于 $Fe(OH)_2$ 分解为 FeO 的标准自由焓变 ΔG 为负值，所以分解产物主要为 FeO（在氧化气氛中则为 Fe_2O_3）。无氧化剂时，在黑钨矿碱分解的温度范围内，$MnWO_4$ 分解产物均为 $Mn(OH)_2$。

对于高黏度的钨精矿双螺杆挤出工艺，双螺杆挤出机内是完全开放的，碱分解过程热矿浆不断与空气接触，反应式（1-2-3）和反应式（1-2-4）的中间产物 FeO 和 $Mn(OH)_2$被氧化成 Fe_3O_4 和 Mn_3O_4，加速黑钨矿的分解。

有人测定了 90℃、120℃和 150℃时，式（1-2-4）的表观平衡常数 K_c 分别为 0.686、2.23 和 2.27。另外，根据热力学计算，25℃时，式（1-2-3）和式（1-2-4）的热力学平衡常数分别为 1.15×10^4 和 1.7×10^5，所以苛性钠很容易分解黑钨矿。

b 白钨矿

白钨矿与 NaOH 反应如下：

$$CaWO_4 + 2NaOH \rightleftharpoons Ca(OH)_2\downarrow + Na_2WO_4 \quad \Delta G = 8.14kJ/mol \qquad (1-2-5)$$

反应式（1-2-5）为可逆反应，在 25℃和 90℃时，平衡常数 K_a 值很小，仅有 2.5×10^{-4}和 0.7×10^{-4}，说明 NaOH 在低浓度时，白钨矿分解反应容易达到平衡而停滞。但此数值只有在极稀溶液才是准确的，在实践中具有实际指导意义的应为反应平衡时的表观平衡常数，即“浓度平衡常数 K_c”。式（1-2-5）的浓度平衡常数 K_c 表示如下：

$$K_c = [Na_2WO_4]/[NaOH]^2 \qquad (1-2-6)$$

式中，$[Na_2WO_4]$、$[NaOH]$ 分别为反应平衡后的 Na_2WO_4 和 NaOH 的浓度，mol/L。

孙培梅研究发现，K_c 随 NaOH 的浓度和反应温度的升高而急剧升高（图 1-2-4），所以苛性钠压煮白钨矿反应是一个吸热反应，高温高碱有利于提高白钨矿分解的 K_c。反应式（1-2-5）的平衡浓度 K_c 如表 1-2-1 和表 1-2-2 所示。

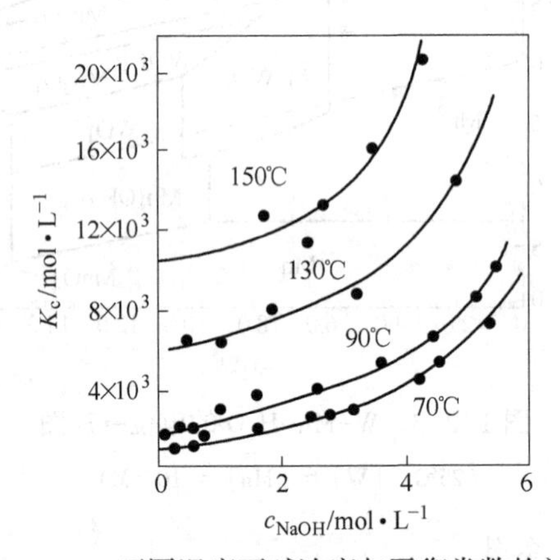

图 1-2-4 不同温度下碱浓度与平衡常数的关系

表 1-2-1 式（1-2-5）的 K_c（90℃）

NaOH/mol · L⁻¹	0.66	1.08	1.64	2.49	3.48	4.37	5.16	5.44
$K_c\times10^3$	2.58	2.93	3.90	3.94	5.33	6.67	8.65	10.02

表 1-2-2 式（1-2-5）的 K_c（150℃）

NaOH/mol · L⁻¹	1.548	2.299	2.545	3.190	4.061
$K_c\times10^3$	12.38	11.02	13.40	16.19	20.50

李洪桂等人研究 Na_2WO_4 在 $NaOH-H_2O$ 系中的溶解度发现，温度一定时，Na_2WO_4 在

NaOH-H_2O 系中的溶解度随 NaOH 浓度的增大而急剧降低（图 1-2-5）。所以在高碱浓度下，Na_2WO_4 已处于饱和状态，且部分结晶析出。因此 K_a、K_c 值已经不能全面和客观地描述实际的分解反应。

鉴于此，赵中伟绘制了如图 1-2-6 所示的 NaOH 分解白钨矿过程（CaO-）Na_2O-WO_3-H_2O 系三元相图（$Ca(OH)_2$ 在 NaOH 溶液中的微小溶解度忽略不计，将溶液视为 Na_2O-WO_3-H_2O 三组分所构成的三元系）。该相图表明，当体系中 NaOH 浓度保持一定值时，温度升高，WO_3 在 NaOH 中的溶解度增加。温度一定时，WO_3 在 NaOH 溶液中的溶解度随 NaOH 浓度的升高而先升高后降低，基本呈“山”形。不同温度下的“山”形实际上是由两组反应的相平衡线组成：“山”的左边曲线对应于 $CaWO_4(s)$ 相和 $Na_2WO_4(aq)$ 相的平衡，见反应式（1-2-7）；而“山”的右边曲线则为 $Na_2WO_4(aq)$ 相和 $Na_2WO_4 \cdot xH_2O(s)$ 相的平衡，见反应式（1-2-8）。

$$CaWO_4(s) + 2NaOH(aq) \Longleftrightarrow Na_2WO_4(aq) + Ca(OH)_2(s) \tag{1-2-7}$$

$$Na_2WO_4(aq) + xH_2O \Longleftrightarrow Na_2WO_4 \cdot xH_2O(s) \tag{1-2-8}$$

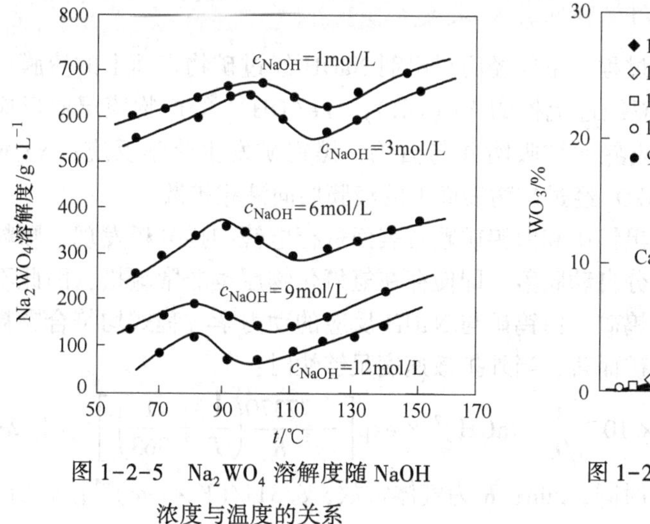

图 1-2-5　Na_2WO_4 溶解度随 NaOH 浓度与温度的关系

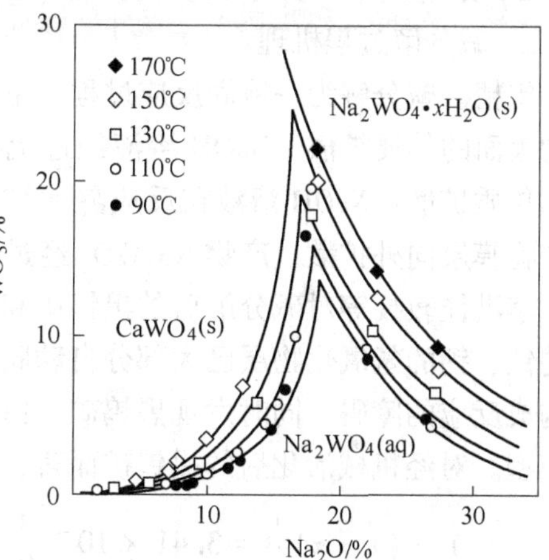

图 1-2-6　（CaO-）Na_2O-WO_3-H_2O 系三元相图

在（CaO-）Na_2O-WO_3-H_2O 系三元相图中，WO_3 的存在区域由三部分组成，即在“山”峰左上角的 $CaWO_4(s)$ 相的稳定区；在“山”峰右上角的 $Na_2WO_4 \cdot xH_2O(s)$ 相的稳定区，以及“山”峰和横坐标包围的 $Na_2WO_4(aq)$ 相的稳定区。就 NaOH 分解白钨矿过程而言，只要浸出体系中的 NaOH 浓度超过所在分解温度下的“山”峰值浓度时，$CaWO_4(s)$ 在热力学上已经不能稳定存在，此时 WO_3 会转变成热力学稳定相 $Na_2WO_4 \cdot xH_2O(s)$ 或 $Na_2WO_4(aq)$。因此在实际钨精矿 NaOH 分解过程，采用低液固比实现高 NaOH 浓度浸出条件，促使白钨矿不断与 NaOH 反应，导致 Na_2WO_4 浓度增加而过饱和，部分 Na_2WO_4 将以固态析出。在不影响传质的前提下，在较低温度增大碱浓度，不仅可以增大溶液的沸点，使反应脱离高压设备而在常压条件下进行，而且可以补偿因温度降低导致的表面化学反应速率常数的下降，总体上提高反应速率。因此，白钨矿的常压低温碱分解工艺在热力学上也是可行的，而且获得广泛应用。

要提高碱浓度，一是在矿水比不变的情况下增加碱用量；二是在碱用量不变的情况下降低液固比。前者虽提高了碱浓度，但增加碱用量，加重后续母液碱回收负担，且增加试剂消耗成本。后者在不增加碱量的情况下提高碱浓度，水用量减少，且反应生成 $Ca(OH)_2$ 使整个物料体系黏度急剧增大，浸出过程传质异常困难，阻碍了浸出剂向矿物表面的扩散以及矿物表面生成和产物 Na_2WO_4 的及时移除，造成钨矿分解条件恶化，浸出渣含钨大多高达2%~6%。要解决较低温度下高浓度 NaOH 分解钨矿带来的传质和动力学传质问题，张贵清教授等借鉴高分子塑料加工领域处理高黏度物料的成功经验，开发出了在双螺杆挤出机中连续分解黑、白钨精矿的“反应挤出”碱分解工艺。

对于白钨矿，虽可采用高温高碱分解，但反应产物 $Ca(OH)_2$ 的 $K_{sp}=5.5\times10^{-6}$ 比 $CaWO_4$ 的 $K_{sp}=8.7\times10^{-9}$ 要大，当温度、碱度降低时，$Ca(OH)_2$ 与 Na_2WO_4 再生成 $CaWO_4$，即“返钙”现象。所以在分解结束排料和稀释、压滤过程，加入适量 PO_4^{3-}，磷酸盐的加入量约为 $Ca(OH)_2$ 转化成 $Ca_3(PO_4)_2$ 反应所需量的3%~5%或加入少量 F^-，使 $Ca(OH)_2$ 表面生成难溶 $Ca_3(PO_3)_2$ 或 CaF_2 薄膜而钝化，达到抑制逆反应进行的目的。

C 分解过程动力学及影响分解反应速度和浸取率的因素

a 碱分解过程机理

钨精矿碱分解为一液固反应过程，主要经历浸出剂 NaOH 经过矿物表面上的液膜层向矿物表面的传质扩散；NaOH 溶液经过疏松的 $Mn(OH)_2$、$Fe(OH)_2$ 等产物膜层向反应界面的传质扩散；NaOH 溶液在反应界面被吸附并与白钨、黑钨矿发生化学反应；Na_2WO_4 经产物膜层向外扩散；产物 Na_2WO_4 经过矿物表面上的液膜层向液相扩散。

李洪桂教授等对碱分解后的黑钨矿和白钨矿颗粒表面进行电镜扫描分析发现，颗粒外面的铁、钙的氢氧化物层已大部分自动脱落，即使存在氢氧化物层也非常疏松，因此不可能构成反应的障碍，同时发现黑钨矿、白钨矿与 NaOH 反应的动力学方程式均符合颗粒收缩模型。对经机械活化后的黑钨矿而言，当外扩散速度足够快时：

$$1-(1-x)^{\frac{1}{2.2}}=3.41\times10^{-4}\frac{t}{D_p}[NaOH]^2\times\exp\left[-\frac{77370}{R}\left(\frac{1}{T}-\frac{1}{363}\right)\right] \quad (1-2-9)$$

式中，D_p 为颗粒直径，cm；t 为时间，min；R 为气体常数，8.31J/(K·mol)$^{-1}$；x 为时间 t 时的反应分数。

李洪桂教授等人测得75~105℃范围内，黑钨矿分解反应的表观活化能为77.37kJ/mol，说明黑钨矿分解过程控制性步骤是表面化学反应速度，提高碱浓度可增大反应速率；对白钨矿而言，在65~110℃、NaOH 浓度为200~400g/L时，不排除外扩散影响的条件下，亦服从类似的方程。白钨矿的碱分解过程属表面化学反应控制，增大碱浓度、升高反应温度和减小矿物粒度均有利于反应的进行。苛性钠分解白钨矿的表观活化能为58.83kJ/mol，比分解黑钨时要低，说明 NaOH 分解白钨矿时，温度对其反应速度的影响要小一些。

b 影响钨精矿碱分解效果的主要因素

影响分解过程的主要因素有温度、NaOH 用量、浓度、精矿成分及粒度、添加剂、压力以及机械活化能等。

(1) 温度、NaOH 浓度、NaOH 用量及原料粒度、搅拌速度。升高温度、提高 NaOH 浓度、减小精矿粒度，均有利于提高钨精矿的浸出率和分解速度。同时，在一定范围内，搅拌速度亦有较大影响。温度对钨矿分解速度影响较大，但提高温度仅仅是强化分解过程的途径之一，这一强化途径是有限的。

（2）原料中钙的含量及其存在形态。龚建平对我国华南地区高钙黑钨精矿中钨矿物杂质的赋存状态及特征研究发现，大部分钨矿物连生于黑钨矿中，细颗粒白钨矿在黑钨矿内形成连晶体。用苛性碱浸取时，钨的浸出率随黑钨精矿中钨含量的增加而明显下降。黑钨精矿碱分解时浸出率与原料中 CaO 含量的关系如表 1-2-3 所示。

表 1-2-3　黑钨精矿碱分解时浸出率与原料中 CaO 含量的关系

黑钨精矿中 Ca 含量/%	渣含 WO_3/%	分解率/%
0.32	3.45	98.4
0.72	13.6	90.2
0.84	14.7	90.0
2.59	17.8	85.5
3.56	18.7	84.6

龚建平发现，精矿中 CaO 的影响程度还与其形态有关，钙化合物的溶度积愈小，其对浸取的不利影响愈小。一般以 CaF_2、$Ca_3(PO_4)_2$ 形态存在的钙对浸取过程无影响，而以 $CaCO_3$、$CaSO_4$ 或 $CaSiO_3$ 等形态存在的 CaO 则严重影响钨的浸出率。以 $CaWO_4$ 形态存在的白钨矿在一般苛性碱浸取条件下是很难溶解的，从而影响钨的总浸出率。

（3）添加剂。钨精矿碱分解过程常加入可溶性钠盐，如 $NaCO_3$、Na_3PO_4、Na_2SiO_3 或 NaF 等，可促使 $CaWO_4$ 的分解产物 $Ca(OH)_2$ 转化成溶解度更小的 $CaCO_3$、$Ca_3(PO_4)$、$CaSiO_3$ 及 CaF_2 进入浸出渣，而且还可避免 WO_4^{2-} 与 Ca^{2+} 形成 $CaWO_4$ 滞留于渣中。25℃时各难溶化合物的 K_{sp} 见表 1-2-4。

$$CaWO_4 + Na_2CO_3 = CaCO_3\downarrow + Na_2WO_4 \qquad K_c = 0.426 \qquad (1-2-10)$$

$$3CaWO_4 + 2Na_3PO_4 = Ca_3(PO_4)_2\downarrow + 3Na_2WO_4 \qquad K_c = 370 \qquad (1-2-11)$$

$$CaWO_4 + NaF = CaF_2\downarrow + Na_2WO_4 \qquad K_c = 24.5 \qquad (1-2-12)$$

表 1-2-4　25℃时各难溶化合物的 K_{sp}

$CaWO_4$	$Ca(OH)_2$	$CaSiO_3$	$CaCO_3$	CaF_2	$Ca_3(AsO_4)_2$	$Ca_3(PO_4)_2$
8.7×10^{-9}	5.5×10^{-6}	6.7×10^{-34}	2.8×10^{-9}	3.4×10^{-11}	6.8×10^{-19}	2.0×10^{-29}

实践证明，黑钨精矿碱压煮过程添加 Na_3PO_4，能使钙含量由原来的小于 1%左右提高到 2%～3%，提高了 NaOH 压煮法对白钨矿的适应能力及钨资源的利用率，但未彻底解决 NaOH 分解白钨矿及各种比例的黑白钨混合矿的问题，也不能解决处理复杂矿时，因原料中杂质含量高而导致分解液质量下降带来的后续净化工序负担重以及成本高等问题。但是，如果在苛性钠介质中，以 Na_3PO_4 作为分解剂，采用 Na_3PO_4-NaOH 分解法，则可有效处理白钨矿及各种比例的黑白钨混合矿。

工业上也可用粗 Na_2WO_4 溶液的结晶母液中的 P、As 及 Si 加速 $CaWO_4$ 的分解，同时又可利用其中的残碱，也可利用磷砷渣中的磷酸盐、硅酸盐和砷酸盐加速高钙黑钨精矿的分解，既回收了废渣中的钨，又提高了 $CaWO_4$ 的分解率。

工业上也可通过提高碱分解温度，增加碱用量，不但可加速黑钨矿的分解，而且使其

中的 SiO_2（选矿时适当提高 SiO_2 含量）生成 Na_2SiO_3，Na_2SiO_3 与 $CaWO_4$ 生成 $CaSiO_3$，提高白钨矿的分解率。

（4）机械活化。在一定条件下，机械活化可使黑钨矿与 NaOH 反应的表观活化能较未活化矿物下降 18.4kJ/mol。大量的实践证明，机械活化能明显降低钨矿碱浸过程的表观活化能，降低钨矿碱分解过程对温度的依赖程度，强化钨矿的浸出，缩短分解时间，同时碱用量也有所减少。A·H·泽里克曼用行星式离心磨机对原料预先进行机械活化的效果见表 1-2-5。

表 1-2-5 机械活化对黑钨矿浸取率的影响

研究对象及活化条件	浸出条件	浸取率/%	
		未活化	活化
低品位矿含 2% WO_3，湿式活化	NaOH 浓度 10%~20%，120℃，1h，固：液=1：4	26.5	61.75
低品位矿含 2% WO_3，干式活化		26.5	34.5

D 分解过程杂质的行为及抑制

钨精矿中主要杂质矿物有硅酸盐、臭葱石、磷灰石、辉钼矿、钼酸钙矿、锡石、黝锡等。在 NaOH 分解黑钨精矿过程，其中的部分杂质元素 P、As、Si、Mo 等也会与 NaOH 反应生成相应的钠盐进入溶液，一些两性金属杂质，如锡、锑等因氢氧化钠的碱性强，亦有的生成少量钠盐进入溶液，加重后续净化工序负担，影响钨的直收率。

a 碱分解过程杂质的行为

（1）锡。锡主要以 SnO_2 和 Cu_2FeSnS_4 两种形态存在。SnO_2 难与 NaOH 反应，而 Cu_2FeSnS_4 则容易被浸出，以 Na_2SnO_3、$NaSnO_2$、Na_2SnS_3 形式进入钨酸钠溶液。在碱分解过程，对锡浸出率影响最大的是温度，一般分解条件下锡的浸出率随温度升高而增大，其原因是锡的浸出反应较钨的浸出反应更倾向于热力学控制。锡的存在形态对锡浸出率的影响见表 1-2-6。

表 1-2-6 锡的存在形态对锡浸出率的影响

锡的存在形态	预处理	分解条件	锡的浸取率	备注
锡石		170℃、500g/L 的 NaOH	0.46%	一般小于 0.5%
锡石		热球磨的	<1%	
Cu_2FeSnS_4		80℃、200g/L 的 NaOH、2h	5%左右	
含锡为 17.24%的黝锡矿	不焙烧	160℃、500g/L 的 NaOH	97.6%	李洪桂等人
	750~800℃焙烧		8.56%	

在 NaOH 分解钨精矿时，不仅要注意锡的总量，更要注意锡的存在形态。当原料中 Cu_2FeSnS_4 含量过高，常规碱分解工艺无法处理时，则要将钨精矿进行氧化焙烧预处理，使其中的 Cu_2FeSnS_4 转化为 SnO_2。即使精矿中锡含量在国家标准规定的范围内（小于 0.2%），物料经湿法生产流程的多次循环，产品中的锡也会因为循环、逐渐富集而造成超标，导致产品不合格。

（2）钼。钼主要以 $CaMoO_4$ 和 MoS_2 两种形态存在，$CaMoO_4$ 极易被碱浸出（在 80℃，

200g/L的NaOH溶液中浸出2h，其浸出率达91.53%），在没有氧化剂存在时，MoS_2应留在浸出渣中（即使在170℃，500g/L的NaOH溶液中，其浸出率也不到0.6%）。但有氧化剂$NaNO_3$等存在时，MoS_2易被氧化并形成相应的钠盐进入溶液。

$$CaMoO_4 + 2NaOH = Na_2MoO_4 + Ca(OH)_2\downarrow \quad (1-2-13)$$

$$MoS_2 + \frac{9}{2}O_2 + 6NaOH = Na_2MoO_4 + 2Na_2SO_4 + 3H_2O \quad (1-2-14)$$

（3）磷、砷及硅。砷在钨精矿中以$FeAsO_4$和As_2S_5形态存在，$FeAsO_4$易与NaOH反应生成Na_3AsO_4进入碱分解液。在没有氧化剂存在时，As_2S_5和碱不反应，但有氧化剂$NaNO_3$等存在时，As_2S_5氧化成Na_3AsO_4盐进入溶液。

$$2FeAsO_4 + 6NaOH = 2Na_3AsO_4 + Fe_2O_3 + 3H_2O \quad (1-2-15)$$

$$4As_2S_5 + 24NaOH = 5Na_3AsS_4 + 3Na_3AsO_4 + 12H_2O \quad (1-2-16)$$

硅在钨精矿中以SiO_2和硅酸盐形态存在。在高温、浓碱条件下，SiO_2和硅酸盐以及磷灰石均可与NaOH反应生成相应的钠盐进入碱分解液，碱用量越大，浸出液中P、S以及As阴离子浓度越高。

$$CaSiO_3 + 2NaOH = Na_2SiO_3 + Ca(OH)_2\downarrow \quad (1-2-17)$$

$$SiO_2 + 2NaOH = Na_2SiO_3 + H_2O \quad (1-2-18)$$

$$Ca_5(PO_4)_3F + 10NaOH = 3Na_3PO_4 + NaF + 5Ca(OH)_2\downarrow \quad (1-2-19)$$

b 钨矿碱分解过程杂质P、As、Si、Sn的抑制

钨精矿碱浸过程，既要提高钨的浸出率，又要将有害杂质P、As、Si、Sn留在浸出渣中。因此，碱分解过程既是钨精矿的分解、WO_3进入分解液的过程，同时也是抑制杂质离子浸出的过程。生产实践中应发挥这两方面的作用，在保证分解率的情况下，同时也得到质量较高的分解液。

（1）利用白钨矿分解产物$Ca(OH)_2$抑制杂质的浸出。用热球磨碱分解各种含白钨（包括高钙黑钨精矿）的矿物原料时，白钨分解产物$Ca(OH)_2$能与溶液中的P、As、Si、Sn反应转变成溶度积更小的$Ca_3(AsO_4)_2$、$Ca_5(PO_4)_3OH$、$Ca_3(PO_4)_2$、$CaSiO_3$、$CaSnO_3$、$CaSn(OH)_6$，使溶液中的Si、P、As等杂质重新进入渣中，从而在处理高钙、高杂的难选中矿时，溶液中上述杂质的含量仍能保持较低水平。式（1-2-20）、式（1-2-21）在100℃、150℃和200℃的平衡常数如表1-2-7所示。

$$Na_2SiO_3 + Ca(OH)_2 = CaSiO_3\downarrow + 2NaOH \quad (1-2-20)$$

$$2Na_3PO_4 + 3Ca(OH)_2 = Ca_3(PO_4)_2\downarrow + 6NaOH \quad (1-2-21)$$

$$2Na_3AsO_4 + 3Ca(OH)_2 = Ca_3(AsO_4)_2\downarrow + 6NaOH \quad (1-2-22)$$

$$3Na_3PO_4 + 5Ca(OH)_2 = Ca_5(PO_4)_3OH\downarrow + 9NaOH \quad (1-2-23)$$

$$Na_2SnO_3 + Ca(OH)_2 = CaSnO_3\downarrow + 2NaOH \quad (1-2-24)$$

$$Na_2SnO_3 + Ca(OH)_2 + 3H_2O = CaSn(OH)_6\downarrow + 2NaOH \quad (1-2-25)$$

表1-2-7 反应式（1-2-20）、式（1-2-21）的平衡常数值

温度/℃	100	150	200
$K_{(1-2-20)}$	2.05×10^8	4.4×10^6	1.79×10^5
$K_{(1-2-21)}$	1.52×10^8	1.17×10^7	1.10×10^6

（2）利用钨矿物中 $CaWO_4$ 抑制杂质的浸出。原料中的 $CaWO_4$ 能将碱浸出液中的 P、As、Si、Sn 转变成溶度积更小的 $Ca_3(AsO_4)_2$、$Ca_5(PO_4)_3OH$、$Ca_3(PO_4)_2$、$CaSiO_3$ 等沉淀进入渣相。黑白钨矿中 $CaWO_4$ 含量升高，As、Si 的浸出率明显降低，溶液质量提高 4~5 倍。主要抑制反应、相关平衡常数见表 1-2-8，杂质 As、Si 的浸出率及粗钨酸钠溶液成分见表 1-2-9。

表 1-2-8 抑制反应及相关平衡常数

公式号	抑制反应	温度/℃	100	150	200
(1-2-26)	$Na_2SiO_3+CaWO_4 = CaSiO_3\downarrow+2NaWO_4$	$K_{(1-2-26)}$	1.7×10^{11}	1.4×10^{10}	2.1×10^{9}
(1-2-27)	$Na_3PO_4+3CaWO_4 = Ca_3(PO_4)_2\downarrow+3Na_2WO_4$	$K_{(1-2-27)}$	9.34×10^{16}	4.1×10^{17}	1.93×10^{18}
(1-2-28)	$2Na_3AsO_4+3CaWO_4 = Ca_3(AsO_4)_2\downarrow+3Na_2WO_4$				

表 1-2-9 NaOH 分解不同钨矿物原料时杂质 As、Si 的浸出率及粗钨酸钠溶液成分

序号	原料成分/%		粗 Na_2WO_4 溶液成分/$g \cdot L^{-1}$			$[\rho(WO_3)/\rho(M')]\times10^{-3}$		杂质浸出率/%	
	$w(WO_3)$	$w(Ca)$	$\rho(WO_3)$	$\rho(As)$	$\rho(Si)$	As	Si	As	Si
1	64.58	1.57	151.13	0.050	1.170	3.026	0.13	22.99	19.07
2	64.33	2.57	153.89	0.020	0.513	7.69	0.30	9.28	7.83
3	64.09	3.57	148.05	0.016	0.373	9.30	0.40	8.91	5.67

注：分解条件：160℃，2.0h，每批取矿样 300g，碱用量为理论量的 2 倍。

（3）利用可溶性铝盐抑制硅的浸出。苛性钠分解过程加入 Al_2O_3、$Al(SO_4)_3$ 或者 $Al(OH)_3$，使分解液中的硅以 $Na_2O \cdot Al_2O_3 \cdot SiO_2 \cdot nH_2O$ 沉淀进入渣中，降低了分解液中硅含量。

工业上，也可把以上三种抑制方法结合起来使用。

2.1.1.2 工业实践

目前，工业上碱法分解钨精矿主要有苛性钠压煮法（0.5~3.5MPa）、机械活化碱浸法（热球磨法）以及正在研发的常压反应挤出碱分解法。常压碱分解导致钨酸钠溶液中游离碱高达 100~130g/L，需进行钨碱分离回收，钨的总回收率较低，故已逐渐被碱压煮法取代。碱压煮法钨浸出率高，碱耗量较少，但设备结构复杂，投资大。机械热球磨法其分解试剂用量、分解温度与碱压煮法相比，都有所降低，而且机械球磨可分解白钨矿。但这两种工艺均需要较高的温度和压力，需在压力设备中才能实现钨矿的有效分解，能耗较高；另外，两种工艺均为间歇式进料和出料，工作效率较低。其次，两种工艺碱浓度都很低，生产用水量大，水消耗大。

A 常压搅拌浸出及苛性钠压煮浸出

先将钨矿物原料预先经湿式球磨至 95%以上小于 43μm（亦有工厂预先在 700~800℃进行焙烧预处理，改变浸出性能），矿浆流入带机械搅拌的料浆中转槽和配料槽，由料浆泵泵入常压搅拌浸出槽或者高压釜，同时添加一定比例的液碱、水和适当添加剂进行浸出，保温一定时间进行卸料，料浆一般在板框压滤机上进行过滤并洗涤，滤液送净化工序，钨渣送渣场堆放或外售。苛性钠分解钨精矿工艺流程如图 1-2-7 所示。

a 设备

苛性钠分解在浸出槽中进行，根据温度的高低分为常压搅拌浸出槽和高压釜。

（1）搅拌浸出槽。通常用普通钢板焊成，用蒸汽夹套加热或蛇形管通蒸汽加热。蒸汽夹套常压搅拌浸出槽结构如图1-2-8所示。此设备一般在常压下工作，当采用有效密封措施时，亦可在0.2~0.3MPa下工作。

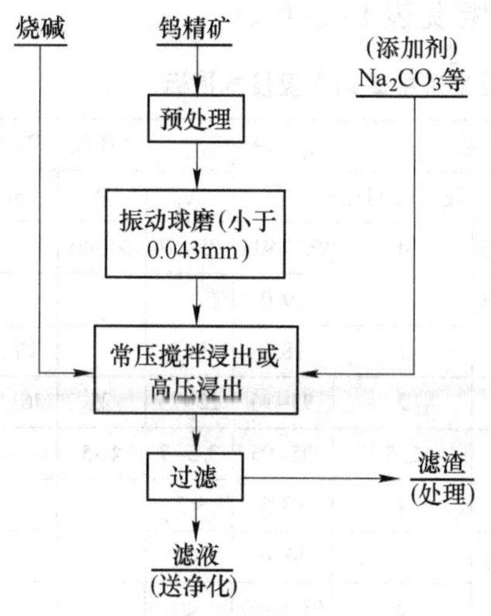

图1-2-7 苛性钠分解钨矿物工艺流程

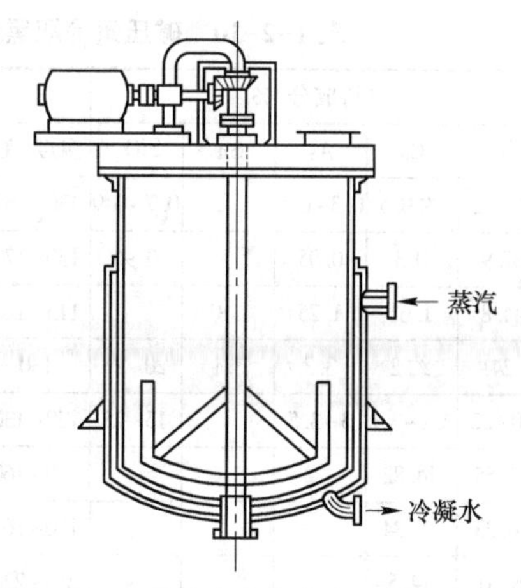

图1-2-8 带蒸汽夹套的高压搅拌浸出槽

（2）高压釜。立式高压釜结构见图1-2-9。高压釜有立式和卧式两种，立式釜容积通常为3~5m^3，卧式釜的釜体由低合金钢焊成，直径为1.5~1.8m，长10~15m，壁厚25~30mm，一般转速为2~3r/min，密封良好，且有足够强度，一般用高压蒸汽、工频感应或者远红外辐射加热，分解温度一般为100~220℃，压力为0.5~3.5MPa。

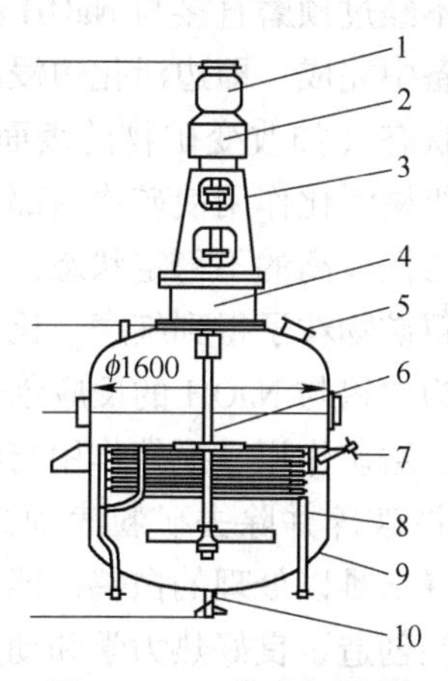

图1-2-9 立式高压釜

1—电动机；2—减速机；3—支撑；4—填料箱；5—手孔；
6—搅拌器；7—加料口；8—蒸汽盘管；9—釜体；10—卸料口

b 主要技术参数及指标

常压搅拌浸出分解黑钨精矿时，碱用量一般为理论量的1.6~2.0倍，温度为105~

110℃，保温时间4h左右，WO_3浸出率可达98%~99%，杂质浸出率大致为：Si20%~30%、As30%~45%、P30%~50%、Mo70%~90%。

碱压煮法处理钨矿时，其技术经济指标因原料组成不同而异，实际碱用量与分解温度有关。对于易处理黑钨精矿或者以黑钨精矿为主的混合矿，碱用量和分解温度可以稍微降低。而对难处理的低品位白钨中、细泥，高钙中矿及白钨精矿，则可相对提高碱用量和分解温度或者添加Na_3PO_4。工业生产中相关技术指标见表1-2-10。

表1-2-10 碱压煮浸取黑钨精矿及难选中矿的主要技术指标

原料名称	原料成分/%					技术参数			分解率/%	杂质浸出率/%			
	WO_3	Ca	As	Sn	SiO_2	温度/℃	NaOH量	浸出时间/h		As	P	Sn	SiO_2
黑钨精矿	70~72	约0.5	0.3~0.5		0.7~0.9	130~135	1.3~1.5	4	98.5~99.0	35~37	30~40		约25
	67.9	0.3	0.05		0.96	150~170	1.4~1.8	1	99.0				
	44.8	1.61	1.25	1.81		115~120	2.8	2	98.0	34.5		约10	
难选中矿	24	约2	3.3	3.1	20~27	130	6.5	2	95~96	22~23	25	16~17	30~35
	20~22	2.2~3.2	3~3.5		15~25	120~130	6.5	2.5	95~96	3.5~7	4~5		
	67.65	14.82				150~160	2.5	2	98.5	<5			
白钨精矿	70.23	15.84				150~160	2.5	2	98.6	<5			
	65.0	14.5				210~220	2.4	2	98.5~99	<5			

B　机械活化碱分解（热球磨工艺）

机械化学是一门新型的边缘学科，许多研究都表明，对矿物进行机械活化，可改变矿物的表面热力学状态及内部结构，增大内能，提高其反应活性。

a　原理及特点

机械活化碱浸实质是钨精矿不经过预磨直接与NaOH溶液一起加入热磨反应器中进行浸出，将球磨与浸出在同一台设备中完成，即边活化边浸出，通过改变矿物的表面状态及内部结构等来改变矿物的热力学状态（如改变矿物的表面自由能等），使白钨与NaOH的反应在热力学上成为可能。通过机械活化作用使矿物内部产生缺陷、位错及非晶态等，增加矿物的内能，使矿物处于一种活性较高的不稳定状态，强化其动力学过程，增大反应速度。此外，在机械活化的同时，粗矿物粒子得到细磨，比表面积增大，矿物表面生成的固相产物层受到破坏，所有这些都为白钨与NaOH的反应创造了有利条件。所以机械活化碱浸将对矿物原料的机械活化作用、磨矿作用、搅拌作用与浸出过程的化学反应进行有机结合，在机械磨矿时使矿粒进一步被破碎并除去矿粒表面的生成膜，使反应的有效面积增加，分解反应加速，使常压搅拌浸出难以处理的白钨矿能在低碱耗、短时间内得到高的浸出率。该法为有效分解黑钨、白钨创造了良好热力学和动力学条件，是节能和生产效率较高的一种先进工艺。

工业实践表明，该法具有以下优点：

（1）原料适应性广。既可处理高、低品位钨矿和高钙黑钨精矿，也适用于白钨精矿和任何比例的黑白钨混合矿、白钨细泥、白钨中矿及白钨精矿等，拓宽了原料来源，降低了对选矿的要求，提高了钨的总回收率。

（2）碱用量少。特别是处理黑白钨混合矿时，常压搅拌浸出和高压浸出碱用量大，浸出液中 $NaOH/WO_3$ 比值高，需浓缩结晶回收碱后才能送净化，而本工艺碱用量少，不需要回收碱。与机械搅拌法相比，在同样碱用量下，浸出率可提高1%~3%。

但其在处理低品位（WO_3<40%）矿时，需用较高的碱用量（理论量的2.6~3.5倍），才能获得较高的分解率。对低品位钨矿及白钨精矿，一些工厂采用高碱用量（理论量的6~8倍）。

（3）杂质浸出率低。在处理黑白钨混合矿时，由于分解过程产生的 $Ca(OH)_2$ 能与分解液中的 AsO_4^{3-}、PO_4^{3-}、SnO_3^{2-} 及 SiO_3^{2-} 等离子反应，分别生成相应的难溶化合物重新入渣，杂质P、As、Si的浸出率为机械搅拌法的1/2~1/3。

（4）能耗低、生产成本低。主要表现在以下几方面：

1）机械活化能明显降低钨矿碱浸过程的表观活化能，降低钨矿碱分解过程对温度的依赖，分解温度较传统的苛性钠压煮法低。

2）与传统压煮工艺相比，把磨矿和碱压煮合并为一道碱热球磨工序，缩短了工艺流程，降低了能耗，操作周期也缩短。

3）红外、工频、脉冲导热油加热技术的推广应用，大大降低了能耗。

4）设备生产能力较大。由于热球磨工艺液固比仅为0.6∶1，低的液固比导致设备单位生产能力很高。处理钨精矿时，一台设备的年处理量可达700~750t，满足年产约500t仲钨酸铵生产线的要求。

工业实践表明，机械活化碱分解效果比碱压煮好，但机械活化碱分解过程操作要求严格，往往在浸出、过滤操作时，因平衡常数太小容易造成反应不彻底或发生逆反应（返钙现象），导致渣含量剧增，渣含 WO_3 平均值为2.20%，平均分解率为99.03%，而且机械活化碱分解过程受设备规模和安全性能的限制，难以适应大型化生产要求，在一定程度上限制了该工艺的应用。

b 工艺流程及设备

机械活化碱浸过程在热磨反应器中进行，反应器由筒体及端盖组成，筒体的材质为耐磨锰钢或者低合金钢，内装低碳钢球用来细磨矿粉。一侧端盖上装有加料阀、卸料阀、测压阀、安全阀，另一端盖装有密封管插入反应器内，供测温用。筒体要求密封性能良好，可在0.5~2.0MPa和100~200℃条件下工作，内部带衬板或不带衬板，外部用工频或其他方式加热，设备的物料充填率可达60%~70%。图1-2-10为热磨反应器结构图，图1-2-11为机械活化碱浸设备连接图。

图1-2-10 热磨反应器

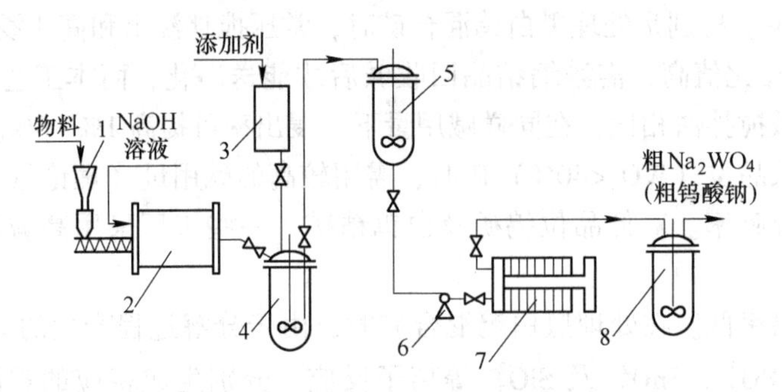

图 1-2-11 机械活化设备连接图

1—加料器；2—热磨活化反应器；3—水槽；4—稀释槽；
5—中间罐；6—压滤泵；7—压滤机；8—储液罐

c 主要技术参数及指标

机械活化碱浸钨矿主要技术指标见表 1-2-11。

表 1-2-11 机械活化碱浸各种钨矿物原料的主要技术指标

原料名称	原料成分/%					技术参数			分解率/%	杂质浸出率/%			
	WO_3	Ca	As	Sn	SiO_2	温度/℃	NaOH 量	浸出时间/h		As	P	Sn	SiO_2
高钙黑钨精矿	59.6	3.32	0.09		2~3	150~160	1.8	2	99.11	1.27		<10	约 20
黑钨：白钨=1：4	38.19	4~5	0.4	8.7	9.9	150~160	2.7~2.9	1.5	98.0	1.54~2.0	1.0~1.5		
黑钨：白钨=2：1	53.0	3~4	1.49	1.28		150~160	2.2	1.5	98.9				
白钨细泥	33.5	5.0	0.91	5.07	12	160~170	3.0	2.0	98.5	2.71	1.12	1.58	2.8
白钨精矿	6.55	1.48	0.35	2.5	0.5	160~170	2.2~2.3	1.5	98.8				

C 反应挤出碱分解

目前，常规的冶金机械搅拌设备无法解决高黏度物料的处理问题，甚至在热球磨反应器中，也会因为物料黏度过高而使得物料与搅拌介质（钢球）黏成一团，不但传质效果极差，机械活化效果也不复存在。因此，要在低碱用量、极低液固比条件下彻底分解钨矿物，不但要创造高碱浓度的有利热力学条件，还要创造有利的动力学传质条件，同时还能够提供热球磨反应良好的机械活化环境，则更有利于矿物分解。

a 原理

钨精矿在反应挤出过程，相互啮合、高速旋转的螺杆为机筒内填充的高浓度、高黏度的钨矿矿浆提供了强烈的挤压、剪切和搅拌作用，使矿浆得到充分混匀和活化的同时，及时剥除了矿物表面的产物膜，使矿物表面不断地得到更新，提高了矿浆中各组分的热交换和质交换速率，因而增大了钨矿的碱浸速率。对于常压高浓度反应挤压碱分解，转速增加，螺杆对高黏度矿浆的剪切力及机械活化作用更强，矿物表面浸出剂更新速度加快，物料中各组分的热交换和质交换速率也提高，有利于钨的浸出。

b 双螺杆挤出机

双螺杆挤出机结构上主要由挤出机筒、螺杆、热电偶、控制面板、加热圈、齿轮箱和支架几部分组成。螺杆实物如图 1-2-12 所示。双螺杆挤出机设备在轴向上的反应工程特性类似于一种管式反应器，可看成由多个串联的全混槽组合而成，其反应效率优于间歇式全混槽（如压煮反应器），可连续进料和出料；在径向上，相互啮合的螺杆可提供强烈的剪切应力，使物料在机筒内受到强烈的挤压、剪切和搅拌作用，这种作用不但能及时更新物料表面，使物料获得良好的混合效果，而且它能对未反应的物料产生强烈的机械活化作用，提高物料的反应活性，这一效果与热球磨反应器的机械活化作用类似。因此可采用螺旋挤出机中“反应挤出”的方式连续高效地分解钨精矿。与传统的搅拌反应器相比，双螺杆反应挤出机过程是一个连续进料和出料的过程连续，操作开放、简单，生产效率高，特别适合于高黏度物料体系的传质过程。

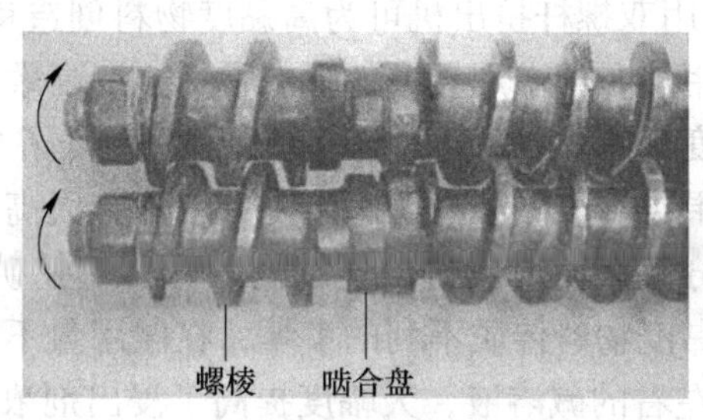

图 1-2-12 螺杆实物及其局部放大图

具体地讲，它是利用挤出机处理高黏度聚合物的独特功能，把挤出机螺杆螺筒上的各个区段独立地进行温度控制、物料停留时间控制和剪切强度控制，使物料在各个区段传输过程中，完成固体输送、增压熔融、物料混合、熔体加压、化学反应、排除副产物和未反应单体、溶体输送和泵出成型等一系列化工基本单元操作，因此它是理想的高黏度物料反应压力容器。与传统的反应工艺相比，反应挤出技术具有以下几个方面的优点：

（1）反应过程连续，使反应过程的精确控制成为可能，如通过改变螺杆转速、加料位置和温度条件，可精确控制最佳的反应开始、反应停止时间；

（2）物料在挤出机内的停留时间分布窄，有利于获得均匀的浸出效果；

（3）能实现一些在常规反应器中难以进行或不能进行的反应过程；

（4）简化了工艺流程，降低了生产成本；

（5）可随时调整螺杆结构和挤出工艺，以适应不同的物料体系，因而具有很大的更换产品的灵活性。

c 相关技术指标

有人采用反应挤出碱分解工艺分解钨精矿，其分解效果和参数如表 1-2-12 所示。

表 1-2-12 反应挤出碱分解工艺处理黑、白钨精矿的效果参数

原料	WO_3 品位/%	碱用量理论倍数	温度/℃	时间/min	螺杆转速/$r \cdot min^{-1}$	渣含量 $w(WO_3)$/%	分解率/%
白钨精矿	69.87	3	120	180	100	3.5	98.19
		2	120	210	160	1.78	99.07
		2.2	120	210	160	1.54	99.18
		3	120	210	100	1.38	99.27

续表 1-2-12

原料	WO_3 品位/%	碱用量理论倍数	温度/℃	时间/min	螺杆转速/$r \cdot min^{-1}$	渣含量 $w(WO_3)$/%	分解率/%
黑钨精矿	74.85	3	120	60	120	7.45	97.45
		1.5	120	150	180	2.54	99.13
		3	120	150	180	1.5	99.49
		3	120	150	100	2.14	99.29

表1-2-12表明，在浸出温度为120℃、螺杆转速为100～180r/min、浸出时间150～210min和碱用量为理论量1.5～3倍的条件下，浸出渣平均含钨为2.05%，浸出率达98.19%～99.49%。所以利用双螺杆挤出机可为高黏度物料创造良好物理化学条件的特点，实现了钨矿在低温、低碱用量和低水用量条件下的常压连续高效分解。在浸出率相当的情况下，反应挤压碱分解温度只有120℃，比传统碱分解温度低了30～60℃。

为了保证良好传质效果，传统碱压煮法碱浓度一般不会太高，因此需通过提高压力和温度来实现钨矿物的高效分解。而反应挤出连续高效碱分解钨矿因为使用双螺杆挤出机，克服了传统浸出设备对高黏度物料传质不利的束缚，在碱用量不大的情况下，采用很少的水能配制出浓度高达65%左右的碱溶液，大幅度提高了浸出剂浓度，从动力学角度在较低温度下极大地推动了分解反应的进行，获得较好的浸出效果，降低了能耗，节约了生产成本。

在碱分解白钨矿的工业生产实践中，从反应釜里出来的料液要进行稀释、过滤和洗渣处理，防止夹杂的渣中的钨酸钠固体与 $Ca(OH)_2$ 作用，导致反应逆向进行。对于 WO_3 品位20%左右的低品位钨矿，碱用量增加到4.0～5.5倍才可达到相同的渣含钨水平，由于原料品位低，相当于浸出率仅90%左右。如品位更低，则根本无法处理，而且钨矿中如果含有其他钙矿物特别是碳酸钙时，严重影响钨的浸出率。由于碳酸钙更易于与碱反应，导致钨的浸出率出现“先上升后又降低”的奇特现象。因此为了获得高的冶炼回收率，一般要求尽量降低含钙矿物含量，钨品位最好不低于40%～45%。因此，现有的基于碱法浸出的钠碱体系，已经难以适应处理日益复杂化的白钨矿。

2.1.1.3　过剩 NaOH 的回收

用以上方法处理低品位复杂钨矿物时，碱分解母液中含有大量过剩 NaOH，其量因处理原料及工艺的不同而异。一般第一道滤液中含 WO_3 浓度为100～150g/L，NaOH 浓度为80～120g/L。为了满足后续经典酸性萃取工艺对溶液酸度的要求，一般先用无机酸或者无有害阴离子调酸降低体系酸度，造成酸和碱的大量浪费，更为重要的是萃余液中含大量无机 Cl^- 或 SO_4^{2-} 阴离子，需要对其进行处理。经典离子交换法也必须将粗 Na_2WO_4 溶液进行高倍稀释，使游离碱小于8g/L才能进行交换吸附，这部分游离碱进入交换后液也被浪费。由于低品位矿及钨渣本身杂质含量高，分解过程碱浓度大，故所得粗 Na_2WO_4 溶液中杂质含量偏高，加重后续工序的除杂负担。因此，无论从环境保护、有价物质的循环利用还是满足后续工艺的条件来看都应对其进行回收。

A　浓缩结晶法

浓缩结晶法是当前工业上比较成熟的钨碱分离方法，碱回收主要采用蒸汽夹套加热蒸发浓缩和多效蒸发结晶。该法利用 Na_2WO_4 的溶解度随 NaOH 浓度升高而降低的性质，将

粗 Na_2WO_4 溶液进行蒸发浓缩结晶，Na_2WO_4 过饱和析出，结晶母液返回钨精矿碱解过程，可有效利用其中的残碱，降低 APT 生产碱单耗。

李运姣研究结果表明，当结晶率为 80%~90%时，砷、硅脱除率均可达 90%以上，大部分杂质留在分解液中，结晶母液返回碱分解过程，杂质 P、As、Si 等又与钨矿中 $CaWO_4$ 作用进入碱分解渣，不会造成杂质离子在系统中的积累。因此，浓缩结晶既是回收 NaOH 的过程，同时又是进一步除杂过程。

蒸发结晶过程，通过控制 Na_2WO_4 的结晶率，结晶出的 Na_2WO_4 中的 P/WO_3 比和 As/WO_3 接近或超过传统净化工艺净化 Na_2WO_4 溶液得到商品 APT 的要求，但 Mo/WO_3 比较高，析出的晶体则需用水重新溶解后，采用一步离子交换法、选择性沉淀法进行钨钼分离后制备仲钨酸铵。

B 阳极膜扩散渗析法

扩散渗析是一种新型分离技术，其借助膜的扩散和选择透过性，使溶液中组分得以分离，也称为浓差渗析或自然渗析。该法回收游离碱的原理及工艺流程分别如图 1-2-13、图 1-2-14 所示。主要由扩散渗析膜、配液板、加强板、液流板框等组成。板装置系统由一定数量膜的结构单元所组成，每个单元由一张阳离子均相膜（回收酸用阴离子膜、回收碱用阳离子膜）分隔成扩散室和渗析室，采用逆流操作，阳离子交换膜两侧分别为粗钨酸钠溶液和碱回收液。由于粗钨酸钠溶液中的 Na^+浓度高于回收液中的 Na^+，在浓差作用下，Na^+将透过阳离子交换膜，从粗钨酸钠溶液中迁移至回收液中。因 OH^-半径小，浓度大，会随 Na^+一起迁移至扩散室，以保持溶液的电中性，而 WO_4^{2-} 半径大，受阳膜上带负电荷的固定基团的排斥作用大，基本上不迁移或很少迁移，从而实现氢氧化钠和钨酸钠的有效分离。回收碱补浓后返回分解系统继续用于钨矿的碱浸，而钨酸钠则稍加处理，即可用于后续加工，降低了钨酸钠的生产成本，解决了环境污染问题。

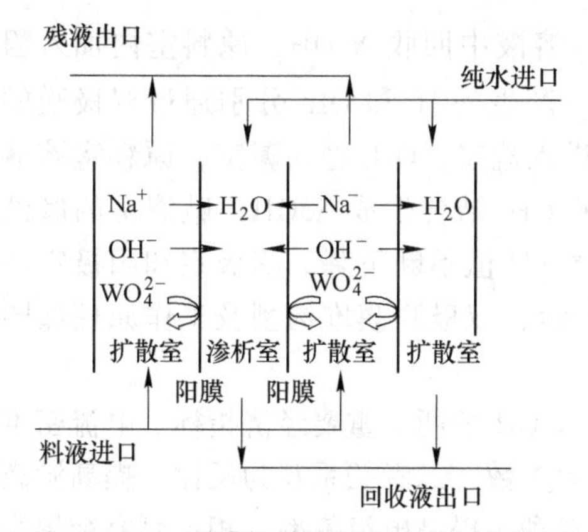

图 1-2-13 阳膜扩散渗析法回收粗钨酸钠溶液中游离碱原理

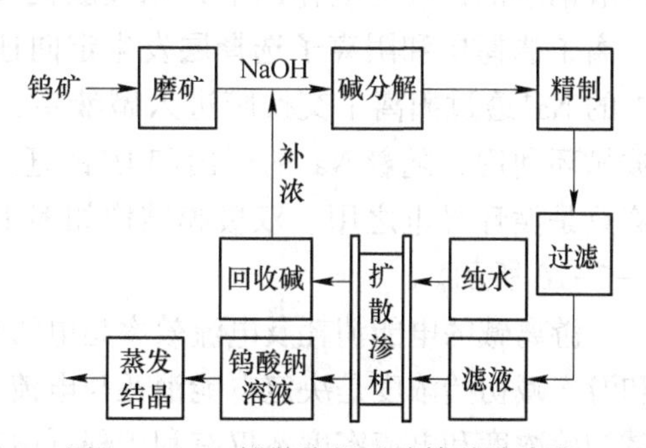

图 1-2-14 扩散渗析法从钨酸钠溶液回收游离碱工艺流程

扩散渗析技术具有如下特点：

（1）扩散渗析技术依靠浓度差为推动力，利用膜的选择透过性进行分离，无需外加直流电提供驱动力，其脱碱能耗比电渗析或者膜电解法低，且不产生相变，可在较低温度和常压下进行。

(2) 无二次污染，有利于废水中碱的充分回收（表1-2-13），后续废水处理过程中和剂用量少，耗电少，经济效益高，生产成本低。

(3) 该技术易与现有冶金工艺流程衔接，运用灵活，可实现连续分离。

(4) 操作条件温和、稳定，工艺简单，设备体积小。扩散渗析设施所需零部件少，结构简单，易于操作，维修方便，便于实现自动化控制。

表1-2-13 扩散渗析技术回收粗钨酸钠溶液中碱的效果

滤液浓度		回收碱浓度		残液浓度		WO_3 截留率/%	NaOH 回收率/%
$WO_3/g \cdot L^{-1}$	$NaOH/g \cdot L^{-1}$	$WO_3/g \cdot L^{-1}$	$NaOH/g \cdot L^{-1}$	$WO_3/g \cdot L^{-1}$	$NaOH/g \cdot L^{-1}$		
250	54.9	10	46.1	180	6.2	94	87

C 双极膜电渗析技术

双极膜电渗析（BMED）技术是一种新兴的膜分离技术，在酸碱生产、有机酸制备等领域均得到了广泛应用。近年来，也用该法从钨酸铵溶液制取偏钨酸铵或者降低钨酸钠溶液酸度。膜电解法制取偏钨酸铵料液，克服了常规方法产生大量硫酸钠的缺点，节省了酸且能回收碱，并且在阴极获得能用于钨粉生产的氢气。

双极膜是一种新型离子交换复合膜，它通常由阳离子交换层（N型膜）、界面亲水层（催化层）和阴离子交换层（P型膜）复合而成。双极膜内水及离子的迁移比较复杂，一般可分为三个步骤：水溶解到膜表面，扩散到阴、阳离子膜界面处，在外加直流电场作用下，界面亲水层的 H_2O 解离为 H^+ 和 OH^-，H^+ 和 OH^- 在电场力作用下分别通过阳膜和阴膜，在膜两侧分别得到 H^+ 和 OH^-。双极膜能将水直接离解成 H^+ 和 OH^-，实现对无机盐的劈裂式分解，制得相应的酸和碱。双极膜电渗析槽由双极膜、隔板及极板构成膜堆，膜与隔板的数量可根据具体的处理量而定。

基本原理：利用双极膜电渗析法从粗 Na_2WO_4 溶液中回收 NaOH，原料室内加入粗钨酸钠溶液，在电场作用下，双极膜内发生水解，产生的 H^+ 和 OH^- 分别通过双极膜的阳离子选择层和阴离子选择层发生定向迁移，H^+ 进入盐室，OH^- 进入碱室，原料室溶液中的 Na^+ 透过阳离子交换膜进入碱液室，与碱室的 OH^- 结合生成 NaOH，碱液室的碱液被循环利用，随着 Na^+ 的迁出和 H^+ 的迁入，料液的 pH 值不断下降。阴极室和阳极室溶液只是循环导电之用。双极膜结构如图1-2-15所示，双极膜膜堆构型及工作原理如图1-2-16所示。

游离碱的电能消耗及电流效率是电渗析法回收 NaOH 的两个重要经济指标。电流密度和游离碱初始浓度是决定电能消耗与电流效率的重要参数，二者关系互为反比。提高游离碱初始浓度和电流密度不仅有利于降低电耗，而且有利于提高电流效率。相关研究结果表明，对于6级并联渗析槽而言，如果碱起始浓度范围是2.0~2.5mol/L，渗析时间超过1.5h，电能能耗指标为2500~2700kW·h/t NaOH 溶液。此经济指标接近市场价格，具有实际应用价值。

上面这几种方法一般都是在钨酸钠溶液净化前进行钨碱分离，工业上也可利用以下方法回收碱：

(1) 用季铵盐直接萃取粗钨酸钠溶液中钨，萃余液经石灰苛化处理后返回碱分解过程，不但可利用其中的残碱，同时利用其中的 SiO_3^{2-}、PO_4^{3-} 等促进白钨矿的分解；

（2）白钨矿或者复杂钨中矿的碱分解液不需进行钨-碱分离，而是直接用于黑钨矿的碱分解，省去钨-碱分离工序，减少了能耗及钨、碱的损耗，综合碱耗仅为理论量 1.35 倍左右。

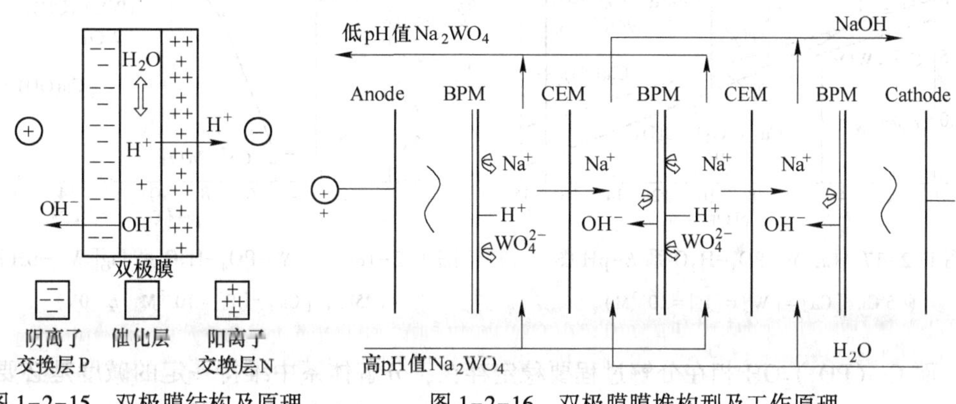

图 1-2-15　双极膜结构及原理　　图 1-2-16　双极膜膜堆构型及工作原理

2.1.2　苛性钠-磷酸钠分解法

既然磷、砷、硅的含氧酸根可与钙形成比白钨矿更为稳定难溶化合物，从本质上看，它们的含氧酸盐就能用作白钨矿的分解试剂。砷与磷属同一主族，其性质与磷相近，能与钙生成如 $Ca_5(AsO_4)_3OH$ 之类的难溶化合物。从这个意义上看，砷也能有效分解白钨矿，但砷的毒性大，不具有工业应用的现实性。硅虽与磷性质差异较大，但其在钨的碱法冶金中的走向与磷的类似，因为它们均能与钙生成稳定的化合物。由此可见，硅酸钠也应具有分解白钨矿的可能性。从价格方面考虑，硅酸钠比磷酸钠、碳酸钠和氢氧化钠廉价。若能将其用于分解白钨矿，将可能开辟一条廉价的白钨矿分解途径。这里仅介绍苛性钠-磷酸钠分解法。

$NaOH-Na_3PO_4$ 压煮法因其克服了传统碱压煮不能处理高钙钨矿的局限性，实现了低碱体系中白钨、黑钨及难选黑白钨混合矿的有效分解，对设备腐蚀小，已成为钨矿分解的通用技术。该工艺分解效果虽好，但也存在一些不足：以磷酸钠为浸出剂，分解白钨矿得到的 Na_2WO_4 溶液中有害杂质 P 的含量过高，加大了后续工序净化除 P 的难度；对于含 $CaCO_3$ 等钙盐较多的钨中矿，磷酸钠的用量将大幅度增加，即磷酸钠价格比氢氧化钠和苏打更贵。因此，目前工业生产中很少单独以磷酸钠为浸出剂来处理白钨矿，更多的是将其作为碱分解过程中的添加剂。

吴建国等人绘制了 25℃时 $Ca-W-PO_4^{3-}-H_2O$ 系 E-pH 图（图 1-2-17）和 log[W]-pH 图（图 1-2-18）。

与苛性钠压煮法相比，$CaWO_4$ 的稳定区域明显缩小，在 $Ca-W-PO_4-H_2O$ 系中出现稳定羟基磷酸钙［$Ca_5(PO_4)_3OH$］相，所以苛性钠压煮白钨矿过程加入 Na_3PO_4，发生沉淀转移反应，$CaWO_4$ 的分解产物 $Ca(OH)_2$ 转化成更难溶解的 $Ca_5(PO_4)_3OH$，加速白钨矿的

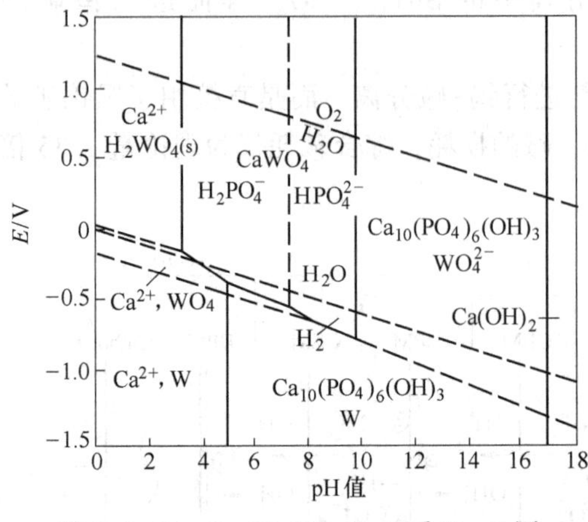

图1-2-17 Ca-W-PO_4-H_2O系E-pH图

（25℃，[Ca]=[W]=[P]=10^{-3}M）

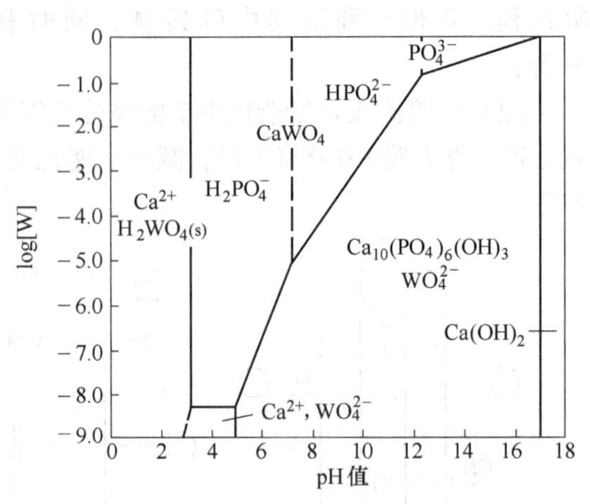

图1-2-18 Ca-W-PO_4-H_2O系log[W]-pH图

（25℃，[Ca]=[P]=10^{-3}M，E=0V）

分解。而$Ca_5(PO_4)_3OH$相在分解过程要稳定存在，分解体系中维持一定的碱度是必要的，分解过程pH值只要维持较高，NaOH-Na_3PO_4就可有效分解白钨矿。另外，PO_4^{3+}与Ca^{2+}的结合能力也很强，分解白钨过程的平衡常数较大，而且分解$\Delta G^{\ominus}<0$。NaOH-Na_3PO_4分解白钨矿过程化学反应如下：

$$3CaWO_4 + 2Na_3PO_4 + NaOH = 3Na_2WO_4 + Ca_3(PO_4)_2\downarrow \quad (1-2-29)$$

$$5CaWO_4 + 3Na_3PO_4 + NaOH = 5Na_2WO_4 + Ca_5(PO_4)_3OH\downarrow \quad \Delta G = -16.72\text{kJ/mol} \quad (1-2-30)$$

由于$Ca_3(PO_4)_2$或$Ca_5(PO_4)_3OH$的溶度积（$K_{sp}=10^{-57.5}$）比$Ca(OH)_2$和$CaCO_3$的溶度积小很多，所以反应驱动力大于苛性钠和苏打压煮分解白钨矿的驱动力。因此，Na_3PO_4是一种相比苛性钠和苏打更有效的分解白钨矿的化学试剂。

NaOH-Na_3PO_4压煮法分解白钨矿的产物为$Ca_5(PO_4)_3OH$，会在矿粒表面形成一层致密的固体膜，阻碍反应的继续进行，因此，反应的膜扩散成为主要控制步骤。李江涛等测定了Na_3PO_4分解白钨矿反应体系的表观活化能为78kJ/mol，相同条件下，超声波作用下体系表观活化能降为50kJ/mol。超声波作用前后白钨矿分解效果表明，NaOH-Na_3PO_4压煮法分解白钨矿属膜扩散控制，所以分解过程要创造良好的动力学条件。

对湖南郴州地区的黑、白钨混合中矿采用该法浸出，NaOH加入量为理论量的1.5倍（以WO_3计），磷酸钠加入量为理论量的1.0倍（以Ca计），浸出温度160℃，液固比3∶1，浸出时间3h。在此条件下，钨的平均浸出率为98.49%，渣含WO_3平均为1.561%，As、SiO_2、Mo的浸出率分别为62.40%、3.14%、93.31%。除Mo外，在浸出过程中实现了钨与其他主要杂质的初步分离，减轻了后续钨酸钠溶液净化负担。

2.1.3 氢氧化钠-氟化钠分解法

NaF分解法适合分解白钨矿，具有试剂用量少、分解时间短、分解液质量好及废渣CaF可综合利用等优点。不足之处在于NaF的溶解度有限，单位生产能力低。

2.1.3.1 分解原理

A 主要化学反应及热力学

氟化钠与白钨矿反应如下：

$$CaWO_4 + 2NaF \Longrightarrow CaF_2\downarrow + Na_2WO_4 \quad (1-2-31)$$

由于 CaF_2 的溶度积（$K_s=2.7\times10^{-11}$）比 $CaWO_4$ 的溶度积（$K_s=8.7\times10^{-9}$）小，从热力学角度分析反应是可以进行的。在 NaF 用量为理论量，温度 225℃下，实测反应式（1-2-31）的浓度平衡常数 K_c 为 24.5，而相同的条件下用 Na_2CO_3 分解时，其 K_c 仅为 1.5，故 NaF 分解白钨矿试剂用量少，分解效果比 Na_2CO_3 更好。分解过程添加铝盐可以使溶出的 SiO_3^{2-} 又以铝硅酸盐形态入渣，抑制了硅的浸出。

B 分解动力学及影响因素

分解温度低于 100℃时，NaF 分解白钨矿的矿粒表面生成 CaF_2 薄膜阻碍反应的进一步进行；温度高于 100℃时，则 CaF_2 薄膜自动脱落，反应速度主要受化学反应速度的控制，NaF 压煮温度一般保持 190℃左右。浸出过程，溶液酸度氟浓度、温度、浸出时间、沽化时间对浸出效果影响比较大。

a 酸度

赵中伟等绘制了［F］=0.10mol/L 和 0.12mol/L 溶液中的溶解平衡浓度对数图，分别如图 1-2-19 和图 1-2-20 所示。

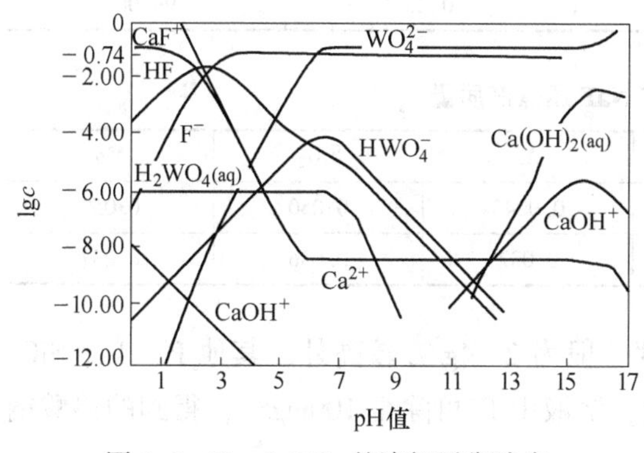

图 1-2-19 $CaWO_4$ 的溶解平衡浓度对数图（［F］=0.10mol/L）

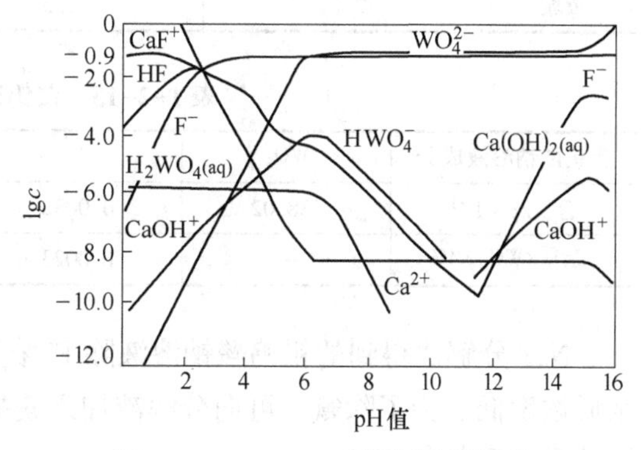

图 1-2-20 $CaWO_4$ 溶解平衡浓度对数图（［F］=0.12mol/L）

图 1-2-20 表明，在低 pH 值下，由于 H^+ 和 F^- 结合成 HF，F^- 不能充分游离，所以高酸度条件下实际上发生白钨矿的酸分解反应。pH 值升高时，HF 逐渐电离，溶液中 F^- 浓度增大，与 $CaWO_4$ 作用能力增强。在一定范围内，进一步提高 pH 值对溶液中 Ca^{2+}、WO_4^{2-}、F^- 等组分的平衡无明显影响，WO_4^{2-} 浓度基本维持恒定，所以仅从热力学角度考虑，较大的 pH 值无实际意义。分解过程维持溶液 pH 值大于 6.57 以上，就可避免 HF 的逸出。当 pH 值大于 15.6 时，也有利于浸出，但此时不再是 F^- 起分解作用，而实际上是 NaOH 分解白钨矿。

b 氟浓度

对比图 1-2-19 与图 1-2-20。一般 NaF 压煮白钨矿，F^- 浓度提高，白钨矿的分解率提高。但是随着温度的升高和溶液中 Na_2WO_4 浓度的升高，NaF 的溶解度减小。因此，为了能使加入的大部分 NaF 保持溶液状态，应保持有足够液相的体积，相应的设备生产能力低，单位能耗高，产出的浸出液中含 WO_3 浓度较低。

c 压煮温度

压煮温度升高，分解率提高，温度在 190℃时，分解率大于 99%。考虑到设备耐温耐压性、供热方式与能耗等因素，选择压煮温度一般在 190℃左右。

2.1.3.2 工艺过程及相关技术指标

株洲硬质合金厂姚珍刚在氟化钠用量为理论量的 1.2 倍，并添加适量 NaOH，压煮温度 190℃、压煮 1.5h 条件下，研究了 NaF 对不同品位的白钨矿的压煮结果，钨分解率基本在 99.0%左右（表 1-2-14），压煮液质量见表 1-2-15。

表 1-2-14 白钨矿氟化钠压煮分解率

矿源	白钨矿 WO_3/%	渣中总 WO_3/%	渣中可溶 WO_3/%	分解率/%
川口	66.12	1.10	0.07	99.36
柿竹园	66.76	1.87	0.095	98.87
云南	72.15	1.36	1.2	99.25
绍阳	72.45	1.6	0.07	99.08
长沙	70.20	1.87	微	99.88
汝城	72.21	1.5	0.26	99.08

表 1-2-15 白钨矿 NaF 压煮液质量

粗钨酸钠溶液成分	WO_3	P	As	SiO_2	Mo
含量/$g \cdot L^{-1}$	138.02	0.0032	0.0045	0.050	0.052
（杂质/WO_3）/%	—	0.0023	0.032	0.036	0.037

NaF 分解法得到的粗钨酸钠溶液除 F^- 浓度一般为 2~4g/L 较高外，其他 P、As、SiO_2 杂质浓度低。为了除氟，可向分解液加入镁盐，溶液中 F^- 可除至 100mg/L，得到的钨酸钠溶液再转型制备 APT。

2.2 苏打高压分解法

苏打高压分解法（压煮法）在国外应用比较广，主要用于处理白钨精矿、低品位钨中矿、富钨尾矿以及共生钼（Mo2%~3%）和磷（P_2O_5>20%）低品位钨矿，在配入适量 NaOH 的情况下，也可处理黑白钨混合矿。目前，我国针对这些低品位白钨矿开发了苏打压煮-季铵盐碱性萃钨-萃余液闭路循环冶炼工艺，张启修教授称此工艺为第三代钨湿法冶炼工艺。

与苏打烧结法相比，压煮法流程短，能耗低，浸出液质量好，渣含 WO_3<0.5%。不足之处在于高温（185~250℃）、高压（1.45~3.97MPa），能耗较高，分解过程中试剂用量大，一般要达到理论量的 3 倍，再加上苏打容易产生焊缝碱脆的问题，安全问题更需要考

虑。此外，苏打浸出液浓度不能太高，因而设备产能低。

2.2.1 基本原理

苏打压煮法实质是在高压釜中将钨矿物原料与苏打溶液在185~250℃进行反应，钨以Na_2WO_4形式进入分解液，而钙、铁及锰等杂质则以碳酸盐或者氧化物形式进入分解渣，实现钨与其他金属杂质的初步分离。

2.2.1.1 W-Ca-CO_3^{2-}-H_2O系、W-Fe-CO_3^{2-}-H_2O系和W-Mn-CO_3^{2-}-H_2O系的E-pH图

李正强绘制了25℃和200℃时，苏打分解$CaWO_4$、$FeWO_4$和$MnWO_4$的W-Ca-CO_3^{2-}-H_2O系、W-Fe-CO_3^{2-}-H_2O系和W-Mn-CO_3^{2-}-H_2O系的E-pH图（图1-2-21~图1-2-25）。

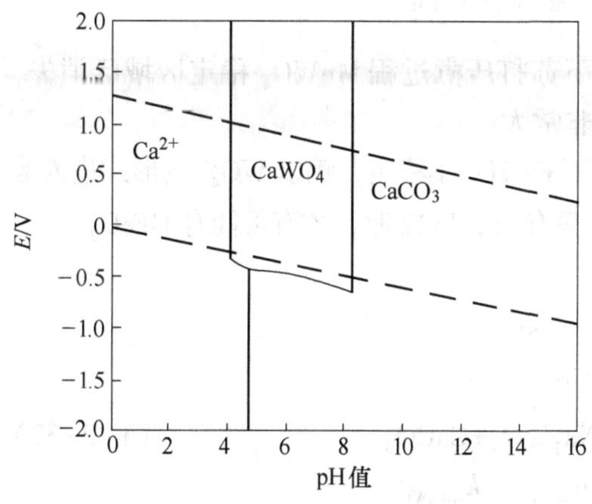

图1-2-21 W-Ca-CO_3^{2-}-H_2O的E-pH图

（25℃，[Ca] = [W] = 10^{-3}M，[C] = 1M）

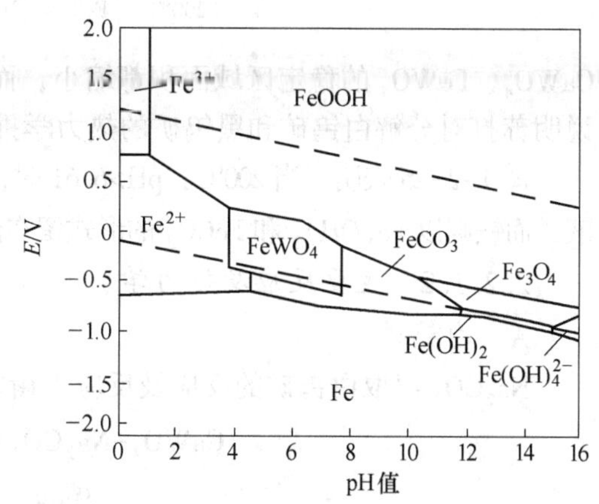

图1-2-22 W-Fe-CO_3^{2-}-H_2O的E-pH图

（25℃，[W] = [Fe] = 10^{-3}M，[C] = 1M）

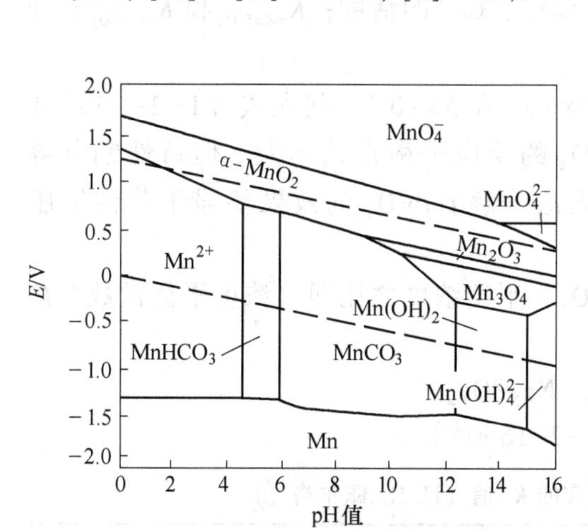

图1-2-23 W-Mn-CO_3^{2-}-H_2O的E-pH图

（25℃，[W] = [Mn] = 10^{-3}M，[C] = 1M）

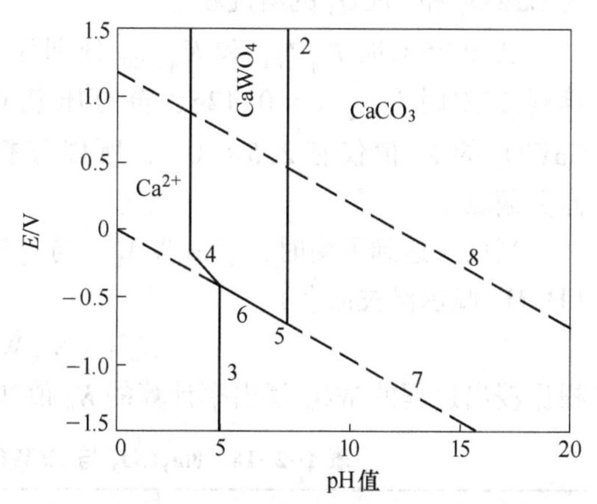

图1-2-24 W-Ca-CO_3^{2-}-H_2O系的E-pH图

（200℃，[Ca] = [W] = 10^{-3}M，[C] = 1M）

对比苛性钠压煮法和苏打压煮法热力学相图可知，在W-Ca-CO_3^{2-}-H_2O系中，

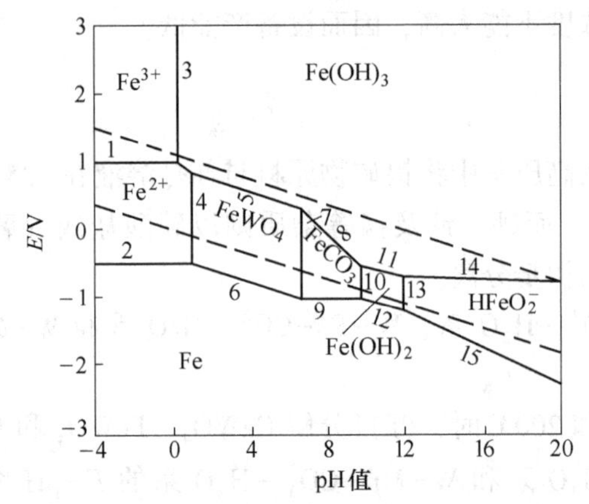

图 1-2-25 W-Fe-CO_3^{2-}-H_2O 系的 E-pH 图

(200℃, [Fe] = [W] = 10^{-3}M, [C] = 1M)

$CaWO_4$、$FeWO_4$ 的稳定区域面积都缩小，而常温下苏打压煮过程 $MnWO_4$ 稳定区域已消失，说明苏打对分解白钨矿和黑钨矿的热力学推动力非常大。

图 1-2-25 表明，当 200℃，pH>6.61 时，高温下 $FeWO_4$ 不稳定，钨以 WO_4^{2-} 的形式进入溶液，而铁则以 $Fe(OH)_3$ 和 $FeCO_3$ 的形式留在渣中，只有当 pH>12 时，才有可能有 $HFeO_2^-$。

2.2.1.2 主要反应及热力学

A 白钨矿

Na_2CO_3 浸取白钨矿的反应及反应平衡常数如下：

$$CaWO_4+Na_2CO_3 = Na_2WO_4+CaCO_3 \quad (1-2-32)$$

$$k_{(1-2-32)} = \frac{\alpha_{WO_4^{2-}}}{\alpha_{CO_3^{2-}}} = \frac{\alpha_{Ca^{2+}}\alpha_{WO_4^{2-}}}{\alpha_{Ca^{2+}}\alpha_{CO_3^{2-}}} = \frac{k_{spCaWO_4}}{k_{spCaCO_3}} \quad (1-2-33)$$

式中，$\alpha_{WO_4^{2-}}$、$\alpha_{CO_3^{2-}}$、$\alpha_{Ca^{2+}}$ 分别为平衡时 WO_4^{2-}、CO_3^{2-}、Ca^{2+} 的活度；K_{spCaWO_4} 和 K_{spCaCO_3} 分别为 $CaWO_4$ 和 $CaCO_3$ 的溶度积。

已知 25℃时 K_{spCaWO_4} 和 K_{spCaCO_3} 分别为 2.13×10^{-9} 和 5×10^{-9}，代入式（1-2-33）计算得 25℃时 $k_{(1-2-32)} = 0.426$，苏打压煮 $CaWO_4$ 的反应平衡常数不大。但苛性钠分解 $CaWO_4$ 的 K_a 值仅有 2.5×10^{-4}，所以苏打压煮法分解 $CaWO_4$ 的效果要强于苛性钠压煮分解法。

当反应达到平衡时，[Na_2WO_4] 与 [Na_2CO_3] 平衡浓度之比即“浓度平衡常数” K_c（П. M. 佩尔洛夫命名）

$$K_c = [Na_2WO_4]/[Na_2CO_3]$$

根据浸出过程的 WO_3 浸出率计算的 K_c 值如表 1-2-16 所示。

表 1-2-16 Na_2CO_3 与 $CaWO_4$ 反应的 K_c 值（П. M. 佩尔洛夫）

温度/℃	90	175	200	200	200	200	225	225	225	225	250	250	250
苏打用量	1	1	1	1.5	2.0	2.5	0.75	1.0	1.5	2.0	1.0	1.5	2.0
K_c	0.46	1.21	1.45	1.19	0.96	0.67	1.56	1.52	1.49	0.99	1.85	1.61	0.97

注：苏打用量是按矿石中 WO_3 量计算的理论量的倍数。

表 1-2-16 表明，在 90～250℃的温度范围内，K_c 值都不够大，因此苏打过量系数应适当增大，才能保证浸出完全。苏打用量恒定时，K_c 值随温度的升高而增大，提高压煮温度可促进 $CaWO_4$ 的分解。在同一温度下，K_c 值随苏打用量的增加而减小。实践中也发现过高的 Na_2CO_3 初始浓度对浸出过程有害。苏联学者指出碳酸钠浓度超过 230g/L 时，就会造成钨回收率急剧下降。

张贵清等通过实验测定了苏打分解白钨体系的三元相图（$CaCO_3$ 在 Na_2CO_3 溶液中的溶解度忽略不计），该图是由 $Na_2CO_3-Na_2WO_4-H_2O$ 系的溶解平衡和 $CaWO_4$ 固体在 Na_2CO_3 水溶液中的溶解平衡叠加而成的相平衡图（图 1-2-26 和图 1-2-27）。

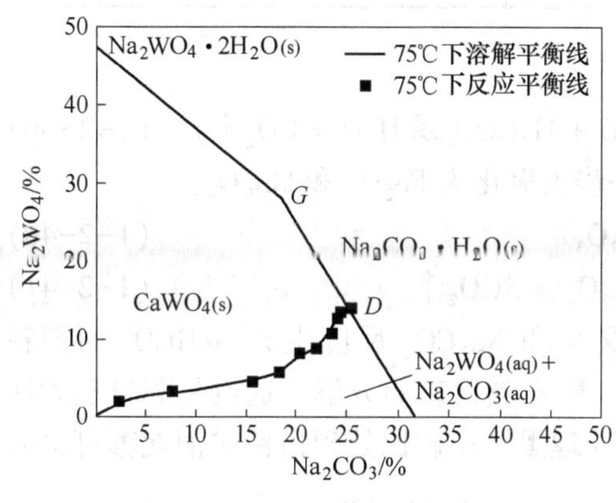

图 1-2-26　75℃苏打分解白钨体系的三元相图

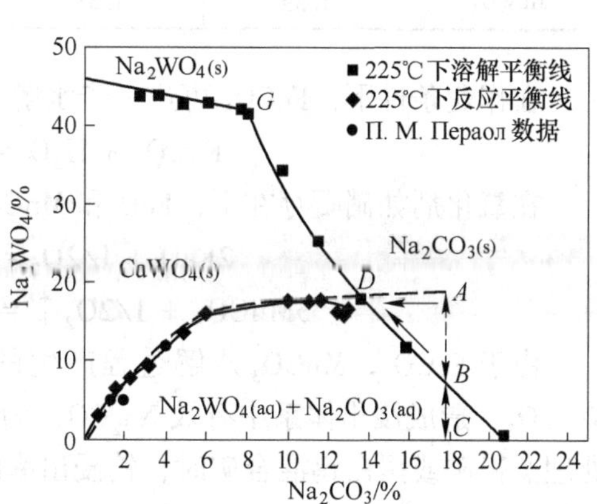

图 1-2-27　225℃苏打分解白钨体系的三元相图

$Na_2CO_3-Na_2WO_4-H_2O$ 系的溶解平衡线分为两段：共晶点（G 点）以上建立的是 Na_2WO_4 溶液与 Na_2WO_4 固体之间的平衡，为 Na_2WO_4 的结晶析出线；共晶点以下建立的是 Na_2CO_3 溶液与 Na_2CO_3 固体之间的平衡，为 Na_2CO_3 的结晶析出线。$CaWO_4$ 固体在 Na_2CO_3 水溶液里面的溶解平衡线，即 Na_2CO_3 分解 $CaWO_4$ 的反应平衡线，建立的 Na_2CO_3 溶液和 $CaWO_4$ 固体之间的平衡。

$$Na_2CO_3(aq) + xH_2O \rightleftharpoons Na_2CO_3 \cdot xH_2O(s) \tag{1-2-34}$$

$$Na_2WO_4(aq) + xH_2O \rightleftharpoons Na_2WO_4 \cdot xH_2O(s) \tag{1-2-35}$$

$$CaWO_4 + Na_2CO_3 \rightleftharpoons Na_2WO_4 + CaCO_3 \tag{1-2-36}$$

图 1-2-27 表明，随着 Na_2CO_3 浓度的增加，Na_2WO_4 浓度增大，说明 $CaWO_4$ 被有效分解，但是 Na_2CO_3 浓度越接近峰值 D 点，Na_2WO_4 的浓度变化甚微，当超过 G 点时，Na_2WO_4 的浓度急剧下降，同时发现 Na_2CO_3 也结晶析出。张贵清、赵忠伟等认为造成 WO_3 浸出率降低是因为 Na_2CO_3 浓度过高而导致出现类似的“盐析效应”，使得浸出剂从溶液中结晶析出，导致浸出反应逆向进行，降低了钨的浸出率。

B　黑钨矿

苏打压煮浸取黑钨矿的反应如下：

$$FeWO_4 + Na_2CO_3 = Na_2WO_4 + FeCO_3 \downarrow \tag{1-2-37}$$

$$MnWO_4 + Na_2CO_3 = Na_2WO_4 + MnCO_3 \downarrow \tag{1-2-38}$$

通过溶度积计算：$K_{(1-2-37)} = 0.26$；$K_{(1-2-38)} = 2.1\times10^3$。Т. Щ. 阿格诺夫测定了 $FeWO_4$

及 $MnWO_4$ 与 Na_2CO_3 反应的浓度平衡常数 K_c（见表1-2-17）。苏打分解黑钨矿的 K_c 值也不大，要提高黑钨矿分解速度，可通过升高温度来实现。但相同温度下，苏打用量增加，黑钨矿反应的 K_c 值同白钨矿一样，也减小。

表1-2-17 $FeWO_4$、$MnWO_4$ 与 Na_2CO_3 反应的 K_c 值（T. Ш. 阿格诺夫）

物料	碳酸钠用量为理论量1倍				碳酸钠用量为理论量2倍
温度/℃	200	225	250	275	225
$FeWO_4$	1.10	1.51	2.25	3.00	0.80
$MnWO_4$	1.39	1.51	1.56	1.53	0.94

在作业条件下，$FeCO_3$ 可进一步水解为FeO：

$$FeCO_3 + H_2O = FeO + H_2CO_3(\text{或}\ H_2O + CO_2\uparrow) \quad (1-2-39)$$

在氧化剂如硝石存在下，FeO和 $MnCO_3$ 进一步被氧化为 Fe_2O_3 和 Mn_3O_4：

$$2FeO + 1/2O_2 = Fe_2O_3 \quad (1-2-40)$$

$$3MnCO_3 + 1/2O_2\uparrow = Mn_3O_4 + 3CO_2\uparrow \quad (1-2-41)$$

由于 $FeCO_3$、$MnCO_3$ 水解过程产生的 CO_2 又会和 Na_2CO_3 反应生成 $NaHCO_3$ 而消耗 Na_2CO_3，造成浸出体系中有效 Na_2CO_3 浓度降低，影响黑钨矿的分解，这也是苏打压煮法处理黑钨矿或黑白钨混合矿时，钨浸出率降低和处理黑钨精矿比处理白钨矿消耗苏打量要大得多的原因。

$$Na_2CO_3 + CO_2 + H_2O = NaHCO_3 \quad (1-2-42)$$

因此，在苏打适当过量的条件下，黑钨矿能被苏打有效分解，氧化剂的参与更有利于分解黑钨矿。

2.2.1.3 压煮过程动力学及影响浸取率的因素

A 反应机理

F. A. Meepco（1973年）指出，苏打压煮法分解白钨矿过程不是受扩散速度控制，而是受化学反应速度控制。前人研究表明，当压煮温度在150~250℃时，生成的 $CaCO_3$ 层疏松多孔，因此通过 $CaCO_3$ 层的内扩散不会成为过程的控制步骤。当搅拌速度足够大以致外扩散亦不为控制步骤时，控制步骤为化学反应阶段，表观活化能为75.3~92kJ/mol，此时其浸出速度取决于化学反应阶段的速度。因此，提高压煮温度，加快搅拌速度，可大大加快白钨矿的分解速度。

T. Ш 阿格诺夫指出天然钨锰矿的浸出速度明显低于天然钨铁矿，对钨铁矿（含16.14%FeO和6.49%MnO）而言，其起始浸出速度与温度的关系在225~250℃范围内符合反应控制的规律，表观活化能为100kJ/mol，温度高于250℃则符合扩散控制规律，表观活化能为25kJ/mol。对钨锰矿（含13.75%MnO、4.89%FeO）而言，在225~300℃范围内均为反应控制，表观活化能为100kJ/mol。对上述两种矿而言，在一定温度下，随着反应的进行，由于生成物膜增厚，逐步过渡到扩散控制。

B 影响浸取率的因素

a 温度

佩尔洛夫研究结果表明（图1-2-28），压煮温度对钨及某些杂质的浸出率影响很大，温度升高，杂质和 WO_3 的浸出率都升高。因此提高温度是降低苏打消耗和提高浸出率的有效途径之一，但对高压釜的材质提出了更高的要求，相应也会增加能耗。

b 浸出液的 pH 值

pH 值对苏打压煮过程的影响如图 1-2-29 所示，在 135℃ 和 $[CO_3^{2-}]=0.24mol/L$ 时，pH 值由 8.5 提高到 12，WO_3 浸出率增加。苏打压煮黑钨矿或者黑白钨混合矿时，由于浸出液的 pH 值会降低，压煮过程可用 NaOH 调整介质 pH 值，使 $NaHCO_3$ 转化成 Na_2CO_3。但苛性钠加入量不宜超过苏打用量的 10%，最好小于 8%，用过多的 NaOH 代替苏打分解白钨矿，虽然 pH 值有所升高，但苏打用量有较大幅度下降，而苏打分解白钨矿的效果要优于苛性钠，所以浸出率反而降低。

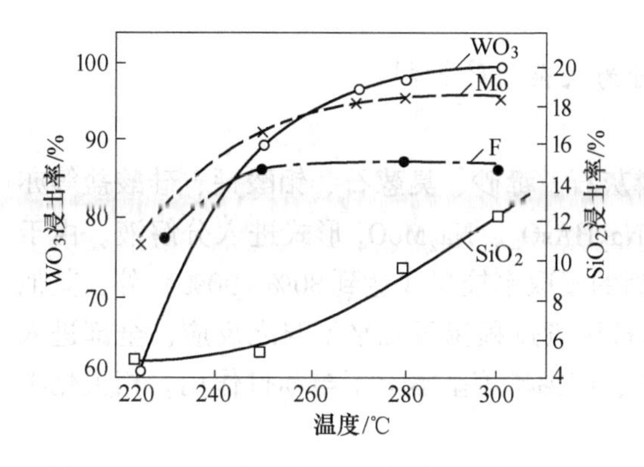

图 1-2-28 温度对 WO_3 及杂质浸出率的影响
（白钨中矿含 43.5%WO_3，
L/S=1/2，苏打用量为理论量 2 倍，
保温 15min）

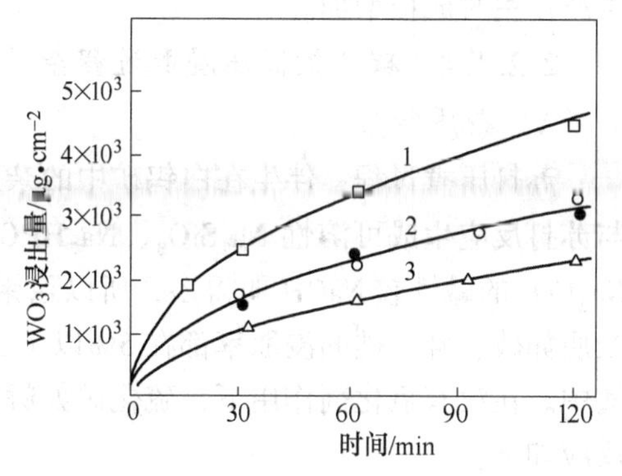

图 1-2-29 pH 值和 CO_3^{2-} 浓度对 $CaWO_4$ 浸出速度的影响
（135℃，380r/min）
（根据 P. B. 昆尼乌等）
1—pH=12，$[CO_3^{2-}]=0.94mol/L$；
2—pH=12，$[CO_3^{2-}]=0.24mol/L$；
3—pH=8.5，$[CO_3^{2-}]=0.24mol/L$

c Na_2CO_3 加入方式、Na_2CO_3 浓度及 Na_2WO_4 的含量

苏打分解白钨矿反应是一可逆反应，反应平衡常数不大，适当增大苏打浓度、减小溶液中 Na_2WO_4 的含量，改变 Na_2CO_3 加入方式，都可以提高钨的分解率。

图 1-2-29 表明，在 135℃ 时，Na_2CO_3 浓度对钨的浸出率影响较大，Na_2CO_3 浓度为 0.24～0.94mol/L 时，WO_3 浸出率随 Na_2CO_3 用量的增加而增加。但过高的苏打浓度使白钨分解产物 $CaCO_3$ 分解，使反应朝生成 $CaWO_4$ 方向进行，同时苏打结晶析出，导致参与反应的有效苏打浓度降低，分解反应朝逆反应方向进行，导致钨的浸出率降低。

另外，自贡硬质合金厂通过分批加苏打压煮处理低品位白钨矿，抑制脉石的浸出。就相同钨浸出率而言，分批加入苏打，至少可使苏打用量减少约 25%。

d 机械活化能降低 E 值，能提高钨的浸出率

（1）机械活化。相关研究表明，经机械球磨，白钨矿与 Na_2CO_3 反应的表观活化能由 54.78kJ/mol 降至 12.71kJ/mol，钨锰矿分解的表观活化能由 46kJ/mol 降至 20kJ/mol。因

此，它是强化压煮过程的有效途径之一。机械球磨是将精矿进行机械活化（即深度细磨），降低压煮过程对温度的依赖，温度降低了30~40℃，低至185℃左右，突破了传统压煮温度“200℃”的下限，缩短压煮时间，降低杂质的浸出率及苏打消耗量。如用机械活化处理柿竹园钨中矿，苏打用量可降低20%~30%。压煮过程，活化后的精矿变得疏松多孔，容易分解，并且苏打压煮渣疏松不结板，容易过滤。

（2）超声波活化。H. H. 哈伏斯基等的研究表明，在5~10kHz的超声波作用下，当Na_2CO_3用量为理论量的3倍、工作压力为0.7MPa、固/液比为1/4时，白钨矿的浸出率较无超声波作用高3%~7%。A. A. 别尔欣茨基等亦指出，在有超声波作用下，即使Na_2CO_3用量仅为理论量的1.6~1.8倍，在2.5h内，浸出率也可达86%~88%，比没有超声波作用时成倍增加。

2.2.1.4 碳酸钠高压浸取过程杂质的行为及杂质的抑制

A 杂质行为

苏打压煮过程，伴生在白钨矿中的杂质磷灰石、毒砂、臭葱石、钼酸钙、硅酸盐等亦与苏打反应生成可溶性Na_2SiO_3、Na_2HPO_4、Na_2HAsO_4、Na_2MoO_4形式进入分解液。由于Na_2CO_3的碱性较NaOH弱得多，所以除钼酸钙的浸取率较高（达到80%~90%）外，其他杂质如磷、砷、硅的浸取率都在5%以下，苏打压煮过程锡石几乎不与之反应，全部进入渣中。在没有氧化剂作用下，硫化矿如辉钼矿、辉锑矿等基本上不与苏打作用。相关化学反应如下：

$$Ca_5(PO_4)_3F + 7Na_2CO_3 + 6H_2O = 6Na_2HPO_4 + NaF + 7CaCO_3\downarrow + Ca(OH)_2\downarrow \quad (1-2-43)$$

$$2FeAsO_4 + 2Na_2CO_3 + H_2O = 2Na_2HAsO_4 + Fe_2O_3\downarrow + 2CO_2\uparrow \quad (1-2-44)$$

$$CaSiO_3 + Na_2CO_3 = Na_2SiO_3 + CaCO_3\downarrow \quad (1-2-45)$$

B 杂质抑制

苏打压煮过程，为了抑制杂质进入分解液，常常加入适量Al_2O_3或$Al(OH)_3$或Na_2AlO_2及镁化合物，使溶出液中Si及P和As分别以铝硅酸钠及镁盐沉淀入渣，在抑制杂质浸出的同时，钨的浸出率几乎不受影响。Al_2O_3的加入量一般为精矿量的1%~5%，可使溶液中硅含量小于0.1g/L。除硅过程得到的铝盐沉淀过滤性能好，钨损失较少，除硅完全。抑制剂对杂质浸出率的影响见表1-2-18。

$$2Na_2SiO_3 + 2NaAlO_2 + (n+2)H_2O = Na_2O\cdot Al_2O_3\cdot 2SiO_2\cdot nH_2O\downarrow + 4NaOH \quad (1-2-46)$$

表1-2-18 抑制剂对杂质浸出率的影响

矿物性质	抑制剂	杂质浓度/$g\cdot L^{-1}$		
		Si	P	As
白钨中矿：12.75% WO_3、13.7% SiO_2、0.407% P、0.019% As	不加Al_2O_3	0.86	0.013	0.011
	Al_2O_3	0.0092	0.006	0.0065
白钨中矿：31.7% WO_3、1.08% SiO_2	矿量5.2%的镁盐	$(1\sim5)\times10^{-4}$		

2.2.2 工业实践

2.2.2.1 工艺流程

白钨矿苏打压煮在高压釜中进行，压煮设备和苛性钠压煮高压釜相同，其工艺流程见图1-2-30。

苏打压煮分连续和间断两种作业。连续作业便于机械化和自动化，同时蒸汽用量均匀，能耗低，设备生产能力高。苏联某厂将间断作业改成直接蒸汽加热连续操作后，生产能力提高1倍。

低品位白钨精矿压煮前最好经高温煅烧或氧压煮清除选矿药剂，煅烧料预先磨至-0.043mm达90%，然后与苏打溶液一起调浆，达到提高钨的浸出率和减少杂质浸出的目的。压煮前加入预定苏打用量的约50%调浆，其余苏打在加热至要求压煮温度后，用高压泵一次或分多次加入压煮釜，也可以按一定速率连续加入。

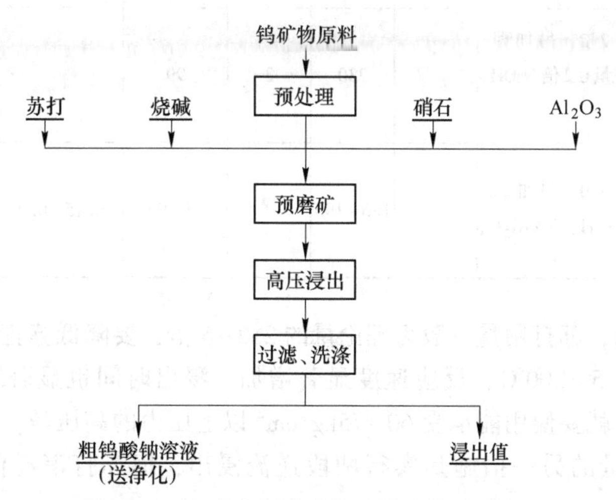

图1-2-30 苏打压煮法处理钨矿物原则流程

2.2.2.2 技术条件及技术指标

某些工厂的技术条件及技术经济指标见表1-2-19。

表1-2-19 苏打压煮法处理钨原料的条件及技术指标

原　料	工艺条件				浸出结果		备　注
	Na_2CO_3 用量倍数	液/固	温度/℃	时间/h	浸出率/%	渣含 WO_3/%	
低品位白钨中矿，含10%~25%WO_3	约5		190~200	1.5~2	98	0.2~0.6	由中矿至APT的回收率为95%
钨中矿含45%~50%WO_3、5%~6%Mo	3.5~4，当用两段时浸出时间为2.5~3	约3			99		浸液成分/g·L^{-1}：100~130WO_3，5~8Mo，80~90Na_2CO_3，1.5~2SiO_2，3~4F

续表 1-2-19

原 料	工艺条件				浸出结果		备 注
	Na_2CO_3 用量倍数	液/固	温度/℃	时间/h	浸出率/%	渣含 WO_3/%	
钨细泥含 12.6% WO_3，其中白钨与黑钨各占 50% 左右；0.019%As，0.14%Mo，0.49%P，13.7%SiO_2	3.85，加矿量3%的 NaOH	1.3~1.5	210	2~3	98.06	0.3	两段错流浸出
	3.85，加矿量5%的 Al_2O_3				97.61	0.35	两段错流浸出
钨细泥含 28.86% WO_3，其中黑钨占总钨的 39.2%	4.5，加矿量5%的 NaOH	2.8	210~220	2~3	96~98	0.6~0.8	浸液成分/g · L^{-1}：86WO_3，0.135SiO_2，0.1P，0.05As
黑白钨混合钨精矿	2.2，另加理论量0.2倍NaOH		230	2	99		
钨细泥含 16.5% WO_3，21%SiO_2	3.0，另加2% NaOH，3%Al_2O_3		185~195	2	98~99	0.15~0.2	浸出液成分/g · L^{-1}：0 ~ 80WO_3，0.005As，0.01P，0.02Si，1~2F

表 1-2-19 表明，苏打用量一般为理论量的 2.2~5 倍，要降低苏打用量，可把反应温度从 225℃提高到 275~300℃，反应速度显著增加，浸出时间也显著缩短。但是要达到 275~300℃的高温，就要使用能承受 60~75kg/cm^2 以上压力的高压釜，对高压釜材质要求很高。降低苏打用量的另一措施是实行两段逆流浸出，但苏打消耗仍不低于理论量的 2.8 倍。

2.2.3 苏打的回收

压煮过程，苏打用量一般为理论量的 2.2~5 倍，故母液中残留大量的 Na_2CO_3（80~130g/L）。在下阶段溶液净化过程中要用大量无机酸去中和，并产出高浓度钠盐废液需要处理。因此，回收压煮液中的 Na_2CO_3 是该方法一个重要环节。

2.2.3.1 冷冻结晶法

冷冻结晶是利用 Na_2CO_3 溶解度随温度降低而急剧降低的性质，将钨酸钠溶液冷却，使大部分 Na_2CO_3 结晶析出。将含 $WO_3$90~95g/L，$Na_2CO_3$150g/L 的分解液冷却至 3~5℃，则有 70%~72%的 Na_2CO_3 以 $Na_2CO_3 \cdot 10H_2O$ 形态结晶析出，此时晶体中将带走 4%~5%的 WO_3。

2.2.3.2 $NaHCO_3$ 结晶法

表 1-2-20 表明，由于 $NaHCO_3$ 的溶解度比 Na_2CO_3 要小得多，可向 Na_2CO_3 溶液中通 CO_2，使 Na_2CO_3 转化成溶解度较小的 $NaHCO_3$，最终以 $NaHCO_3 \cdot nH_2O$ 形式沉淀出来。

表 1-2-20 Na_2CO_3 和 $NaHCO_3$ 的溶解度

温度/℃	0	10	20	30	40	50	60	70	80	90	100
Na_2CO_3	7.0	12.5	21.5	38.8	48.5		46.4	46.2	45.8	45.7	45.5
$NaHCO_3$	6.89	8.15	9.59	11.1	12.7	14.45	16.4		20.2		

注：Na_2CO_3 在 2~32℃时为 $Na_2CO_3 \cdot 10H_2O$，在 32~104℃时为 $Na_2CO_3 \cdot H_2O$。

2.2.3.3 膜电解法

隔膜电解是膜分离的一种应用，20 世纪 80 年代苏联科学家率先研究膜电解法回收苏打压煮液中的游离碱。电解隔膜为阳离子交换膜，阳极为铅银合金，用膜隔开电解槽的阳极和阴极，通过电解使 CO_3^{2-} 在阳极放电生成 CO_2 和 O_2，阴极 H^+放电析出 H_2，利用阳离子交换膜两侧 Na^+的浓度差，只允许 Na^+经阳极膜进入浓度低的阴极区，从而对阴极区生成 NaOH 加以回收。当电流密度为 800A/m² 时，单位直流电耗为 2000kW · h/t 膜碳酸钠。电解原理如图 1-2-31 所示。电解过程阴阳极反应如下：

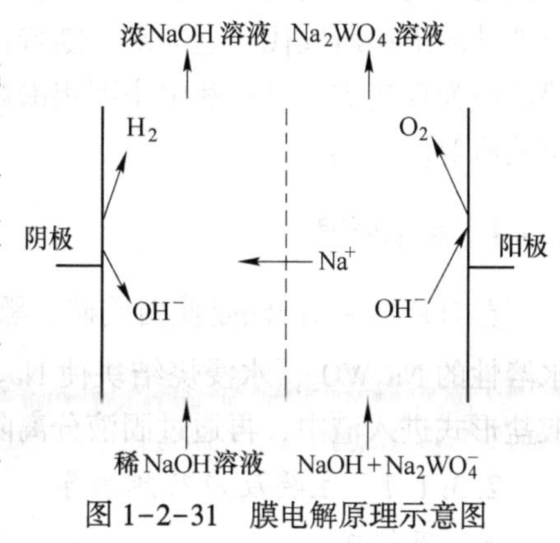

图 1-2-31 膜电解原理示意图

阳极反应： $CO_3^{2-}+2e = CO_2+1/2O_2\uparrow$

阴极反应： $2H_2O+2e = H_2\uparrow+2OH^-$

中南大学在 20 世纪 90 年代用氯碱阳膜为电解隔膜、钛镀 β-PbO_2 为阳极，活性镍为阳极，电解槽和电解系统类似于离子交换膜氯碱电解的结构，阳离子膜可把压煮液中 80%~90%的过剩 Na_2CO_3 回收，大大降低了试剂消耗成本，简化了后续作业的处理。提高电解温度，可提高电解液导电性，降低电极反应的超电位，从而降低了槽电压，使电解能耗降低。提高强度也会使反迁移加剧，因而电效略有降低。提高电解液的温度也必须消耗能量，实际生产中应根据膜和电极及解槽槽框和管道材料能承受温度的程度来考虑电解温度。该工艺要求分解液含硅小于 0.05g/L，否则硅酸将附着在半透膜上，使电渗析过程不能进行。

技术经济指标（中南大学肖连生扩大实验研究结果）：膜电解电流密度：100A/m²；膜电解温度：75~80℃；阳极流出液游离 Na_2CO_3 浓度：≤10g/L。膜回收碱的扩试实验结果（1996 年）如表 1-2-21 所示。

表 1-2-21 膜回收碱的扩试实验结果

阳极进料液/g · L⁻¹	阳极出料液 $NaCO_3$/g · L⁻¹	阴极出料液 NaOH/g · L⁻¹	NaOH 碱耗/kW · h · kg⁻¹	电效/%
89.00	10.34	87.6	2.91	86.67

膜电解法不但回收了碱，而且减少了后续工序酸的消耗，避免了因中和产生的无机盐对环境的污染。另外，电解阴极会析出氢气，氢气可作为钨粉还原剂，因此是一典型的无污染、节能冶金工艺。

目前，我国也采用钨矿苏打分解-碱性季铵盐萃钨-萃余液返回分解工序的闭路循环工艺实现苏打的回用。该技术于 2016 年 3 月在河南洛钼集团建成投产，处理原料为高钼低品位白钨矿。

2.3 苏打烧结-水浸法

苏打烧结-水浸法既可处理黑钨精矿，又可处理白钨精矿和低品位、难处理黑白钨矿和废钨渣，如钨细泥、含钨铁砂、钨锡中矿等，但焙烧工序复杂，需要烟气处理系统，杂质浸出率高，钨回收率低，能耗高，环境污染严重，于20世纪初逐渐被苏打高压浸出或苛性钠浸出法所取代。近年来，随着钨矿资源的日益复杂化和贫化，处理低品位复杂混合钨矿成为现实需要，一些中小型钨冶炼企业又开始采用苏打烧结法来处理钨精矿或者低品位钨渣等。

2.3.1 基本原理

苏打烧结-水浸法是使白钨矿、黑钨矿在800~900℃与 Na_2CO_3 发生固相分解反应生成水溶性的 Na_2WO_4，水浸烧结块使 Na_2WO_4 转入溶液中，与钨结合的Fe、Mn、Ca则以碳酸盐形式进入渣中，再通过固液分离除去不溶杂质，滤液即为粗钨酸钠溶液。

2.3.1.1 主要反应及热力学

A 黑钨矿

黑钨精矿中的 $FeWO_4$ 和 $MnWO_4$ 在烧结过程与 Na_2CO_3 反应，生成水溶性 Na_2WO_4。

$$FeWO_4 + Na_2CO_3 = Na_2WO_4 + FeO + CO_2\uparrow \quad (1-2-47)$$

$$MnWO_4 + Na_2CO_3 = Na_2WO_4 + MnO + CO_2\uparrow \quad (1-2-48)$$

与苏打压煮一样，当有氧或者有氧化剂硝石存在时，FeO、MnO进一步氧化成 Fe_2O_3 和 Mn_3O_4，加速黑钨矿的分解速度。

B 白钨矿

无 SiO_2 时，在烧结过程，$CaWO_4$ 与 Na_2CO_3 生成 Na_2WO_4 的反应难以进行，且易发生二次反应生成 $CaWO_4$。

$$CaWO_4 + Na_2CO_3 \neq Na_2WO_4 + CaO + CO_2 \quad (1-2-49)$$

为了得到后续水浸过程溶解度小的原硅酸钙，苏打烧结白钨矿过程需加入 SiO_2，烧结原料中 SiO_2 量不同，反应生成不同的硅酸钙盐，具体反应如下：

$$CaWO_4 + Na_2CO_3 + SiO_2 = Na_2WO_4 + CaO\cdot SiO_2 + CO_2\uparrow \quad (1-2-50)$$

$$CaWO_4 + Na_2CO_3 + SiO_2 = Na_2WO_4 + CaO\cdot SiO_2 + CO_2\uparrow \quad (1-2-51)$$

$$2CaWO_4 + 2Na_2CO_3 + 2SiO_2 = 2Na_2WO_4 + 2CaO\cdot SiO_2 + 2CO_2\uparrow \quad (1-2-52)$$

烧结过程，钙的硅酸盐又能与 Na_2WO_4 进行二次反应再生成 $CaWO_4$。硅酸钙中 CaO/SiO_2 比值不同，二次反应进行的程度不一样。表1-2-22列出了烧结过程中二次反应式及不同温度的 $\Delta G^{\ominus}$ 值。

表1-2-22 烧结过程中二次反应式及不同温度的 $\Delta G^{\ominus}$ 值

二次反应式	$\Delta G^{\ominus}/J\cdot mol^{-1}$		
	1073K	1123K	1173K
$Na_2WO_4+CaO\cdot SiO_2 = CaWO_4+Na_2SiO_3$	-15967	-25540	-27296

续表 1-2-22

二次反应式	$\Delta G^{\ominus}/J \cdot mol^{-1}$		
	1073K	1123K	1173K
$3Na_2WO_4+3CaO \cdot 2SiO_2 = 3CaWO_4+3Na_2O \cdot 2SiO_2$	+3344	-25540	+330
$2Na_2WO_4+2CaO \cdot SiO_2 = 2CaWO_4+2Na_2SiO_3$	+30180	+29427	+28833

根据热力学计算结果，烧结料中 CaO/SiO_2 比值愈小，愈易进行二次反应。实测 CaO/SiO_2 的比值对钨回收率的影响也证实这一点，一般烧结料中 CaO/SiO_2 的摩尔比在 2.0 左右。

C 杂质

钨矿物原料中存在的硅、磷、砷、铝等杂质在烧结温度下也分别与 Na_2CO_3 作用生成可溶于水的钠盐，过量的 Na_2CO_3 能与部分锡石和氧化铁反应生成锡酸盐和铁酸盐。

用水浸出烧结块时，磷、砷、硅、钼、铝的钠盐与 Na_2WO_4 一道进入溶液中，锡的钠盐也部分溶入 Na_2WO_4 溶液中，铁酸钠（$NaFeO_2$）和锰酸钠（$NaMnO_4$）则水解沉淀析出。

$$2NaFeO_2 + 2H_2O = Fe_2O_3 \cdot H_2O \downarrow + 2NaOH \qquad (1-2-53)$$

$$3Na_2MnO_4 + 3H_2O = 6NaOH + Mn_3O_4 \downarrow + 5/2O_2 \qquad (1-2-54)$$

为了降低烧结料水浸过程硅的浸出率，一般加入 $NaAlO_2$，浸出液中的 Na_2SiO_3 与 $NaAlO_2$ 作用生成 $Na_2O \cdot Al_2O_3 \cdot 2SiO_2$ 沉淀而进入浸出渣，降低硅的浸出率。

2.3.1.2 烧结块浸出动力学

烧结料中 Na_2WO_4 的浸出首先在颗粒表面开始，随着浸出过程的进行，越靠近固体表面层的地方，Na_2WO_4 浓度越高，离固体颗粒表面远的地方越低，此时在固体颗粒表面形成了一层 Na_2WO_4 液膜，Na_2WO_4 分子与水分子的扩散必须通过液膜层才能进行。烧结料中 Na_2WO_4 溶出过程：（1）水分子通过液膜层向固体颗粒表面扩散；（2）水分子被吸附在固体颗粒表面上；（3）水分子与溶质 Na_2WO_4 分子发生水化作用得到溶质水化分子；（4）溶质水化分子从固体颗粒表面解吸；（5）解吸后的溶质水化分子通过液膜层向外扩散。Na_2WO_4 浸出过程如图 1-2-32 所示。

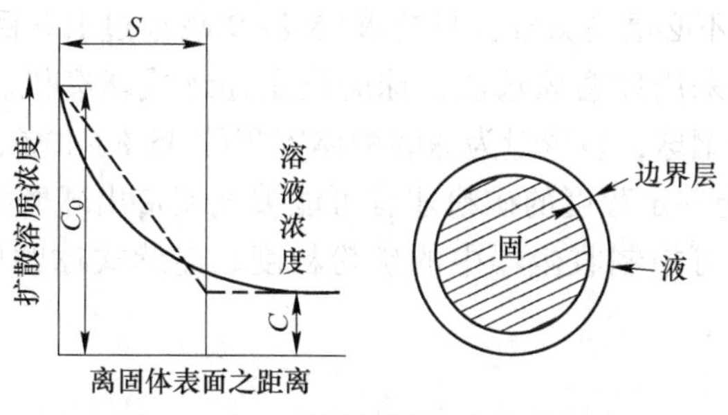

图 1-2-32 钨酸钠浸出过程示意图

烧结块中钨酸钠的浸出速度主要取决于水分子和 Na_2WO_4 水化分子通过液膜层的扩散速度，因而浸出过程速度亦可用菲克定律来表示：

$$v = \frac{dw}{dt} = \frac{DA}{\delta}(C_0 - C) \tag{1-2-55}$$

式中，dw/dt 为单位时间内浸出到溶液中的溶质数量；D 为扩散系数；A 为被浸出固体物质的比表面积；C_0 为固体颗粒表面上的溶质浓度；C 为溶液中的溶质浓度；δ 为扩散层（液膜层）厚度。

式（1-2-55）表明，Na_2WO_4 的浸出速度与被浸固体物质的表面积、扩散系数、液固两相间溶质的浓度差（C_0-C）及液膜层厚度有关，而温度、搅拌强度和烧结块的物理性质又会影响到扩散系数和液膜厚度。将烧结块磨细、加大搅拌强度、提高浸出的液固比均能有效提高浸出速度。

2.3.2 工业实践

苏打烧结-水浸法处理钨原料主要包括碎矿、加料、烧结和水浸四个过程，其工艺流程如图1-2-33所示。

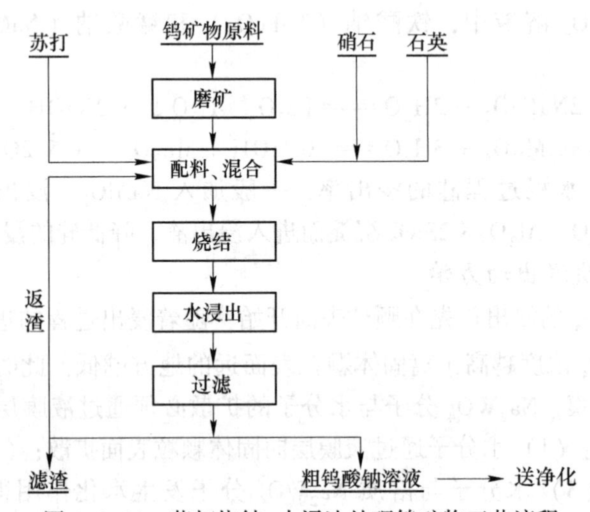

图1-2-33 苏打烧结-水浸法处理钨矿物工艺流程

2.3.2.1 *矿石粉碎*

烧结法使用的矿石不必磨得太细，只要求85%~90%通过120目（0.122mm）筛即可。烧结法的矿石粉碎一般采用球磨风选法，球磨机是连续式球磨机。连续式球磨机内装有ϕ10~50mm大小不等的钢球，装球量为球磨桶体容积的35%~40%，物料约占筒体容积的35%~40%。只有磨细至一定程度的矿粉才有可能被气流带出球磨机，进入收尘器中被收集，通过调节气流大小可控制收尘器中的矿粉粒度。连续式球磨风选系统如图1-2-34所示。

2.3.2.2 配料

烧结设备不一样，烧结过程状态不一样（烧结和熔合），烧结物料配比不一样。

A *反射炉熔合烧结配料*

对黑钨矿而言，苏打加入量一般为精矿中 WO_3 理论量的1.2~1.5倍，硝石加入量为精矿量的1%~4%，氯化钠加入量为精矿量的5%~6%。对于白钨矿而言，苏打加入量为

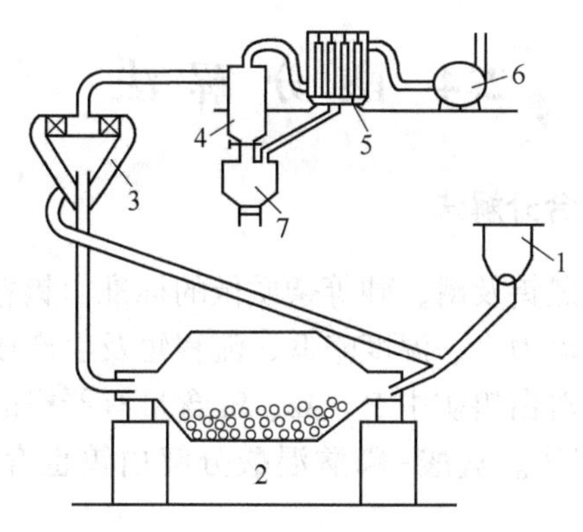

图 1-2-34　连续式球磨风选系统

1—料仓；2—球磨机；3—空气离析器；4—旋风收尘器；
5—布袋过滤器；6—排风机；7—球磨后精矿料仓

精矿理论量的 1.5~2.0 倍，还需加入石英粉，加入量为 CaO/SiO_2 摩尔比=1.5~2。

B　回转窑烧结法配料

为了防止烧结过程物料熔化结炉，炉料中的 WO_3 品位要降至 20%左右，这也是此法的一个弊端。对于钨精矿（含 WO_3 品位不小于 65%）在配料时必须加入一部分分解渣来降低 WO_3 品位。苏打用量一般为理论量的 1.3~1.5 倍，硝石加入量为精矿量的 3%左右。对于低品位白钨矿和低品位矿，其苏打用量应相应增加，实际生产中苏打用量为其理论倍数的 2.5~6 倍。

2.3.2.3　烧结过程

生产规模小时，可采用反射炉烧结间歇式生产方式，每批每平方米炉床加料 100~125kg，炉床料层厚度约 100mm，烧结温度可控制在 850~950℃，烧结时间为 2~3h，烧结块直接从炉门处扒出，送入棒磨机磨细后水浸，一般的精矿分解率达 99%。反射炉靠煤、煤气或重油燃烧来加热。

生产规模大时，常采用回转窑进行连续烧结生产，物料由炉尾加入，在重力作用下，窑身中部温度最高，从炉尾加入的物料，经过炉尾气流的烘烤加热，至炉子中部温度逐步达到 800~900℃，进行烧结过程中的各种化学反应，然后缓慢降温至炉头卸出，进入棒磨机湿磨水浸，物料在炉内停留时间约 2h。

炉内负压对燃料和铁、锰等杂质的氧化影响很大。负压太小，燃料燃烧不完全，炉温低，铁、锰杂质氧化不完全；负压太大，燃料燃烧的火力不集中，热损失大，且炉温热风易带走细粒炉料造成物料损失，增加烟气含尘量。

2.3.2.4　烧结块的浸出

烧结块先经棒磨机加入软化水湿磨，液固比为（1.65~1.9）：1，磨出的料浆流入搅拌槽用蒸汽间接加热煮沸 1.5~2h，使 Na_2WO_4 从烧结块中溶出，然后用圆筒真空滤机或板框压滤机过滤，滤液 WO_3 含量达到 180g/L，碱浓度为 4~8g/L。滤渣再经软化水洗涤，使渣中可溶 WO_3 含量小于 0.5%，渣中 WO_3 总量小于 1%。洗渣多级洗 Na_2WO_4 溶液可返回棒磨机用作浸取液，也可与浓 Na_2WO_4 溶液合并进入净化工序，滤渣一部分返回与精矿配料，一部分集中堆放或填埋。

2.4 酸分解法

2.4.1 盐酸及盐酸-磷酸络合分解法

盐酸分解法适宜处理含黑钨及磷、砷等杂质低的标准白钨精矿，相对于 NaOH 高压浸出，盐酸分解虽具有分解驱动力大、温度略低、流程短及生产成本低等优势，但由于其环境污染、设备腐蚀问题以及对白钨矿中 P、As、Si 含量有严格的要求，对白钨原料的适应性差，盐酸分解目前已被淘汰。盐酸-磷酸混酸分解白钨也存在盐酸挥发、设备腐蚀等问题。

2.4.1.1 分解原理

A 主要反应

a 白钨矿

盐酸分解法是基于 $CaWO_4$ 能与盐酸反应生成易溶于盐酸水溶液的 $CaCl_2$ 和溶解度较小的 H_2WO_4，H_2WO_4 进入浸出渣，经液固分离后，实现钨酸和钙的分离。

$$CaWO_4 + 2HCl = H_2WO_4 + CaCl_2 \quad \Delta G = -4.59kJ/mol \tag{1-2-56}$$

盐酸分解白钨矿的 $\Delta G<0$，所以盐酸分解白钨矿是可以自发进行的。根据式（1-2-56）溶度积计算，25℃时 $Ka=10^7$，实验测定了 20℃时式（1-2-56）的 $K_c=10^4$，所以盐酸极易分解白钨矿。但由于分解过程白钨矿颗粒表面会有一层钨酸水合物薄膜生成，导致 HCl 向反应界面的扩散受阻，分解速度减缓。

在盐酸介质中，利用钨能与 H_3PO_4 反应生成溶解性大的磷钨杂多酸的性质，可用盐酸-磷酸络合分解白钨矿。在混酸分解过程，由于 Ca^{2+} 与 Cl^- 反应，钨的氧化物变得不稳定，固-液界面中的 PO_4^{3-} 迁移进配位基层中，在 WO_4^{2-} 与酸反应生成 H_2WO_4 薄膜之前先形成水溶性较强的12-磷钨杂多酸进入溶液，消除了阻碍分解反应进行的固体 H_2WO_4 水合物薄膜的生成，加快白钨的反应速度，降低了对钨精矿原料粒度的要求，同时动力消耗也有所降低。盐酸-磷酸络合分解 $CaWO_4$ 反应如下：

$$12CaWO_4 + 24HCl + H_3PO_4 = 12CaCl_2 + 12H_2O + H_3[PW_{12}O_{40}] \tag{1-2-57}$$

由式（1-2-57）知，1mol 磷可络合 12mol 的钨，即 1g 的磷可使 71g 的钨转入溶液中，理论上只需要少量的磷即可实现大量钨的浸出。由于钨矿中磷灰石和盐酸反应生成的磷酸可作为络合剂，减少了磷酸的消耗。因此，此法尤其适合含磷较高的白钨矿的分解。

b 黑钨矿

黑钨矿与盐酸反应如下：

$$FeWO_4(s) + HCl = H_2WO_4(s) + FeCl_2 \tag{1-2-58}$$

$$MnWO_4(s) + HCl = H_2WO_4(s) + MnCl_2 \tag{1-2-59}$$

25℃时，式（1-2-56）的 $K_a=10^7$，20℃时，$K_c=10^4$；25℃时，式（1-2-58）的 $K_a=6.3\times10^4$，20℃时，$K_c=700$。所以黑钨矿也容易被盐酸分解。

盐酸-磷酸混酸分解黑钨矿，可以破坏 H_2WO_4 生成膜，具体反应如下：

$$12MeWO_4 + 24HCl + H_3PO_4 = 12MeCl_2 + 12H_2O + H_3[PW_{12}O_{40}] \quad (Me为Fe和Mn) \tag{1-2-60}$$

综上所述，盐酸分解钨精矿是通过控制分解条件，使钨尽可能以固体 H_2WO_4 形式进入浸出渣。钼以可溶性钼酸形式进入分解液，然后采用氨溶或者碱溶浸出渣，得到钨酸铵或者钨酸钠溶液。而盐酸磷酸络合分解，则尽可能使钨和钼分别以 $H_3[PW_{12}O_{40}]$ 和钼酸形式进入分解液，再从分解液中分别回收钨和钼。

c 杂质行为

钨精矿中含磷、砷、硅、钼及硫等杂质，在酸分解过程中，由于其矿物形态的不同，将进行不同的反应。

（1）硫化物。铁及某些重金属硫化物与盐酸反应放出 H_2S，H_2S 能将钨酸局部还原成水溶性比较大的钨的低价化合物。

（2）砷。砷以硫化物和臭葱石形式存在，臭葱石很容易与盐酸反应，而 As_2S_5 和 As_2S_3 在中性气氛下不与 HCl 反应，有 $NaNO_3$ 存在时，生成 H_3AsO_4 进入溶液：

$$FeAsO_4 + 3HCl = H_3AsO_4 + FeCl_3 \quad (1-2-61)$$

$$3As_2S_3 + 28NaNO_3 + 10HCl + 4H_2O = 6H_3AsO_4 + 9Na_2SO_4 + 10NaCl + 28NO\uparrow \quad (1-2-62)$$

$$3As_2S_5 + 40NaNO_3 + 10HCl + 4H_2O = 6H_3AsO_4 + 15Na_2SO_4 + 10NaCl + 40NO\uparrow \quad (1-2-63)$$

对于盐酸磷酸混酸分解，不需要加氧化剂，否则砷的硫化物的分解产物 H_3AsO_4 最终与钨形成 $H_3[AsW_{12}O_{40}]$ 进入溶液，降低了 $H_3[PW_{12}O_{40}]$ 溶液纯度。

（3）钼。钼主要以 MoS_2 和 $CaMoO_4$ 形式存在。中性气氛下 MoS_2 不与 HCl 反应，有氧化剂存在时：

$$MoS_2 + 6NaNO_3 + 2HCl = H_2MoO_4 + 2Na_2SO_4 + 2NaCl + 6NO\uparrow \quad (1-2-64)$$

$CaMoO_4$与盐酸、磷酸反应如下：

$$CaMoO_4 + 24HCl = CaCl_2 + 12H_2O + H_2MoO_4 \text{(盐酸分解)} \quad (1-2-65)$$

$$12CaMoO_4 + 24HCl + H_3PO_4 = 12CaCl_2 + 12H_2O + H_3[PMo_{12}O_{40}] \text{(混酸络合分解)} \quad (1-2-66)$$

（4）磷。磷以磷灰石形式存在，磷灰石和盐酸反应生成 H_3PO_4，H_3PO_4 再与钨形成溶解度大的 $H_3[PW_{12}O_{40}]$ 杂多酸。对盐酸分解来说，磷灰石的存在，减少了粗钨酸产量，影响了钨的直收率。而对盐酸-混酸分解，磷灰石的存在加速了钨精矿的分解，降低了磷酸消耗。

$$2Ca_5(PO_4)_3F + 18HCl = 6H_3PO_4 + 9CaCl_2 + CaF_2\text{(或 HF)} \quad (1-2-67)$$

（5）金属氧化物。大部分金属氧化物与 HCl 反应生成相应的氯盐进入分解液中。

B 分解过程动力学及影响分解反应速度和浸取率的因素

a 分解过程动力学

（1）盐酸分解白钨矿。盐酸分解白钨矿在常温下能够快速完成，但在实际生产中，由于产物致密钨酸包裹在未反应的白钨矿表面，白钨矿分解反应速度较慢。虽然通过减小矿物粒度、加大盐酸用量、提高反应温度、加强搅拌等方法来提高浸出速率，一定程度上可加速反应的进行，但也带来生产成本、能耗、物耗的增加，对生产设备（耐强酸反应设备）的要求也相应提高。

从动力学角度考虑，盐酸分解白钨矿属固-液多相化学反应过程，有相界面存在，其中白钨矿分解如图1-2-35所示。反应速度的快慢取决于该反应的机理和速度控制类型。盐酸分解白钨矿过程的分解率与浸出时间的关系服从动力学方程式（1-2-68），在40～90℃时，天然白钨精矿的分解表观活化能为43.6kJ/mol，人造白钨的分解表观活化能为37.9kJ/mol，因此盐酸分解白钨矿的速度受生成钨酸膜层扩散控制。

F·A·MeepcoH等人曾在20℃下进行过热液球磨和机械搅拌分解白钨精矿的对比试验，球磨分解速度大大超过机械搅拌分解速度，反应时间缩短，也充分说明白钨矿的分解速度受生成钨酸膜层扩散控制。

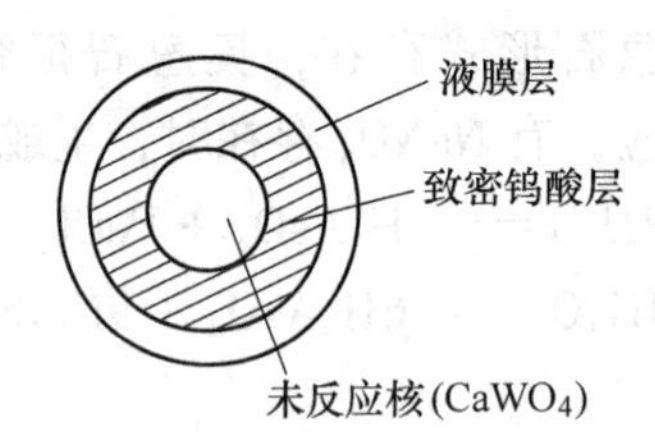

图1-2-35 白钨精矿盐酸分解时固相模型

$$1-\frac{2}{3}-(1-\alpha)^{2/3}=Kt \tag{1-2-68}$$

式中，α为浸出率，%；K为综合反应速率常数，s^{-1}；t为浸出时间，s。

（2）盐酸-磷酸络合分解。北科大刘亮和江西理工大学黄金研究表明，盐酸磷酸体系络合浸出白钨矿的反应符合液固多相缩核反应模型，式（1-2-69）为其多相化学反应动力学方程。在25～60℃、60～100℃时，络合分解白钨矿的反应表观活化能Ea分别为60.65kJ/mol（刘亮）和59.91kJ/mol（黄金），进一步证明盐酸-磷酸络合分解白钨矿反应属于界面化学反应控制，而非扩散控制。

$$1-(1-\alpha)^{1/3}=Kt \tag{1-2-69}$$

$$K=\frac{kC^n}{\rho\gamma_0} \tag{1-2-70}$$

式中，α为浸出率，%；K为综合反应速率常数，s^{-1}；t为浸出时间，s；C为浸出剂浓度，mol/kg。

b 影响混酸分解反应速度和浸取率的因素

盐酸-磷酸络合体系分解人造白钨矿过程，盐酸初始浓度、反应温度、钨磷物质的量比、搅拌速度等因素对钨浸出率均有显著影响。

（1）粒度。盐酸磷酸络合分解白钨矿反应发生在两相界面，液相主体中的H^+、PO_4^{3-}必须扩散至固相表面才能进行反应。因此，反应速率与界面性质及界面大小有关，颗粒越细，比表面积越大，反应速率也越快。但磨矿会增加能耗，为了保证白钨矿混合酸分解时钨有较高的浸出率，同时又不造成能源的浪费，钨矿粒度最好控制在48～58μm。

（2）温度。温度升高，反应速率加快，分解率增大。但温度过高，盐酸挥发量增大，设备腐蚀严重，同时能源消耗也增大，所以浸出温度一般控制在90℃左右。

（3）盐酸浓度。HCl 初始浓度增大，白钨矿分解率增大，反应时间也缩短。提高初始盐酸浓度至 0.72mol/L，钨浸出率达 95%，所需时间仅为 25min，继续提高盐酸浓度，反应加速并不明显。

（4）$n(W)/n(P)$。按生成 12-磷钨杂多酸计算，$n(W)/n(P)=12/1$ 时，理论上正好反应完全，反应后期大部分磷酸已被消耗，盐酸浓度也大幅降低，此时液相中剩余的反应物被溶剂阻隔，固液反应物分子间有效碰撞大大减少，反应速率明显下降。反应物全部溶解需 90min。一般控制 $n(W)/n(P)=7/1$ 比较合适。

2.4.1.2 工艺流程

A 盐酸分解法工艺流程

经典盐酸分解白钨矿主要包括精矿的酸分解、粗钨酸氨溶、氨溶液净化除杂、蒸发结晶或中和结晶制备 APT、APT 干燥锻烧成 WO_3 或者粗钨酸（杂质含量高）碱溶、净化转型为钨酸铵溶液。对于磷含量比较高的白钨矿，需采用酸洗脱磷，经典酸法分解白钨矿工艺流程如图 1-2-36 所示。

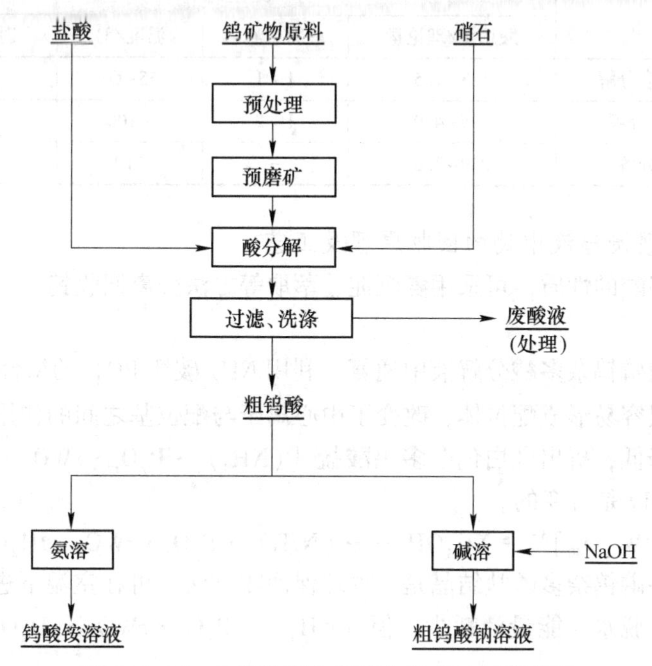

图 1-2-36 盐酸分解白钨矿生产 APT 工艺流程

a 密闭酸分解

采用 5~6mol/L 的盐酸在密闭加压条件加温（90~100℃）分解，密闭正压分解与敞口负压分解相比，矿石分解率比敞口分解高，单批分解率达 99%以上，同时蒸汽单耗与盐酸单耗降低，环保压力减小。酸分解液中的钼可采用萃取法和沉淀法回收。

b 粗钨酸洗涤

过滤后的粗 H_2WO_4 洗涤除去其中的 Ca^{2+}、Fe^{2+}，使粗 H_2WO_4 满足工业 H_2WO_4、制取高纯 WO_3 的要求。Fe^{3+}洗尽前保持洗水 pH<2，防止 $Fe(OH)_3$ 沉淀的生成，保持高水温则有利于防止胶态钨酸的生成，从而影响洗涤效果。

c 粗钨酸溶解与净化

洗净后按 1kg H_2WO_4 加 H_2O 1.2~1.5kg 调浆，并加热到 60~80℃，用28%的氨水或者苛性钠溶解粗 H_2WO_4。溶解过程未反应的矿粒、Fe^{3+}、Fe^{2+}、Mn^{2+}一并入渣，H_2MoO_4、H_3AsO_3、H_3PO_4 进入氨水或者苛性钠溶液中。对于氨水溶解，要控制终点游离 NH_3 为25~30g/L，过滤所得的溶液含 WO_3 在 350g/L 左右。采用 Mg 盐溶液在 pH=8~9 时可与氨水或者碱溶解液中的 P、As、Si 等杂质作用生成不溶性沉淀后除去。

d 渣处理

氨溶渣中钨含量一般在10%~18%，WO_3 在渣中主要为黑钨矿、白钨矿及未溶解的钨酸，可采用苏打高压浸出、NaOH 浸出或二次酸分解法分解氨溶渣，进一步回收其中的钨。

某些工厂主要技术经济指标见表 1-2-23，一般白钨矿酸分解时控制最终母液含 HCl 为 100~150g/L。

表 1-2-23 白钨精矿盐酸分解的主要技术经济指标

工艺特点	技术参数				分解率/%
	酸用量/理论量	固：液	温度/℃	时间/h	
白钨精矿盐酸热球磨分解	1.3~1.5	1：1	55~60	4	99
白钨精矿盐酸搅拌分解	3.5~4.0	1：2	~100		99.5
白钨精矿密闭酸分解	2.9~3.0	—	110	1	99.7

B 盐酸-磷酸浸出液中钨的回收原理及工艺

根据磷钨杂多酸的性质，可采用氨沉淀、萃取等方法分离回收钨。

a 氨沉淀法

氨沉淀法是向磷钨杂多酸分解液中通氨，利用 NH_4^+ 破坏 PO_4^{3-} 的络合作用，而 NH_4^+ 本身有络合作用，很容易形成配位体，改变了中心离子与配位基之间的作用力，NH_4^+ 形成的新配位体溶解度降低，析出乳白色杂多钨酸盐［$(NH_4)_x \cdot P_yO_z \cdot rWO_3 \cdot tH_2O$］沉淀，其中的 x、y、z、r 和 t 是可变的。

$$[PW_{12}O_{40}]^{3-} + NH_4OH \longrightarrow (NH_4)_x \cdot P_yO_z \cdot rWO_3 \cdot tH_2O \qquad (1-2-71)$$

氨沉淀法制备磷钨杂多酸盐结晶是一种环保回收方法，可在室温下进行，步骤少，无需排放溶液且无需脱水，能量消耗少，但 $(NH_4)_x \cdot P_yO_z \cdot rWO_3 \cdot tH_2O$ 杂多酸还需进一步精制。

b 萃取法

盐酸-磷酸混酸分解-萃取法回收钨工艺流程如图 1-2-37 所示，该方法在我国已投入工业生产。

（1）萃取原理及条件。盐酸-磷酸混酸分解液中主要成分为磷钨杂多酸$H_3PMo_{12}O_{40}$、过剩的盐酸和磷酸、大量 $CaCl_2$、铁离子等。萃取有机相为 N_{235}+正辛醇+煤油，其中 N_{235}、正辛醇及煤油分别作为萃取剂、分相剂及稀释剂。N_{235} 属于胺类阴离子萃取剂，具有弱碱性。由于酸分解液中含有大量剩余盐酸，N_{235}不需预先进行酸化处理。

N_{235}萃取过程，钨和磷是以磷钨杂多酸的形态被萃取，萃取反应式如下：

$$3R_3N + H_3PW_{12}O_{40} = (R_3NH)_3PW_{12}O_{40} \qquad (1-2-72)$$

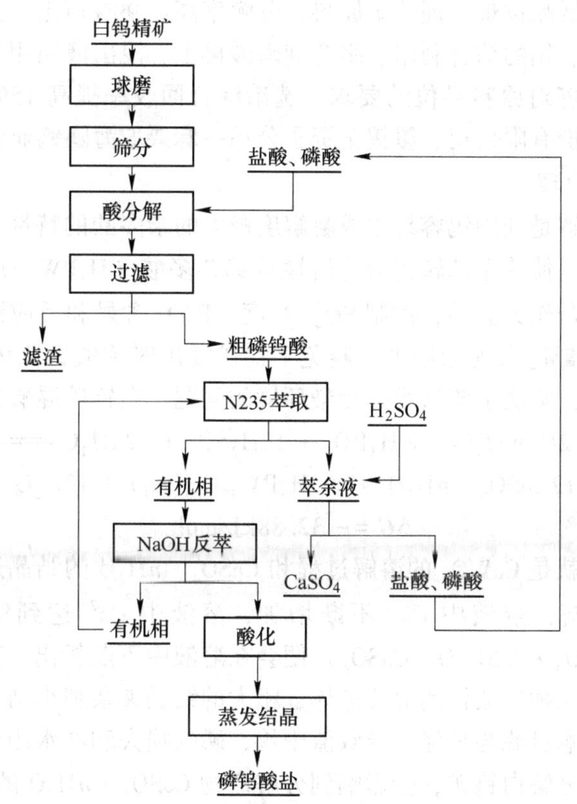

图 1-2-37 盐酸-磷酸混酸分解白钨-N_{235}萃取回收钨工艺流程

N_{235}除萃取 $H_3PW_{12}O_{40}$ 外，还可萃取 Cl^- 和 $FeCl_4^-$ 络阴离子，而磷酸几乎不被 N_{235} 萃取。

$$R_3N + HCl = R_3NHCl \tag{1-2-73}$$

$$R_3N + FeCl_4^- = R_3NFeCl_4^- \tag{1-2-74}$$

为了减少 N_{235}对盐酸和 $FeCl_4^-$ 的萃取，应尽可能减小相比和 N_{235}用量，缩短混合时间。

萃取过程条件：相比为 1∶1，混合萃取时间为 5min，有机相配比为 12%N_{235}+20%正辛醇+68%煤油，钨的一级萃取率在 99%以上，钨与其他杂质分离效果较好。

（2）反萃原理及条件。NaOH 反萃有机相反应如下：

$$(R_3NH)_3PW_{12}O_{40} + 3NaOH = 3R_3N + Na_3PW_{12}O_{40} + 3H_2O \tag{1-2-75}$$

反萃条件：反萃剂 NaOH 浓度为 1.5mol/L，相比为 1∶1，混合反萃时间为 10min，钨的一级反萃率达到 98%。反萃液加热到 40℃后，用盐酸酸化溶液 pH 值为 7.2，蒸发结晶制备磷酸杂多酸钠或者进一步制备其他钨产品。

（3）盐酸再生。萃余液的主要成分为 $CaCl_2$ 和剩余的盐酸、磷酸，采用硫酸对萃余液进行硫酸沉钙再生盐酸，获得石膏和盐酸，过滤石膏，滤液盐酸作为分解试剂再利用，酸的再生率达到 93.5%。

2.4.2 硫磷混酸协同常压分解法

“硫磷混酸协同分解”白钨矿可在常压下清洁高效地处理白钨矿、高磷高钼白钨矿、黑白钨混合矿等复杂低品位难处理钨矿原料，分解率高达99%以上，处理成本低，金属收率高。同时解决了磷、钼的综合利用、络合剂磷酸再生、浸出液回用及浸出渣资源化利用等问题，降低了钨冶炼对原料品位的要求，选冶综合回收率提高15%。2016年，该法成功应用于厦门钨业股份有限公司、厦钨全资子公司—麻栗坡海隅钨业公司等。

2.4.2.1 基本原理

硫磷混酸协同分解是利用钨容易生成溶解度极大的杂多酸的特性，采用硫酸分解白钨矿时，加入适量磷酸，使钨全部转化成可溶性磷钨杂多酸（$H_3PW_{12}O_{40}$）进入水相，同时浸出过程加入二水石膏作为晶种，控制 SO_4^{2-} 浓度、P_2O_5 含量和反应温度，得到过滤和洗涤性能良好的二水石膏进入固相渣中，避免了钨矿浸出时硫酸钙固体膜的“钝化现象”。石膏渣可作建材原料，解决了废渣堆存污染环境的问题。白钨矿混酸分解反应如下：

$$12CaWO_4(s) + H_3PO_4 + 12H_2SO_4 + 12nH_2O \xlongequal{\quad} 12CaSO_4 \cdot nH_2O(s) + H_3PW_{12}O_{40}(aq) + 12H_2O \tag{1-2-76}$$

$$\Delta G = -32.88kJ/mol$$

白钨矿的分解也就是 $CaWO_4$ 的溶解过程和 $CaSO_4 \cdot nH_2O$ 的结晶过程。反应初期，白钨矿逐渐被磷酸溶解，溶液中 Ca^{2+} 不断增加，溶液中 Ca^{2+} 达到饱和，$CaSO_4 \cdot nH_2O$（$CaSO_4 \cdot 2H_2O$、$CaSO_4 \cdot 0.5H_2O$、$CaSO_4$）便会在溶液中不断析出。若条件控制不当，则容易形成粒度不一的几种硫酸钙的混合晶体，粗大的结晶夹杂细小结晶共存形成包裹影响钨矿分解，并严重影响过滤与洗涤，导致渣中钨、磷的损失和洗水用量的增加。用不同的磷酸和硫酸浓度体系分解白钨矿，会影响到分解产物 $CaSO_4 \cdot nH_2O$ 的溶解行为，$CaSO_4 \cdot nH_2O$ 的晶型和形貌，使得白钨矿在不同体系下的分解动力学过程错综复杂。

在 $CaSO_4 \cdot 2H_2O$、$CaSO_4 \cdot 0.5H_2O$、$CaSO_4$ 等不同结晶形态中，只有 $CaSO_4$ 是稳定固相，其他所有的 $CaSO_4 \cdot 2H_2O$、$CaSO_4 \cdot 0.5H_2O$ 结晶都最终转化成 $CaSO_4$，但是无水 $CaSO_4$ 的结晶非常细小，难以长成粗大的晶体，这也是影响过滤和洗涤性能的最主要原因，因此在分解过程中必须避免无水 $CaSO_4$ 生成。$CaSO_4 \cdot 0.5H_2O$ 结晶时所需的晶格能最小，在通常情况下，$CaSO_4$ 首先将以 $CaSO_4 \cdot 0.5H_2O$ 形式结晶析出，但是 $CaSO_4 \cdot 0.5H_2O$ 结晶的稳定性很差，极易吸水转化成 $CaSO_4 \cdot 2H_2O$ 结晶，或在高温下和高酸度的情况下一脱水转化成 $CaSO_4$。为此，要得到单一的、稳定的、粗大的 $CaSO_4 \cdot 0.5H_2O$ 结晶，控制条件极为苛刻，在分解不同的复杂物料时给操作带来极大的难度。而 $CaSO_4 \cdot 2H_2O$ 结晶转化的潜伏期较长，如 $CaSO_4 \cdot 2H_2O = CaSO_4 + 2H_2O$ 的转化过程非常慢，持续进行数月还仅仅看出稍有脱水的趋势。如何控制条件来得到稳定的、单一的、粗大的、易于过滤和洗涤的 $CaSO_4 \cdot 2H_2O$ 结晶，以解决分解过程中钨矿被包裹影响分解率、分解渣难以过滤洗涤造成钨的损害等问题。可通过加入 $CaSO_4 \cdot 2H_2O$ 晶种来降低溶液的过饱和度，同时提高浸出体系的液固比来降低 SO_4^{2-} 因消耗而引起的较大的浓度波动，并且高的液固比有利于提高溶液的传质效果。

选用350g/L的 H_3PO_4 和250g/L的 H_2SO_4 作为浸出体系，在50~90℃测得硫磷混酸协同分解白钨的反应活化能为 $E = 64.8kJ/mol$，说明白钨浸出过程受表观化学反应所控制，升高反应温度和减小矿物粒度均有利于反应的进行。

在白钨矿循环络合分解过程，H_3PO_4 浓度、H_2SO_4 浓度、反应温度、液固比、反应时间、搅拌速度等因素对白钨矿的分解效果都有影响。硫磷混酸分解白钨矿，分解过程温度、硫酸浓度不但影响钨的分解率，而且影响磷钨杂多酸的溶解度。升高温度，钨的分解率提高，进入分解液中的 $H_3PW_{12}O_{40}$ 量增加，温度超过 80℃，钨的分解率保持恒定。提高 H_2SO_4 浓度，降低温度，$H_3PW_{12}O_{40}$ 的溶解度急剧降低，并以磷钨酸（$H_3PW_{12}O_{40}\cdot 6H_2O$）晶体形式析出。浸出温度和硫酸浓度对白钨矿溶解和磷钨杂多酸影响效果如图 1-2-38 和图 1-2-39 所示。

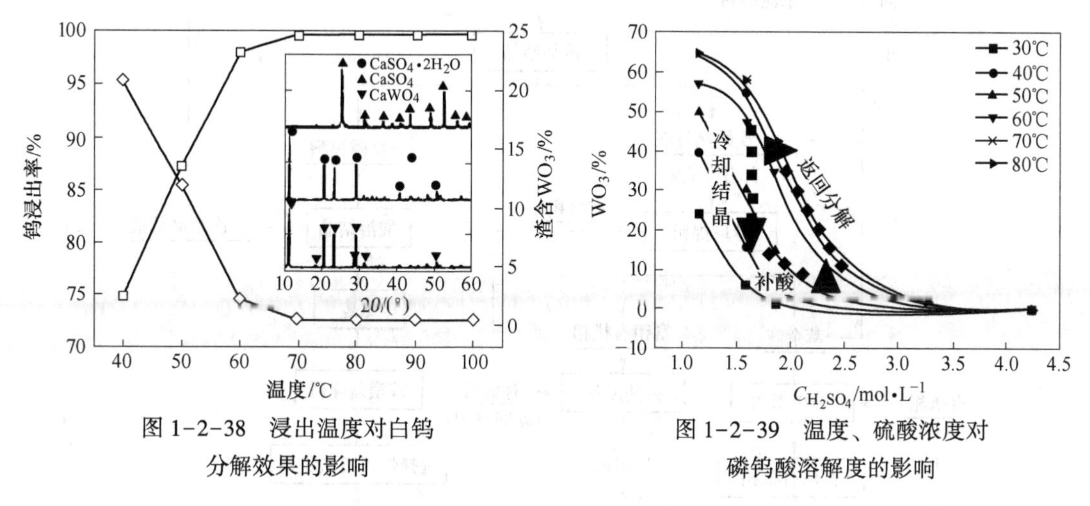

图 1-2-38　浸出温度对白钨分解效果的影响

图 1-2-39　温度、硫酸浓度对磷钨酸溶解度的影响

2.4.2.2　生产实践

硫磷混酸法处理白钨主要包括硫磷混酸分解，浸出渣可控生成，浸出液冷却结晶法分离得一次磷钨酸晶体后溶于酸溶液中，进行二次冷却结晶，二次结晶体再经氨溶-铵镁盐法除磷-选择性沉淀法除钼-蒸发结晶即可得符合国家 0 级标准的 APT。一次冷却结晶母液经萃取提钼-铵盐反萃-除杂-调酸等工艺后可制得钼酸铵，并将富含余酸的萃余液和二次冷却结晶母液直接返回浸出，实现酸的循环。浸出过程简单，酸耗量少，且大部分酸实现了循环浸出，降低了生产成本和废水排放。采用冷冻结晶和萃取工艺可有效实现钨、钼的彻底分离，减轻了后续工序净化负担。硫磷混酸法处理白钨工艺流程如图 1-2-40 所示。该方法实现了钨钼的常压提取，钨、钼浸出率达 98.5%以上。

A　硫磷混酸协同分解

硫磷混酸分解在常压下进行，分解温度一般控制在 80~90℃，反应时间 2~6h，基本上可依靠硫酸稀释热和反应潜热来控制分解温度，硫酸耗量控制在理论量，钨的浸出率可达 99%以上。采用硫磷混酸分解不同的白钨矿，无论钨品位的高低，渣含 WO_3 都小于 0.5%，而传统钠碱法压煮渣中 WO_3 在 2%左右。

B　混酸分解液中钨的分离

在循环浸出时，白钨矿中含磷矿物的分解，不仅为生产磷钨杂多酸提供了所需的磷酸，而且还有剩余，造成了体系中 P_2O_5 量的不断累积。当 P_2O_5 质量浓度累积超过 30%时，溶液的黏度进一步增加，在高 SO_4^{2-} 浓度下易造成分解渣（硫酸钙）的“钝化现象”，影响白钨的分解效率，而且也易引起分解渣脱水生成细小的无水硫酸钙结晶，给渣的过滤和洗涤操作带来了难度。因此分解液需开路回收其中的钨、钼和磷。

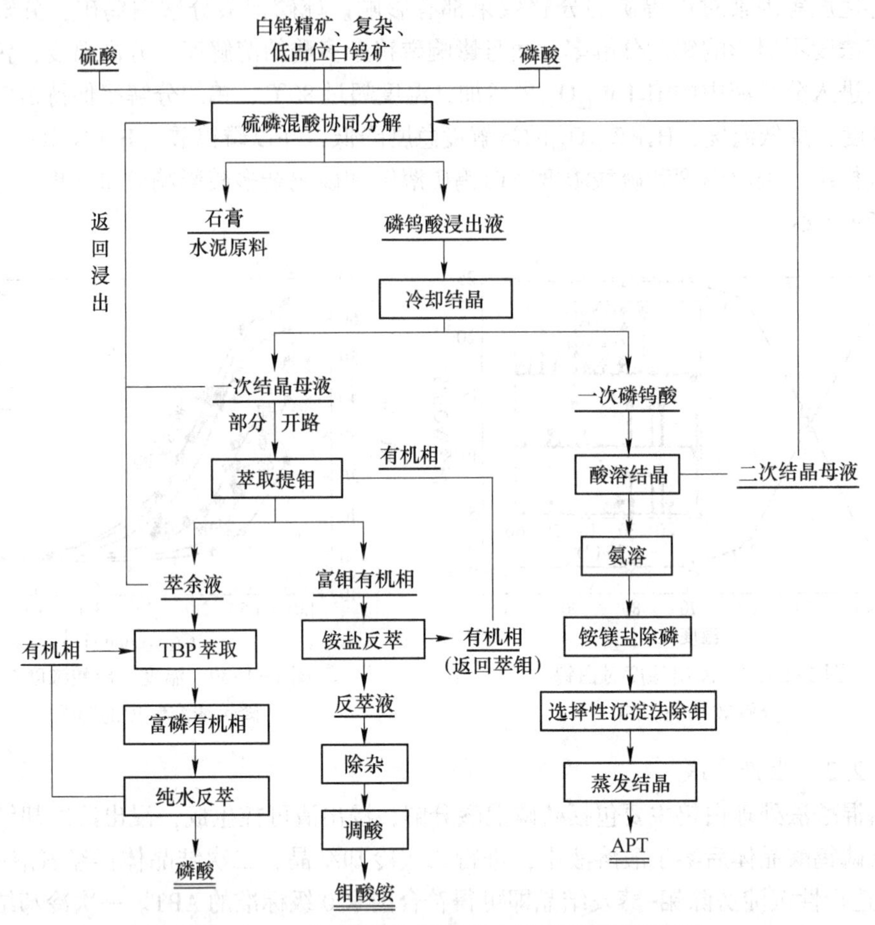

图1-2-40 硫磷混酸协同分解白钨矿原则工艺流程

由于钨的杂多酸根与胺（铵）性树脂、萃取剂的结合能力远大于磷的含氧酸根离子，并且在酸性溶液中易与铵离子结合沉淀析出，所以开路滤液中的钨可通过碱性离子交换、碱性溶剂萃取和铵盐沉淀法分离。

工业生产中常采用冷却结晶法分离钨，终点温度控制为30~40℃，使 $H_3PW_{12}O_{40}$ 以磷钨酸 $H_3PW_{12}O_{40}\cdot 6H_2O$ 晶体的形式析出。控制磷钨酸的结晶率可获得W/Mo比很低的磷钨酸结晶。磷钨酸溶液冷却结晶制备磷钨酸晶体替换传统的离子交换和溶剂萃取法，解决了 Na^+ 的引入问题，同时也实现钨、钼的较为彻底地分离，钨的结晶率达到93.5%以上。

C 高纯钨产品制备

在磷钨酸冷却结晶过程，分解液中的Mn、Ca、SO_4^{2-}、PO_4^{3-} 等杂质离子以及浸出剂阴离子吸附在磷钨酸表面，所以结晶磷钨酸中一般含有P、S、Mo、Na、Ca等杂质，因此必须对其净化除杂制备高纯磷钨酸或者转型制备钨酸铵。

a 钨酸铵制备

将一次磷钨酸晶体溶解于60~90℃、硫酸和磷酸总浓度为200~600g/L的溶液中，控制 WO_3 的浓度为100~400g/L，然后将此溶液冷却结晶至10~40℃，得到的二次磷钨酸晶体的质量比为 WO_3/Mo>400。二次磷钨酸结晶体再经氨溶-铵镁盐法净化除杂-选择性沉淀法除钼-蒸发结晶制备 APT，即可得符合国家 0 级标准的 APT。二次结晶母液返回浸出过程，实现酸的循环利用。

b 高纯磷钨酸的制备

先将杂质含量高的磷钨酸晶体溶于体积摩尔浓度为 0.5～6mol/L 无机酸中，然后以 15%的仲辛醇为萃取剂，磺化煤油为稀释剂，进行逆流萃取，萃余液直接返回溶解磷钨酸晶体工序重复使用。蒸馏水逆流反萃负钨有机相，可得到高浓度的磷钨酸溶液，如果磷钨酸反萃液含钼则需要进行钨钼分离，分离钼后的磷钨酸再蒸发结晶制备高纯磷钨酸晶体，不含钼的高浓度的磷钨酸溶液可以直接蒸发结晶得到高纯的磷钨酸晶体。

D 结晶母液中钼和磷的回收

如果分解的是白钨矿，则一次结晶液补加酸后直接返回白钨矿分解过程，进行循环浸出。如果分解的是高钼高磷白钨矿，则一次结晶液需要开路回收其中的磷和钼。

a 萃取分离回收钼

在冷却结晶分离磷钨酸后的一次结晶母液中，钼钨分别以钼酰 MoO_2^{2+} 阳离子和磷钨杂多酸阴离子形态存在，二者性质差别很大，可采用 20%二（2-乙基己基）磷酸+10%仲辛醇+70%磺化煤油萃取体系逆流萃取结晶母液中的钼，其萃取率达到 92.6%以上，萃取反应如下：

$$MoO_2^{2+} + 2(HR_2PO_4)_2 = MoO_2(HR_2PO_4)_2 \cdot 2HR_2PO_4 + 2H^+ \quad (1\text{-}2\text{-}77)$$

在 pH=2 左右时，萃取效果最好，pH>3 时，溶液中大量钼的以 $Mo_7O_{24}^{6-}$ 或其他同多酸根离子形态存在，MoO_2^{2+} 浓度较小；pH<2 时，溶液中 H^+ 浓度大，不利于上述萃取反应的进行。

负载钼的有机相经氨水反萃-镁盐沉淀除杂-净化后的钼酸铵溶液调酸可制备合格的钼酸铵产品。

$$MoO_2(HR_2PO_4)_2 \cdot 2HR_2PO_4 + 2NH_4OH = (NH_4)_2MoO_4 + 4(HR_2PO_4)_2 \quad (1\text{-}2\text{-}78)$$

b TBP 萃取回收磷酸

萃钼后的萃余液再用 90%TBP+10%煤油有机相萃取磷酸，萃取温度一般为 40℃。通过控制磷酸的萃取率，使萃余液中 P_2O_5 质量浓度降至 10%～30%，然后补加适量硫酸，萃余液返回新一轮白钨矿浸出，负载有机相经纯水反萃得到磷酸。

表 1-2-24 所示为硫磷混酸分解白钨矿工艺与国内外现有主流工艺技术参数的对比。

表 1-2-24 新技术与现有同类工艺的综合比较

指标	国 内	国 外	新 工 艺
工艺	高压釜 NaOH 压煮	高压釜 $NaCO_3$ 压煮	混酸常压浸出
	温度：160～180℃	温度：200～230℃	温度：80～90℃
试剂	NaOH：2500 元/t	$NaCO_3$：2300～2400 元/t	H_2SO_4：100～300 元/t
	理论量：2.5～2.8 倍	理论量：2.5～3.5 倍	理论耗量
原料适应性	一般钨精矿 WO_3 不应低于 40%，否则浸出率就会迅速跌落	钨精矿品位越低，苏打用量越大，处理低品位矿苏打消耗再增 1～2 倍	$WO_3$20%左右即可处理，选冶综合回收率可增加 15%以上

续表 1-2-24

指标	国 内	国 外	新工艺
钨矿分解率	渣含 WO_3 2.0%，钨品位大于40%时，分解率为98%	渣含 WO_3 0.5%，分解率为98%~99%	渣含 WO_3 0.2%，分解率大于99%
综合利用	伴生元素磷不能利用，分离钼需先硫化	伴生元素磷不能利用，分离钼需先调酸	伴生磷可回收，直接分离钼
废水	排放20~100t/t（APT）	排放20t/t(APT)	母液循环
钠盐	>750kg/t（APT）	>750kg/t(APT)	无
废渣	$Ca(OH)_2$ 渣深度填埋	$CaCO_3$ 渣深度填埋	石膏渣作建材
成本	1000~12000元/t(APT)	1000~12000元/t(APT)	因原料不同，成本降低3000~6000元/t(APT)

2.5 高温火法冶炼法

2.5.1 氯化法

氯化法是将矿物原料与氯化剂混合，在一定的温度和气氛下进行焙烧，使有价金属转变为气相或凝聚相的金属氯化物而与物料其他组分分离的过程，具有分解率及金属回收率高，容易蒸馏提纯，氯化物还原易于制取超细粉末或镀层，易于综合回收等优点。

在钨矿选矿过程中产生大量难选钨中矿，难选钨中矿中除钨以外的有价元素的价值在总价值中占有较大的比例，而工业生产上广泛采用碱法流程提取钨，一般未考虑其综合回收问题。氯化法工艺流程简短，是处理复杂矿并综合回收有价元素的有效方法之一，既可处理优质钨矿石，也可以处理低品位、成分复杂难选钨矿以及含钨的各种残料。

2.5.1.1 基本原理

在W-Cl-O体系中存在 WO_2Cl_2、$WOCl_4$、WCl_4、WCl_2 等化合物，系统中氧位越高，则混合蒸气中 WO_2Cl_2 含量越高。要获得 WCl_4 和 WCl_2，必须降低体系氧位，保证有足够的还原气氛。因此，白钨矿和黑钨矿氯化时，常加入还原剂碳。

A 黑钨

黑钨矿加碳（以 $FeWO_4$ 为例，$MnWO_4$ 与其大同小异）氯化过程主要反应如下：

$$FeWO_4 + 5/2Cl_2 + C = FeCl_3(\text{或}\ FeCl_2) + WO_2Cl_2 + CO_2(\text{或}\ CO) \quad (1-2-79)$$

$$FeWO_4 + 7/2Cl_2 + 3/2C = FeCl_3(\text{或}\ FeCl_2) + WOCl_4 + 3/2CO_2(\text{或}\ CO) \quad (1-2-80)$$

$$FeWO_4 + 7/2Cl_2 + 2C = FeCl_3(\text{或}\ FeCl_2) + WCl_4 + 2CO_2(\text{或}\ CO) \quad (1-2-81)$$

$$FeWO_4 + 5/2Cl_2 + 2C = FeCl_3(\text{或}\ FeCl_2) + WCl_2 + 2CO_2(\text{或}\ CO) \quad (1-2-82)$$

黑钨矿氯化过程无碳参加时，温度达到800~900℃时才能氯化完全，但加入碳还原剂后，则在400℃氯化反应就会开始，500℃反应进行得较快，600℃已氯化得较完全。

B 白钨

a 无 CaF_2 参加

白钨氯化反应式如下，氯化反应过程 ΔG 与温度关系见图1-2-41。

$$CaWO_4 + 2Cl_2 = CaCl_2 + WO_2Cl_2 + O_2\uparrow \quad (1-2-83)$$

$$CaWO_4 + 2Cl_2 + 3C = CaCl_2 + WO_2Cl_2 + CO_2\uparrow \quad (1-2-84)$$

$$CaWO_4 + 3Cl_2 + 1.5C = CaCl_2 + WOCl_4 + CO_2\uparrow \quad (1-2-85)$$

$$CaWO_4 + 3Cl_2 + 3C = CaCl_2 + WOCl_4 + 3CO\uparrow \quad (1-2-86)$$

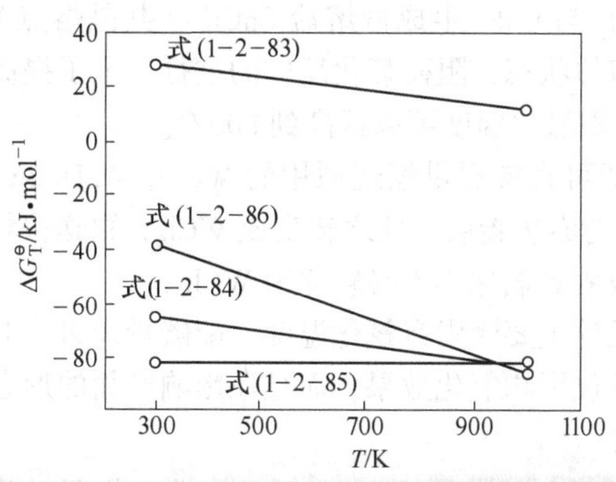

图 1-2-41 温度对白钨氯化标准自由能的影响

图 1-2-41 表明，不加碳时，白钨在 300~1000℃ 的氯化反应不能自发进行。而在加碳时白钨的氯化反应标准自由能小于 0，反应不但可自发进行，而且温度升高，标准自由能降低，高温有利于加速白钨的氯化反应进程。

白钨氯化过程，用 1.5 倍理论量的碳作还原剂在 700℃ 以下氯化时，氯化 60min，钨的氯化率可稳定在 98%以上。继续提高氯化温度，在 750℃ 出现氯化率显著降低现象（表 1-2-25），这是由于生成的 $CaCl_2$ 熔化（熔点 782℃），料粒的孔隙中及表面覆盖上一层半熔融状态的 $CaCl_2$，阻碍气体的扩散，使氯化过程的动力学条件恶化。当氯化温度升高到 800℃ 以上时，且氯化设备能满足 $CaCl_2$ 的充分流出，排除其对氯化过程的阻碍，则白钨氯化率得到进一步提高。700℃ 时，配炭量增加，钨的氯化率也逐渐提高，但超过 1.4 倍理论量时，影响效果逐步变缓。氯化时间的长短与氯化温度有关系，白钨在 700℃ 以下氯化，在 1.5 倍理论量配碳量，氯化时间延长，白钨氯化率迅速提高，但氯化时间延长至 50min 以上时，氯化时间的影响不十分显著。

表 1-2-25 氯化温度对钨氯化率的影响

序号	氯化温度/℃	残渣含 WO_3/%	钨氯化率/%
1	500	66.00	45.00
2	600	57.60	70.00
3	700	16.60	95.50
4	750	47.60	75.00
5	800	8.80	98.00

b 有 CaF_2 参加

在白钨加碳氯化时，添加极微量催化剂 CaF_2，增强了氯化剂的活性，加速白钨的氯化反应，催化剂 CaF_2 的加入一定程度上降低了氯化反应温度。如果不加 CaF_2，白钨 600℃ 时氯化率只有 65%，若加入理论量 CaF_2，在相同温度下白钨的氯化率可达 99%。

$$CaWO_4 + 2Cl_2 + 3C + CaF_2 \longrightarrow 3CaClF + WOCl_2 + 3CO \quad (1-2-87)$$

$$CaCl_2 + CaF_2 \longrightarrow 2CaClF \quad (1-2-88)$$

白钨650℃氯化时，CaF_2 用量低至精矿：CaF_2=100：0.5（质量）时，钨的氯化率仍高达99.23%~99.65%。在650℃以下添加大量 CaF_2 时，氯化料容易溶结而阻碍反应的进行。前人研究认为，$CaCl_2$ 与 CaF_2 生成低熔盐 CaClF（共晶熔点为660℃），当 CaF_2 量大时，氯化物料容易成半溶体状态，阻碍氯化反应的进行。为了提高氯气的利用率，且氯化设备便于 $CaCl_2$ 的流出，则氯化温度可以提高到800℃。

为了使 $WOCl_2$ 转变成可直接提供氢还原用的 WCl_6，A. H. Зеликмон 使 $WOCl_2$ 与过量氯气一道通过900℃以上的赤热碳层，使之转变成 WCl_6，再送去精制除钼。如果在氯化以后按湿法流程，那么生成的氧氯化钨不必转化为 WCl_6。

影响钨矿物氯化效果的主要因素有氯化温度、配碳量及氯化时间，氯化温度对氯化效果影响比较大。配碳量不仅影响氯化效果，而且还影响产物的形态。

2.5.1.2 工艺流程

钨矿物原料氯化的原则流程如图1-2-42所示。钨矿物原料首先与碳及黏结剂（在处理白钨矿时，往往还添加5%左右的 CaF_2）混合制团。制团的目的是为了保证炉料良好的透气性，团块经硫酸充分干燥脱水后再进行氯化。加碳的目的是保证系统的还原气氛，有利于氯化反应的进行。氯化过程通常是在竖式氯化炉中进行的，温度控制在600~800℃（钨料不同，氯化温度也有所区别），氯化产生的混合物蒸气进行冷凝，然后再进行分离提纯，得到的纯氯化钨用于氢气还原制得钨粉或镀层，也可将其水解制钨酸。

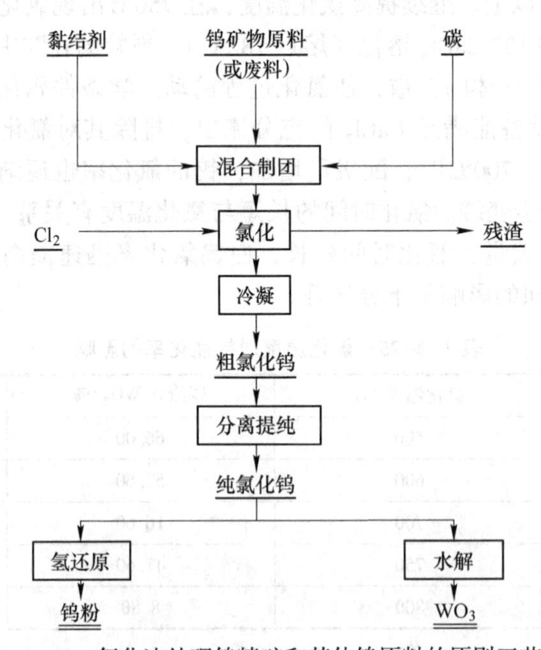

图1-2-42 氯化法处理钨精矿和其他钨原料的原则工艺流程

当用氯化法处理废旧硬质合金或废钨丝、钨材时，工艺大同小异。其不同之处是原料中不含氧化物，因而不需配碳，生成物主要为 WCl_4 和 WCl_6，一般不含 WO_2Cl_2。由于原料活性强，因而反应温度比处理矿物原料低，一般500℃反应就能进行完全。

2.5.2　高温碳化法从钨精矿直接制备碳化钨

用传统工艺从黑钨精矿或白钨精矿生产碳化钨，通常要经过仲钨酸铵生产、钨粉制备和碳化钨合成等工序，生产成本高，工艺流程长。要降低碳化钨的生产成本，最直观的途径是减少从矿物原料到碳化钨生产的工序。在碳化钨生产工艺中，人们对高温碳化特别重视。在高温下由于碳化进行得非常完全，游离碳含量和晶格缺陷减少，可得到高质量的碳化钨。

2.5.2.1　高温溶剂萃取法从钨矿物制备碳化钨

该法是美国矿务局 J. M. Gomes 等人发明的，加拿大国际碳化物公司将其工业化。该法可直接从钨精矿生产出99.4%的碳化钨，生产成本比传统工艺低50%左右，生产时间也大大缩短。新工艺属于高温熔炼法，其生产过程如下：

第一步：黑钨精矿、白钨精矿或混合精矿（白钨精矿与黑钨精矿按（1∶3）~（3∶1）混合）在1050~1100℃的 $NaCl-Na_2SiO_3$ 熔盐中分解，生成两个互不混熔体液相，上部为含99%WO_3 的卤化物-钨酸盐相（$NaCl-Na_2WO_4$），下部为含90%~96%Fe-Mn-Ca氧化物的硅酸盐相。由于卤化钨的密度小于沉渣，因此可采用倾析法将卤化钨与沉渣分离，卤化物-钨酸盐相中 WO_3 回收率大于98%。具体化学反应如下：

$$2(Fe, Mn)WO_4 + 3Na_2SiO_3 + 16NaCl = 2(Na_2WO_4 \cdot 8NaCl) + Na_2(Fe, Mn)_2Si_2O_9 \quad (1-2-89)$$

第二步：在1050~1090℃下，向熔融的含 WO_3 $NaCl-Na_2WO_4$ 相中喷入天然气（甲烷），得到粒状碳化钨产品。具体反应如下：

$$Na_2WO_4 + 4CH_4 = Na_2O + WC + 3CO\uparrow + 8H_2\uparrow \quad (1-2-90)$$

甲烷喷入工序可使熔体中90%以上的钨转变成 WC。喷入法炭化钨易于磨细，将其置入钛球磨机中磨碎后，用6mol 盐酸多次浸洗，再过筛和磁选分离杂质。高温熔剂萃取-喷入法制取 WC 工艺流程如图1-2-43所示。

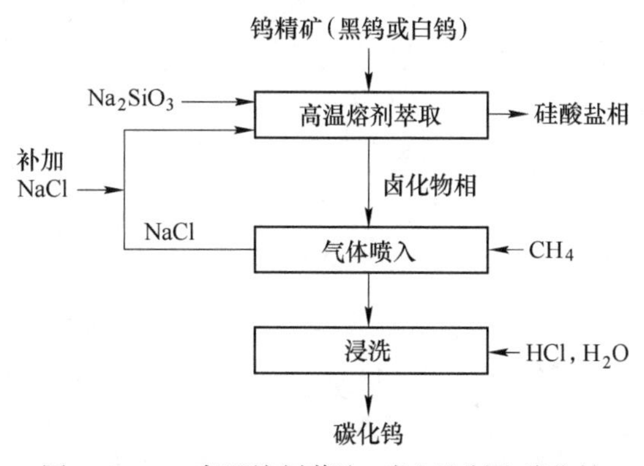

图1-2-43　高温熔剂萃取-喷入法制取碳化钨

2.5.2.2　钨精矿铝热还原法生产碳化钨

美国 Kennametal Inc. 公司开发了 MenstruumWC 生产方法。该方法基于直接从钨精矿生产 WC。由钨精矿与 Fe_3O_4、Al、CaC_2 或 C 组成混合物，在用引火剂点燃后发生放热反应，反应能自热在高于2500℃的温度下进行，生成 WC、Fe、CaO 和 Al_2O_3。金属态产物

WC、Fe等形成底部相，而各种氧化物组成炉渣相，整个碳化过程在60min内完成，可得到约22t的WC。底部相含约65%的WC，其余为Fe、Mn和过剩的还原剂金属Al。与炉渣相分离后，将底部相破碎，用水除去过剩的CaC_2，最后用矿物酸溶解贱金属，得到粗颗粒的WC。

俄罗斯化学工艺研究院开发了钨精矿的“炉外”铝热还原法，靠自热在高温下直接从精矿中还原钨并使其碳化。原料钨精矿含55%~60%WO_3，铝热还原在石墨、钢或钢质坩埚中进行，还原和碳化过程非常快，仅3~5min，反应放出的热足以使反应产物全部熔化，并使含WC的金属相与炉渣相得到良好分离。“炉外”铝热还原法得到的金属相含WC 5%~75%、含铁15%~20%、过剩的还原剂铝1%~4%、其余的金属杂质（Mn、Ni、Cu等）小于2%以及少量炉渣夹杂。炉渣相为$CaO \cdot 2Al_2O_3$和$CaO \cdot Al_2O_3$的混合物。将金属相破碎至150μm，得到的粉末经盐酸浸出以除去酸可溶物，即得到最终产品碳化钨相。

钨火法冶炼难以制取高纯金属，在金属提纯和分离杂质方面存在难以克服的缺陷：

（1）熔融状态的液相中，钨和杂质的浓度高，杂质溶入WC固相的化学趋势更大，难以满足质量要求；

（2）熔融液相的黏度大，固液相物理分离程度远比水溶液过程低；

（3）获得的纯度较高的WC，必须用盐酸酸洗，酸洗废液的排放造成环境污染。

因此，钨冶炼火法直接制取WC的方法取代现行钨冶炼工艺、实现废水零排放的可能性较小。另外，金属回收率也低于湿法冶炼，仅为90%。

纯钨化合物的制取

钨矿石中伴生有磷、砷、硅、钼及锡等矿物，用苛性钠或者苏打分解钨原料过程，磷、砷、硅、钼等部分杂质元素分别以 HPO_4^{2-}、PO_4^{3-}、SiO_3^{2-}、$HAsO_4^{2-}$、AsO_4^{3-}、MoO_4^{2-} 等形式进入分解液，Na_2WO_4 溶液中杂质含量的高低与钨矿物原料的成分和分解方法有关。对粗钨酸钠溶液而言，其中 Si/WO_3 为 0.5%～2%，As/WO_3 为 0.01%～1%，Mo/WO_3 为 0.1%～0.4%。

为了从粗 Na_2WO_4 溶液制取高纯 APT 和 H_2WO_4 等钨制品，需先对 Na_2WO_4 溶液进行净化除杂，其中净化过程主要考虑的杂质有磷、硅、砷、锡和钼等，按现有的生产工艺，要求净化后的钨酸钠溶液的杂质含量标准为：Si/WO_3<0.03%，As/WO_3<0.01%，Mo/WO_3<0.1%，对生产高纯仲钨酸铵和三氧化钨则要求更高（同时溶液中的部分杂质的存在对除钼过程及萃取和离子交换过程都有不利影响。因此，Na_2WO_4 溶液净化除杂是生产纯钨化合物的重要环节）。目前，工业上粗钨酸钠溶液净化方法主要有化学净化法、萃取法和离子交换法。

3.1 化学沉淀净化法

经典化学沉淀法是早期净化粗钨酸钠溶液的主要方法，工艺流程长、试剂消耗大，钨损失大，并产生大量含钨磷砷渣。该工艺在我国已基本被淘汰。但酸化沉硅、镁盐和铵镁盐沉淀法除 P、Si、As 等原理仍在钨钼冶金过程仍得到广泛应用。

李洪桂、赵中伟教授团队开发的选择性沉淀法主要应用于钨酸铵溶液中钼及 As、Sb、Sn 等元素的沉淀分离。该法除钼具有工艺流程短、生产成本低、操作简便、钨损失少、除钼率高等特点。在国内得到广泛应用，适合处理含钼小于 2g/L 以下的钨酸铵溶液。选择性沉淀法如用于粗钨酸钠溶液净化，则需和镁盐沉淀法或者离子交换法相结合。

3.1.1 经典化学沉淀法

经典化学沉淀法净化粗钨酸钠溶液工艺流程如图 1-3-1 所示。主要包括中和水解除 Si、镁盐法或铵镁盐沉淀法净化除 P、Si、As 和 F，三硫化钼沉淀法除 Mo，人造白钨、酸分解和氨溶等工序。

3.1.1.1 粗 Na_2WO_4 溶液净化

A 净化除硅、磷、砷、氟

a 基本原理

（1）除硅。碱分解后的粗 Na_2WO_4 溶液 pH 值一般大于 10，其中硅以 SiO_3^{2-} 形态存在，当 pH 值降低到中性或者弱酸性时，SiO_3^{2-} 会形成溶解度小的 H_2SiO_3 沉淀。生产上早期多

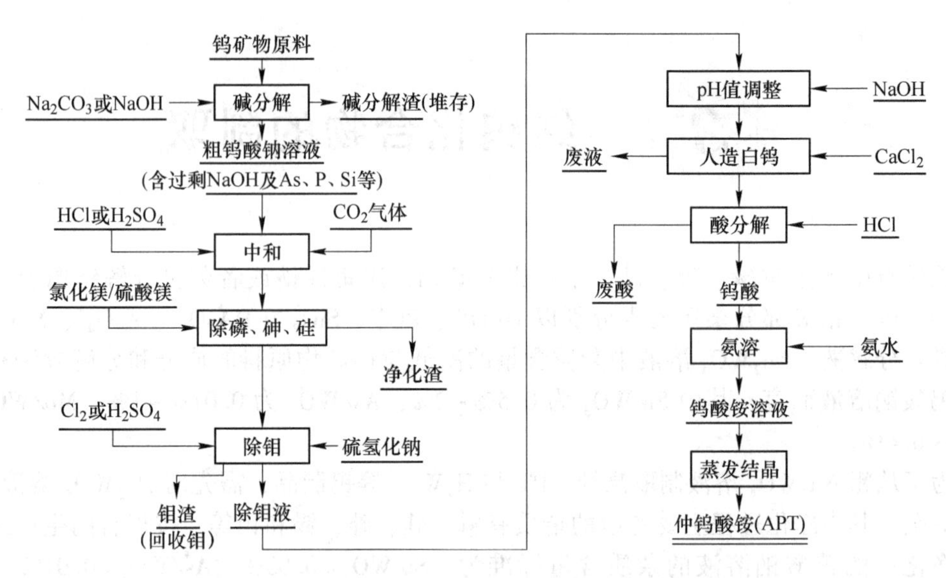

图 1-3-1 经典化学沉淀法净化除杂制备 APT 原则流程

采用传统无机酸将溶液中和至 pH 值 8~9，大约 50%以上的硅以 H_2SiO_3 沉淀除去。

$$Na_2SiO_3 + 2H^+ \longrightarrow H_2SiO_3\downarrow + 2Na^+ \quad (1-3-1)$$

酸化沉硅要在煮沸的情况下进行，目的是为了防止胶态硅酸的生成。胶态硅酸导致溶液黏稠，过滤困难，而且其粒度小，往往会穿透过滤介质，使滤液硅含量升高。

为避免局部过酸形成杂钨酸，传统无机酸必须缓慢地加入并搅拌的粗 Na_2WO_4 溶液中，局部过酸形成的杂钨酸不但会影响除杂效果，还会降低人造白钨作业的钨回收率。或者在稀盐酸中和后期，改用 NH_4Cl 作中和剂代替 HCl，用 NH_4Cl 在溶液中水解生成的盐酸中和溶液中残余的游离碱，可解决局部过酸问题。另外，NH_4^+ 的存在也为后续镁盐沉淀法除磷、砷创造良好的条件。国外也用铝盐法除硅，即往粗钨酸钠溶液中添加适量硫酸铝，使硅生成难溶的铝硅酸复盐沉淀除去。

锡在粗 Na_2WO_4 溶液中以 Na_2SnO_2 或 Na_2SnO_3 形式存在，一般先用次氯酸钠或双氧水将 Sn^{2+} 氧化成 Sn^{4+}，终点 pH 值一般控制在 9.5~9.8。中和水解除硅时，锡也部分发生水解，以 $Sn(OH)_4$（或 $Na_2[Sn(OH)_6]$）沉淀形式除去。

$$NaSnO_3 + 2HCl \longrightarrow H_2SnO_3\downarrow + 2NaCl \quad (1-3-2)$$

$$Na_2SnO_3 + 3H_2O \longrightarrow Sn(OH)_4\downarrow + 2NaOH \quad (1-3-3)$$

$$Na_2SnO_3 + 3H_2O \longrightarrow Na_2[Sn(OH)_6]\downarrow \quad (1-3-4)$$

（2）除磷、砷和氟。在除磷、砷时，氟往往同时被除去，同时残余的硅也被除去。故主要介绍除磷、砷原理。

磷酸和砷酸属于三元酸，在水溶液中发生如下电离反应（对 H_3PO_4 而言）：

$$H_3PO_4 \longrightarrow H^+ + H_2PO_4^- \quad \text{其电离常数 } K_1 = 7.5\times10^{-3} \quad (1-3-5)$$

$$H_2PO_4^- \longrightarrow H^+ + HPO_4^{2-} \quad \text{其电离常数 } K_2 = 6.23\times10^{-8} \quad (1-3-6)$$

$$HPO_4^{2-} \longrightarrow H^+ + PO_4^{3-} \quad \text{其电离常数 } K_3 = 2.2\times10^{-13} \quad (1-3-7)$$

则溶液中

总 $p_T = pPO_4^{3-} + pHPO_4^{2-} + pH_2PO_4^- + pH_3PO$

$$= pPO_4^{3-} \times (1 + 4.5 \times 10^{12}[H^+] + 7.24 \times 10^{19}[H^+]^2 + 9.65 \times 10^{-2}[H^+]^3) \qquad (1-3-8)$$

从上述平衡关系知，四种形态的磷的相对比例与溶液的 pH 值有关，pH 值降低，$H_2PO_4^-$ 和 H_3PO_4 的相对含量增加。磷酸根离子摩尔分数及磷酸铵镁的溶解度与溶液 pH 值的关系分别如图 1-3-2 和图 1-3-3 所示。溶液中砷的形态也有类似的规律。

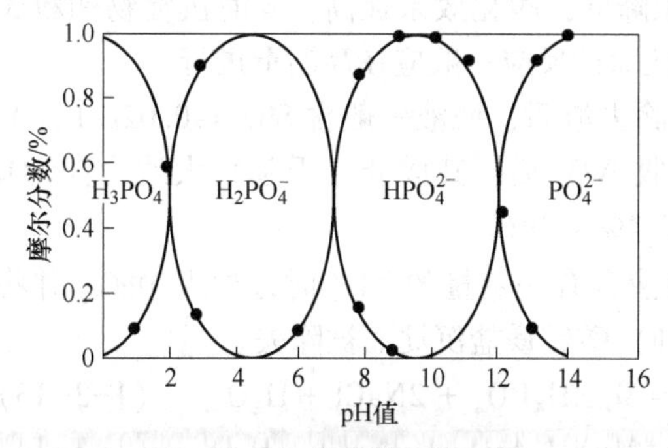

图 1-3-2 磷酸根离子摩尔分数与溶液 pH 值的关系

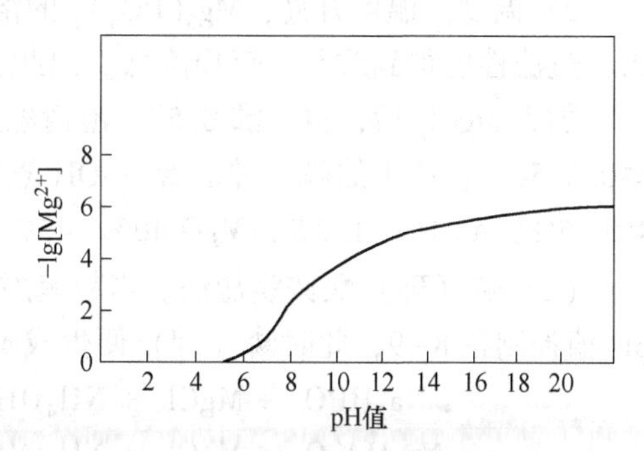

图 1-3-3 pH 值对磷酸铵镁溶解度的影响

图 1-3-2 表明：pH 值为 9~10 时，磷主要以 HPO_4^{2-} 存在；pH 值为 12 时，溶液中同时存在 HPO_4^{2-} 与 PO_4^{3-}。由图 1-3-3 可知，pH 值越大，溶液中 Mg^{2+} 的浓度越低，即 $MgNH_4PO_4$ 的溶解度在碱性介质中比在酸性介质中小得多，而 pH 值大于 8 时，$MgNH_4PO_4$ 的溶解度变化不大，此时的磷含量已低于限定值，故除磷、砷时 pH 值一般控制在 8~10。

b 方法

磷、砷在碱性钨酸钠溶液中主要以 PO_4^{3-} 和 AsO_4^{3-} 形态存在，但 PO_4^{3-} 和 AsO_4^{3-} 随溶液碱性的减弱而水解生成酸式盐。化学沉淀法除磷砷的方法都是基于使它们生成溶解度极小的盐，酸式砷酸镁和磷酸镁的溶解度都较小，在加入 $MgCl_2$ 时，磷、砷、氟形成镁盐沉淀，或在同时有 NH_4^+ 存在下加入 Mg^{2+}，使磷、砷形成铵镁盐沉淀。除杂完全程度与镁盐的溶度积以及溶液中 Mg^{2+}浓度有关。前人的相关计算表明，在溶液中同时存在 $HAsO_4^{2-}$ 和 HPO_4^{2-} 下，pH 值为 8~10 时，用上述方法净化后的溶液中残留的总砷、总磷都能满足后续工艺要求。

（1）磷（砷）铵镁盐法。将溶液中和至含游离碱达 1.0±0.2g/L 后，加入 $MgCl_2$ 使磷、砷、硅、氟，分别形成 Mg_4PO_4、Mg_4AsO_4 和 $MgSiO_4$、MgF_2 形态沉淀除去。其主要反应为：

$$Na_2HPO_4 + MgCl_2 = MgHPO_4\downarrow + 2NaCl \qquad (1-3-9)$$

$$Na_2HAsO_4 + MgCl_2 = MgHAsO_4\downarrow + 2NaCl \qquad (1-3-10)$$

$$Na_2SiO_3 + MgCl_2 = MgSiO_3\downarrow + 2NaCl \qquad (1-3-11)$$

$$2NaF + MgCl_2 = MgF_2\downarrow + 2NaCl \qquad (1-3-12)$$

为使除砷符合要求，一般先用次氯酸钠或双氧水将 AsO_3^{3-} 氧化成 AsO_4^{3-}。影响磷（砷）酸镁盐法净化效果的主要因素有：

1）溶液 pH 值。pH 值过高，$MgCl_2$ 水解生成 $Mg(OH)_2$ 沉淀，渣量增大，钨损失也随之增加，同时由于 Mg^{2+}减少，不利于 P 和 As 的沉淀，净化效果变差。pH 值过低，磷（砷）酸镁溶解度增加，除杂质效果下降。最终碱度控制在0.2~0.3g/L NaOH(pH值约为9)。

除磷、砷过程，应防止局部过酸，当局部pH值达到5~6时，则可能局部生成溶解度较小的仲钨酸钠盐（$5Na_2O_{12} \cdot WO_3 \cdot nH_2O$），使渣含钨升高；局部pH值小于4时，则可能生成溶解度大的偏钨酸盐，在下阶段沉淀人造白钨时，偏钨酸盐不能沉淀，钨损失增大。为此，沉淀除杂过程应控制好中和速度和中和剂浓度（稀溶液），同时要加强搅拌。

2）温度。温度升高，$Mg_3(PO_4)_2$的溶度积降低，净化效果提高，同时沉淀物颗粒长大，过滤性能得到改善，钨损降低。因此，沉淀除杂反应一般应在高温下进行。

加完$MgCl_2$后，再煮沸0.5h，澄清经过滤除去渣后，滤液一般含$SiO_2 \leqslant 0.02$g/L，As $\leqslant 0.015$g/L。产出的磷、砷渣经NaOH煮洗回收WO_3后，其成分（干基）大致为：WO_3 4%~5%，As 1%~1.2%，MgO 40%~45%，$SiO_2$4%~10%。

（2）磷（砷）酸铵镁盐法。当粗钨酸钠溶液含有一定量的NH_4^+时，加入$MgCl_2$并将pH值控制在8~9，此时磷（砷）便生成磷（砷）酸铵镁盐沉淀而被除去。

$$Na_2HPO_4 + MgCl_2 + NH_4OH \longrightarrow MgNH_4PO_4 + 2NaCl + H_2O \qquad (1-3-13)$$

$$Na_2HAsO_4 + MgCl_2 + NH_4OH \longrightarrow MgNH_4AsO_4 + 2NaCl + H_2O \qquad (1-3-14)$$

铵镁盐在一定条件下会发生水解，变成溶解度较大的酸式磷酸镁和酸式砷酸镁，化学反应如下：

$$MgNH_4PO_4 + H_2O \longrightarrow MgHPO_4 + NH_4OH \qquad (1-3-15)$$

$$MgNH_4AsO_4 + H_2O \longrightarrow MgHAsO_4 + NH_4OH \qquad (1-3-16)$$

由此不难看出，溶液的pH值与此过程有着较为密切的关系。

铵镁盐法分除硅和除磷、砷两个步骤，首先在pH值为8~10条件下使硅以硅胶形态沉淀除去，在溶液中有NH_4^+存在时，再加入$MgCl_2$或$MgSO_4$，使磷、砷以$MgNH_4PO_4$和$MgNH_4AsO_4$形态沉淀除去。净化后的溶液$As/WO_3<0.015\%$，在最佳操作条件下，SiO_2可降至0.05~0.1g。

图1-3-2表明，pH值过低，钨酸钠溶液中的PO_4^{2-}浓度降低。图1-3-3表明，pH值过低，$MgNH_4PO_4$溶解度升高，除杂效果降低，特别是局部过酸（pH值为6左右）时，可能生成溶解度较仲钨酸钠更低的铵钠复盐$3(NH_4)_2O \cdot Na_2O \cdot 10WO_3 \cdot 15H_2O$，使渣含钨升高。

B 工业实践

工业上镁盐法和铵镁盐法除磷、砷的操作过程、工艺条件、设备、主要控制因素见表1-3-1。

表1-3-1 镁盐法和铵镁盐法净化除磷、砷

方法	操作过程及条件、设备	主要控制因素	工艺特点
镁盐法	在搅拌和煮沸（蒸汽加热）条件下，用3~4mol/LHCl或Cl_2中和至游离NaOH1±0.2g/L，煮沸20~30min，加入密度1.16~1.18g/m³的$MgCl_2$液至游离NaOH 0.2~0.4g/L，煮沸30min，澄清过滤。主要设备为钢制蒸汽加热搅拌槽和压滤机	温度：煮沸；最终pH值为9左右为宜	优点：一次性沉淀过滤除P、As、Si，操作简单；缺点：渣量及钨损大

续表 1-3-1

方法	操作过程及条件、设备	主要控制因素	工艺特点
铵镁盐法	在搅拌和煮沸条件下，用 3~4mol/LHCl 或 Cl_2 中和至游离 NaOH 1±0.2g/L，煮沸 20~30min 后加 NH_4Cl 液至 pH 值为 8~9，沉淀过滤硅渣后，加入 NH_4OH 至滤液 pH 值为 10~11，加入计算量的 $MgCl_2$ 溶液，在 50℃左右搅拌 30~60min，澄清过滤	在除硅阶段，温度及 pH 值的控制同上。在除磷、砷阶段，pH 值过低时，磷、砷的铵镁盐会水解生成溶解度较大的磷、砷氢镁（pH 值为 7 左右），甚至生成钨的铵钠复盐沉淀（pH 值为 6 左右）	优点：渣量及 WO_3 损小，易过滤，除杂效果比镁盐法好； 缺点：需两次沉淀过滤，操作较烦琐

镁盐法产出的磷砷渣经 NaOH 煮洗后，其渣成分（干量）为：2%~9%WO_3，0.4%~1.4%As，0.3%~0.5%P，3.8%~16.7%SiO_2，30.3%~44.4%MgO。

3.1.1.2 三硫化钼沉淀法除钼

A 基本原理

该法是基于在弱碱性（pH 值为 8~9）溶液中，通过控制 S^{2-} 浓度，利用 MoO_4^{2-} 对 S^{2-} 亲和力较 WO_4^{2-} 大，MoO_4^{2-} 优先硫化为 MoS_4^{2-}，而钨仍以 WO_4^{2-} 形式存在，随后将硫化后的溶液酸化至 pH 值为 2.5~3，此时 Na_2MoS_4 分解成 MoS_3 沉淀入渣，而钨主要以偏钨酸根离子形式存在溶液中，达到与 WO_4^{2-} 的分离。

$$Na_2MoO_4 + 4NaHS = Na_2MoS_4 + 4NaOH \quad (1-3-17)$$

$$Na_2MoO_4 + 4Na_2S + 4H_2O = Na_2MoS_4 + 8NaOH \quad (1-3-18)$$

$$Na_2MoS_4 + 2HCl = MoS_3\downarrow + 2NaCl + H_2S\uparrow \quad (1-3-19)$$

由于反应生成 Na_2MoS_4 的趋势大于生成 Na_2WS_4 的趋势，通过控制硫化剂的加入量不会产生大量 WS_3 沉淀。该法简单易行，能除去钨酸钠溶液中大部分钼，钼含量降至 0.01~0.05g/L。但由于 F^- 与钼可生成稳定的 $[MoO_3F]^-$ 和 $[MoO_2F_4]^{2-}$，故需增加沉淀剂用量才能将钼除至所需程度，这又会导致钨损失增加，该法难以将钼深度净化。

钼的硫化过程，部分砷、锡也可能生成 As_2S_3 和 SnS_2。SnS_2 的溶度积（2.5×10^{-27}）非常小，硫化过程大部分锡生成 SnS_2 与钼发生共沉淀而被除去。如果硫化剂的加入量过多，则 SnS_2 会溶解于过量的硫化钠中，生成 SnS_3^{2-}，反而达不到除锡效果。此外，在实践中也发现，制备硫代钼酸盐料液时，某些重金属离子可转化成硫化物沉淀，这对制取高纯 APT 非常有利。

$$Na_2SnO_3 + 3H_2SO_4 + 2Na_2S = SnS_2\downarrow + 3Na_2SO_4 + 3H_2O \quad (1-3-20)$$

B 影响沉钼效果的主要因素

pH 值对 MoO_4^{2-} 硫代化程度及沉钼效果影响较大。MoS_4^{2-} 硫化阶段，pH 值一般控制在 7.2~7.4，可获得最佳硫化效果。在预酸化过程中，部分单钨酸盐将转变成聚合钨酸盐，可起到缓冲硫代反应过程中溶液 pH 值的作用，保证硫代反应的完全，但过多的聚合钨酸盐可能结晶析出。因此，在硫代反应完成之后，再用稀碱液回调溶液 pH 值为 8.2~8.4，可基本克服这一弊端。MoS_3 沉淀阶段，pH 值控制在 2.5~3。

影响硫代反应完全的另一因素是溶液中 S^- 或 HS^- 量。硫化剂过量太多，部分钨亦可生

成 WS_4^{2-}，不利于钨钼的分离，且相应增大钨的损失率。可通过控制硫化剂量一般过量1.25~1.5倍，钨损一般控制小于0.5%。

作业温度和反应时间是相互制约的因素，从50℃升至85℃，反应时间可从4.5h缩短至0.5h，但过高的温度也不利：其一，在空气气氛下，MoS_4^{2-} 络离子稳定性下降；其二，加速 $HW_6O_{21}^{5-}$ 向 $H_2W_{12}O_{42}^{10-}$ 的转变，增大 $Na_{10}W_{12}O_{41}\cdot 28H_2O$ 或 $Na_{10}H_2W_{12}O_{42}\cdot 27H_2O$ 结晶析出的概率。MoO_4^{2-} 硫化温度一般控制在70~75℃，时间为2~2.5h。

C 工业实践

MoS_3 沉淀法除钼的操作过程、设备及主要控制条件、净化指标见表1-3-2。除杂后的溶液送入经典人造白钨工序或者经典萃取工序。

表1-3-2 三硫化钼沉淀法除钼的工业实践

操作过程及设备	主要控制条件	净化指标
在耐酸搪瓷锅中将 Na_2WO_4 溶液加热至70~75℃，加入理论量1.25~1.5倍的NaHS，搅拌2~2.5h进行硫化，用3~5mol/L的HCl（若除钼后直接用萃取法，则用2~3mol/L H_2SO_4 或稀盐酸）中和至pH值为2.5~3，煮沸1.5~2h后用真空抽滤器过滤	MoS_4^{2-} 转化阶段：pH值为7.2~7.5，温度为70~75℃，时间为2~2.5h，溶液中理论过量 S^{2-} 浓度为1.5~3g/L，反应结束后回调pH值为8.2~8.4。MoS_3 沉淀阶段，pH值为2.5~3，煮沸时间1.5~2h。	除钼率：98%~99%，或除钼后的溶液中Mo/W=0.01%~0.05%；钨的回收率大于98%

MoS_3 沉淀法的缺点是需要调酸，工艺流程长，耗酸量大，除钼效果欠佳，钨回收率较低，同时放出有毒气体 H_2S，此法只适合于含钼较低的钨酸盐溶液，我国已淘汰此法。MoS_3 沉淀法只适合经典化学沉淀工艺和酸性N235萃取法配套使用。

3.1.1.3 从钨酸钠溶液中生产钨酸

A 人造白钨

硫化除钼后的溶液加碱（含游离碱0.3~0.7g/L）煮沸，使其中的偏钨酸盐、同多酸盐转化成正钨酸盐后注入氯化钙（有时可用氢氧化钙或硫酸钙），WO_4^{2-} 以 $CaWO_4$ 沉淀形式析出，生成的 $CaWO_4$ 为人造白钨，沉淀后母液含 WO_3 0.03~0.1g/L。

偏钨酸钠转化 $$Na_6H_2W_{12}O_{40} + 18NaOH = 12Na_2WO_4 + 10H_2O \tag{1-3-21}$$

人造白钨 $$Na_2WO_4 + CaCl_2(Ca(OH)_2) = CaWO_4\downarrow + 2NaCl(NaOH) \tag{1-3-22}$$

如果溶液中残留有磷、砷、硅、钼以及 SO_4^{2-} 等杂质阴离子，则与 Ca^{2+} 反应生成相应钙盐沉淀，污染白钨产品。$CaSO_4$ 溶解度大，白钨中40%~60%的 $CaSO_4$ 可用80℃的热水洗涤洗去。在粗钨酸钠溶液中钼含量不太高的情况下，在粗钨酸钠溶液中加 Na_2S，将 MoO_4^{2-} 转变成 MoS_4^{2-} 后注入 $CaCl_2$，则绝大部分钼留存于母液中而与人造白钨分离。结合沉淀人造白钨同时除钼，免去单独的除钼作业。

人造白钨的质量和沉淀率主要与净化液中的钨含量、碱度、沉淀剂类型及添加量等因素有关，其中钨含量影响到合成白钨的细度及过滤、洗涤性能。为保证过滤性能，根据沉淀和结晶过程颗粒长大的原理，一般应控制较高的沉淀温度（80℃左右）。$CaCl_2$ 和

Na_2WO_4 溶液浓度不能过大，$CaCl_2$ 溶液的密度一般为 1.20～1.25g/cm^3，Na_2WO_4 溶液的密度一般为 1.16～1.18（含 $WO_3$130～150g/L）。要制备细粒钨酸，则 $CaCl_2$ 溶液的密度可控制为 1.28～1.30g/cm^3。溶液的碱度对沉淀过程影响较大，碱度过低，则溶液中易产生溶解度较大的偏钨酸盐，过高则产生 $Ca(OH)_2$，$Ca(OH)_2$ 胶体影响 $CaWO_4$ 颗粒的长大，故一般控制游离碱浓度为 0.3～0.5g/L。

$CaCl_2$ 作沉淀剂，合成白钨品位高，WO_3 含量高达 70%～76%，但 $CaCl_2$ 易潮解，运输包装较困难。石灰价廉，白钨沉淀率达 96%以上。但与 $CaCl_2$ 沉淀剂相比，合成白钨品位低，WO_3 含量仅有 60%～68%，合成白钨粒度细，过滤洗涤较困难，母液钨含量高。另外，$Ca(OH)_2$ 沉淀白钨所需的 $Ca(OH)_2$ 量较大、反应时间长，但沉淀母液为 NaOH 而非 NaCl，沉淀母液可直接返回碱分解钨精矿过程。

B　人造白钨的酸分解

酸分解过程原理和工艺与白钨精矿的盐酸分解大体相同，因人造白钨品位高，所以分解时间、酸用量等均比白钨精矿分解少。

如白钨中钼含量高，可通过提高盐酸酸度或加还原剂钨粉的方法除钼，还原剂钨粉使 H_2MoO_4 转变成易溶于 HCl 的 $MoOCl_3$ 而与钨酸分离，钨粉用量一般为白钨量的 1%～3%。为保证 $MoOCl_3$ 的充分溶解，控制溶液中游离酸度为 120～160g/L。得到的钨酸经充分洗涤彻底除去钨离子或 Na^+，酸母液含 $WO_3$0.3～0.5g/L，可用石灰沉淀成 $CaWO_4$ 而回收。

$$H_2MoO_4 + W + 3HCl \xlongequal{} WO_2 + MoOCl_3 + H_2O + 3/2H_2 \qquad (1\text{-}3\text{-}23)$$

制取钨酸过程的主要影响因素有：

（1）温度和酸度：盐酸分解白钨过程，酸解温度、盐酸浓度高，往往有利于得到粗粒钨粉。生产中一般用 30% 的盐酸分解白钨，分解初温为 70～80℃，加料后再煮沸 10～15min。

（2）残酸酸度：分解终了酸度低，钨酸粒度变小，纯度低，一般残余酸度为 70～80g/L。

（3）合成白钨中的硅、磷、砷杂质对钨酸的制取影响很大，这些杂质往往吸附在钨酸晶体的活性点上防止其长大，使钨酸粒度变细而成胶状，难以沉淀过滤，同时还与钨生成杂多酸，增加母液中钨含量。因此，要求产出细粒钨酸时，往往在沉淀人造白钨后只抽出上清液不过滤，含有 NaCl 和部分杂质的料浆控制密度为 1.30～1.40g/cm^3，以较大流速直接加入到 70～80℃的浓盐酸中，母液控制酸度 50～70g/L，产出的钨酸为细粒钨酸。此外，酸分解时加入适量的硝石（硝酸）有利于加速分解过程及杂质的氧化，并有利于提高钨的总回收率。

酸分解所的钨酸一定要仔细洗净 Ca^{2+} 和其他杂质，钨酸质量符合标准才能出厂或送去制氧化钨，否则要进行净化处理。

3.1.1.4　氨溶钨酸

将加热至 353～358K 温度的钨酸浆液注入浓度为 25%～28%的氨水中，即得到纯钨酸铵溶液，而硅、铁、锰等杂质及酸溶时未分解的钨、磷、砷的钙盐则留在氨不溶渣中，但钨酸中的钼酸、磷酸、砷酸均形成相应的铵盐进入溶液，为提高钨酸净化效果，在氨溶时添加镁盐净化。

3.1.1.5 经典化学沉淀法工艺改进

A 调酸方式的改进

用传统无机酸调酸，会引入大量SO_4^{2-}、Cl^-，导致后续废水含盐量高，污染环境。另外，过高的SO_4^{2-}、Cl^-对后续的离子交换工艺也是不利的，可用“无有害阴离子”调酸法解决此问题。例如阳离子交换剂调酸法、离子交换膜电解调酸法或者弱酸性气体中和调酸法，这些方法均能有效调整Na_2WO_4溶液的pH值，达到酸化脱硅和除锡的目的，并能与镁盐沉淀以及其他硫代工艺参数配合，钼的硫代化反应也很完全。如CO_2气体调酸代替无机酸中和，pH值可到7.3左右平衡，在溶液煮沸的情况下，可以将99%的硅除去，同时也可除去部分锡，而且CO_2气体调酸可避免局部酸度过低现象。

B 改氯化镁、硫酸镁为碱式碳酸镁

经典镁盐沉淀法引入Cl^-、SO_4^{2-}离子，影响后续离子交换法吸附钨容量。另外，企业环保压力大。崇义章源钨业股份有限公司采用溶解度很低的碱式碳酸镁在pH值为9、反应温度为90℃时，沉淀钨酸钠料液中的氟、磷、砷、硅，其中氟与碱式碳酸镁反应形成NaMgF，磷、砷、硅与碱式碳酸镁反应生成溶度积小的$Mg_3(PO_4)_2$、$Mg_3(AsO_4)_2$和$MgSiO_3$，避免引入阴离子Cl^-和SO_4^{2-}，同时又达到净化的目的。

经碱式碳酸镁净化后的钨酸钠料液中含F 0.3g/L、P 0.006g/L、As 0.02g/L、Si 0.11g/L，已经接近或达到经典镁盐沉淀法的净化水平，杂质含量达到后续工艺处理要求。

3.1.2 选择性沉淀法从钨酸盐溶液中除钼、砷、锡、锑新工艺

选择性沉淀法，即铜盐沉淀法，是李洪桂、赵中伟教授等发明的，该法适合从$(NH_4)_2WO_4$溶液及APT结晶母液中一次性除去Mo、Sn、Sb、As及Mg、Fe、Cu等多种杂质，是一种综合性除杂技术。除钼过程无需调酸，无H_2S放出，特别适合于从碱性铵盐体系除钼，对离子交换工艺的钨解吸液除钼也非常有效，除钼效率高，钨损少。其不足之处是将本已浸出的钼又沉淀，铜钼渣处理工艺流程长，试剂成本大。

选择性沉淀法在助除杂剂碱式碳酸镁作用下，还可除脱P、Si、As等杂质，可用于钨酸钠溶液的净化。选择性沉淀法在我国钨冶金企业推广面达95%以上，适合处理含钼量小于2g/L的钨酸盐原料，如果含钼过高，则除钼效果下降，而且铜盐用量大，除钼成本高。

3.1.2.1 MoO_4^{2-}硫化理论

中南大学王文强采用李朝恩及BRATSCH推荐的逐级均分法，对钨钼分离过程主要原子团的基团电负性进行计算，计算结果见表1-3-3。

表1-3-3 钨钼原子团的基团电负性

原子团	WO_4^{2-}	MoO_4^{2-}	MoO_3S^{2-}	$MoO_2S_2^{2-}$	$MoOS_3^{2-}$	MoS_4^{2-}
基团电负性	3.28	3.25	3.13 [O]，3.27 [S]	3.02 [O]，2.71 [S]	2.91 [O]，2.62 [S]	2.52

注：$MoO_xS_x^{2-}$（x=1，2，3）与吸附剂作用时，其与吸附剂之间的键合原子可能为O也可能为S。

由表1-3-3知，WO_4^{2-}和MoO_4^{2-}原子团电负性分别为3.28和3.25，几乎相等，所以凡与钼氧原子团能较好结合的吸附物质，其与钨氧原子团也应有几乎相同的结合能力。因此，难以直接分离WO_4^{2-}和MoO_4^{2-}。此外，当钼氧原子团中的氧原子逐渐为硫原子所取代

时，$MoO_xS_{4-x}^{2-}$基团的电负性随 x 的增加而减小，与 WO_4^{2-} 的电负性差异逐渐增大。因此，可通过 MoO_4^{2-} 硫化为 MoS_4^{2-}，增大其与 WO_4^{2-} 性质的差异，提高钨钼分离的可能性。钨酸盐溶液硫化过程，MoO_4^{2-} 和 WO_4^{2-} 硫化反应式及平衡常数如表 1-3-4 所示。

表 1-3-4 MeO_4^{2-} 硫化反应式及平衡常数

反 应 式	$\lg K_{Mo}$	$\lg K_W$	$\lg K_{Mo}-\lg K_W$	颜色
$MeO_4^{2-}+H_2S = MeO_3S^{2-}+H_2O$	5.19	2.79	2.40	无色
$MeO_3S^{2-}+H_2S = MeO_2S_2^{2-}+H_2O$	4.80	2.10	2.70	黄色
$MeO_2S_2^{2-}+H_2S = MeOS_3^{2-}+H_2O$	5.00	2.49	2.51	橙色
$MeOS_3^{2-}+H_2S = MeS_4^{2-}+H_2O$	4.88	2.40	2.48	橙红色

钼的逐级硫化平衡常数的对数值比钨大 2.5 左右，所以溶液中 MoO_4^{2-} 比 WO_4^{2-} 更容易硫化。MoO_4^{2-} 硫化过程，pH 值和硫化剂用量对 MoO_4^{2-} 硫代化效果的影响分别如图 1-3-4 和图 1-3-5 所示。

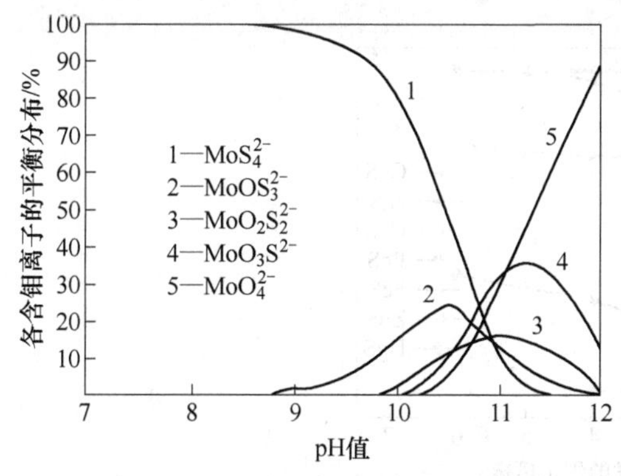

图 1-3-4 pH 值对钼硫化效果的影响

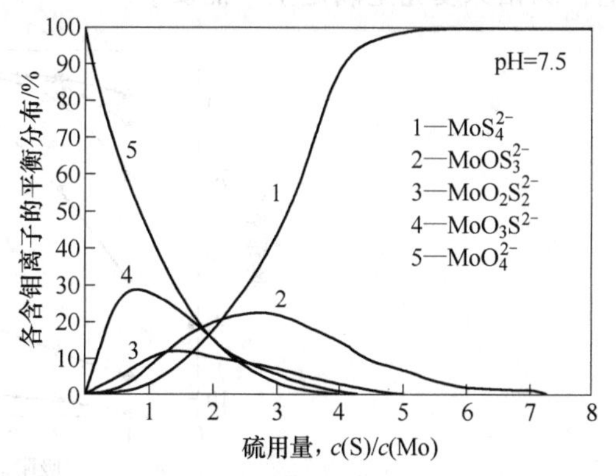

图 1-3-5 硫化剂用量对钼硫化效果的影响

图 1-3-4 和图 1-3-5 表明，控制适当的 pH 值及游离 S^{2-}含量，可使溶液中钼、钨分别以 MoS_4^{2-} 和 WO_4^{2-} 形式存在。溶液平衡 pH 值越低，钼的硫代化程度越高，硫化过程 pH 值一般控制在 7.5~8 时，硫化剂加入量为理论量的 4~5 倍。

3.1.2.2 选择性沉淀法除钼及砷、锡和锑等杂质原理及影响因素

A 选择性沉淀法除钼

a 基本原理

由表 1-3-3 知，由于钼氧与钨氧原子团的电负性均大于 2.73，其与吸附剂的作用能力将随吸附剂极性的下降而减弱。而钼硫原子团的电负性小于 2.73，显然吸附剂的极性减小有利于钼的吸附。所以从 WO_4^{2-} 溶液中除去 MoS_4^{2-} 的吸附剂 AB 的极性（xA−xB）应尽可能小。

王文强（表 1-3-5）发现，极性金属硫化物对 $MoO_xS_{4-x}^{2-}$的吸附能随其硫代化程度的增大而降低，即金属硫化物与 $MoO_xS_{4-x}^{2-}$形成的沉淀物越稳定，对钼的选择性吸附沉淀效果越好，而对 WO_4^{2-} 的吸附能始终远远大于 0，所以基本不吸附钨。不同金属硫化物及其用量对 MoS_4^{2-} 的沉淀效果如图 1-3-5 所示。

表1-3-5 钨钼原子团在各种吸附剂上的吸附能（均以S为键合原子计算）

原子团	吸附能/kJ·mol^{-1}					
	NiS	CuS	CoS	FeS	ZnS	PbS
AB	0.67	0.68	0.70	0.75	0.93	0.25
WO_4^{2-}	84.3	83.1	80.5	74.2	51.5	137.5
MoO_4^{2-}	79.7	78.5	76.1	70.2	48.6	123.0
MoO_3S^{2-}	8.8	8.7	8.4	7.7	5.2	14.6
$MoO_2S_2^{2-}$	-3.5	-3.5	-3.4	-3.1	-2.3	-5.4
$MoOS_3^{2-}$	-17.4	-17.1	-16.6	-15.3	-10.8	-28.0
MoS_4^{2-}	-32.8	-32.3	-31.3	-28.9	-20.2	-53.1

表1-3-5和图1-3-6表明，沉钼效果好、用量少且成本低的环保除钼试剂为CuS。工业上用新生态CuS作沉淀剂，可将溶液中的Mo降至0.010g/L以下，除钼率高达98%以上，除钼深度完全满足生产需要。

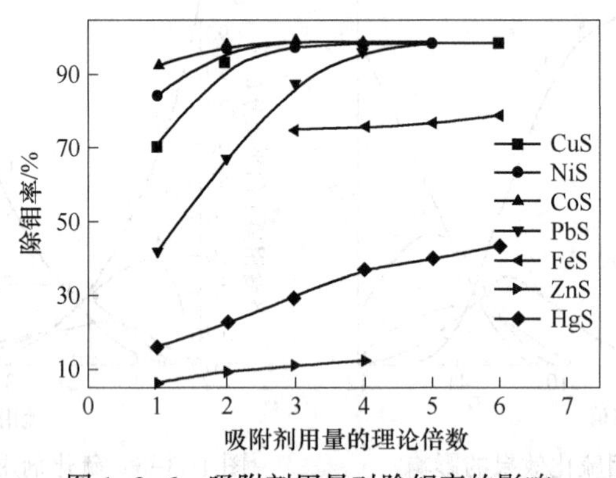

图1-3-6 吸附剂用量对除钼率的影响

选择性沉淀法除Mo是基于钨亲氧、钼亲硫的地球化学性质，在pH值为7.2~7.5的钨酸铵溶液中加入$(NH_4)_2S$（如果是钨酸钠溶液，则加NaHS或者Na_2S），将MoO_4^{2-}硫化为MoS_4^{2-}，再在硫化后的钨酸铵溶液中加入$CuSO_4$溶液，Cu^{2+}与游离S^{2-}反应生成比表面积大和表面活性高的新生态CuS，新生态的CuS与MoS_4^{2-}反应生成难溶$CuMoS_4$簇合物。同时发现SnO_3^{2-}、AsO_4^{3-}、SbO_4^{3-}等亲硫元素的含氧阴离子也能被硫化成硫代酸根离子，而且S^{2-}也与Mg、Fe、Co、Ni、As等离子反应生成溶度积更小的金属硫化物沉淀，在除钼的同时能将更多的杂质离子除去，而WO_4^{2-}则留在除钼后液中，实现钨与钼、砷、锡和锑等杂质的分离。

b 影响沉钼效果的因素

选择性沉淀法沉钼过程，提高溶液pH值，除钼率下降，当溶液pH值大于9.5时，除钼率已降至90%以下。为了获得较高的除钼率，应使硫化后的溶液pH值控制在9.0以下。沉钼过程，温度升高，CuS颗粒团聚长大，其比表面积和反应活性降低，除钼效果下降，所以选择性沉钼过程一般在室温下进行。

沉淀设备主要有搅拌反应槽、药剂槽，将配好的药剂打入反应槽中室温搅拌0.5~

1.0h，反应结束后的溶液流入斜板沉淀池进行高效固液分层，上清液进精密过滤柱，底流钼渣进压滤机。

某厂处理高钼高砷钨矿物原料，经热球磨碱分解-离子交换净化转型后，对钨酸铵溶液含 WO_3 230~240g/L，Mo 1.19~1.4g/L，Mo/WO_3 达 0.65%~0.7%，钨酸铵溶液中砷含量偏高，如直接结晶，当结晶率为90%左右时，APT 中含砷达（23~60）$\times10^{-6}$，Mo(280~1200)$\times10^{-6}$。采用选择性沉淀法净化后，净化液中含钼降至 0.014~0.03g/L，Mo/WO_3 为 0.006%~0.015%，当结晶率大于 95%（母液 WO_3 8~13g/L）时，产品含 Mo(1.2~3)$\times10^{-6}$，As(0.5~3)$\times10^{-6}$，Sn 0.8$\times10^{-6}$，产出的沉淀渣含钼达 15%~20%，WO_3 5%~6%，相当于每 1kg 钼损耗 0.3kg 的 WO_3。

B　钼渣吸附共沉淀碱式碳酸镁除磷

沉钼后的钨酸铵溶液中如果磷等杂质含量高，则可在沉钼后的溶液中加入碱式碳酸镁与其中的氟、磷、砷、硅反应生成溶度积小的 NaMgF、$Mg_3(PO_4)_2$、$Mg_3(AsO_4)_2$ 和 $MgSiO_3$ 或者 $MgNH_4PO_4$、$MgNH_4AsO_4$、$MgSiO_3$ 等沉淀，对钨酸盐进行深度净化除杂。也可利用除钼渣粒度小、活性强等特点，在选择性沉钼过程直接加入碱式碳酸镁，使难以凝聚沉淀的磷酸铵镁与先生成的钼渣发生吸附-共沉淀，解决磷酸铵镁沉淀难以凝聚的难题。以碱式碳酸镁作为除磷、砷等的沉淀剂，避免引入 Cl^- 和 SO_4^{2-}，达到净化的目的。

3.1.2.3　钼渣中有价成分的回收

选择沉淀法除杂过程产生的沉钼渣是钨钼铜的混合硫化物，其中钨以钨酸盐及仲钨酸盐形态存在，钼主要以 MoS_3 和 $CuMoS_4$ 存在，铜主要以 $CuMoS_4$ 和 CuS 形态存在。铜钼渣一般含 Mo15%~22%，含 WO_3 0.2%~20.0%，回收价值极高。

根据钼渣中钨的存在形式以及钼渣在水溶液中的稳定性，工业上一是采用钼渣水浸或者氨浸脱钨，将含钨浸出液返回主流程，浸渣再碱溶脱钼沉 CuS，碱浸液采用钙盐沉钼、硫化沉钼或者离子交换、萃取工艺回收钼；另一种是钼渣不用水或氨水浸出脱钨，而是直接碱浸脱钨钼沉 CuS，再对碱浸液中的钨和钼进行分离回收，钼渣碱浸过程得到的 CuS 作为沉淀剂重复使用或者作为铜精矿出售。

3.2　离子交换树脂法

目前，离子交换树脂法在钨冶金工业领域中的应用主要有经典强碱性交换树脂法、一步离子交换法（包括密实移动床-流化床除钼）、选择性专用树脂吸附结合密实移动床-流化床除钼以及离子交换树脂富集 APT 结晶母液中的钨。

3.2.1　经典强碱性离子交换法

强碱性阴离子交换树脂含有强碱性季胺基-NR_3OH（R 为碳氢基团）基团，这种树脂离解性很强，在水中离解出 OH^- 而呈强碱性，能在不同的 pH 值下正常工作，其上的正电基团能与溶液中阴离子吸附结合，产生阴离子交换作用，具有净化除杂和转型双重功能。一般钨冶炼中，多采用微孔型 201×7 或 201-W 型强碱性阴离子交换树脂，两者性能相似，后者的颗粒均匀性及机械强度较好，但价格较贵，选用时可根据实际情况而定。

3.2.1.1 基本原理

利用强碱性阴离子交换树脂对粗 Na_2WO_4 溶液中各阴离子亲和力的差异达到分离杂质和提纯钨的目的。传统的离子交换树脂法主要包括 Na_2WO_4 溶液稀释、吸附、淋洗、解吸四个主要过程。

A 吸附

粗 Na_2WO_4 溶液中一般含有 WO_4^{2-}、MoO_4^{2-}、AsO_4^{3-}、PO_4^{3-}、SiO_3^{2-} 以及过量未反应的 NaOH 或 Na_2CO_3。Cl 型 201×7 交换树脂对不同阴离子相对亲和力的大小顺序大致为：$MoO_4^{2-} \approx WO_4^{2-} > Cl^- > AsO_4^{3-} > PO_4^{3-} > SiO_3^{2-} > SnO_3^{2-} > OH^- \approx CO_3^{2-} > F^-$。因此，201×7 树脂优先吸附 WO_4^{2-} 和 MoO_4^{2-}，其余未被吸附的 P、As、Si 等阴离子随交换后液排出。吸附过程能与 WO_4^{2-} 发生竞争吸附的主要为 Cl^-，其次是 OH^-，Cl^-对树脂交换容量的影响是 OH^-的 35~50 倍（根据其具体浓度而定）。

离子交换初期，溶液中的阴离子能将树脂上的 Cl^-置换下来，由于 MoO_4^{2-} 和 WO_4^{2-} 对离子交换树脂亲和力基本相同，故此法不能除钼。吸附初期主要离子交换反应如下：

$$2R_4NCl + WO_4^{2-} \longrightarrow (R_4N)_2WO_4 + 2Cl^- \tag{1-3-24}$$

$$2R_4NCl + MoO_4^{2-} \longrightarrow (R_4N)_2MoO_4 + 2Cl^- \tag{1-3-25}$$

由于料液中 WO_4^{2-} 浓度高于杂质阴离子浓度，且树脂对其亲和势大，随着钨酸钠溶液不断流入交换柱，某些已吸附到树脂上的杂质阴离子会被浓度较高而亲和力强的 WO_4^{2-} 置换下来，逐渐转移到交换柱的下层树脂上，最终从树脂上完全被置换进入交换后液，实现 WO_4^{2-} 与其他杂质阴离子的有效分离，置换反应如式如下：

$$(R_4N)_2SiO_3 + WO_4^{2-} \longrightarrow (R_4N)_2WO_4 + SiO_3^{2-} \tag{1-3-26}$$

$$2(R_4N)_3PO_4 + 3WO_4^{2-} \longrightarrow 3(R_4N)_2WO_4 + 2PO_4^{3-} \tag{1-3-27}$$

$$2(R_4N)_3AsO_4 + 3WO_4^{2-} \longrightarrow 3(R_4N)_2WO_4 + 2AsO_4^{3-} \tag{1-3-28}$$

另外，当 WO_4^{2-} 置换下来的 Cl^-浓度增大时，也能把吸附在树脂上的 P、As、Si 阴离子从树脂上置换下来。因此，阴离子杂质去除效果与 WO_4^{2-} 在树脂上的交换容量有直接关系，即 WO_4^{2-} 交换容量愈高，杂质阴离子去除效果愈好。交换过程，杂质阳离子只要不形成络合物，就可被完全除去。

B 淋洗除杂

因为树脂对 Cl^-、高浓度 OH^-的亲和力大于 P、As、Si 阴离子，故用含 Cl^-或 OH^-的稀溶液把吸附在树脂上的 P、As、Si 阴离子淋洗下来。为了避免钨损，淋洗剂浓度不能太高，一般为 4~8g/L NaCl 或 10g/L NaOH 溶液，淋洗反应如下：

$$(R_4N)_3AsO_4 + 3Cl^- \longrightarrow 3R_4NCl + AsO_4^{3-} \tag{1-3-29}$$

$$(R_4N)_3PO_4 + 3Cl^- \longrightarrow 3R_4NCl + PO_4^{3-} \tag{1-3-30}$$

$$(R_4N)_2SiO_3 + 2Cl^- \longrightarrow 2R_4NCl + SiO_3^{2-} \tag{1-3-31}$$

淋洗除杂过程至少有 30%~40%的钼也随 P、As、Si 阴离子一同被除去，所以从解吸后的 $(NH_4)_2WO_4$ 溶液除钼时，可减少大约 30%~40%的除钼成本，但钼的综合回收率却有所降低。如果溶液中钼含量高，可考虑把在淋洗阶段尽可能降低对 MoO_4^{2-} 的淋洗率。

C 解吸

富钨树脂一般用 2moL/L NH_4OH 与 5mol/L NH_4Cl 混合溶液解吸，由于 NH_4Cl浓度高，

可把负载在树脂上的 WO_4^{2-} 解吸下来，同时使 WO_4^{2-} 转型为 $(NH_4)_2WO_4$。混合解吸液中 NH_4OH 的作用在于保持溶液的弱碱性，防止 $(NH_4)_2WO_4$ 溶液在 pH 值偏低时析出 APT。解吸过程离子交换树脂又恢复为 Cl^- 型，用于下一周期的离子交换。解吸反应如下：

$$(R_4N)_2WO_4 + 2Cl^- \longrightarrow 2R_4NCl + (NH_4)_2WO_4 \quad (1-3-32)$$

$$(R_4N)_2MoO_4 + 2Cl^- \longrightarrow 2R_4NCl + (NH_4)_2MoO_4 \quad (1-3-33)$$

锡以 SnO_3^{2-} 和 SnS_3^{2-} 两种形态存在，由于 SnO_3^{2-} 与树脂的亲和力比 WO_4^{2-} 小，难以被树脂吸附，但树脂对 SnS_3^{2-} 对的亲和力比 WO_4^{2-} 大，树脂吸附 WO_4^{2-} 过程，SnS_3^{2-} 优先被吸附，解吸过程 SnS_3^{2-} 进入 $(NH_4)_2WO_4$ 溶液，并在结晶过程析出，这也是离子交换树脂法制备 APT 中锡含量超标的主要原因。在交换前，可采用双氧水将 SnS_3^{2-} 氧化而成 SnO_3^{2-}，氧化反应如下：

$$12H_2O_2 + SnS_3^{2-} + 6OH^- = SnO_3^{2-} + 3SO_4^{2-} + 15H_2O \quad (1-3-34)$$

残留在溶液中的 H_2O_2 会氧化树脂，缩短其使用寿命，浓度越高，树脂氧化损伤越大。H_2O_2 对强碱性阴离子交换树脂的氧化作用主要表现在对其功能团的氧化降解，氧化后变成弱碱性树脂，而弱碱性树脂对钨的交换容量低，抗氧化性更差。

$$R-N\begin{matrix}\diagup R\\ -R\\ \diagdown R\end{matrix} \xrightarrow{[O]} R-N\begin{matrix}\diagup R\\ -R\end{matrix} \xrightarrow{[O]} \text{非碱性物质} \quad (1-3-35)$$

为了尽可能减少这种副作用，一方面尽可能降低双氧水浓度；另一方面，可考虑除去残留 H_2O_2。由于 H_2O_2 在碱性溶液中的分解反应远比酸性溶液快，可通过加热碱性溶液的方式，破坏过量 H_2O_2。

3.2.1.2 交换过程相关影响因素

A 交换前液成分

a Cl^-、OH^- 和 WO_4^{2-} 浓度

在离子交换过程，交换前液中 Cl^-、OH^- 和 WO_4^{2-} 浓度不宜过高，避免树脂吸附容量显著下降。粗钨酸钠溶液 WO_3 浓度一般都在 200g/L 以上，故需对钨酸钠溶液进行稀释，使交换前料液成分满足 WO_3 15~25g/L，NaOH<8g/L，Cl^-<0.7g/L 的要求。

b WO_4^{2-} 浓度

强碱性 201×7 阴离子树脂对所有阴离子的理论吸附容量都比较大，然而在实际生产中，交前液进柱前 WO_3 浓度一般控制在 25g/L 以下。高于此浓度，离子交换柱钨穿漏频繁，交后液钨超标，钨损严重；WO_4^{2-} 浓度不能过低，否则会造成交换后液废水量大，生产能力降低。工业实践中常把粗 Na_2WO_4 溶液稀释至 15~25g/L。

c NaOH 浓度

由于强碱性树脂对 OH^- 的亲和力较差，吸附时可允许溶液中存在一定量的游离 NaOH，但超过 8g/L 后，则 OH^- 也参与同 WO_4^{2-} 的竞争吸附，导致树脂对 WO_4^{2-} 吸附容量的降低。

d Cl^- 浓度

Cl^- 浓度对树脂的交换容量影响比较大。吸附过程中，当 WO_4^{2-} 置换下来的 Cl^- 较多时，即 Cl^- 浓度增大时，树脂的交换容量降低，一般要求交换料液中 Cl^-<0.7g/L。

B 吸附、解吸液线速度

一般控制操作（穿透）容量大于 70%的饱和容量。流速增大，料液处理量增加，但

流速过大，溶液中 WO_4^{2-} 扩散速度大大超过树脂内 WO_4^{2-} 交换的平衡速度，造成吸附料液与树脂接触时间缩短，树脂过早穿漏，吸附容量降低。解吸线速度越小，树脂和料液中 WO_4^{2-} 交换越充分。反之，则料液中 WO_4^{2-} 来不及交换。因此，一般推荐料液流速采用 6~10cm/min，在实践中有时甚至采用 5cm/min 的线速度或更低。

C 解吸剂类型对钨解吸行为的影响

在 NH_4OH 作解吸剂时，解吸液中分别加入 NH_4Cl、NH_4NO_3、$(NH_4)_2SO_4$、$(NH_4)_2CO_3$，则混合溶液解吸能力依次为 $NH_4Cl>NH_4NO_3>(NH_4)_2SO_4>(NH_4)_2CO_3$（图 1-3-7）。混合液中 NH_4Cl 浓度越大，解吸液中 WO_3 浓度越高（图 1-3-8）。

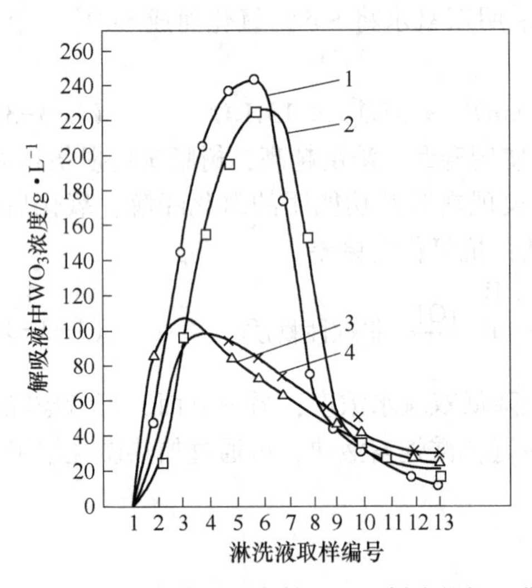

图 1-3-7 解吸剂类型对负钨 201×7 树脂的解吸曲线

1—3.5mol/L NH_4Cl+2mol/L NH_4OH；

2—3.5mol/L NH_4NO_3+2mol/L NH_4OH；

3—3.5mol/L NH_4SO_4+2mol/L NH_4OH；

4—3.5mol/L NH_4CO_3+2mol/L NH_4OH

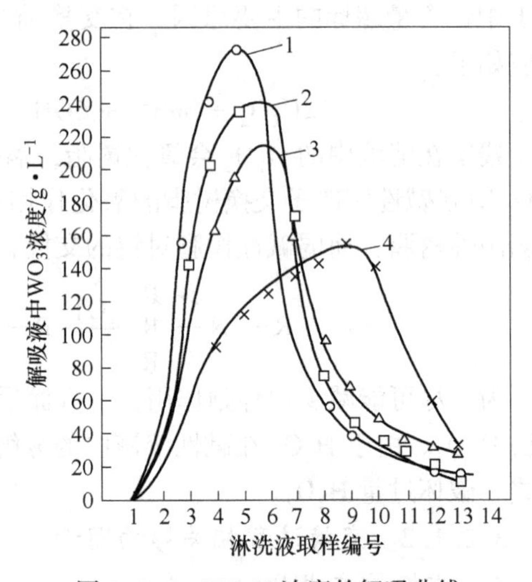

图 1-3-8 NH_4Cl 浓度的解吸曲线

1—4.5mol/L NH_4Cl+2mol/L NH_4OH；

2—3.5mol/L NH_4Cl+2mol/L NH_4OH；

3—2.5mol/L NH_4Cl+2mol/L NH_4OH；

4—1.5mol/L NH_4Cl+2mol/L NH_4OH

3.2.1.3 工业实践

A 经典离子交换法处理钨酸钠溶液原则工艺流程

我国现行的离子交换均在离子交换柱内进行的，先将粗钨酸铵溶液用软化水进行稀释，使其符合交换要求：WO_3 15~25g/L，NaOH<8g/L，Cl^-<0.7g/L。稀释后的料液以一定的流速从交换柱顶部流过树脂层，从柱底排出，料液中的 WO_4^{2-} 吸附于树脂上，而 AsO_4^{3-}、SiO_3^{2-} 和 PO_4^{3-} 则随交换后液排出，交后液中 WO_3 含量不超过 0.1g/L，对于 717 树脂工作容量可达到每克干树脂 160~220mg WO_3。当每柱吸附的 WO_3 量接近其吸附工作容量时，停止吸附，用水将树脂层的料液顶出，然后从柱底进水，柱顶出水反洗树脂层，树脂层截留的固体微粒和物理吸附的各种盐分被洗干净，再用纯水正洗将树脂层压实。对于杂质含量比较高的钨酸钠溶液，负钨树脂再用 4~8g/L NaCl 或 10g/L NaOH 溶液淋洗树脂，最后用含 2moL/L NH_4OH 与 5mol/L NH_4Cl 的混合溶液以 2~4cm/min 的线速度留入柱内解吸树脂上的 WO_4^{2-}，解吸液即为除 P、As、Si 后的钨酸铵溶液。解吸初期流出的解吸液中

含 WO_3 较少，返回作为下一次解吸液用，中间流出液中 WO_3 浓度高，杂质离子含量很低，可收集直接结晶 APT，解吸后期流出液中含 WO_3 量降低，密度急剧下降，主要成分为 NH_4OH 和 NH_4Cl，收集补加 NH_4Cl 或作为下批解吸剂用，解吸后的树脂已转型为 Cl^-，用清水洗至流出液 pH 值中性，即可开始下一个周期的吸附。

经典离子交换工艺原则流程如图 1-3-9 所示。

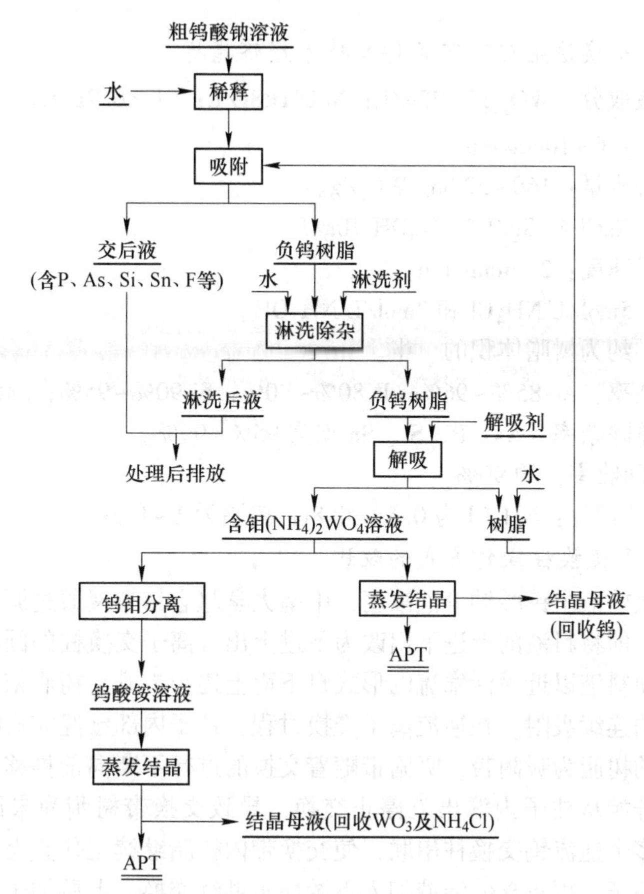

图 1-3-9 强碱性阴离子交换树脂净化粗钨酸钠溶液原则工艺流程

经典离子交换法无需调酸，能直接处理碱性料液，在转型的同时除去磷、砷、硅等杂质，具有流程短、设备简单、操作环境好、钨总回收率高等优势，因而在国内获得广泛应用。但也存在一些问题：

（1）该工艺需将粗钨酸钠溶液（$WO_3$100~200g/L）加水高倍稀释到 15~25g/L，因而耗水量和废水排放量大，每生产 1t APT 约排放 $53m^3$ 废水，且废水中含 As、P、Cl 等有害杂质大大超过国家排放标准，必须经过处理才能排放，因而废水处理成本大。鉴于日益严重的水资源紧缺问题和日益严格的环保要求，传统离子交换工艺的发展受到了极大的限制。

（2）原材料单耗大。由于是开放式流程，钨矿碱分解液中的游离碱随交换后液排出，不仅无法利用，而且需要消耗无机酸中和，导致原材料单耗大。例如：按理论计算每 1t APT 需 NaOH 仅 0.31t，但实际消耗为 0.5~0.8t，除去杂质消耗以外，每生产 1t APT 约以废水形式排放的 NaOH 达 0.2~0.5t，这些 NaOH 额外需用无机酸进行中和。同样按理论计算每 1t APT 需 NH_4Cl 约 0.4t，而国内普通为 0.6~0.8t。

(3) 对钨钼分离的选择性较差，可采用选择性沉淀法、密实移动床-流化床除钼等技术对解吸液中的钨钼进行再分离。

(4) APT 结晶母液含 Cl^- 而不能返回主流程，需设专门工序处理，增加整个工艺负担。

B 传统离子交换法主要工艺条件及技术经济指标

粗钨酸钠溶液成分：WO_3 15~25g/L；NaOH<8g/L；Cl^-<0.7g/L。

交换时线速度：6~10cm/min。

干树脂的穿透容量：160~220mg WO_3/g。

淋洗液成分：NaCl 4~8g/L 或 NaOH 10g/L。

淋洗及解吸线速度：2~4cm/min。

解吸液浓度：5mol/L NH_4Cl 和 2mol/L NH_4OH。

解吸液体积：约为树脂体积的一半。

吸附过程除杂率：As 85%~96%；P 80%~90%；Si 90%~95%；Sn>90%。

吸附、淋洗总除杂率：As、P、Si、Sn 均为 95%~99%。

过程 WO_3 总回收率：约 99%。

生产 1t APT 的消耗：NH_4Cl 为 0.65~0.8t；树脂为 1~1.5kg。

3.2.1.4 离子交换柱操作方式的改进

为了提高交换前液中钨酸钠溶液浓度，中南大学赵忠伟教授通过调整进料方式和改变离子交换柱结构，即将料液的上进下出改为下进上出，离子交换柱的圆柱结构改为上大下小的倒锥结构，使料液以近乎活塞流的形式自下而上逐步提升，树脂依次高效吸附，从而实现稳定高效率的连续吸附。在逆流离子交换过程，柱子内部已经完成吸附的树脂构成饱和带，正在吸附的树脂为吸附带，吸附带随着交换的进行不断向前推移。为避免钨进入废水损失，一旦钨开始从柱子内漏出就停止交换，导致交换带树脂尚未饱和而影响工作容量。为此，可将多个逆流钨交换柱串联，使交换带内树脂继续工作直至饱和，并且将交换带逐步推入下游柱子，再将含钨溶液切入下游柱子继续交换，上游柱子最大限度发挥了吸附作用而完全饱和，随后进入洗涤和解吸钨的工序，充分发挥了树脂的工作能力。

高密度逆流串柱工艺解决了高浓度 Na_2WO_4（含 WO_3 50~150g/L）、高浓度 NaOH 料液中钨的吸附和转型问题，并且在吸附时对料液流速的限制也大幅放宽，大大减少了稀释水用量，提高了生产效率以及钨的直收率，具有重要的环保效益。逆流串柱工艺虽解决了 Na_2WO_4 料液不需过度稀释以及离子树脂交换容量较低的问题，但因为交换后液含有高浓度 Cl^-，交换后液不能直接返回钨精矿碱分解过程，因此其中的残碱不能得到综合利用，而且该过程中的有害无机盐的排放并没有减少。

高密度逆流串柱工艺和经典离子交换法相比，废水排放量减少了 80%~85%，钨回收率提高了 1%~2%。

3.2.2 一步离子交换法

经典离子交换树脂法在实现钨与磷、砷、硅等杂质分离的同时实现转型，但不能有效分离钨钼，而中南大学张启修教授等开发的一步离子交换法生产 APT，在完成钨转型的同时能实现钨与钼、磷、砷及硅等杂质的分离，适合处理 Mo/WO_3 比为 1%~1.5%的粗钨酸钠溶液、解吸液或者反萃液中钨和钼及其他杂质的分离。

3.2.2.1 基本原理

一步离子交换法的基本依据是：含钼的钨酸盐溶液经硫代化预处理后，由于 MoS_4^{2-} 与阴离子交换树脂的亲和势远高于 WO_4^{2-}，可优先吸附，且能将已吸附于树脂上的 WO_4^{2-} 置换下来，达到深度分离钨钼的目的。主要包括 MoO_4^{2-} 硫代化、MoS_4^{2-} 吸附与 MoS_4^{2-} 解吸及交换后液中 WO_4^{2-} 的离子交换吸附与解吸等工序。

A MoO_4^{2-} 硫化为 MoS_4^{2-}

如果处理的对象是粗钨酸钠溶液，则其在酸化除去大部分硅和部分锡后加入硫化剂，使 MoO_4^{2-} 硫化为 MoS_4^{2-}。MoO_4^{2-} 被硫化时，约有 60%的 AsO_4^{3-} 也被硫化，大部分锡在硫化过程生成 SnS_2 沉淀而被除去。如果硫化剂加入量过多，则 SnS_2 沉淀会溶解于过量的 Na_2S 而生成 SnS_3^{2-}。

MoO_4^{2-} 在加硫化剂前 pH 值要低，否则不可避免地生成仲钨酸盐，需严格控制 WO_3 浓度不超过 80g/L。可采用 CO_2 气体调整 pH 值，由于发生均相中和反应，可将料液中同多酸根浓度减至最低限度，而且不引入 Cl^-，提高料液 WO_3 浓度与树脂对钨的交换容量，一般 CO_2 利用率高达 100%。

传统硫化剂主要有 Na_2S、NaHS 或 $(NH_4)_2S$、H_2S。这些硫化剂含硫量低、价格昂贵，且 NaHS 和 Na_2S 是强碱弱酸的盐，消耗调酸试剂，制备 H_2S 气体需要消耗大量酸和 Na_2S 或 FeS。新型硫化剂 RCS、R_1CS 价格低廉，尤其是 R_1CS，这两种试剂在碱性溶液中分解都产生 CO_2 和 H_2S 气体，除提供硫代化反应所需的 H_2S 外，产物中的 CO_2 可均相中和料液中游离碱，不会产生局部酸度过高现象，避免钨酸的产生以及钨盐结晶，同时减少调酸剂用量，降低调酸成本。目前，这两种硫化剂在工业上已投入使用。硫化反应可在常温或者温度低于 80℃进行，温度越高，硫化时间越短。

五硫化二磷（P_2S_5）是一种廉价固体硫化剂，含硫量高达 72%，水解产生的 H_2S 可为钼硫化提供硫源，当平衡时含钼钨酸盐溶液处于中性至弱碱性范围（pH 值小于 8）。另外，P_2S_5 水解过程中产生 H_3PO_4，具有释酸作用，缓解了钨酸钠溶液硫化前的调酸负担。水解过程产生 PO_4^{3-}，采用磷酸铵镁盐法除磷，对后续离子交换过程不产生影响。因此，P_2S_5 是一种极具应用潜力的钼硫化剂。P_2S_5 水解反应如下：

$$P_2S_5 + 8H_2O \longrightarrow 5H_2S\uparrow + 2H_3PO_4 \quad (1\text{-}3\text{-}36)$$

B MoS_4^{2-} 吸附

强碱性阴离子交换树脂上的胺功能团对溶液中各阴离子的吸附顺序为 MoS_4^{2-}（$Mo_xS_{4-x}^{2-}$）>AsS_4^{3-}（AsS_3^{2-}）S^{2-}（HS^-）>WO_4^{2-}>PO_4^{3-}、AsO_4^{3-}、SiO_3^{2-}，故在 WO_4^{2-}、MoO_4^{2-} 混合液中加入 S^{2-}，钼酸盐溶液中 MoO_4^{2-} 转化为 MoS_4^{2-} 后，利用凝胶型或大孔型强碱性阴离子交换树脂对 MoS_4^{2-} 的亲和力远大于 WO_4^{2-}，MoS_4^{2-} 优先吸附于树脂相，且能将已吸附于树脂上的 WO_4^{2-} 置换下来，同时 SnS_3^{2-}、$As_2S_4^{2-}$ 也同 MoS_4^{2-} 一起被树脂吸附，而 PO_4^{3-}、SiO_3^{2-}、F^-、大部分 SnO_3^{2-} 以及约 40%未发生硫代反应的 AsO_4^{3-} 与树脂的亲和力远小于 WO_4^{2-}，而随交后液排

出，得到含钼少的钨酸盐溶液。MoS_4^{2-} 吸附反应如下：

$$2RCl + MoS_4 \longrightarrow R_2MoS_4 + 2Cl^- \quad (1-3-37)$$

$$R_2WO_4 + MoS_4^{2-} \longrightarrow R_2MoS_4 + WO_4^{2-} \quad (1-3-38)$$

但由于吸附料液 pH 值小于 9，溶液中的磷钨杂多酸比较稳定，故除磷率约 80%，部分磷以磷钨杂多酸形式被交换到树脂上。

C　MoS_4^{2-} 氧化解吸

在密实移动床-流化床除钼系统分离钨钼时，由于离子交换树脂是采用强碱性阴离子交换树脂，树脂的碱性越强，对 MoS_4^{2-} 的亲和力大，因此很难将吸附的 MoS_4^{2-} 解吸下来，需在解吸剂中加入氧化剂次氯酸钠或 H_2O_2。交换到树脂上 MoS_4^{2-} 一般用含 0.5~3.5mol/L 的 NaClO 和 0.25mol/L 的 NaOH 混合溶液（pH 值为 8.5~1.3，流速 2~8cm/min）解吸或 H_2O_2 的碱性液（pH 值为 11~14），将树脂上吸附的 MoS_4^{2-} 氧化成 MoO_4^{2-} 和 SO_4^{2-}，从而实现将其解吸的目的。

$$R_2MoS_4 + 16NaClO + 8NaOH \longrightarrow Na_2MoO_4 + 4Na_2SO_4 + 2RCl + 14NaCl + 4H_2O \quad (1-3-39)$$

采用强氧化性解吸剂解吸 MoS_4^{2-}，树脂使用寿命将缩短。但如果用弱碱性离子交换树脂吸附 MoS_4^{2-}，则负载树脂易于用 NaOH 解吸，克服了 MoS_4^{2-} 难以解吸的困难。

D　WO_4^{2-} 的吸附与解吸

除钼后的钨酸盐溶液采用逆流强碱性离子交换树脂吸附 WO_4^{2-}，负载树脂上的 WO_4^{2-} 经 NaCl 4~8g/L 或 NaOH 10g/L 淋洗后，再用 2moL/L NH_4OH 与 5mol/L NH_4Cl 溶液解吸，以 $(NH_4)_2WO_4$ 的形式进入解吸液。

3.2.2.2　工业实践

一步离子交换法生产 APT 工艺流程如图 1-3-10 所示。该法早期钨钼的分离采用串柱固定床系统，吸附树脂采用凝胶型强碱性离子交换树脂，现在工业上采用密实移动床吸附-流化床解吸联合技术分离钨钼，吸附树脂采用大孔强碱性树脂，分离钼后的溶液再进入离子交换系统回收钨并净化除杂。

A　串柱固定床分离

该方法是将硫化料液稀释通过一系列串联的交换柱，前面是 3~4 根柱用于吸附钼，由于钼量小，可以用短而细的小柱，故称为 S 柱，内装大孔抗氧化树脂，发生硫代化反应的钼、砷、锡优先吸附于前面的钼柱；后面是 1~2 根粗而高的柱子用于吸附钨，故称为 L 柱，内装 W-201。控制第一根钼柱为钼饱和时，末根钼柱钼尚未穿透，因此进入 L 柱的 Na_2WO_4 溶液中钼、砷含量极低。与常规离子交换树脂一样，钨吸附于树脂上，而磷、砷、硅及富离子从柱底流出，除 Mo、As、P、Si 率分别可达 99.8%、71.6%、93.7%、94.4% 以上。分别解吸第一根钼柱与钨柱得到富钼的溶液及纯钨酸铵溶液。

固定床离子交换除钼技术是将吸附过程和解吸再生过程放在同一交换柱内进行，当吸附流出液中钼漏穿时，柱内还有部分树脂未被钼饱和而吸附着 WO_4^{2-}，此时必须对树脂进行解吸再生，因此树脂既不能得以充分利用，又造成钨损加大。树脂解吸采用固定床操作，由于解吸过程放热难以及时被导至柱外，引起树脂层温度升高，易造成树脂的破坏，解吸过程产生的多硫化物会使树脂出现硫中毒，交换吸附性能将下

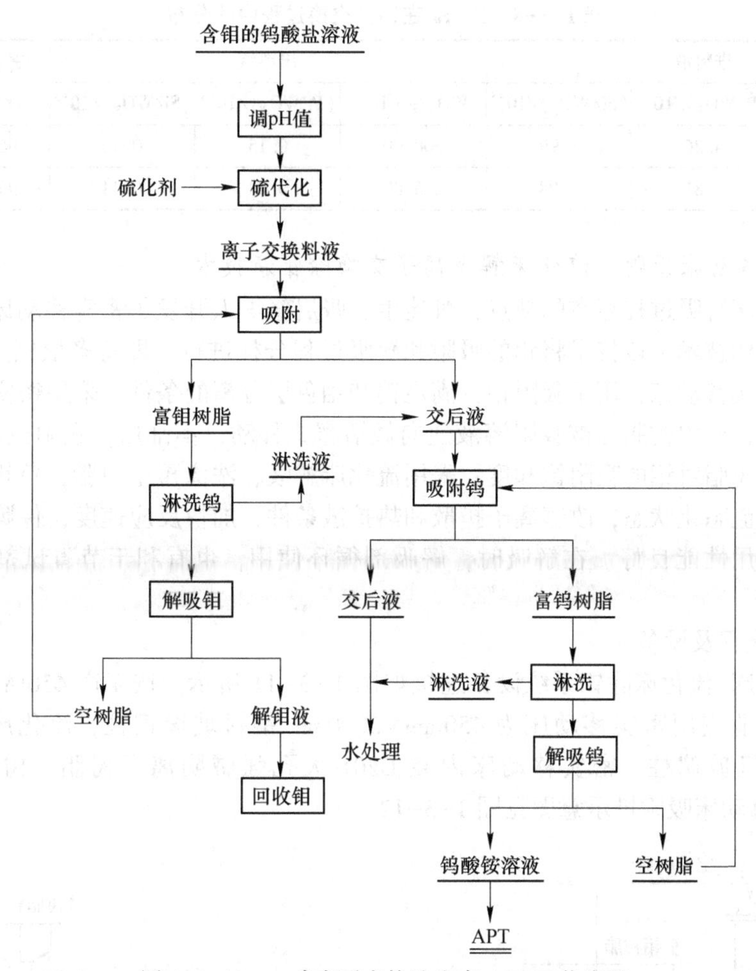

图 1-3-10 一步离子交换法生产 APT 工艺流程

降。一般工业生产规模越大，固定床越大，上述现象就越严重。扩大试验相关数据见表 1-3-6~表 1-3-8。

表 1-3-6 Mo 柱分离钼的效果

进料液			出料液			除 Mo 率/%
WO_3/g·L^{-1}	Mo/g·L^{-1}	Mo/WO_3	WO_3/g·L^{-1}	Mo/g·L^{-1}	(Mo/WO_3)/10^{-5}	
48.23	0.72	0.0150	40.25	0.00120	2.98	99.8
43.55	0.65	0.0150	41.70	0.00104	2.49	99.8

表 1-3-7 Mo 柱分离砷的效果

进料液			出料液			除 As 率/%
WO_3/g·L^{-1}	As/g·L^{-1}	(As/WO_3)/10^{-5}	WO_3/g·L^{-1}	As/g·L^{-1}	(As/WO_3)/10^{-5}	
49.25	0.024	48.7	44.67	0.00402	9.0	81.5
40.00	0.043	100.8	39.25	0.01197	30.5	71.6

表 1-3-8 P、Si 在钨柱交换过程中的分布

进料液			出料液			除P率/%	除Si率/%
WO_3/g·L^{-1}	$(P/WO_3)/10^{-5}$	$(Si/WO_3)/10^{-5}$	WO_3/g·L^{-1}	$(P/WO_3)/10^{-5}$	$(Si/WO_3)/10^{-5}$		
21.13	4.26	8.99	200.00	0.15	0.50	96.5	94.4
15.75	3.81	1.08	205.00	0.24	0.44	93.7	95.7

B 密实移动床吸附—流化床解吸离子交换除钼新技术

针对固定床解吸过程存在的缺点，肖连生、张启修等人开发了密实移动床吸附—流化床解吸联合除钼技术。该技术将钼的吸附和解吸过程分柱进行，即将多根固定床串联的S柱改为一根密实移动床，用于吸附钼，满足钨和钼色层分离的条件。采用密实移动床吸附钼，吸附过程，柱内树脂与被吸附溶液逆向做活塞式移动，不乱层，吸附过程基本连续，可大幅度提高树脂对钼的吸附饱和度；采用流化床解吸、洗涤再生树脂，负钼树脂，解吸时使树脂处理流态化状态，改善离子扩散和热扩散条件，加快反应速度，保障树脂解吸安全、彻底，回用性能良好。在解吸时，解吸剂循环使用，也有利于节省试剂，降低生产成本。

a 工艺流程及设备

密实移动床-流化床除钼系统设备连接如图 1-3-11 所示。按年产 450tAPT 规模设计主体设备：工业应用密实移动床为 450mm×5000mm 钢衬玻璃钢柱，流化床为 300mm×2500mm 的有机玻璃柱，密实移动床内装 D201 大孔强碱阴离子树脂，树脂填充率为100%。密实移动床吸附塔示意图见图 1-3-12。

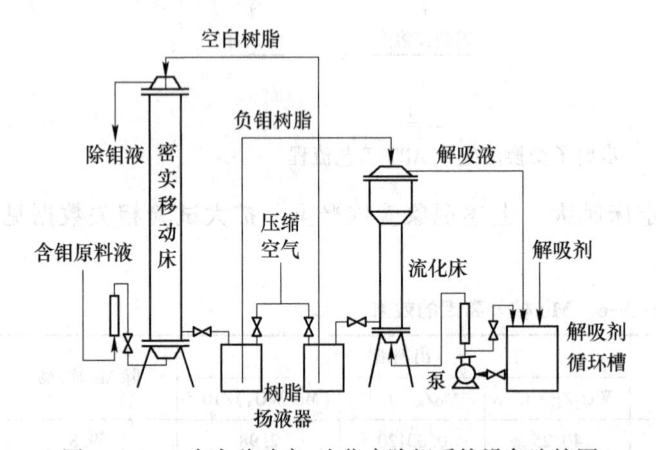

图 1-3-11 密实移动床-流化床除钼系统设备连接图

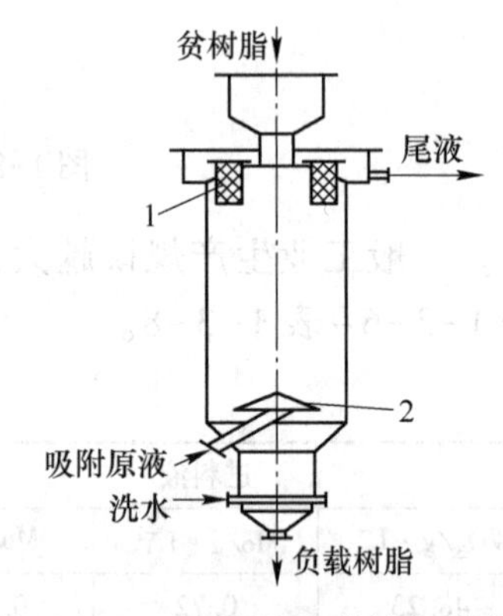

图 1-3-12 密实移动床结构示意图
1—筛网；2—布液器

硫化后的含钼料液从密实移动床底部进入柱内，经树脂层吸附除钼后，净化液从顶部流出进入钨柱，进行钨吸附。负钼饱和树脂定期定量（每次排放约 1/8~1/10 的树脂量）从床底部排入树脂扬液器中，同时再生好的树脂从床顶部加入。料液与树脂在床内逆向以活塞流形式移动，在吸附过程中树脂呈密实状态，除钼吸附过程连续进行，吸附钼后的树脂带有 MoS_4^{2-} 的红色，树脂吸附的钼越多，颜色越深。

饱和负钼树脂经扬液器转移至流化床后，先排净流化床中负钼树脂夹带的溶液，将其

返回吸附，负钼饱和树脂在流化床中进行洗涤、解吸和再生，解吸剂 0.5～0.8mol/L NaClO 和 0.25mol/L NaOH 混合解吸液从流化床底部注入，柱顶流出，借助泵和循环槽进行解吸剂循环，控制流量以维持柱内树脂呈流态化。当解吸剂中的 ClO^- 基本耗尽后排入钼回收工序，换新鲜解吸剂继续解吸。解吸过程中，被吸附的 MoS_4^{2-} 转化成 MoO_4^{2-} 后脱离树脂进入溶液，树脂的红色逐步褪去，直至树脂恢复原色停止解吸，解吸后的树脂用 NaCl 溶液再生，其后经自来水流态化洗至中性，再以纯水淋洗 15min，再生后的新鲜树脂通过树脂扬液器，转入密实移动床。

解吸时，解吸柱温度控制在 50℃以下，解吸时间缩短 50%以上，NaClO 的有效利用率提高到 90%以上，经解吸及充分洗涤的树脂又回到密实移动床吸附除钼，解吸剂循环使用，有利于降低生产成本。

从流化床出来的解钼液，一般含钼在 2g/L 以上，含 WO_3 在 0.5g/L 以下，由于解钼液中钼浓度较高、ClO^- 浓度很低，有利于钼的回收。解吸液加酸沉钼得到 MoS_3，可用于炼钼铁、炼钢及制取含钼化肥，也可从此富集物中分离少量钨，以制取纯钼化合物。另外，密实移动床排出的树脂钼饱和度高，树脂对钼的吸附工作容量达到 85.4mg/mL 湿树脂，树脂利用率高，除钼工序钨损少于 0.5%。

密实移动床-流化床离子交换除钼技术在处理钼浓度高达 1.5g/L 的工业钨酸铵料液时，净化液中 Mo/WO_3 比可控制在 5×10^{-5} 以下，除钼率一般可保持在 99%以上，净化后的钨酸铵溶液结晶率控制在 95%左右，所得产品 APT 中的钼含量可稳定控制在 0.0018%以下，除钼的同时还能除去部分砷。

b 工艺特点

密实移动床-流化床离子交换除钼技术在工业上的应用主要有以下优点：

（1）除钼树脂钼饱和度高，WO_3 的损失可降至 0.5%以下。

（2）流化床解吸负钼树脂速度快，树脂重复用性能好，树脂用量减少约 30%～40%。

（3）解钼液中钼含量较高，有利于钼的回收。

（4）流态化洗涤效果好，洗水用量少，污水排放量少。

（5）操作方便，试剂消耗小，对环境污染少。

（6）应用形式灵活：

1）除钼作业的灵活性。密实移动床除钼作业可在钠盐溶液或者铵盐溶液进行，一般碱浸液含钨浓度高，在钨酸钠溶液中一步除杂较妥，可保证 $(NH_4)_2WO_4$ 溶液纯度。如采用低品位原料（WO_3 约 10%）得到的 Na_2WO_4 溶液，由于钨浓度很低，适合在 $(NH_4)_2WO_4$ 溶液中除钼。

2）适应流程的灵活性。密实移动床除钼作业不仅可与经典离子交换流程配套，也可与经典萃取流程以及碱性季铵盐萃取工艺配套使用。

3）树脂应用的灵活性。除钼树脂可选用各种大孔径树脂，钨柱的树脂灵活性更大。但 MoS_4^{2-} 被树脂吸附后要用氧化剂 NaClO 进行解吸，给树脂再生和使用带来诸多不便。

3.2.3 特种树脂结合连续离子交换深度除钼技术

对于含钼（大于 2g/L）高的钨酸铵溶液，如采用选择性沉淀法分离钨钼，则需加入较多的铜盐沉淀剂，反应生成的大量沉淀物难以澄清过滤，生产效率低，除钼液中钼含量难以达到要求，钼渣量大，渣中夹带钨导致钨损增大。另外，净化后的钨酸铵溶液中由于硫化剂和沉淀剂带来的硫等杂质增加，易造成结晶 APT 中硫等杂质超标。如单独采用密实移动床-流化床离子交换技术除钼，则树脂再生时间长，损耗大，生产效率低。采用特种树脂吸附沉淀法（肖连生）结合密实移动床吸附-流化床解吸离子交换除钼技术，则可处理钼含量高达 10g/L 以上的钨酸铵溶液。该法优点是消耗小、树脂使用寿命长，技术成熟，已经在河南科鹰、湖南顺泰钨业、德钨格林美钨资源循环利用有限公司应用。

3.2.3.1 吸附树脂沉除钼原理

弱碱性阴离子交换树脂含有弱碱性基团，如伯胺基 $-NH_2$、仲胺基 $-NHR$ 或叔胺基 $-NR_2$。这类树脂在水中能离解出 OH^- 而呈弱碱性，只能在中性或酸性条件（如 pH 值为 1~9）下工作，可用 Na_2CO_3、NH_4OH、NaOH 进行再生。

特种树脂是专门针对高浓度钼而开发的一种多胺基弱碱性专用树脂，具备与大孔型强碱性阴离子交换树脂相当的 W-Mo 分离效果。但相对于强碱性阴离子树脂的交换容量而言，由于其对 MoS_4^{2-} 和 WO_4^{2-} 的交换势都有所下降，所以吸附钼的交换容量较低（小于 11.7），但不影响二者的交换分离。

这种弱碱性树脂对 MoS_4^{2-} 亲和力比对 WO_4^{2-} 的亲和力大得多，所以 MoS_4^{2-} 被树脂吸附，而 WO_4^{2-} 留在溶液中。由于其对 OH^- 具有很大的亲和力，富钼树脂用纯水洗涤后，再用 NaOH 或者氨水溶液可将其吸附的钼有效解吸，无需添加氧化剂，解吸后的树脂用盐酸再生后重复利用，这是此方法有别于选择性沉淀法除钼的地方。

3.2.3.2 工业实践

A 工艺流程

特种树脂吸附沉淀结合密实移动床-流化床离子交换除钼工艺流程如图 1-3-13 所示。

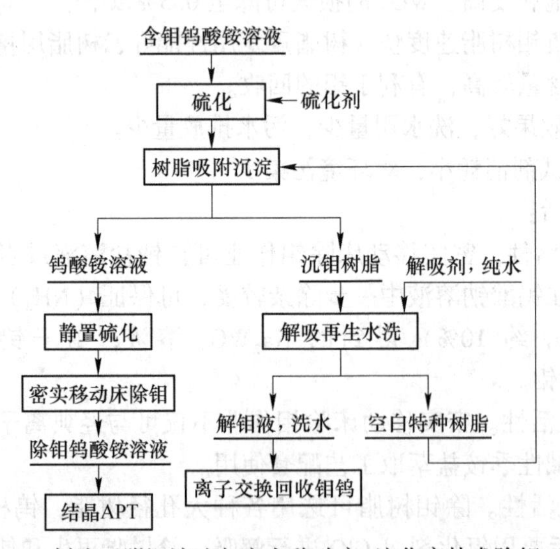

图 1-3-13 树脂吸附沉淀法与密实移动床-流化床技术除钼工艺流程

a 树脂吸附、解吸和再生

生产中一般固定树脂量，含钼的钨酸盐溶液先按现行的硫化工艺进行硫化，硫化剂的量按钼硫化反应式理论量的 1.1 倍加入，硫化好的料液进行树脂吸附沉淀除钼。反应一定时间后，立即压滤，压干后的吸钼树脂用 0.5～1mol/L NaOH 解吸剂混合搅拌再生，一般进行 3 次才能解吸彻底，每一次搅拌 10～20min。解吸过程中释放热量会使溶液温度升高，只要控制解吸剂浓度，解吸过程温度可控制在 60℃以下。再生完后将解吸液压出，树脂经纯水搅拌洗涤压出洗水后，再加硫化好的料液进行下一周期的树脂吸附沉淀，树脂可循环使用。

吸附沉淀、解吸再生、纯水洗涤和压滤作业均在一个 $10m^3$ 搅拌压滤反应器中进行，树脂吸附沉淀除钼可保持在 80%左右，整个沉钼过程钨的直收率在 95%左右，进入解钼液中的钨在钼回收系统可得到回收。解吸液中的钼再用弱碱性阴离子交换树脂进行富集回收，回收其中的钼和钨。

实践证明，特种树脂对钼的工作吸附容量在 75kg/t 左右，一次沉钼率在 80%左右，沉钼后的钨酸铵溶液中含钼量一般稳定在 1.5～2.5g/L，沉钼后的钨酸铵溶液进一步硫化，进密实移动床连续离子交换除钼。

b 密实移动床连续离子交换除钼

沉钼后的钨酸铵溶液中含钼量一般稳定在 1.5～2.5g/L，静置一段时间后硫化，硫化后的料液泵入密实移动床进行离子交换深度除钼，生产中控制溶液与树脂的接触时间为 90min。每吸附 50kg 钼量排一次树脂入流化床进行氧化解吸，每次排树脂量为 $0.7m^3$，产出合格的钼酸铵溶液送结晶。

c 深度除钼后的钨酸铵溶液生产 APT

将密实移动床离子交换后的钨酸铵溶液送入结晶工序结晶 APT，结晶率控制在 90%以上，产出的 APT 可稳定达到国标 APT-0 级品要求，产品中钼含量可保持在 15×10^{-6}。

B 工艺特点

（1）吸附沉淀除钼树脂是有针对性设计的特种树脂，密度较大，有利于快速沉降分相过滤，活性基团对 MoS_4^{2-} 的选择吸附能力强，钨钼分离系数大；

（2）采用搅拌压滤一体化设备，整个作业周期中树脂不用转移，作业时间短，生产效率较高；

（3）除钼过程不会给产品带来新的杂质污染，没有废渣产生，操作环境好；

（4）解吸速度快，树脂沉降快，过滤性能好。

3.2.4 HCO_3^- 型离子交换法

MoO_4^{2-} 硫化—离子交换法在弱碱性溶液中进行，需将粗钨酸钠溶液酸化至 pH 值为 8～9，需要消耗一定量的酸，而 HCO_3^- 型离子交换树脂法可实现在碱性钨溶液中直接吸附钨，完成除杂和转型。但得到的钨酸铵溶液中浓度偏低，后续蒸发量大，蒸发能耗高，而且蒸发结晶时仲钨酸铵的过饱和度小，蒸发结晶产生的粒度、形状等物理性能有可能不符合要求，该法目前还未投入工业应用。

3.2.4.1 基本原理

A 吸附

HCO_3^- 离子交换树脂法转型并净化粗钨酸钠溶液是利用树脂对料液中 WO_4^{2-} 亲和力强于 HCO_3^- 和 CO_3^{2-}（$WO_4^{2-}>HCO_3^->CO_3^{2-}$）而达到分离钨的目的。以 201×7 树脂而言，其

$\beta WO_4^{2-}/CO_3^{2-}$ 达33.3，且吸附过程料液中的 WO_4^{2-} 浓度很高，因此 R_4NHCO_3 树脂很容易与 Na_2WO_4 溶液进行交换反应。交换反应如下：

$$2R_4NHCO_3 + 2OH^- \longrightarrow R_2CO_3 + CO_3^{2-} + 2H_2O \quad (1-3-40)$$

$$(R_4N)_2CO_3 + WO_4^{2-} \longrightarrow (R_4N)_2WO_4 + CO_3^{2-} \quad (1-3-41)$$

B 解吸

根据 H_2CO_3 的二级离解常数 $K_2 = [H^+][CO_3^{2-}]/[HCO_3^-] = 5.61\times10^{-11}$，计算出不同pH值下含 CO_3^{2-}、HCO_3^- 的水溶液中 $[CO_3^{2-}]/[HCO_3^-]$ 比值，如表1-3-9所示。

表1-3-9 含 CO_3^{2-}、HCO_3^- 水溶液中 $[CO_3^{2-}]/[HCO_3^-]$ 与pH值的关系

pH值	$[CO_3^{2-}]/[HCO_3^-]$	pH值	$[CO_3^{2-}]/[HCO_3^-]$
8	5.61×10^{-3}	11	5.61
8.5	1.63×10^{-3}	12	56.1
9	5.61×10^{-2}	13	561
10	5.61×10^{-1}	14	5.61×10^{3}

由表1-3-9可知，在pH值为8.5~9时，$NH_4^+-CO_3^{2-}-HCO_3^-$ 溶液中，$[CO_3^{2-}]/[HCO_3^-]$ 之比仅1%左右，主要为 HCO_3^-。因此，可用 NH_4HCO_3 解吸富钨树脂上的 WO_4^{2-}，解吸后树脂转型为 R_4NHCO_3。

$$(R_4N)_2WO_4 + 2HCO_3^- = 2R_4NHCO_3 + WO_4^{2-} \quad (1-3-42)$$

而在pH值为13~14时，溶液中稳定存在的主要为 CO_3^{2-}，故解吸产生的 R_4NHCO_3 树脂在pH值为13~14转型成 $(R_4N)CO_3$，转型后的树脂进入下一步的吸附过程。但 HCO_3^- 与树脂结合的稳定性远大于 CO_3^{2-}，因此将从热力学上给转型过程带来不利。

树脂吸附后的交换后液含有较多的 Na_2CO_3、NaOH 和杂质P、As及Si等阴离子，交换后液部分返回吸附过程，部分和淋洗液混合后送苛化工序，目的是将混合液中 Na_2CO_3 转化为浸出所需的NaOH以及将工艺中不断积累的杂质磷、砷等形成沉淀排除，保持物料进出平衡，提高新工艺的生产适应力。苛化反应及除杂反应如下：

$$Na_2CO_3 + Ca(OH)_2 = 2NaOH + CaCO_3\downarrow \quad (1-3-43)$$

$$3Ca^{2+} + 2AsO_4^{3-} = Ca_3(AsO_4)_2\downarrow \quad (1-3-44)$$

$$3Ca^{2+} + 2PO_4^{3-} = Ca_3(PO_4)_2\downarrow \quad (1-3-45)$$

$$Ca^{2+} + SiO_3^{2-} = CaSiO_3\downarrow \quad (1-3-46)$$

3.2.4.2 原则工艺流程

用 HCO_3^- 型强碱性离子树脂进行吸附，可有效地从钨矿碱分解液中提取钨并制备钨酸铵溶液，在转型的同时除去磷、砷等阴离子杂质。HCO_3^{2-} 型强碱性离子树脂处理钨酸钠溶液流程如图1-3-14所示。

无论是采用苛性钠压煮法还是苏打压煮法分解钨矿，新工艺均能从钨矿到产品实现闭路流程，过程产生的交后液和洗水经适当处理后均可返回浸出，同时可尽量减少钨损失，结晶母液也可直接返回主流程而无需另设工序处理回收，实现了水的重复利用，节省了水资源。

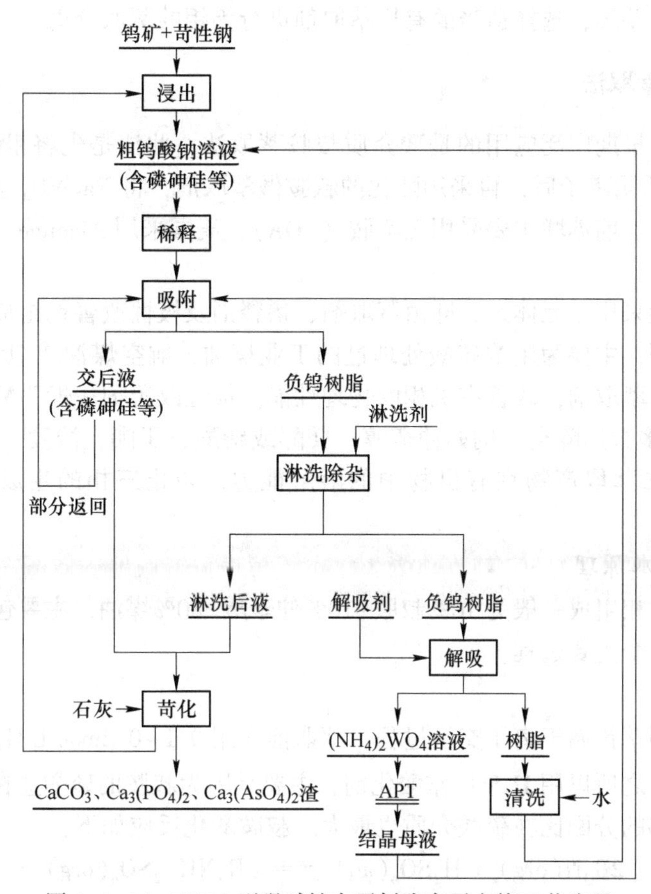

图 1-3-14　HCO_3^- 型强碱性离子树脂离子交换工艺流程

一般来说，苛化时并不需要将其中 CO_3^{2-} 完全转化为 HCO_3^- 型，因为对含钙黑钨矿或白钨矿来说，苛性钠浸出时含有一定量的 CO_3^{2-} 有助于提高钨分解率。实际上，在苛化前或苛化后可采用蒸发、电渗析等技术浓缩，保持系统水量的平衡，因为交后液和洗水的体积大于浸出所需体积。对苏打压煮法来说，无需苛化交后液和洗水。

新工艺与经典离子交换、经典萃取法及一步离子交换法相比，不需设置酸中和阶段，节约试剂，减少“三废”排放，提高了金属的回收率。

3.3　有机溶剂萃取法

萃取法在钨冶金工业中的应用已有 60 多年的历史。我国从 20 世纪 70 年代开始采用这种技术。当前，萃取法在钨冶金工业上的应用主要有三种：一是经典叔铵萃取法，即在酸性条件下将纯的 Na_2WO_4 溶液经 N_{235} 萃取转型为高浓度的 $(NH_4)_2WO_4$ 溶液，取代了经典工艺中人造白钨、酸分解、氨溶等工序，克服了经典工艺沉淀结晶过程固液分离多阶段操作的缺点，但萃取前需先除去 P、As、Si 等杂质阴离子；二是采用季铵盐在碱性钨酸盐溶液中直接萃取钨，钨钼富集进入有机相，而杂质留在萃余液中，然后再对有机相中的钨进行反萃，完成萃钨和除杂转型，萃余液也可经简单处理返回分解工序；三是利用钨钼某些化合物性质上的差异，选择适当的有机萃取剂进行钨钼的萃取分离。

3.3.1 酸性叔胺萃取法

钨冶炼工业，早期广泛应用的是酸介质叔胺萃取法，此法是先将粗钨酸钠溶液除 P、As、Si、Mo 等杂质阴离子后，再采用酸化的叔胺做萃取剂，将 Na_2WO_4 溶液中的钨萃取并转型为钨酸铵溶液。前苏联主要采用三辛胺（TOA），美国采用 Alamine-336，我国主要采用 N_{235}。

叔胺萃钨一般采用三元体系，即由萃取剂、稀释剂及极性改善剂组成。稀释剂是一些芳烃含量高的溶剂，主要为用浓硫酸处理过的工业煤油、航空煤油或饱和脂肪烃类溶剂，其主要作用是溶解萃取剂，改善有机相的物理性能。极性改善剂一般为醇类、酮类和磷酸三丁酯（TBP），多数用醇类，例如仲辛醇、癸醇或磷酸三丁酯，浓度一般为 10%~20%，其主要作用是增加萃取产物在有机物中的溶解能力，防止三相的生成，提高萃取饱和容量。

3.3.1.1 基本原理

叔胺萃钨有机相组成一般为 10%叔胺+10%仲辛醇+80%煤油，主要包括叔胺酸化、萃取、洗涤及反萃 4 个主要过程。

A 叔胺酸化

叔胺类萃取剂萃钨属于离子交换过程，萃取前常用 0.1~0.2mol/L H_2SO_4 与叔胺作用，使叔胺生成胺盐。之所以用 H_2SO_4 作酸化剂，主要是因为叔胺的硫酸盐在有机相中溶解度最好，同时萃取钨的分配比在硫酸介质也最大。叔胺酸化反应如下：

$$2R_3N(org) + H_2SO_4(aq) = (R_3NH)_2SO_4(org) \tag{1-3-47}$$

如用 $H_2SO_4 \geq 5mol/L$ 酸化叔胺，则

$$R_3N(org) + H_2SO_4(aq) = (R_3NH)HSO_4(org) \tag{1-3-48}$$

B 萃钨

用 H_2SO_4 将钨酸钠溶液酸化至 pH 值为 2~4 时，钨聚合成 $(HW_6O_{21})^{5-}$、$(H_2W_{12}O_{40})^{6-}$、$(W_{12}O_{39})^{6-}$（如采用硫化沉淀法除钼，则不需要另外调酸）。酸化后的叔胺萃取料液中钨的阴离子交换反应如下：

$$4(R_3NH)HSO_4(org) + (W_{12}O_{39})^{6-}(aq) + 2H^+ = (R_3NH)_4W_{12}O_{39}(org) + 4HSO_4^-(aq) \tag{1-3-49}$$

$$3(R_3NH)_2SO_4(org) + (H_2W_{12}O_{40})^{6-}(aq) = (R_3NH)_6H_2W_{12}O_{40}(org) + 3SO_4^{2-}(aq) \tag{1-3-50}$$

$$5(R_3NH)_2SO_4(org) + 2(H_2W_{12}O_{40})^{6-}(aq) + 2H^+ = 2(R_3NH)_5H_2W_{12}O_{40}(org) + 5SO_4^{2-}(aq) \tag{1-3-51}$$

钨的偏钨酸根等离子与有机相胺盐中的 SO_4^{2-} 或者 HSO_4^- 发生离子交换反应，钨形成萃合物进入有机相。

叔胺萃取时，在 pH 值为 2~4 的溶液中，P、As、Si 与 W、Mo 形成杂多酸阴离子，均被萃入有机相，严重污染钨制品，磷和氟还可能干扰除钼，磷和硅钨的杂多酸在萃取时会形成难以破坏的乳状液和密度大的黏性沉淀在混合澄清槽及贮槽底部析出，堵塞溢流口，

因此，当溶液中存在这些微量杂质离子时，先向料液中加入解聚剂 F^-（以氟盐加入），破坏杂多酸，生成不被萃取的 H_2SiF_6、HPF_6 等，改善两相分相性能，但不能抑制 P、As、Si 的共萃取。

钨酸钠溶液如有锡，在 pH 值为 2~4 时，锡以阳离子形式存在，叔胺类萃钨是一个阴离子交换过程，锡不被萃取而进入萃余液。因此，用经典萃取法得到的钨产品中锡含量很低。

C 反萃

负钨的有机相用水多级洗涤除去杂质特别是 Na^+ 后，用 3~4mol/L 的氨水或含部分 $(NH_4)_2WO_4$ 溶液反萃钨。氨水反萃时，聚合钨酸根解聚，钨以 $(NH_4)_2WO_4$ 形式进入水相，P、As、Si 的钨杂多酸根也发生解聚，P、As、Si 杂质元素又进入 $(NH_4)_2WO_4$ 溶液。故在萃取转型之前必须预先净化除去 Na_2WO_4 溶液中这些杂质阴离子。

$$(R_3NH)_4H_2W_{12}O_{39}(org) + 24NH_4OH(aq) = 4R_3N(org) + 12(NH_4)_2WO_4(aq) + 15H_2O \quad (1-3-52)$$

$$(R_3NH)_6(H_2W_{12}O_{40})(org) + 24NH_4OH(aq) = 6R_3N(org) + 12(NH_4)_2WO_4(aq) + 16H_2O \quad (1-3-53)$$

$$(R_3NH)_5H(H_2W_{12}O_{40})(org) + 24NH_4OH(aq) = 5R_3N(org) + 12(NH_4)_2WO_4(aq) + 16H_2O \quad (1-3-54)$$

尽管有机相中萃合物的组成不同，但都是 1moL 钨消耗 2moL 氮。为了获得高反萃取率又不产生固相 APT，必须保证反萃取液中有一定浓度的游离氨，氨水浓度一般为 3~4mol/L NH_4OH，反萃终了的平衡水相应保持 pH 值在 8.5 左右。

萃取过程，钨以偏钨酸根离子形式被萃入有机相，反萃时以 WO_4^{2-} 形式进入水相，平衡水相的 pH 值为 7.5~8.5。在由 pH 值为 2~4 进入 pH 值为 8.5 时，pH 值要经过 6~7 左右的过程，此时易产生 APT 沉淀，导致出现乳化等不正常现象。一般采取下列措施：将反萃液回流以加大水相体积，并使反萃剂中预先含部分 $(NH_4)_2WO_4$；加快搅拌速度；适当提高反萃剂氨浓度都能使暂时产生的 APT 结晶在水相中迅速溶解，保证反萃过程得以顺利进行。

3.3.1.2 工业实践

A 叔胺萃钨的原则工艺流程

叔胺萃钨的原则工艺流程见图 1-3-15。粗 Na_2WO_4 溶液经经典化学沉淀法除去磷、硅、砷和钼后，调整料液 pH 值为 2.5~4，然后与酸化后的有机相混合进行萃取，萃余液含少量叔胺、其他有机物和硫酸盐等经处理后排放，负载有机相经水多级洗涤除杂后，用 3~4mol/L 的氨水溶液反萃得到的 $(NH_4)_2WO_4$ 溶液，反萃液送蒸发结晶工序制备 APT。反萃后的有机相用 0.5mol/L H_2SO_4 酸化后再返回萃取过程。

钨萃取率大于 99%，萃余液中 WO_3 低于 0.1g/L，钨的反萃率大于 99%，反萃液中含 WO_3 250~300g/L。

B 萃取设备

萃取设备主要为混合-澄清槽和萃取塔。实际工业生产中，一般都采用多级逆流连续萃取方式进行，萃取槽一般为多级串联，并设有反萃段、洗涤段、再生段等多个工段。萃

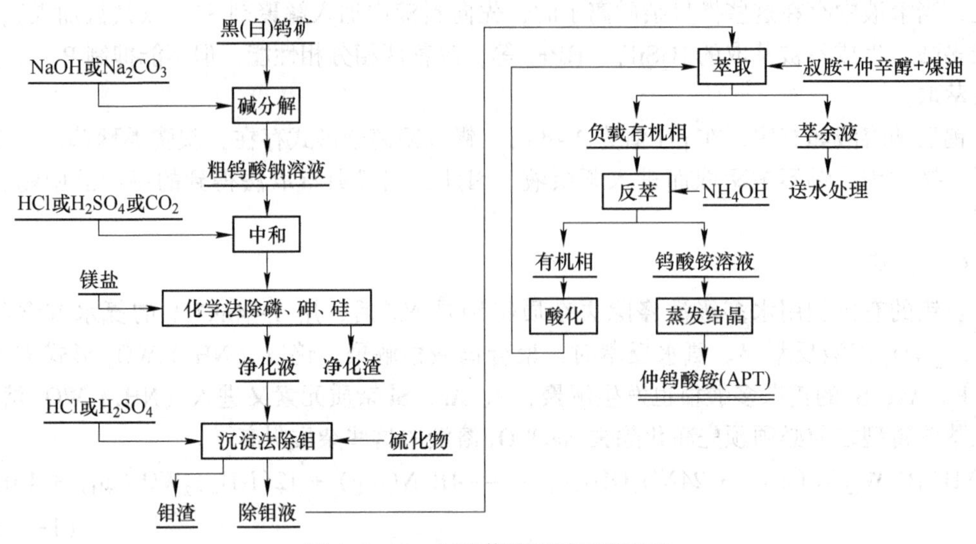

图 1-3-15 叔胺萃钨原则工艺流程

取槽和萃取塔也常常用在洗涤和反萃段。

混合澄清槽是靠重力作用实现两相分离的一种串级式萃取设备，主要由混合室和澄清室组成，每级混合室装配有搅拌器。原料液和萃取剂首先经过各自的进料口进入混合室中，通过搅拌器的搅拌使之混合传质，然后通过溢流挡板进入澄清室内，通过重力作用实现自然分离，最后分别进入不同的出口，完成萃取过程。混合澄清槽的原理及结构如图 1-3-16 所示，萃取设备一般由不受氢氟酸和硫酸混合液腐蚀的材料或涂油防腐蚀层的金属材料制成。

槽的结构和萃取过程密切相关，其形式有多种，主要和所处理原料的性质、使用的有机溶剂种类及相比等有关。无论何种结构形式都必须满足下列要求：能保证水相和有机相的充分混合，保证混合室和澄清室的溶液不受相互干扰，澄清室的体积大小要保证有机相和水相彻底分层等。以 5 级逆流萃取示意图说明连续逆流萃取原理，连续逆流萃取示意图如图 1-3-17 所示。

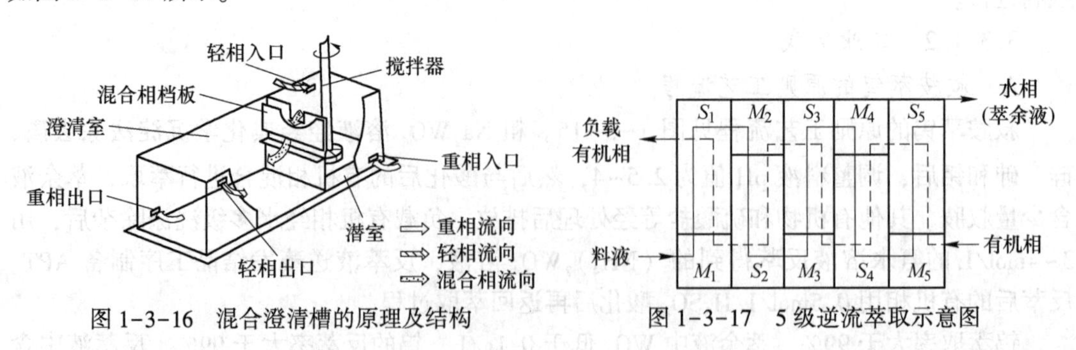

图 1-3-16 混合澄清槽的原理及结构　　图 1-3-17 5 级逆流萃取示意图

就设备整体而言，两相流动是逆流，在任一级中则是并流。料液加入第一级的混合室 M_1，有机相由第 2 级澄清室通过有机相溢流口进入第 1 级混合室，两相在 M_1 混合室内搅拌混合，混合相在搅拌离心力作用下，经混合室流通口进入澄清室 S_1 中澄清，有机相从 S_1 流出，萃余液进入第 2 级混合室 M_2，与从第 3 级澄清室 S_3 进入的有机相混合，依此类推，最后从第 5 级排出。而有机相则进入第 5 级的混合室 M_5，与从第 4 级的澄清室 S_4 进来的水相混合，然后经过澄清室 S_5 进入第 4 级的混合室 M_4，最后从第一级的澄清室 S_1 排出。因此，分别从萃取槽两头排出的是含有被萃取组分的负载有机相和被萃取了的空白水相，即萃余液。

3.3.1.3 方法特点

与经典离子交换法相比，酸性萃取法中钨矿碱分解液不需稀释，耗水量少，且结晶母液能直接返回主流程处理，不需辅助作业，萃取级数少且过程连续。但经典萃取法是在 pH 值为 2~3 的酸性介质中进行，需消耗大量的酸中和钨矿碱分解液中的残碱，使得存在于浸出液中的游离碱变成外排萃余液中的无机盐，酸碱消耗量大，外排废水含盐量高，废水难以达到零排放的要求（约 $20m^3/t$ APT）。此外，叔胺萃取仅能起转型作用，而不能除去 P、Si、As 及 Mo 等阴离子杂质，流程中仍需保留单独除杂作业，P、As 及 Si 渣需设复杂辅助流程处理，工艺流程长、钨损失大，且回收的钼为初级产品 MoS_3。

3.3.2 碱性季铵盐萃钨法

季铵盐碱性萃钨技术是中南大学张贵清教授团队与洛钼集团合作开发的，该法实现了从碱性粗钨酸钠溶液中直接萃钨，在转型的同时除去磷、砷、硅等杂质，萃余液直接返回或经石灰简单处理后返回钨矿浸出过程，形成钨矿碱分解-碱性季铵盐萃钨闭路循环技术，大幅减少钨冶金过程中废水的排放和碱的消耗。新技术具有流程短、酸碱耗低、水耗少及无大量含钠废水产生等优点，与传统离子交换工艺和酸性萃取工艺相比具有明显的优势。

3.3.2.1 基本原理

钨冶金工业中多采用钠碱法分解钨矿物资源或二次资源，分解液中含高浓度 WO_4^{2-}、一定量的 PO_4^{3-}、SiO_3^{2-}、AsO_4^{3-} 及 MoO_4^{2-} 等阴离子。另外，还含有未反应的 NaOH 或 Na_2CO_3。

根据萃取过程离子交换基团的不同，分为 CO_3^{2-} 型季铵盐和 HCO_3^--CO_3^{2-} 混合型季铵盐。混合型季铵盐主要为 HCO_3^- 型，CO_3^{2-} 型季铵盐含量较低。各离子与季铵盐的结合能力由强到弱的顺序为 HCO_3^-、WO_4^{2-}、CO_3^{2-}，HCO_3^- 与季铵盐的结合能力明显强于 CO_3^{2-}，所以 HCO_3^--CO_3^{2-} 混合型季铵盐萃钨能力明显弱于 CO_3^{2-} 型季铵盐。

A CO_3^{2-} 型季铵盐

CO_3^{2-} 型季铵盐萃钨包括萃取剂转型、萃取、洗涤、反萃取及再生等过程。

a 转型

萃取剂为三辛基甲基氯化铵（N_{263}），N_{263} 为季铵的 Cl^- 盐，萃取有机相组成为 50% N263+30%仲辛醇+20%磺化煤油。萃取前将有机相与反萃剂 NH_4HCO_3 和 NH_4OH 混合液多次接触，使 N_{263} 转化为季铵的碳酸氢盐。

b 萃取

CO_3^{2-} 型季铵盐萃取 WO_4^{2-} 的能力强于萃取 AsO_4^{3-}、PO_4^{3-} 及 SiO_3^{2-} 的能力，因而季铵盐优先萃取 WO_4^{2-}，而将 AsO_4^{3-}、PO_4^{3-} 及 SiO_3^{2-} 等阴离子留在萃余液中，从而实现 WO_4^{2-} 与这些杂质离子的分离。萃取反应如下：

$$(R_4N)_2CO_3(org) + Na_2WO_4(aq) \longrightarrow (R_4N)_2WO_4(org) + Na_2CO_3(aq) \quad (1-3-55)$$

或 $(R_4N)HCO_3(org) + Na_2WO_4(aq) \longrightarrow (R_4N)_2WO_4(org) + NaHCO_3(aq)$ (1-3-56)

CO_3^{2-} 型季铵盐萃钨时，WO_3 萃取率随温度的升高而下降，所以 CO_3^{2-} 型季铵盐萃钨过程为一放热反应。N_{263}萃钨过程，杂质 PO_4^{3-}、AsO_4^3 等离子也可能被萃入有机相：

$$3(R_4N)_2CO_3(org) + 2PO_4^{3-}(AsO_4^{3-})(aq) \longrightarrow 2(R_4N)_3PO_4(AsO_4^{3-})(org) + 3CO_3^{2-}(aq) \quad (1-3-57)$$

但由于 N_{263}对 WO_4^{2-} 的萃钨取能力强于对 PO_4^{3-} 和 AsO_4^{3-}，最终会被 WO_4^{2-} 置换下来：

$$2(R_4N)_3PO_4(AsO_4^{3-})(org) + 3WO_4^{2-}(aq) \longrightarrow 3(R_4N)_2WO_4(org) + 2PO_4^{3-}(AsO_4^{3-})(aq) \quad (1-3-58)$$

钼与钨的行为相似，因此 CO_3^{2-} 型季铵盐萃取体系不能实现钨与钼的分离，钼也被萃入有机相。萃余液主要为含有少量 P、As、Si 的 Na_2CO_3 或 $NaOH-Na_2CO_3$ 溶液。

c 反萃

富钨有机相用纯水淋洗净杂质离子后，用 NH_4HCO_3 和 NH_4OH 混合液进行反萃。反萃反应如下：

$$(R_4N)_2WO_4(org) + 2NH_4HCO_3(aq) \longrightarrow 2R_4NHCO_3(org) + (NH_4)_2WO_4(aq) \quad (1-3-59)$$

反萃过程，之所以采用 $NH_4HCO_3+NH_3 \cdot H_2O$ 混合溶液作为反萃剂，是因为 NH_4HCO_3 在水中溶解度不大，且受温度影响较大，温度越高，溶解度越大。但 NH_4HCO_3 高于 30℃ 开始分解，产生大量气泡，妨碍分相。因此，通过提高 NH_4HCO_3 溶液浓度来提高钨的反萃效果十分困难。另外，由于溶液的 pH 值在 8.2 左右，提高 WO_3 浓度，反萃液中会出现 APT 沉淀，也限制了反萃液中 WO_3 浓度的继续提高。而 $NH_3 \cdot H_2O$ 的加入，一方面可以通过生成 $(NH_4)_2CO_3$ 来加大常温下 NH_4HCO_3 在水中的溶解，减少因 NH_4HCO_3 分解形成的气泡，有利于分相；另一方面也使得反萃体系平衡 pH 值升高，有利于维持钨在反萃液中的 WO_4^{2-} 形态，防止当反萃液中 WO_3 浓度过高时，WO_4^{2-} 向仲钨酸根形态转化，以溶解度较低的仲钨酸铵结晶析出，大大提高反萃液的稳定性。因此，在维持一定 WO_3 反萃率的基础上，向反萃剂中加入 $NH_3 \cdot H_2O$，对提高反萃液中 WO_3 浓度极为有利。

d 再生

再生的目的是将反萃后有机相中季铵的 HCO_3^- 转化为季铵的 CO_3^{2-} 后，再返回萃取过程。再生剂为 50g/L NaOH+120g/L Na_2CO_3 混合溶液，再生反应如下：

$$2R_4NHCO_3(org) + 2NaOH(aq) \longrightarrow (R_4N)_2CO_3(org) + Na_2CO_3(a) + 2H_2O(aq) \quad (1-3-60)$$

再生步骤需消耗 NaOH，且产生 Na_2CO_3 再生液，若该再生液返回浸出工序将会导致系统中碱和水的不平衡，因此必须另行回收处理。

B $HCO_3^- - CO_3^{2-}$ 混合型季铵盐萃取剂

针对 CO_3^{2-} 型季铵盐在碱性介质中萃钨存在的再生步骤需消耗 NaOH，产生不能返回浸出的 Na_2CO_3 再生液，导致系统中碱与水的不平衡问题，张贵清等提出采用 $HCO_3^- - CO_3^{2-}$ 混合型季铵盐萃取剂从钨矿苏打和苛性钠分解液中直接萃取钨，取消了再生步骤的碱性萃钨新工艺。

萃取有机相组成为 50% N263+30% 仲辛醇+20% 磺化煤油。萃取前，将有机相用 NH_4HCO_3 和 NH_4OH 混合液处理，直至有机相中的 Cl^- 被 HCO_3^- 和 CO_3^{2-} 所取代，其中的季铵盐为 $HCO_3^- - CO_3^{2-}$ 混合型季铵盐。

a 萃取

HCO_3^- 型季铵盐的萃钨反应也是放热反应，反应温度一般取 25~35℃。萃取反应如下：

$$2(R_4N)HCO_3(org) + Na_2WO_4(aq) = (R_4N)_2WO_4(org) + 2NaHCO_3(aq) \quad (1-3-61)$$

$$(R_4N)_2CO_3(org) + Na_2WO_4(aq) = (R_4N)_2WO_4(org) + Na_2CO_3(aq) \quad (1-3-62)$$

与 CO_3^{2-} 季铵盐萃取钨规律类似，料液中 Na_2CO_3 浓度对钨的萃取影响很小，因此该萃取体系可在宽料液 Na_2CO_3 浓度范围内实现钨的提取。

与 CO_3^{2-} 型季铵盐类似，在萃取过程中，P 和 As 的分配比显著小于 WO_3 的分配比，但前者的分离系数 M/WO_3（M 代表 P 或 As）明显小于后者，说明在单级萃取过程中，前者分离杂质的效果要低于后者。其主要原因在于前者在萃取过程中交换进入水相的 HCO_3^- 抑制了 WO_4^{2-} 的萃取，使 WO_3 的萃取率下降，导致 WO_3 的分配比下降，从而使分离系数 M/WO_3 减小。

b 反萃

用 NH_4HCO_3 和 NH_4OH 混合液进行反萃，反萃反应同式（1-3-59）。

将上述混合型季铵盐用 2mol/L NaOH 溶液按相比 2∶1 处理，则有机相中的季铵盐转化为 CO_3^{2-} 型季铵盐。

陈世梁等人采用混合型季铵盐对苏打压煮液进行 9 级逆流萃取，WO_3 和 Mo 的萃取率分别达 95.64% 和 95.44%，杂质 P 和 As 的去除率分别达 92.60% 和 91.50%，串级逆流萃取获得的 WO_3 萃取率和杂质 P、As 的去除率明显高于单级萃取。经 NH_4CO_3 和 NH_4OH 混合溶液反萃后的有机相无需经过再生步骤，可直接返回萃取，减少了碱的消耗。串级萃取获得的萃余液为含有少量杂质的 $Na_2CO_3-NaHCO_3$ 混合溶液，用石灰处理萃余液，可使其中的 $NaHCO_3$ 转化为 Na_2CO_3，处理后的溶液则转化为含少量钨和杂质的 Na_2CO_3 溶液，该溶液可直接返回钨矿的苏打高压浸出工序，实现萃取过程水和碱的回用。

无论是 $HCO-CO_3^{2-}$ 混合型季铵盐还是 CO_3^{2-} 型季铵盐，WO_3 萃取率均随相比的增大而增大。相对于 CO_3^{2-} 型季铵盐，混合型季铵盐对 WO_3 的单级萃取率有所下降。相同条件下，采用 $HCO_3^- - CO_3^{2-}$ 混合型季铵盐的萃取级数要多于采用 CO_3^{2-} 型季铵盐的萃取级数。采用 $HCO-CO_3^{2-}$ 混合型季铵盐萃取剂，WO_3 的萃取率和 P、As 的去除率虽有所减小，但能省去有机相再生步骤，实现萃取工序碱与水的平衡。

3.3.2.2 CO_3^{2-} 型季铵盐萃钨工业实践

A 工艺流程

为消除料液中残留的浮选剂对萃取分相的影响，萃取前先对料液进行活性炭吸附。如果钨精矿预先经过焙烧预处理，则料液可去掉活性炭吸附作业。CO_3^{2-} 型季铵盐从钨酸钠溶液直接萃钨于 2016 年已投入工业实践，其原则工艺流程如图 1-3-18 所示。

工业化应用结果表明，无论是白钨矿经苏打高压浸出得到的含 Na_2CO_3 和 Na_2WO_4 溶液，还是黑钨矿经苛性钠浸出后得到的含 NaOH 和 Na_2WO_4 溶液，均可通过碱性萃取工艺在转型的同时实现除杂，获得用于制取 APT 产品的钨酸铵溶液。萃取过程，W 和 Mo 都进

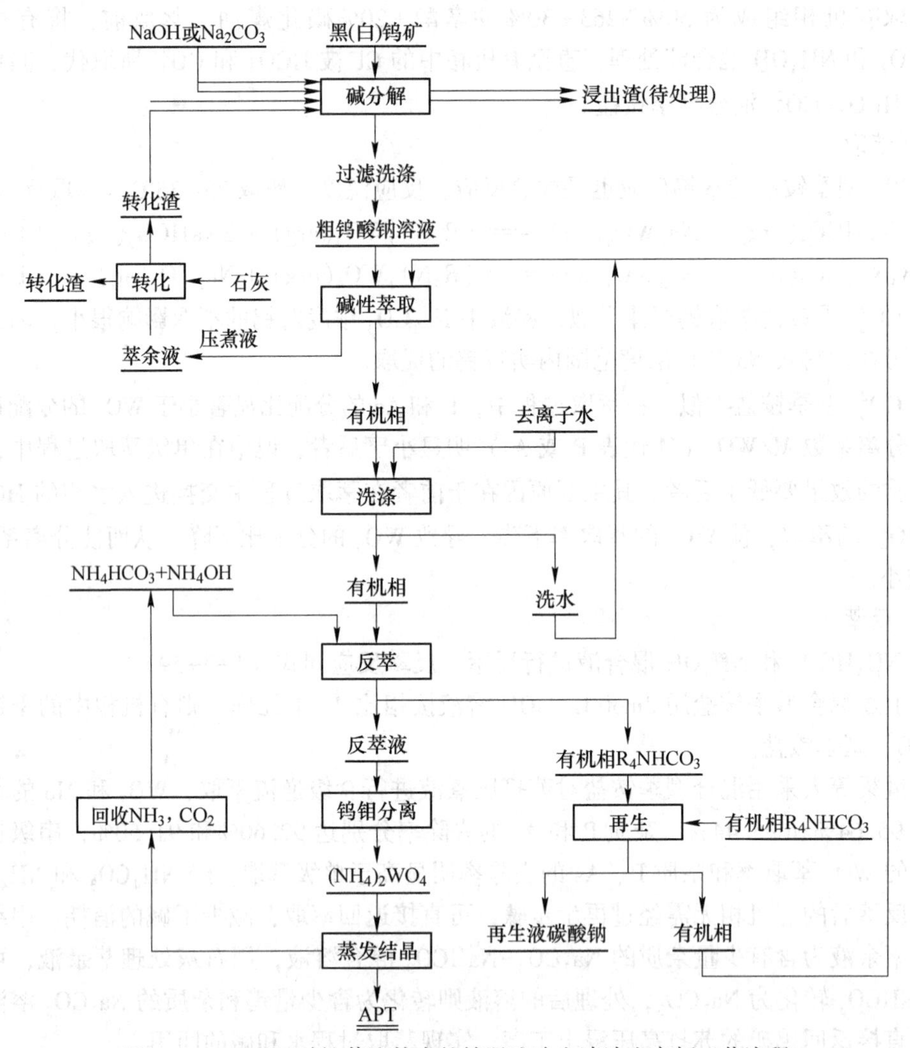

图 1-3-18 基于碱性萃取技术的钨湿法冶金清洁生产新工艺流程

入有机相，与杂质 P、As、Si、Sn 等分离。负载有机相经纯水淋洗掉树脂上的杂质离子，含有较高浓度的 W 的洗水与钨矿浸出液合并后可作为萃取的料液。洗后的有机相用 NH_4HCO_3+NH_4OH 混合溶液进行反萃，得到含钼的钨酸铵溶液，经净化除 Mo 后得到纯的钨酸铵溶液，可用于制备 APT 产品。蒸发结晶过程中产生的 NH_3 与 CO_2 冷凝回收后补加 NH_4HCO_3 作为反萃剂。

处理白钨矿的苏打压煮液得到的萃余液主要成分为 Na_2CO_3，可直接返回苏打压煮工序，而处理苛性钠分解的压煮液得到的萃余液主要成分为 Na_2CO_3 和 $NaHCO_3$，经简单石灰苛化处理，将 $NaHCO_3$ 转化成 NaOH 后返回苛性钠压煮工序，实现浸出-萃取工序的闭路循环，从根本上实现废水的减排和碱的回收。由于苛化过程，P、As、Si、Sn 等的阴离子与 Ca^{2+} 反应生成溶解度非常小的钙盐沉淀而被除去。因此萃余液苛化不仅是一个将苏打转化为苛性钠的过程，同时也是一个除杂过程。

工业化条件下，萃取有机相组成为 50% N263+25% 仲辛醇+25% 磺化煤油（体积分数），反萃剂为 3～3.3mol/L NH_4HCO_3 和 1～1.2mol/L NH_4OH 混合液，再生剂为 50g/L NaOH 和 120g/L Na_2CO_3 的混合液。表 1-3-10 所示为碱性介质萃取钨相关技术指标。

表 1-3-10　碱性介质萃取钨相关技术指标

料液	WO_3 浓度/g · L^{-1}			萃取率/%		除杂率/%					
	有机相	反萃液	萃余液	W	Mo	P	As	Si	Sn	F^-	Cl^-
白钨精矿苏打高压浸出液	69～74.0	162.3～186.2	4.19～23.5	94.87	89.20	99.67	98.64	95.34	97.49	92.83	26.70
高杂质黑钨矿苛性钠浸出液	71	161.3	<5.08	98	89.48	99.67	98.77	93.60	94.66	92.83	43.40

表 1-3-10 表明，CO_3^{2-} 型季铵盐萃取苏打和苛性钠压煮液中 W，90%左右的 Mo、60%～80%的 Cl^-（季铵盐对 Cl^- 的亲和力比较大）及大部分 SO_4^{2-} 被萃入有机相，因此萃余液中 Mo、SO_4^{2-} 浓度很低，不会在萃余液循环过程形成累积。萃入有机相中的 Cl^- 仅有一部分在反萃过程进入反萃液，故 Cl^- 会在萃取循环中在有机相中积累，导致有机相萃钨容量下降。故必须严格控制料液中的 Cl^-（来源于浸出剂苛性钠）含量。

表 1-3-10 表明，钨萃取过程中，对钨产品质量有害的杂质成分 P、As、Si、Sn、F 主要富集在萃余液中，且萃余液中还含有微量降解的有机相。萃余液直接返回浸出构成整个流程水相的循环。随着萃余液不断返回浸出过程循环，各种离子浓度累积过高时就会对萃钨过程产生较大的影响，如 P、As、Si 进入有机相的绝对量增加，会影响最终产品质量，Si 浓度升高会造成萃取分相困难，而 Cl^- 的累积则不利于有机相的循环使用，故在萃余液返回浸出前需对其进行净化处理，一般可采用石灰来降低这些杂质。

对于反萃液可采用双氧水络合萃取法深度除钼，使 $(NH_4)_2WO_4$ 溶液中 $Mo/WO_3 \leqslant 1\times 10^{-4}$。反萃液经深度除钼后进行蒸发、浓缩结晶、结晶率控制在 95%左右，获得的 APT 的化学成分达到了国标 0 级。除钼及蒸发过程不使用任何含氯、钠试剂，故无含钠废盐产生，副产品 $(NH_4)_2SO_4$ 的量也降至最低。采用膜技术回收结晶母液中的水并浓缩低浓度 $(NH_4)_2WO_4$ 溶液，返回主流程，少量 $(NH_4)_2SO_4$ 溶液浓缩固化成化肥销售，实现水的零排放。

B　萃取设备

CO_3^{2-} 型季铵盐直接从碱性溶液中萃钨由多台多级环隙式离心萃取器相互串联组成，其中再生 2 级，萃取 7 级，洗涤 3 级，反萃 13 级。环隙式离心萃取器（型号为 HL-20，转鼓直径为 20mm）是一种高效萃取设备。萃钨过程，以离心力取代重力，实现季铵盐碱性萃钨过程两相的快速混合与快速分相，有效解决季铵盐碱性萃钨过程分相速度慢的问题。

环隙式离心萃取器的结构如图 1-3-19 所示，离心萃取器主要由轴、转筒和外壳组成。转筒包括堰段和澄清段，堰段上有控制两相溢流半径的圆形堰，澄清段内装有径向叶片。外壳上部有两相各自的出口管和收集室，外壳下部有两相进料口，底部装有固定叶片，外壳内壁和转筒之间的空间为环隙。环隙式离心萃取器的工作过程包括混合传质和离心分相两部分，前者在环隙中进行，后者在转筒内进行。其优点是效率高，生产能力大，存留量小，停留时间短，结构紧凑，占地面积小，应用广泛，特别适用于处理要求接触时间短、物流滞留量低、易乳化、难分相的物系。其缺点是能耗大，结构复杂，设备维修费用高。

图 1-3-20 离心萃取系统两相流动方向示意图。当密度不同且互不相溶的两相分别从两个进料口进入环隙后，高速旋转的转筒带动混合液在环隙间转动并混合，产生泰勒涡流，转动的混合液遇到底部固定叶片后产生一定的静压能，通过转筒的混合相入口进入转筒，在离心力作用下进行分相，重相被甩到外缘，经重相堰流入重相收集室，从重相出口流出；轻相流入轻相收集室，从轻相出口流出，分别上行或下行流入下一级，形成多级逆流萃取。

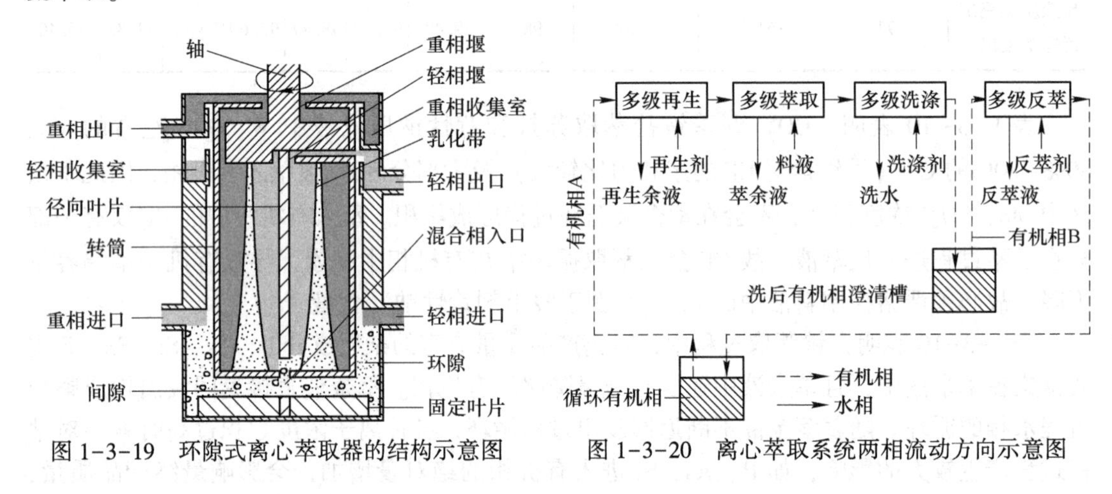

图 1-3-19 环隙式离心萃取器的结构示意图　　图 1-3-20 离心萃取系统两相流动方向示意图

3.3.2.3 高钼高磷低品位钼矿的工业处理

针对我国白钨资源储量大、钨品位低（WO_3<30%）、共生钼（Mo 2%～3%）和磷（P_2O_5>20%）含量高、现有钨冶金技术提取成本高、废水排放量大和资源综合利用率低等问题，张贵清教授开发了“苏打高压浸出-碱性萃取-钨钼分离”的首创闭路循环工艺，从低品位白钨矿中高效清洁提取钨、钼生产仲钨酸铵（APT）和钼酸铵，实现了水、碱和氨的闭路循环、钨钼的高效低成本分离以及钨和共生元素钼、磷的高值化综合利用。钨以国标 0 级 APT 产品产出，80%以上的钼以高价值国标零级钼酸铵产品形式产出（传统方法为低价值的钼渣），磷则富集在可作磷矿出售的浸出渣中。高钼高硫碱性萃取工艺流程如图 1-3-21 所示。

新工艺基本实现了废渣和废水的零排放，APT 产生废水小于 $5m^3/t$，相对于传统方法废水减排 80%～95%，钨收率提高 3%以上，APT 新增经济效益 9000 元/%以上。基于该技术的年产 10000t APT 的高钼低品位白钨矿综合利用示范工程一期工程（年产 5000t APT）已于 2016 年 3 月建成投产，当年 10 月实现生产线的全面稳定达标达产，成功实现了新工艺的大规模工业应用。

3.3.3 磷、砷、硅共萃法

磷、砷、硅共萃技术是陈洲溪从钨酸钠溶液中以少量杂多酸的形式萃取分离 P、As 及 Si，反萃液直接用离子交换法除杂并转型回收共萃取的钨。该法操作简单，能深度除去工业钨酸钠溶液中的 P、As 及 Si，钨的回收率大于 99%，无含钨高的磷砷渣产生，环境污染

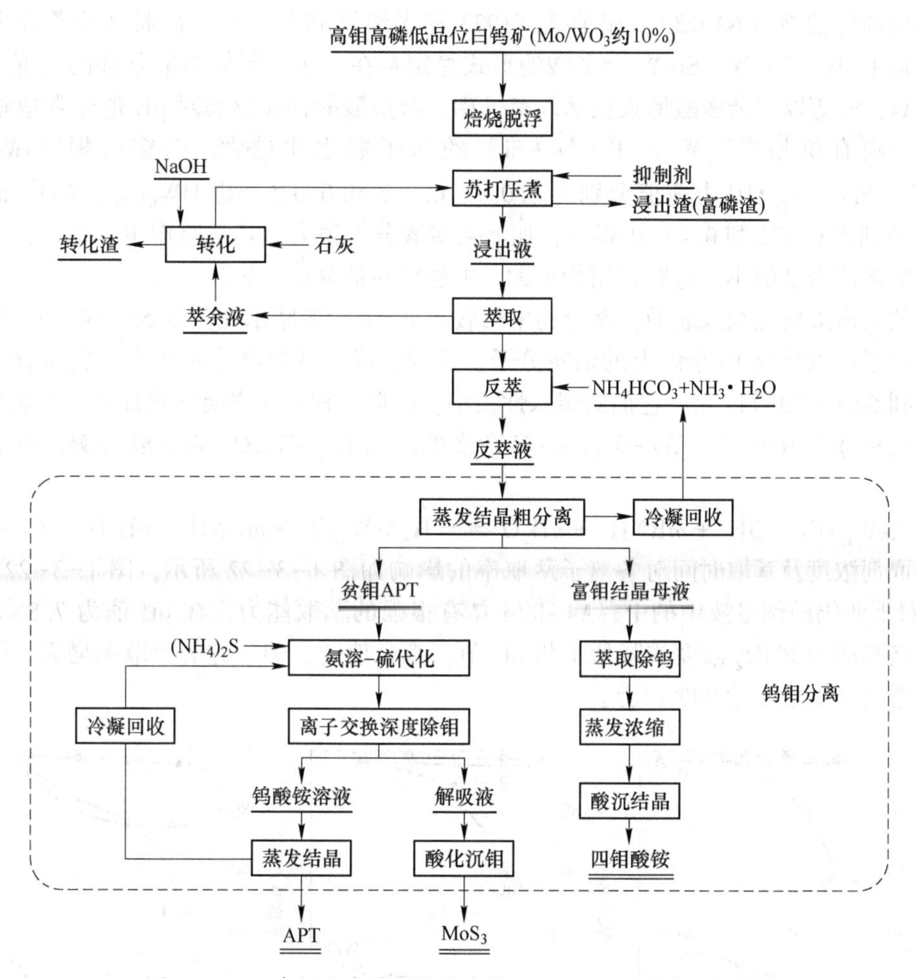

图 1-3-21 高钼和高磷低品位白钨矿生产 APT 原则工艺流程

小，同时还克服了离子交换法除磷、砷、硅时含砷废水量大的缺点，发挥了离子交换法生产 APT 的优势。

3.3.3.1 基本原理

在酸性、中性和弱碱性介质中，杂质元素 P、As、Si 都能与钨生成各种比例的杂多酸，杂多酸分子中杂原子与钨的原子比可以是 1∶12、1∶11、1∶9、1∶6、2∶18、2∶17 等。杂多酸在水溶液中很稳定，pH 值大于 8.5 才开始离解，杂多酸一个很重要的性质就是很容易被萃取。

A 萃取原理及主要反应

粗钨酸钠料液 pH 值一般大于 10，用无机酸或者无有害阴离子调酸法先调节料液 pH 值为 8.6 左右，使其中部分硅酸盐和锡通过水解而除去，降低钨的共萃取量，再调 pH 值为 7.8~8.2，有利于杂多酸的萃取。

料液中的 WO_3 浓度可调整在 60~140g/L，浓度太高易于产生仲钨酸钠结晶，浓度小于 60g/L 也可以作为萃取料液，但 WO_3 浓度太小，影响后续除钼和溶剂萃取法萃钨的生产效率，WO_3 浓度一般控制为 80~120g/L。

萃取剂为伯胺（N1923），用伯胺N1923和煤油组成有机相，在弱碱性条件下，P、As、Si以P-W、As-W、Si-W杂多酸的形式稳定存在，在控制好萃取条件的情况下，杂质P、As、Si等以钨杂多酸形式被萃入有机相。杂多酸的存在形态对pH值非常敏感，pH值越低，则有机相中［W］/［P+As+Si］的原子数之比越大。杂多酸根 $AsW_{12}O_{40}^{3-}$、$PW_{12}O_{40}^{3-}$、$SiW_{12}O_{40}^{4-}$的比电荷值分别为0.057、0.057和0.075，比 $HW_6O_{21}^{5-}$、WO_4^{2-} 的比电荷值（分别为0.172和0.4）小得多，加上杂多酸分子很大，其空腔作用能也较大。一般被萃物的电荷密度越小，空腔作用能越大，则越容易被 RNH_2 萃取。

有关杂多酸研究结果表明，萃合物中伯胺与As(P)的摩尔比为9.52~14.05，即每个杂多酸分子可以结合10个以上的伯胺分子，这样形成的萃合物体积很大，相对分子质量可以达到6000~7000以上，它们的亲水性很小。萃取过程伯胺未经酸化处理，靠氢键作用按溶剂化机理萃取P-W、As-W、Si-W杂多酸。以 $H_3AsW_{12}O_{40}$ 的萃取为例，萃取反应如下：

$$AsW_{12}O_{40}^{3-} + 3H^+ + mRNH_2 + nH_2O \xlongequal{} H_3AsW_{12}O_{40} \cdot mRNH_2 \cdot nH_2O \qquad (1-3-63)$$

萃取剂浓度及萃取时间对各离子萃取率的影响如图1-3-22所示。图1-3-22表明，RNH_2 对工业钨酸钠溶液中的P、As和Si具有很强的萃取能力，在pH值为7.8~8.1范围，提高萃取剂 RNH_2 浓度或降低水相pH值，都会使磷、砷、硅的萃取率增大，钨的萃取率也增大，萃取率达99%以上。

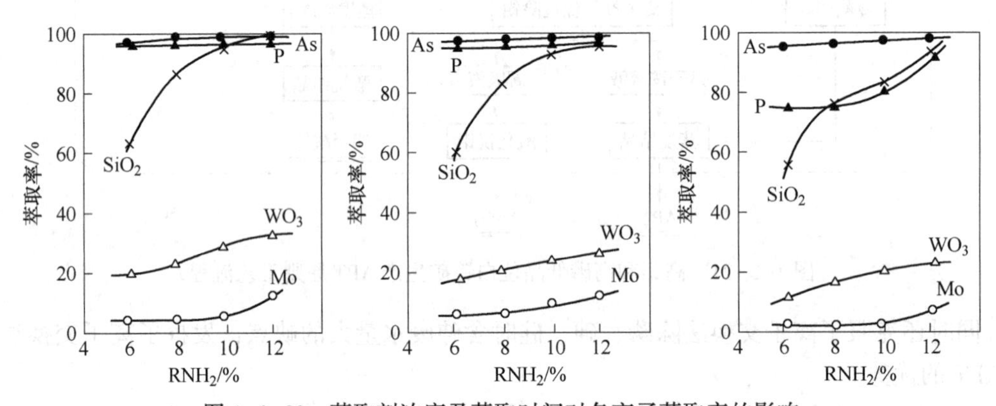

图1-3-22 萃取剂浓度及萃取时间对各离子萃取率的影响

钼的共萃取率一般小于10%，因此萃取除杂过程部分钼也被萃取除去，降低了反萃液中钼的含量。

B 反萃原理及主要反应

用 Na_2CO_3 或者NaOH溶液作反萃剂，经单级反萃都能将W、P、As、Si和Mo从有机相中反萃出来，反萃后，有机相中的杂多酸分解为钨酸盐和砷酸盐进入水相，反萃后的有机相可直接返回下一萃取作业。以 $AsW_{12}O_{40}^{3-}$ 杂多酸为例，反萃反应如下：

$$H_3AsW_{12}O_{40} \cdot mRNH_2 \cdot nH_2O + 26Na_2CO_3 \xlongequal{} 12Na_2WO_4 + Na_2HAsO_4 + 26NaHCO_3 + mRNH_2 + (n-12)H_2O \qquad (1-3-64)$$

或

$$H_3AsW_{12}O_{40} \cdot mRNH_2 \cdot nH_2O + 26NaOH \xlongequal{} 12Na_2WO_4 + Na_2HAsO_4 + mRNH_2 + (14+n)H_2O \qquad (1-3-65)$$

要使钨和砷的反萃率都达到95%以上，用NaOH溶液作反萃剂时，N/W（反萃剂中碱的克当量数与有机相中钨的克原子数之比）必须大于 2，用 Na_2CO_3 溶液作反萃剂时，N/W 必须大于 4~5。反萃过程为吸热反应，且温度升高可促进溶剂化萃合物的分解，故提高溶液温度有利于提高反萃率和降低碱的用量。

3.3.3.2 工艺流程

磷、砷和硅共萃工艺流程如图 1-3-23 所示。

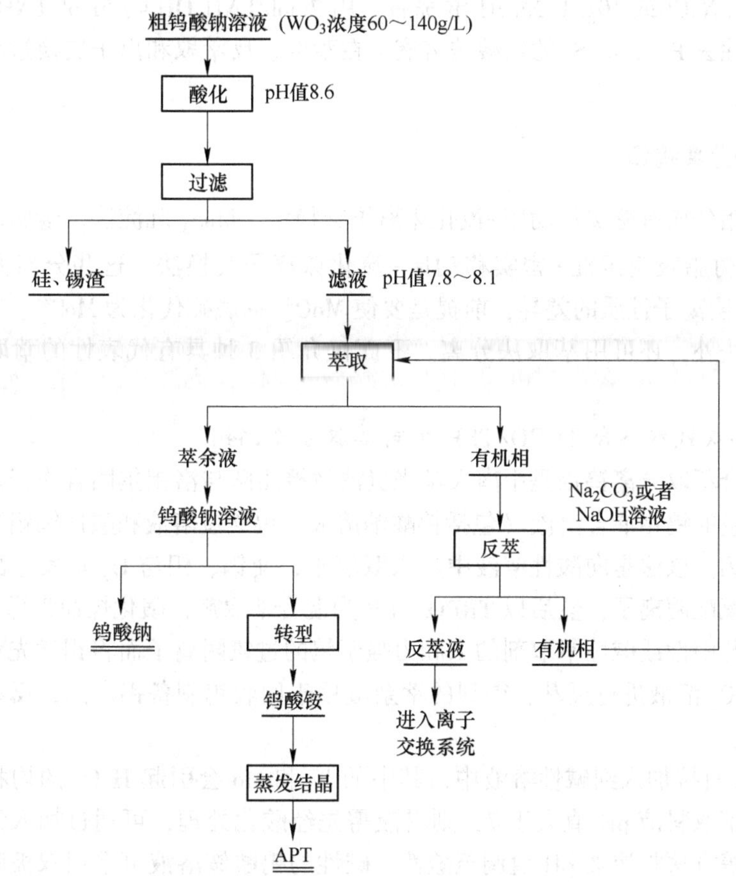

图 1-3-23 磷、砷和硅共萃工艺流程

As-W、P-W 和 Si-W 杂多酸经 RNH_2 单级萃取后，萃余液含 As、P<0.001g/L，含 Si<0.0023/L，满足对钨酸钠溶液的净化要求，最大分离系数分别为 βAs/W = 629.2、βP/W = 212.9、βSi/W = 270.4，分离效果很理想。一般情况下，负载有机相含钨量约占料液中钨含量的 10%~20%。料液杂质含量增加时，相应降低 pH 值、提高萃取剂浓度或提高相比，亦可使萃余液满足净化要求，此时，进入有机相的钨相应增加。当杂质浓度高到使随之萃出的钨占料液中钨含量的 50%时，将加重后续离子交换工序的负担，故应考虑其效益问题。

伯胺萃取杂多酸过程，萃取温度最好保持在 25~30℃，10min 即达到萃取平衡，分相时间为 1~5min，单级萃取，杂质萃取率可达 99%以上，萃余液一般含 P<0.005g/L，As<0.01g/L，SiO_2<0.03g/L。另外，部分钼也残留在萃余液中。

负载杂多酸的有机相再用大于 2 倍理论量的 Na_2CO_3 或者大于 1 倍理论量的 NaOH 溶

液反萃，负载有机相与反萃剂的体积比为1：(2~4)：1，两相混合时间为10min左右，反萃温度为20~40℃，经单级反萃，W、P、As、Si的反萃率都可达99%以上，反萃后的有机相不经处理直接返回下一萃取过程循环使用。反萃液无需用水稀释，直接进入离子交换系统，如进入强碱性阴离子交换树脂吸附系统，WO_4^{2-}、MoO_4^{2-}被交换到树脂上，而P、As、Si基本上随交后液排出而与钨分离，去除率分别达到94.32%、94.35%、98.56%。树脂用4~8g/L NaCl或10g/L NaOH淋洗后，用2mol/LNH_4OH与5mol/LNH_4Cl的混合溶液解吸，得到除去P、As、Si的钨酸铵溶液。在萃取、反萃取和离子交换过程中，钨的总收率大于99%。

3.3.4 萃取法分离钨钼

工业上钨钼分离有密实移动床-流化床离子交换法、MoS_3沉淀法、金属硫化物选择性沉淀法和特种树脂吸附沉淀-密实移动床-流化床离子交换法，这些分离方法都是基于MoS_4^{2-}与WO_4^{2-}阴离子性质的差异，前提是要使MoO_4^{2-}彻底硫代化为MoS_4^{2-}。对于钨钼的分离，除上述方法外，还可用萃取法分离。下面仅介绍3种具有代表性的萃取分离钨钼的方法。

3.3.4.1 双氧水络合TRPO/TBP协同萃取分离钨钼

双氧水络合萃取分离钨钼是中南大学张贵清教授团队与洛钼集团合作开发的，适用于从中、高钼含量的钨钼混合溶液（包括钨酸钠溶液、钨酸铵溶液和酸性钨钼混合溶液）中萃取分离钨和钼。该法是向酸性溶液中加入双氧水，使钨、钼与H_2O_2发生配位反应分别生成相应的过氧配阴离子，然后以TRPO/TBP为混合萃取剂，磺化煤油为稀释剂，利用钼的过氧阴离子与中性或碱性萃取剂的亲和力强于钨的过氧阴离子而将钼优先萃取，负载有机相用NH_4HCO_3溶液进行反萃，得到的萃余液用于回收钨制备钨产品，反萃液用于回收钼制备钼产品。

由于H_2O_2直接加入到碱性溶液中，其中的W和Mo会引起H_2O_2的均相剧烈催化分解，所以如果萃取料液pH值大于7，则料液需先经酸化处理，可通过加入无机酸、电渗析、离子交换等方法将溶液pH值调至酸性。碱性的钨酸铵溶液可采用双极膜电渗析将溶液pH值调至酸性或先将钨酸铵溶液蒸发结晶至中性后加入少量无机酸调至溶液为酸性。但无机酸调酸过程会析出大量常温下难溶的H_2O_2结晶，酸耗量也很大，而且酸化过程会引入大量无机阴离子，回收钨后的溶液因含盐量高，对环境造成污染。

双氧水络合萃取处理高钼物料时成本低，仅为硫代法的1/3；回收过程无废水、废渣产生，清洁环保；WO_3回收率高达99.8%以上，除钼彻底，而传统硫代法除钼，WO_3的回收率在98%以上；硫代法钼富集物为含钨钼渣，只能以初级产品出售，价值低，而双氧水配合萃取法钼以高纯钼酸铵形式回收，附加值高。但双氧水络合操作过程比较麻烦，适合处理高钼含量的钨资源（$Mo/WO_3>5\%$）。

这里仅介绍双极膜电渗析和钨酸铵蒸发结晶无有害阴离子调酸法。

A 双极膜电渗析技术（BMED）调酸

a 调酸原理

该技术是在盐室加入pH值为9~10的高钼钨酸铵溶液，其中含有大量NH_4^+、HCO_3^-和

CO_3^{2-} 以及 WO_4^{2-}、MoO_4^{2-} 离子。由于碱室中生成的 NH_4OH 是弱电解质，导电性差，为了提高碱室溶液导电性，通常向碱室和极室加入 1mol/L NH_4HCO_3 启动溶液。在电场作用下，双极膜内水解电离产生的 H^+ 和 OH^- 分别通过双极膜的阳离子选择层和阴离子选择层发生定向迁移，H^+ 进入盐室，OH^- 进入碱室，盐室溶液中的 NH_4^+ 透过阳离子交换膜进入碱室，与 OH^- 结合生成 NH_4OH。随着 NH_4^+ 的迁出和 H^+ 的不断迁入，盐室溶液 pH 值不断下降，WO_4^{2-} 和 MoO_4^{2-} 不断与迁入的 H^+ 发生聚合反应，当 pH 值下降至 2~4 时，生成含 $[H_2W_{12}O_{40}]^{6-}$ 和 $[HMo_7O_{24}]^{5-}$ 等的酸性高钼偏钨酸铵溶液。BMED 调酸原理及主要部件连接分别如图 1-3-24 和图 1-3-25 所示。

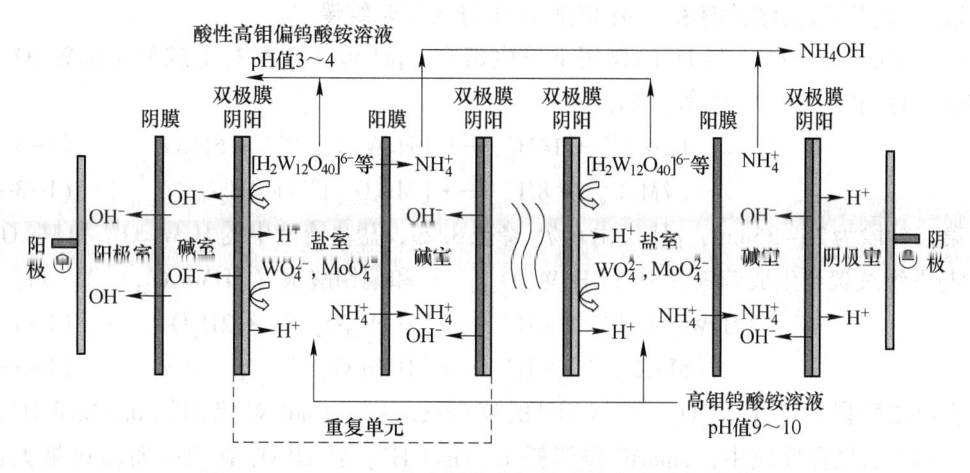

图 1-3-24　BMED 技术调整高钼钨酸铵溶液酸度的原理

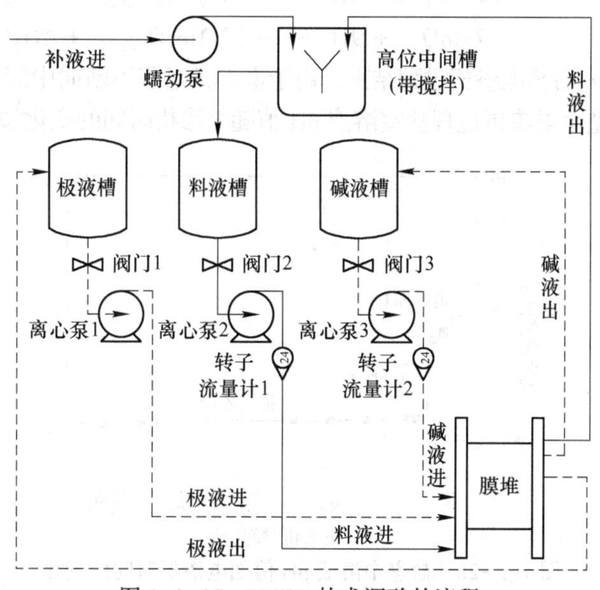

图 1-3-25　BMED 技术调酸的流程

为了防止电渗析过程盐室溶液析出四钼酸铵 $(NH_4)_2Mo_4O_{13}$ 结晶堵塞膜堆流道，渗析过程应控制盐室溶液 pH 值为 3.20~3.50。BMED 调酸过程主要反应如下：

双极膜膜内： $H_2O \Longrightarrow H^+ + OH^-$ （1-3-66）

盐室：在电渗析过程，盐室中溶液 pH 值随电渗析时间而发生变化。根据 pH 值随电渗析时间的变化趋势的不同，将电渗析过程分为三个阶段。

第一阶段为 0~25min，pH 值由 9.26 降至 6.78。除 NH_4^+ 不断从盐室迁入碱室外，此阶段盐室中溶液主要发生以下两类反应：

（1）双极膜产生的 H^+ 与高钼钨酸铵溶液中的 HCO_3^- 和 CO_3^{2-} 发生反应生成 H_2O 和 CO_2：

$$H^+ + CO_3^{2-} \Longrightarrow HCO_3^- \quad (1\text{-}3\text{-}67)$$

$$H^+ + HCO_3^- \Longrightarrow CO_2\uparrow + H_2O \quad (1\text{-}3\text{-}68)$$

此阶段，盐室溶液为缓冲溶液，pH 值随 H^+ 的迁入下降缓慢。

（2）WO_4^{2-} 和 MoO_4^{2-} 与 H^+ 的作用下发生聚合，pH 值在 7 左右生成仲 $[H_2W_{12}O_{42}]^{10-}$（仲钨酸 B）和 $[Mo_7O_{24}]^{6-}$ 等，如：

$$12WO_4^{2-} + 14H^+ \longrightarrow [H_2W_{12}O_{42}]^{10-} + 6H_2O \quad (1\text{-}3\text{-}69)$$

$$7MoO_4^{2-} + 8H^+ \longrightarrow [Mo_7O_{24}]^{6-} + 4H_2O \quad (1\text{-}3\text{-}70)$$

第二阶段为 25~35min，pH 值由 6.78 降至 3.29，盐室溶液中的 $H_2W_{12}O_{42}^{10-}$ 和 $Mo_7O_{24}^{6-}$ 在 H^+ 参与下继续聚合生成偏钨酸根（$[H_2W_{12}O_{40}]^{6-}$）和偏钼酸根（$[HMo_7O_{24}]^{5-}$），如：

$$[H_2W_{12}O_{42}]^{10-} + 4H^+ \longrightarrow [H_2W_{12}O_{40}]^{6-} + 2H_2O \quad (1\text{-}3\text{-}71)$$

$$[Mo_7O_{24}]^{6-} + H^+ \longrightarrow [HMo_7O_{24}]^{5-} \quad (1\text{-}3\text{-}72)$$

在第二阶段，$[H_2W_{12}O_{42}]^{10-}$ 与 $4H^+$ 的聚合反应中，1mol W 需消耗 0.33mol H^+，而 WO_4^{2-} 与 H^+ 的聚合反应中，1molW 需消耗 1.17mol H^+，且 HCO_3^- 在第一阶段已被大量消耗。因此，第二阶段中盐室溶液 pH 值随着电渗析过程的进行而下降迅速。

$$12WO_4^{2-} + 18H^+ \longrightarrow [H_2W_{12}O_{40}]^{6-} + 8H_2O \quad (1\text{-}3\text{-}73)$$

$$7MoO_4^{2-} + 9H^+ \longrightarrow [HMo_7O_{24}]^{5-} + 4H_2O \quad (1\text{-}3\text{-}74)$$

第三阶段为 35min 后至电渗析过程结束，由于电渗析过程不断向中间槽泵入补液，盐室溶液 pH 值基本不变。整个电渗析过程盐室溶液 pH 值随电渗析时间的变化如图 1-3-26 所示。

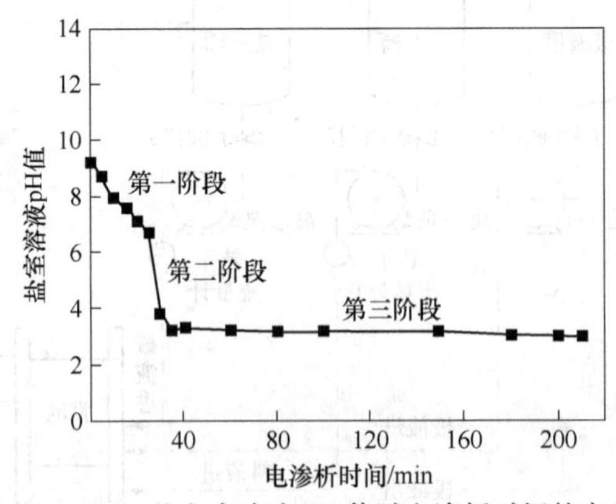

图 1-3-26 盐室中溶液 pH 值随电渗析时间的变化

在碱室： $NH_4^+ + OH^- \longrightarrow NH_4OH$ （1-3-75）

在阴极室： $2H_2O + 2e \longrightarrow H_2 + 2OH^-$ （1-3-76）

在阳极室： $2H_2O \longrightarrow 4H^+ + O_2 + 4e$ （1-3-77）

阴极室和阳极室电解得到的 OH^-、H^+仅起了导电作用。

双极膜电渗析“无阴离子调酸”技术也可用于制备偏钨酸铵，即将纯的碱性的正钨酸盐溶液调至 pH 值为 2~4，使正钨酸根发生缩合反应生成相应的偏钨酸盐溶液，如偏钨酸铵和偏钨酸钠溶液，偏钨酸盐溶液经陈化、浓缩、结晶可获得相应的偏钨酸盐晶体。过程产生的碱室溶液为氨水或苛性钠溶液，可返回钨湿法冶金主流程中使用，过程无“三废”排放，流程短，WO_3 直收率高达 99%，无废气和废液产生，能耗低。

b 双氧水配合-TRPO/TBP 混合萃取分离钨钼

BMED 调酸后的高钼偏钨酸铵溶液再用 NH_4OH 和 H_2SO_4 调至 pH 值为 0.5~2.5，此时 W、Mo 容易形成钨钼杂多酸，钨钼将共存于同一个分子中，使钨钼难以分离，而 H_2O_2 与 W、Mo 反应生成稳定易溶的单体或二聚体过氧阴离子，如 MoO_6^{2-}、$Mo_2O_{11}^{2-}$、WO_5^{2-}、$W_2O_{11}^{2-}$ 等。络合过程中主要反应如下：

$$[H_2W_{12}O_{40}]^{6-} + 24H_2O_2 + 6OH^- = 6[W_2O_{11}(H_2O)_2]^{2-} + 16H_2O \quad (1-3-78)$$

$$2[HMo_7O_{24}]^{5-} + 28H_2O_2 + 4OH^- = 7[Mo_2O_{11}(H_2O)_2]^{2-} + 17H_2O \quad (1-3-79)$$

$$2MoO_4^{2-} + 4H_2O_2 = [Mo_2O_{11}(H_2O)_2]^{2-} + 3H_2O \quad (1-3-80)$$

萃取过程以三烷基氧膦（TRPO）/磷酸三丁酯(TBP）为混合萃取剂，磺化煤油为稀释剂，从酸性钨钼混合溶液中选择性萃取钼，Mo 与 TBP 生成离子缔合物进入有机相，W 则留在水溶液中。负钼有机相用 NH_4HCO_3 溶液反萃，萃余液用于制备钨酸盐，反萃液用于制备钼酸盐。萃取过程主要反应如下：

$$3TBP + H^+ + 4H_2O = [H_3O(H_2O)_3 \cdot 3TBP]^+ \quad (1-3-81)$$

$$[Mo_2O_{11}(H_2O)_2]^{2-} + 2[H_3O(H_2O)_3 \cdot 3TBP]^+ = [Mo_2O_{11}(H_2O)_2][H_3O(H_2O)_3 \cdot 3TBP]_2 \quad (1-3-82)$$

随着萃取过程的进行，萃取料液中钼的过氧配合物进入有机相，萃余液中 Mo 的过氧配合物浓度减小，Mo 与 W 的杂多酸进一步解聚，促使 Mo 与 H_2O_2 的配合反应平衡朝生成过氧钼酸的方向移动，有利于深度除 Mo。

由于 TRPO/TBP 萃取 Mo 的反应为消耗 H^+的反应，萃取平衡后，pH 值会升高，所以在不加酸调 pH 值的情况下，萃取平衡 pH 值随萃取级数的增加而升高，也就是说，负载有机相出口级萃取平衡 pH 值最低，而萃余液出口级萃取平衡 pH 值最高。pH 值越低，W 和 Mo 的分配比越大，负载有机相出口级萃取平衡 pH 值最低，将不利于得到负载 W 浓度低的负载有机相，而萃余液出口级萃取平衡 pH 值最高，则不利于得到浓度低的 Mo 萃余液，所以萃取过程需要调整萃余液的 pH 值。

B 钨酸铵溶液蒸发脱氨配合法

钨酸铵溶液蒸发脱氨调酸法是将高钼钨酸铵溶液在高于 90℃蒸发，其中的 NH_4HCO_3 和 $(NH_4)_2CO_3$ 在高温下不稳定，NH_4HCO_3 在 30℃以上剧烈分解，$(NH_4)_2CO_3$ 在 70℃以上开始分解，以 CO_2 和 NH_3 的形式挥发出来。

$$2NH_4HCO_3 = (NH_4)_2CO_3 + H_2O + CO_2\uparrow \quad (1-3-83)$$

$$(NH_4)_2CO_3 = 2NH_3\uparrow + H_2O + CO_2\uparrow \quad (1-3-84)$$

随着氨的挥发，溶液 pH 值缓慢下降，WO_4^{2-} 和 MoO_4^{2-} 不断聚合，在 pH 值约为 7 时分别形成仲钨酸铵和仲钼酸铵，大量 W 以 APT 形态结晶析出，少量 Mo 与 W 一道以类质同相的形态共结晶析出：

$$12(NH_4)_2WO_4 \longrightarrow (NH_4)_{10}[H_2W_{12}O_{40}]\cdot 4H_2O + 14NH_3\uparrow + 3H_2O \quad (1-3-85)$$

$$7(NH_4)_2MoO_4 = (NH_4)_6[Mo_7O_{24}]\cdot 4H_2O + 8NH_3\uparrow \quad (1-3-86)$$

蒸发体积浓缩至 17%左右，加入硫酸将溶液 pH 值调至 3～4。为除去其中的 NH_4HCO_3，结晶浆冷却后加入 H_2O_2 进行配合。在酸性条件下，以仲（钼）钨酸盐形态存在于结晶和以偏仲（钼）钨酸盐形态存在溶液中的 W 和 Mo 均与 H_2O_2 发生配合反应生成相应过氧配合物。APT 与 H_2O_2 在室温反应速度慢，可适当提高反应温度，双氧水络合溶液冷却后作为溶剂萃取钨和钼前驱体料液。最后用三烷基氧膦（TRPO）和磷酸三丁酯（TBP）的混合萃取剂萃取分离钨和钼，挥发出的 CO_2 和 NH_3 经冷凝回收制备 NH_4HCO_3，用作富钼有机相的反萃剂。

C 工业实践

工业化试验生产线位于河南省栾川县庙子乡（50t APT/a），工业试生产连续运行 21 个月。

含 WO_3 150g/L、含 Mo 20g/L 的钨钼混合铵盐溶液按活性炭质量与溶液体积之比为 10g∶1L 加入活性炭，吸附 2h 后过滤，滤液采用蒸发脱氨配合法（或电渗析法）调酸，调酸后料液 pH 值调整为 0.5～2.5 后加入 H_2O_2 络合，得到前驱体料液，然后用有机相 2%三烷基氧膦（TRPO）+70%磷酸三丁酯（TBP）+18%磺化煤油萃取分离钨钼，除钼后萃余液用于回收 W，负载钼的有机相用 0.1mol/L NH_4HCO_3 溶液进行反萃，得到的反萃液用于回收 Mo，萃取-反萃取温度均控制在 15～20℃。双氧水配合-TRPO/TBP 混合萃取剂萃取分离钨钼工艺流程如图 1-3-27 所示。

钨酸铵蒸发脱氨调酸法与传统的“直接调酸络合法”相比，“蒸发脱氨络合法”能减少 90%以上的耗酸量，在络合转化过程控制 H_2O_2 用量为理论量的 1.8～2.0 倍，温度为 45～50℃，初始 pH 值为 0.5～2.5，络合时间为 60min，W、Mo 的转化率高于 95%，H_2O_2 的分解率低于 15%。

萃取过程：W 的单级萃取率低至 2%，Mo 的单级萃取率高至 82.6%，分离系数最高为 76.7。经 12 级逆流萃取，萃钼后的钨酸铵溶液含 Mo 低于 0.01g/L，Mo/WO_3 质量比小于 0.004%，达到制备零级 APT 的要求。负钼有机相经 NH_4HCO_3 溶液反萃得到含 Mo≥90g/L、WO_3≤0.8g/L 的钼酸铵溶液，用于制备钼酸铵。

萃取段为中间级加酸调 pH 值的两段式逆流萃取，反萃取段为两段式并流反萃取。一段萃余液为含 $WO_3$125～150g/L 的 $(NH_4)_2WO_4$ 溶液，可用于回收钨，二段反萃液为含 Mo75～150g/L $(NH_4)_2MoO_4$ 的富集液，可用于回收钼，萃取段两相混合时间约 5min，反萃取段两相混合时间约 20min。

3.3.4.2 季铵盐萃取分离钨相

基于弱碱性介质中季铵盐对 MoS_4^{2-} 的亲和势远大于对 WO_4^{2-}，MoS_4^{2-} 优先被萃取，而 WO_4^{2-} 则留在萃余液中，实现了钨钼的分离。国内采用季胺型 N_{263}-TPB-煤油萃取体系从钨酸钠溶液萃取钼，采用多级逆流萃取，保证钨的高收率和纯度。萃取反应如下：

$$2CH_3R_3NCl + MoS_4^{2-} = 2Cl^- + (CH_3R_3N)_2MoS_4 \quad (1-3-87)$$

由于 N_{263}对 MoS_4^{2-} 有很强的亲和势，萃合物稳定，所以需用碱性 NaClO 溶液将其氧化

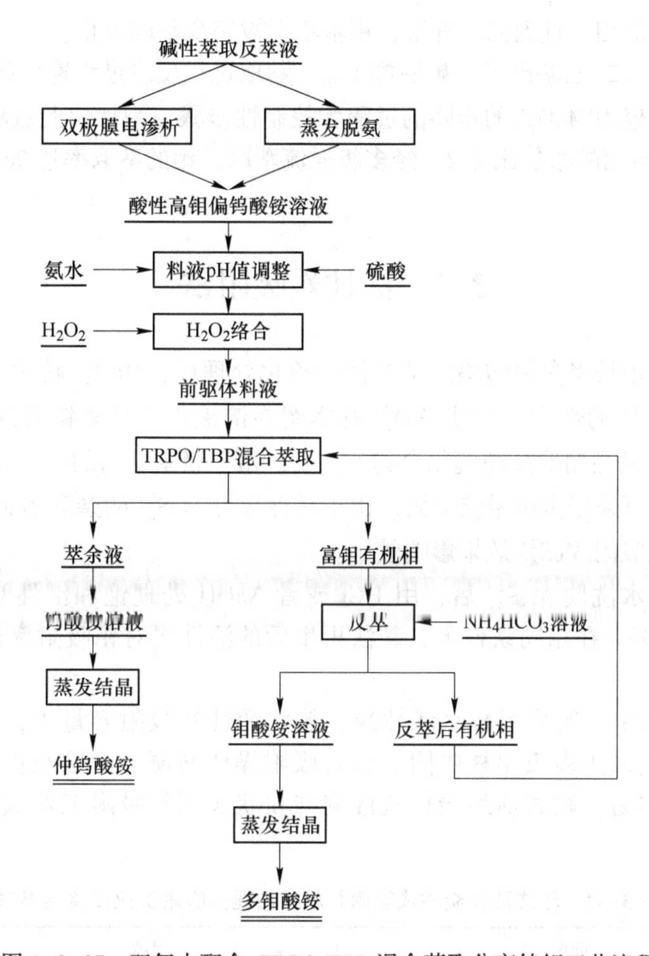

图 1-3-27　双氧水配合-TRPO/TBP 混合萃取分离钨钼工艺流程

成 MoO_4^{2-} 才能将其反萃入水相，反萃后有机相返回下一轮萃取。反萃反应如下：

$$(CH_3R_3N)_2MoS_4 + 16NaClO + 8NaOH = 2CH_3R_3NCl + Na_2MoO_4 + 14NaCl + 4Na_2SO_4 + 4H_2O \quad (1-3-88)$$

黄蔚庄等处理含 WO_3 75~85g/L、Mo 0.03~0.17g/L、pH 值为 8.2~8.6 的料液，料液硫化后，用 12%N_{263}+20%TBP+70%的煤油有机相萃取料液中的 MoS_4^{2-}，用 0.3mol/L NaOH 和 30g/L 的次氯酸钠混合溶液进行反萃。采用六级逆流萃取，二级顺流反萃，萃余液中 Mo/WO_3≤0.01%，WO_3 损失约 0.5%。

季铵盐萃取法的缺点是 MoS_4^{2-} 难以反萃，需用氧化性反萃剂氧化萃取。另外，在选择性、环境污染、分相效果等方面存在问题。

3.3.4.3　EDTA 络合 D_2EHPA 萃取法

该技术基于在弱酸性介质中（pH 值小于 3），钼的同多酸根离子及钨钼杂多酸根离子发生部分解聚，钼部分转化为 MoO_2^{2+}，即溶液中有部分 MoO_2^{2+} 平衡存在，而钨仍以偏钨酸根 $(H_2W_{12}O_4)^{6-}$形式存在，此时钨和钼的性质存在很大差异，因此可采用阳离子萃取剂将溶液中的 MoO_2^{2+} 选择性萃取到有机相，从而使溶液中的解聚反应继续进行，产生 MoO_2^{2+}，并进而被萃取到有机相，直到完全解聚，钼基本上被完全萃取为止。

萃取剂可用二（2-乙基己基）磷酸酯 P_{204}，萃取过程反应过程速度缓慢，一般认为钨钼杂多酸中的钼解聚为 MoO_2^{2+} 的步骤的过程为控制性步骤。为加快此过程，可加入 EDTA 作解聚剂。EDTA 与钼的摩尔比为 2，经多级逆流萃取，钼的萃取率达 96%~98%，而钨的萃取率小于 1%。

3.4 活性炭吸附法

活性炭吸附除钼是将含钼的钨酸钠溶液经硫化处理后，MoO_4^{2-} 转化成 MoS_4^{2-}，利用活性炭优先吸附 MoS_4^{2-} 的性质，而使 WO_4^{2-} 基本留在溶液中，分离钼后的 Na_2WO_4 溶液中 $Mo/WO_3<5\times10^{-5}$，满足制取高纯钨化合物的需要。由于吸附平衡的关系，活性炭单级吸附钼难以达到饱和，可采用多级错流吸附。由于活性炭对 MoS_4^{2-} 的亲和力远大于 OH^-，故溶液中 OH^- 对活性炭吸附 MoS_4^{2-} 效果影响较小。

富钼活性炭用水洗脱 MoS_4^{2-} 后，用 HCl 或者 NaOH 处理饱和活性炭均能实现再生，NaOH 再生效果较好。在相同条件下，碱法再生后的活性炭对钼吸附率达 83.30%，接近新活性炭的吸附率。

活性炭吸附除钼一般采用粒状活性炭，粒状活性炭吸附容量大，利用率高，生产成本低。吸附方式采用多级串柱吸附。柱式吸附操作简便，活性炭再生容易，钨损失小，与溶液分离容易。粒式活性炭柱式吸附与粉状炭搅拌吸附工业试验结果对比见表 1-3-11。

表 1-3-11 粒式活性炭柱式吸附与粉状炭搅拌吸附工业试验结果对比

批号	进液					出液				脱 Mo 率/%	W 损 /%
	体积/L	WO_3 /g·L^{-1}	Mo /g·L^{-1}	(Mo/WO_3) /%	进液线速度 /m·h^{-1}	体积/L	WO_3 /g·L^{-1}	Mo /g·L^{-1}	(Mo/WO_3) /%		
搅拌吸附	1200	98	0.19	0.194		—	98	0.0104	0.0106		
柱式吸附	410	88.00	0.0243	0.0276	0.90	415	86.62	0.0028	0.00323	88.34	0.37
	395	83.10	0.0207	0.0429	0.90	400	81.34	0.0040	0.00492	80.43	0.88
	428	76.50	0.0194	0.0254	1.1	430	76.00	0.0056	0.00737	71.00	0.18

活性炭吸附法除钼具有工艺简单、操作方便、生产成本低、除钼效果好和钨损失小等特点，适合处理钼含量较低的 Na_2WO_4 溶液，特别是钼被富集的 APT 结晶母液。

3.5 铵盐-氟盐体系分解白钨及绿色冶炼工艺

铵盐-氟盐 $[(NH_4)_3PO_4-CaF_2(NH_4F+Ca(OH)_2)-NH_4OH]$ 体系分解白钨技术是江西理工大学万林生教授团队开发的。该技术的开发成功结束了酸、碱分解钨矿物原料的历史，解决了铵盐不能彻底分解白钨的世界难题，率先实现了白钨无酸、碱绿色高效冶炼和废水零排放，是钨冶炼工艺的根本性变革。

铵盐体系白钨绿色冶炼工艺主要包括铵盐-氟盐体系分解白钨（如果处理黑钨或者黑白钨混合矿，则需要转型为白钨）、氨溶析-冷却结晶回收 $(NH_4)_3PO_4$、$(NH_4)_2WO_4$ 溶液净化、冷凝-蒸馏-磷酸吸收氨尾气、钼铜渣循环利用等全套核心技术，形成了具有完全自主知识产权的白钨铵盐冶炼工艺。

2010 年，章源钨业公司完成了半工业化生产，金属回收率提高 2.6%，达到 98.1%，APT 产品加工成本下降 30%。目前，该技术已应用于赣州海创钨业有限公司、崇义章源钨业股份有限公司等钨生产厂家。铵盐-氟盐体系处理钨矿钨原料工艺流程如图 1-3-28 所示。

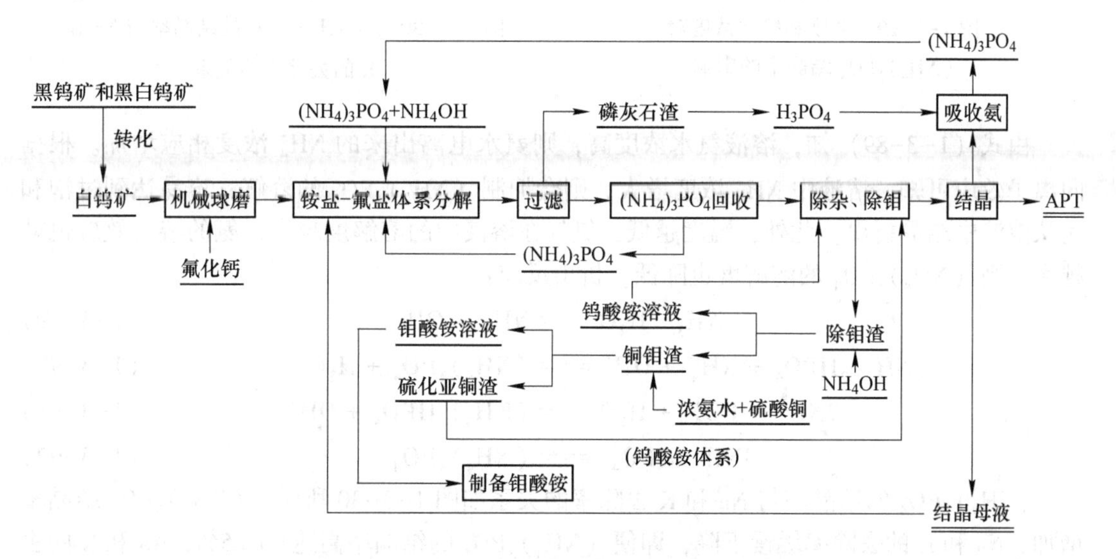

图 1-3-28 铵盐-氟盐体系分解钨矿物工艺流程

3.5.1 浸出剂 $(NH_4)_3PO_4$ 净化除 Na、K 等杂质

在 $(NH_4)_3PO_4$-CaF_2-NH_4OH 体系分解钨矿物原料时，$(NH_4)_3PO_4$ 原料中的 Na、K 等杂质离子会进入分解液中，Na 和 K 的化学性质非常活泼，在后续蒸发结晶过程容易随 APT 结晶析出，造成 APT 产品中 Na 和 K 的超标。因此，浸出白钨之前需对工业 $(NH_4)_3PO_4$ 进行精制提纯。

杨亮等研究了 $(NH_4)_3PO_4$-NH_4OH-H_2O 体系中 $(NH_4)_3PO_4$ 的溶解度，研究结果如图 1-3-29 和图 1-3-30 所示。

图 1-3-29 表明，氨水浓度和温度对 $(NH_4)_3PO_4$ 的溶解度影响很大。当氨水浓度小于 8%时，$(NH_4)_3PO_4$ 溶解度随氨水浓度的增大而急剧下降，当氨水浓度大于 8%时，$(NH_4)_3PO_4$ 溶解度下降的趋势逐渐变缓。氨水浓度相同时，温度越低，则 $(NH_4)_3PO_4$ 溶解度也越低。例如，当氨水浓度为 6.97mol/L、温度为 70℃时，溶液中 $[P_2O_5]$ = 91.97g/L，而温度为 10℃时，溶液中 $[P_2O_5]$ = 2.98g/L。生产上通过控制 $(NH_4)_3PO_4$ 溶液温度和氨浓度来对工业 $(NH_4)_3PO_4$ 提纯。

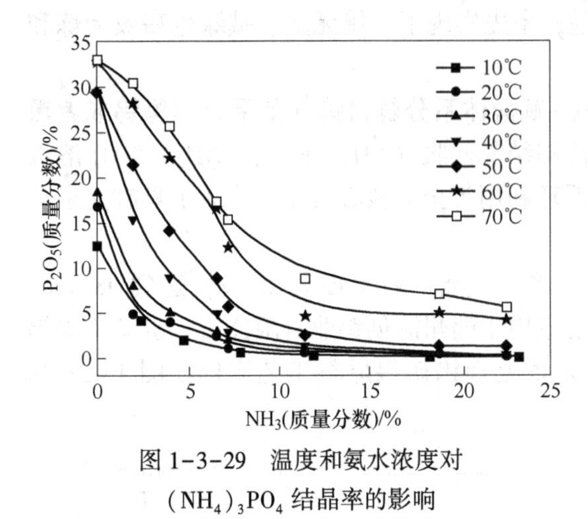

图 1-3-29 温度和氨水浓度对 $(NH_4)_3PO_4$ 结晶率的影响

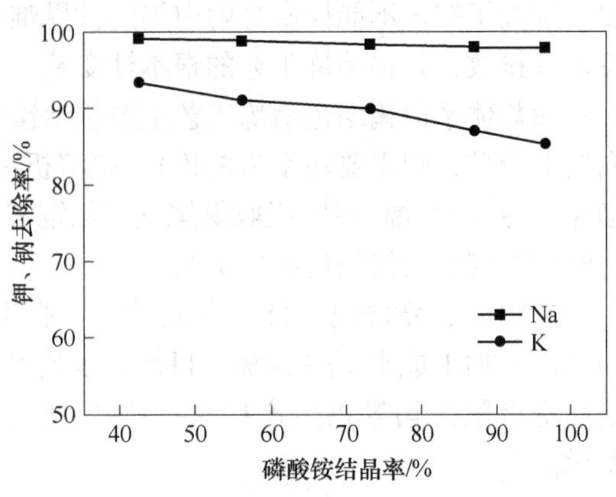

图 1-3-30 $(NH_4)_3PO_4$ 的结晶率与 Na 和 K 的去除率的关系

由式（1-3-89）知，溶液氨水浓度高，则氨水电离出来的 NH_4^+ 浓度相应增加。根据同离子效应可知，溶液中 NH_4^+ 浓度增大，则会抑制 $(NH_4)_3PO_4$ 的溶解，容易达到过饱和而从溶液中结晶析出。此外，温度越低，氨气在溶液中的溶解度越大，氨的溶析效应也就越大，则 $(NH_4)_3PO_4$ 的溶解度也降低。析出反应：

$$NH_3 \cdot H_2O \rightleftharpoons NH_4^+ + OH^- \tag{1-3-89}$$

$$(NH_4)_2HPO_4 + NH_4^+ + OH^- \rightleftharpoons (NH_4)_3PO_4 + H_2O \tag{1-3-90}$$

$$2NH_4^+ + PO_4^{3-} + H_2O \rightleftharpoons (NH_4)_2HPO_4 + OH^- \tag{1-3-91}$$

$$3NH_4^+ + PO_4^{3-} \rightleftharpoons (NH_4)_3PO_4 \tag{1-3-92}$$

$(NH_4)_3PO_4$ 的结晶率与 Na 和 K 去除率的关系如图 1-3-30 所示。$(NH_4)_3PO_4$ 结晶率增加，Na 和 K 的去除率缓慢下降，即便 $(NH_4)_3PO_4$ 的结晶率高达 96.65%，Na 和 K 的去除率也分别高达 98.03% 和 85.56%。因此，采用氨溶析-冷却结晶法可除去 $(NH_4)_3PO_4$ 溶液中的 Na 和 K，$(NH_4)_3PO_4$ 产品质量好。

3.5.2 黑钨转型为白钨

$(NH_4)_3PO_4$-CaF_2-NH_4OH 体系适合处理白钨矿，但却不能处理黑钨矿和黑白钨混合矿，只有将黑钨矿转型成白钨，才能用 $(NH_4)_3PO_4$-CaF_2-NH_4OH 体系处理，实现与白钨矿闭路冶炼以及废水零排放工艺的对接。黑钨矿转化为白钨矿方法有碳酸钙高温煅烧法和黑钨矿苛性钠浸出-浸出液氢氧化钙苛化沉淀白钨法。

3.5.2.1 碳酸钙煅烧法

碳酸钙煅烧法是将黑钨矿、黑白钨矿和碳酸钙混合煅烧，使其中的黑钨与碳酸钙反应生成 $CaWO_4$，即人工合成白钨，人工合成白钨反应如下：

$$FeWO_4 + CaCO_3 = CaWO_4 + FeO + CO_2\uparrow(\text{真空}) \tag{1-3-93}$$

$$MnWO_4 + CaCO_3 = CaWO_4 + MnO + CO_2\uparrow(\text{真空}) \tag{1-3-94}$$

$$2FeWO_4 + 2CaCO_3 + 1/2O_2 = 2CaWO_4 + Fe_2O_3 + 2CO_2\uparrow(\text{有氧}) \tag{1-3-95}$$

$$2MnWO_4 + 2CaCO_3 + 1/2O_2 = 2CaWO_4 + Mn_2O_3 + 2CO_2\uparrow(\text{有氧}) \tag{1-3-96}$$

合成白钨的产物为 $CaWO_4$、Fe_2O_3 和 Mn_2O_3。在有空气参与的条件下，黑钨矿与 $CaCO_3$ 煅烧合成白钨的反应分两步进行，第一步在温度分别大于 611.3K 和 667.2K 时，$FeWO_4$ 和 $MnWO_4$ 与 $CaCO_3$ 发生反应，分别生成 $CaWO_4$、FeO、CO_2 和 $CaWO_4$、MnO、CO_2。由于两反应均生成 CO_2 气体，故均为生成自由能增加、熵变增大的吸热反应过程，在低温下不可能发生。第二步反应产物 FeO 和 MnO 进一步发生氧化反应，生成 Fe_2O_3 和 Mn_2O_3，均为生成自由能降低、熵变减小的放热反应过程。黑钨矿 $CaCO_3$ 高温煅烧合成白钨在回转窑中进行。

煅烧过程，影响合成白钨的因素主要有煅烧温度、$CaCO_3$ 量及煅烧时间。煅烧条件：$CaCO_3$ 用量为理论量的 1.6 倍、煅烧温度为 800℃、煅烧 2h，白钨的合成率可达 97% 以上。

3.5.2.2 钨酸钠溶液氢氧化钙苛化-沉淀白钨

黑钨矿用苛性钠浸出后，对钨酸钠溶液进行氢氧化钙苛化-沉淀白钨，实现黑钨转型为白钨，沉淀母液返回黑钨或黑白钨混合矿碱分解工序，实现黑钨转白钨工艺过程的闭路循环。苛性钠浸出黑钨矿过程可添加适量可溶性铝盐和镁盐来提高钨酸钠溶液质量，从而提高人造白钨质量。钨酸钠溶液氢氧化钙苛化-沉淀白钨反应原理如下。

A 反应的平衡常数和标准自由能变化

钨酸钠溶液 $Ca(OH)_2$ 苛化-沉淀白钨反应如下：

$$Na_2WO_4(aq) + Ca(OH)_2(s) = CaWO_4(s) + 2NaOH(aq) \quad (1-3-97)$$

离子反应式为：

$$WO_4^{2-} + Ca(OH)_2(s) = CaWO_4(s) + 2OH^- \quad (1-3-98)$$

反应达到平衡时，其平衡常数 K_a 和标准自由能变化 $\Delta G^{\ominus}$ 可由 $CaWO_4$ 和 $Ca(OH)_2$ 的溶度积计算得出。

$$K_a = [OH^-]^2/[WO_4^{2-}] = K_{sp\,Ca(OH)_2}/K_{sp\,CaWO_4} \quad (1-3-99)$$

$$\begin{aligned}\Delta G_1 &= -RT\ln K = -RT\ln([OH^-]_2[WO_4^{2-}])\\ &= -RT\ln([Ca^{2+}] \times [OH^-]^2/[Ca^{2+}] \times [WO_4^{2-}])\\ &= -RT\ln K_{spCa(OH)_2}/K_{sp\,CaWO_4}\end{aligned}$$

钨酸钠溶液的 $Ca(OH)_2$ 苛化-沉淀白钨反应标准自由能变化 $\Delta G^{\ominus}$ 和反应的平衡常数 K_a 如表 1-3-12 所示。

表 1-3-12 苛化反应的标准自由能变化 $\Delta G^{\ominus}$ 及平衡常数 K_a

温度/℃	25	50	90	100
$K_{spCa(OH)_2}$	3.95×10^{-8}	2.58×10^{-8}	6.04×10^{-9}	4.49×10^{-9}
K_{spCaWO_4}	4.94×10^{-10}	1.24×10^{-10}	2.71×10^{-11}	1.74×10^{-11}
ΔG_1/kJ·mol^{-1}	-10861.00	-14341.03	-16323.84	-17227.88
K_a	79.96	208.06	222.88	258.05

表 1-3-12 表明，常温下钨酸钠溶液 $Ca(OH)_2$ 苛化—沉淀白钨反应的 ΔG 为负值，苛化-沉淀反应能自动向右进行，但反应的平衡常数并不是很大，为了提高钨的回收率，沉淀母液必须返回用于黑钨和黑白钨矿的分解。虽然 $Ca(OH)_2$ 和 $CaWO_4$ 在水中的溶度积均随温度升高而降低，但 $CaWO_4$ 的溶度积下降的幅度大于 $Ca(OH)_2$，所以反应平衡常数 K_a

随温度升高而增大，高温沉淀白钨的反应较为完全。

B 氢氧化钠和钨酸钠的活度系数对反应平衡的影响

钨酸钠溶液 $Ca(OH)_2$ 苛化-沉淀白钨过程，Na_2WO_4 浓度逐渐降低，NaOH 浓度逐渐升高，反应的平衡常数与不同浓度下 NaOH 和 Na_2WO_4 的活度系数密切相关（表 1-3-13、表 1-3-14）。

表 1-3-13 NaOH 溶液在 70℃下的平均活度系数

NaOH 浓度/$mol \cdot kg^{-1}$	2.0	4.0	6.0	8.0	10.0	12.0
γ_{NaOH}	0.652	0.800	1.070	1.480	2.030	2.650

表 1-3-14 Na_2WO_4 溶液在 252℃下的平均活度系数

Na_2WO_4 浓度/$mol \cdot kg^{-1}$	0.373	0.822	1.460	2.770	3.210
$\gamma_{Na_2WO_4}$	0.125	0.085	0.065	0.053	0.053

由表 1-3-13 和表 1-3-14 知，NaOH 溶液浓度增加，γ_{NaOH}增大，而 Na_2WO_4 浓度降低，$\gamma_{Na_2WO_4}$却增大。显然将 WO_3/NaOH 比值一定的黑钨矿碱分解所得 Na_2WO_4 溶液进行适当稀释，作为反应产物 NaOH 的活度系数将相应减小，而反应物 Na_2WO_4 的活度系数相应增大，从而钨酸钠溶液 $Ca(OH)_2$ 苛化-沉淀白钨反应的平衡常数增大，沉淀白钨的反应更加完全。

C 影响沉淀白钨的因素

温度、Na_2WO_4 溶液浓度、$Ca(OH)_2$ 量、搅拌速度对白钨的沉淀效果都有影响。

（1）温度。沉淀温度升高，$CaWO_4$ 的溶度积下降的幅度大于 $Ca(OH)_2$，反应的平衡常数 K_a 随温度升高而增大，沉淀白钨反应更为完全。当沉淀温度从 20℃ 升高到 100℃时，白钨沉淀率由 20.5%提高到 96.4%。

（2）钨酸钠溶液。钨酸钠料液中 WO_3 浓度越低，γ_{NaOH}越大，而 $\gamma_{Na_2WO_4}$减小，增大了钨酸钠溶液 $Ca(OH)_2$ 苛化-沉淀白钨反应的平衡常数。所以白钨沉淀率随钨酸钠料液 WO_3 浓度降低而显著升高。钨酸钠料液中钨浓度由 314.9g/L 降到 105g/L 时，白钨的沉淀率由 35.5%大幅升高至 96.4%。

（3）氢氧化钙用量。$Ca(OH)_2$ 用量增加，白钨的沉淀率也升高。当 $Ca(OH)_2$ 用量由 1.2 倍增大到 1.4 倍时，白钨的沉淀率由 86.9%提高到 96.4%，继续增大 $Ca(OH)_2$ 用量，沉淀率有所下降。

与传统沉淀剂 $CaCl_2$（理论量倍数 1.05）相比，$Ca(OH)_2$ 沉淀白钨所需的理论量倍数较大，且白钨沉淀率相对较低。这与 $Ca(OH)_2$ 是溶解度较小的难溶化合物，反应溶液中 Ca^{2+}浓度较低，反应的平衡常数较小有关。

（4）保温时间。延长保温时间，白钨沉淀率呈快速递增的趋势。当保温时间由 0.5h 延长至 2h 时，白钨沉淀率由 25.6%提高到最大值 96.4%。

与 $CaCl_2$ 相比，由于 $Ca(OH)_2$ 的溶解度远小于 $CaCl_2$，溶液中 Ca^{2+}的浓度很低，且悬浮的 $Ca(OH)_2$ 严重影响了 $CaWO_4$ 的扩散和长大，降低了 $Ca(OH)_2$ 沉淀白钨的反应速度，延长了白钨沉淀时间。

（5）搅拌速度。与 $CaCl_2$ 相比，$Ca(OH)_2$ 沉淀白钨需要较快的搅拌速度，因为过量的

$Ca(OH)_2$ 悬浮粒子会阻碍 $CaWO_4$ 分子扩散，影响白钨晶粒的生长。提高搅拌速度有助于改善传质条件，搅拌速度越大，白钨沉淀率高。

钨酸钠溶液 $Ca(OH)_2$ 苛化-沉淀白钨的条件：氢氧化钙用量为1.4倍理论量，温度为100℃，钨酸钠溶液钨浓度为105g/L，保温时间为2h，搅拌速度为350r/min，白钨沉淀率可达到96%以上。

3.5.2.3 铵盐-氟盐体系分解白钨矿原理

苏联学者测定 NH_4F 分解白钨矿的反应平衡常数为43.3，反应的趋势很大。但由于 NH_4F 受热或遇热水即分解成 NH_3 和HF气体，难以彻底分解白钨矿，而过量的 NH_4F 难以用蒸发-冷凝回收，且 NH_4F 回收过程也会结晶析出APT，存在较大的工艺缺陷。万林生曾经在密闭高压釜中用理论量8倍的 NH_4F 浸出白钨矿，在180℃分解，钨浸出率仅为20%。

$$CaWO_4 + 2NH_4F = CaF_2\downarrow + (NH_4)_2WO_4 \tag{1-3-100}$$

用 $(NH_4)_3PO_4+NH_4\cdot H_2O$ 浸出白钨矿，高温下氨易挥发，而 $NH_4\cdot H_2O$ 是弱碱，WO_4^{2-} 是弱酸，浸出条件下，pH值不大于10，$(NH_4)_3PO_4$ 在水溶液中主要以 HPO_4^{2-} 存在，PO_4^{3-} 浓度较低，$CaHPO_4$ 溶度积大于 $CaWO_4$，所以 $(NH_4)_3PO_4$ 难以彻底浸出白钨矿。$(NH_4)_3PO_4+NH_4\cdot H_2O$ 浸出白钨矿反应如下：

$$3CaWO_4 + 2(NH_4)_3PO_4 = 3Ca_3(PO_4)\downarrow + 3(NH_4)_2WO_4 \tag{1-3-101}$$

为了提高 NH_4F 的浸出率，万林生提出磷铵-氟盐体系（$(NH_4)_3PO_4-CaF_2-NH_4OH$）分解白钨技术。

3.5.3 铵盐-氟盐体系分解白钨原理

3.5.3.1 白钨矿分解过程主要反应及分解热力学

铵盐-氟盐体系分解白钨矿反应如下：

$$9CaWO_4 + 6(NH_4)_3PO_4 + CaF_2 = Ca_{10}(PO_4)_6F_2\downarrow + 9(NH_4)_2WO_4 \tag{1-3-102}$$

可用离子反应式表示如下：

$$9CaWO_4 + 6PO_4^{3-} + Ca^{2+} + 2F^- = 9WO_4^{2-} + Ca_{10}(PO_4)_6F_2\downarrow \tag{1-3-103}$$

反应达到平衡时，其平衡浓度商可用 K_c 表示：

$$K_c = [WO_4^{2-}]^9/[PO_4^{3-}]^6 \tag{1-3-104}$$

式中，$[WO_4^{2-}]$、$[PO_4^{3-}]$ 分别为反应达到平衡时的 WO_4^{2-} 和 PO_4^{3-} 的浓度。

常温下反应的平衡浓度商可由下面三个溶度积来计算：

$$CaWO_4 = Ca^{2+} + WO_4^{2-} \qquad K_{sp_1} = 8.7\times10^{-9} \tag{1-3-105}$$

$$CaF_2 = Ca^{2+} + 2F^- \qquad K_{sp_2} = 2.7\times10^{-11} \tag{1-3-106}$$

$$Ca_{10}(PO_4)_6F_2 = 10Ca^{2+} + 2F^- + 6PO_4^{3-} \qquad K_{sp_3} = 1.0\times10^{-60} \tag{1-3-107}$$

所以，$(NH_4)_3PO_4$ 浸出白钨矿反应的吉布斯自由能为：

$$\Delta G = -RT\ln K = -RT\ln\frac{[WO_4^{2-}]^9}{[PO_4^{3-}]^6} = -RT\ln\left[\frac{([Ca^{2+}]\times[WO_4^{2-}])^9\times([Ca^{2+}]\times[F^-]^2)}{([Ca^{2+}]^5\times[PO_4^{3-}]^6\times[F^-])^2}\right]$$

$$= -RT\ln\left[\frac{K_{sp_1}^9\times K_{sp_2}}{K_{sp_3}^2}\right] = -RT\ln\left[\frac{(8.7\times10^{-8})^9\times(2.7\times10^{-11})}{(1.0\times10^{-60})^2}\right]$$

$$= -2.1\times10^5 \text{J/mol} \tag{1-3-108}$$

平衡浓度 $$K_c = \frac{[WO_4^{2-}]^9}{[PO_4^{3-}]^6} = \frac{K_{sp_1}^9 \times K_{sp_2}}{K_{sp_3}^2} = 7.71 \times 10^{36} \quad (1-3-109)$$

由于常温下铵盐-氟盐体系分解白钨矿的吉布斯自由能可达-2.1×10^5J/mol，同时生成溶度积极小的$Ca_{10}(PO_4)_6F_2$（$K_{sp}=10^{-60}$），白钨矿的分解平衡反应常数高达7.71×10^{36}。因此，铵盐-氟盐体系分解白钨矿的热力学驱动力和平衡常数都很大，解决了铵盐体系不能彻底分解白钨及废水零排放的问题，实现了在低压、低磷铵条件下，白钨的浸出率高达99.6%，以“氟化铵+氢氧化钙”形式添加CaF_2，解决了对不同产地白钨矿的适应性问题。

铵盐浸出白钨过程同时也是净化除杂过程，溶液中的Ca^{2+}可与铵盐浸出体系中的杂质阴离子形成各种难溶钙化物沉淀进入浸出渣而分离；pH值为10的条件下，大部分重金属元素以金属氢氧化物形式沉淀留于渣中分离，部分Fe、Ni、Co、Cu、Pb等与NH_3为配位体形式进入溶液。在浸出过程结束过滤时，由于温度和浓度的降低，铵盐浸出体系中的配合物发生离解，以氢氧化物、砷酸盐以及硅酸盐等难溶化合物沉淀分离。

铵盐-氟盐体系分解白钨矿过程产生难溶磷灰石（$Ca_{10}(PO_4)_6F_2$），磷灰石是生产磷酸的主要原料之一。白钨分解过程产生的磷灰石可用于生产磷酸，生产的磷酸作为钨酸铵蒸发结晶过程释放NH_3的吸收液，产出的$(NH_4)_3PO_4$用于白钨矿的浸出。磷灰石生产磷酸反应如下：

$$Ca_{10}(PO_4)_6F_2 + 10H_2SO_4 + 5nH_2O = 6H_2PO_4 + 10CaSO_4 \cdot nH_2O + 2HF \quad (1-3-110)$$

3.5.3.2 铵盐-氟盐体系浸出白钨矿机理

铵盐-氟盐体系浸出白钨矿属液-固多相反应体系，反应在$CaWO_4$固体相界面发生，是一种可溶性盐（NH_3）PO_4、CaF_2和难溶性$Ca_3(PO_4)$反应生成另一种难溶盐$Ca_{10}(PO_4)_6F_2$的过程。由于$CaWO_4$的分解可提供足量的Ca^{2+}参与形成晶核$Ca_3(PO_4)$和进一步形成难溶产物$Ca_{10}(PO_4)_6F_2$，实现了白钨矿的高效分解。溶液中发生的反应机理模型如图1-3-31所示，$CaWO_4$固相界面发生的反应机理模型如图1-3-32所示。

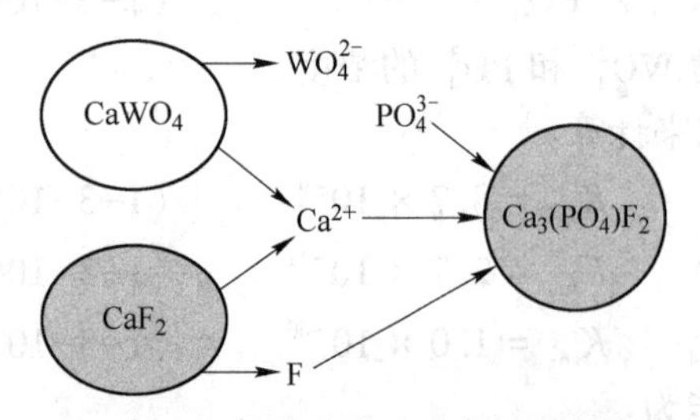

图1-3-31 溶液中发生反应的机理模型

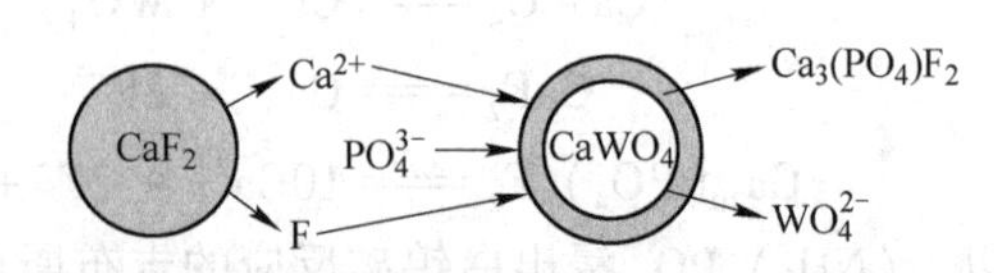

图1-3-32 $CaWO_4$固相界面发生的反应机理模型

$CaWO_4$固相界面发生的反应过程包括以下步骤：

（1）PO_4^{3-}、F^-和Ca^{2+}由溶液主体通过边界层扩散到$CaWO_4$表面，即外扩散；PO_4^{3-}、F^-和Ca^{2+}吸附在固体颗粒的表面上；

（2）吸附的PO_4^{3-}、F^-和Ca^{2+}进一步扩散通过生成物固体膜$Ca_{10}(PO_4)_6F_2$与未分解的

$CaWO_4$ 矿物接触，即内扩散；

（3）PO_4^{3-}、F^-和Ca^{2+}与$CaWO_4$在界面上发生化学反应；

（4）WO_4^{2-} 通过生成物 $Ca_{10}(PO_4)_6F_2$ 固体膜向外扩散，即内扩散，不溶固体产物$Ca_{10}(PO_4)_6F_2$沉积在矿粒表面，随着反应的进行，使得$Ca_{10}(PO_4)_6F_2$产物层变厚；

（5）WO_4^{2-} 由固体颗粒表面通过边界层向溶液主体内部扩散，即外扩散。

铵盐-氟盐体系分解白钨矿过程，分解温度、铵盐浸出剂组成和浓度以及保温时间对白钨分解效果影响较大，而受搅拌速度影响较小，这些表明界面化学反应更容易成为控制步骤。分解过程应避免仲钨酸铵的结晶，是提高钨分解率和钨酸铵浓度以及降低试剂消耗的关键。

铵盐-氟盐体系分解白钨矿过程pH值由氨水控制，高温高压下氨水挥发严重，pH值一般在10左右，所以分解液中 PO_4^{3-} 很少，反应速率比较慢。万林生测定出铵盐-氟盐体系浸出白钨矿反应的表观活化能$E=80.97$kJ/mol，说明收缩核界面的化学反应控制成为化学反应的限制性环节。

3.5.4 钨酸铵溶液的净化

$(NH_4)_3PO_4$-CaF_2-NH_4OH体系浸出白钨矿后，其滤液组成主要含有$(NH_4)_3PO_4$、$(NH_4)_2WO_4$、NH_4OH，以及少量$(NH_4)_2MoO_4$等杂质。若将此溶液直接蒸发结晶，不但难以获得磷含量符合GB/T 10116—2007仲钨酸铵零级产品的要求（$P \leqslant 7\times10^{-4}\%$），而且$NH_3$的挥发会导致体系pH值降低，磷与钨形成溶解度大的磷钨杂多酸，造成APT结晶率大幅度降低，因此必须对钨酸铵溶液净化后才能结晶APT。工业上采用氨盐析-结晶回收磷酸铵初步脱磷和初步脱磷钨酸铵溶液硫化除钼耦合碱式碳酸镁深度净化除杂。

铵盐-氟盐体系白钨矿分解液中有大量残余的$(NH_4)_3PO_4$，如用铵镁盐沉淀法直接除磷，不仅会消耗大量镁盐，而且还易造成APT产品中镁含量超标，同时溶液中过剩的$(NH_4)_3PO_4$不能重复利用，而是以磷酸铵镁盐的形式进入净化渣，浸出剂用量大，生产成本高。如能以$(NH_4)_3PO_4$形式回收，则回收的$(NH_4)_3PO_4$直接返回铵盐分解白钨工序，大大降低浸出剂$(NH_4)_3PO_4$的耗量。

$(NH_4)_3PO_4$在水中的溶解度很大，但在$(NH_4)_3PO_4$-$(NH_4)_2WO_4$-NH_4OH-H_2O系中，$(NH_4)_3PO_4$却表现出难溶特征。在分解液中充入更多的氨且降低温度，$(NH_4)_3PO_4$溶解度变小并从中析出，而$(NH_4)_2WO_4$浓度对$(NH_4)_3PO_4$的溶解度影响很小。氨浓度和温度对$(NH_4)_3PO_4$溶解度影响很大（表1-3-15），当氨浓度0~11%（质量分数）时，$(NH_4)_3PO_4$的溶解度随氨浓度的增大而急剧下降。当氨浓度大于11%时，$(NH_4)_3PO_4$的溶解度随氨浓度增大而减小的趋势变缓。

氨浓度之所以影响$(NH_4)_3PO_4$的溶解度：一方面，氨浓度增大时，由于NH_3的水合作用，溶液中自由水分子减小，盐析效应增强，$(NH_4)_3PO_4$的溶解度下降。另一方面，NH_3浓度增大，溶液的pH值升高，则$(NH_4)_2HPO_4$的质量分数减小，$(NH_4)_3PO_4$的质量分数增大，容易析出溶解度更小的$(NH_4)_3PO_4$。例如，当温度10℃、氨浓度15.6%时，$(NH_4)_3PO_4$的溶解度可低至0.02%（质量分数，P_2O_5）。

表1-3-15　氨浓度和温度对 $(NH_4)_3PO_4$ 在 $(NH_4)_3PO_4$-$(NH_4)_2WO_4$-NH_4OH-H_2O 系中溶解度的影响

10℃			20℃			30℃			40℃			50℃		
NH_3 /%	P_2O_5 /%	ρ /g·mL^{-1}	NH_3 /%	P_2O_5 /%	ρ /g·mL^{-1}	NH_3 /%	P_2O_5 /%	ρ /g·mL^{-1}	NH_3 /%	P_2O_5 /%	ρ /g·mL^{-1}	NH_3 /%	P_2O_5 /%	ρ /g·mL^{-1}
3.47	5.92	1.21	3.58	8.56	1.22	4.17	9.67	1.24	4.13	12.20	1.25	4.04	11.01	1.24
11.37	0.10	1.1	9.67	0.27	1.12	10.53	0.34	1.12	9.87	0.75	1.13	9.42	2.17	1.15
13.93	0.06	1.09	11.90	0.14	1.1	12.37	0.20	1.11	12.01	0.35	1.11	11.40	1.01	1.12
15.11	0.03	1.08	12.60	0.11	1.09	14.54	0.13	1.1	13.66	0.25	1.1	11.72	0.56	1.13
15.25	0.030	1.08	14.81	0.06	1.08	14.68	0.13	1.09	14.82	0.21	1.09	12.40	0.40	1.12
15.60	0.02	1.07	15.40	0.05	1.07	15.25	0.09	1.08	15.93	0.14	1.08	13.51	0.27	1.1

采用氨盐析-冷却结晶回收分解液中未反应完全的 $(NH_4)_3PO_4$，实现 $(NH_4)_3PO_4$ 的高效回收和初步脱磷，解决了浸出剂循环利用的难题。对于初步除磷后的钨酸铵溶液，工业上采用选择性沉淀法除钼、砷、锡结合碱式碳酸镁深度除磷、硅等。以碱式碳酸镁作为除磷试剂，使难以凝聚沉淀的磷酸铵镁与先生成的钼渣发生吸附-共沉淀，解决磷酸铵镁难以凝聚沉淀的关键技术难题。

对含 220~280g/L WO_3 的白钨矿 $(NH_4)_2WO_4$ 分解液采用氨盐析-冷却结晶回收 $(NH_4)_3PO_4$，结晶 $(NH_4)_3PO_4$ 渣含 WO_3 为 0.5%~2%，且都以可溶性 WO_4^{2-} 形态存在，结晶 $(NH_4)_3PO_4$ 再返回白钨分解过程，实现浸出剂和钨的闭路循环。

向 230g/L WO_3、0.22g/L Mo 的 $(NH_4)_2WO_4$ 溶液中加入 $(NH_4)_2WO_4$ 溶液体积的 1%~3.5%的工业 $(NH_4)_2S$ 和 $CuSO_4$ 溶液，搅拌均匀，向上述混合物中分别加入 1~1.4 倍理论量的碱式碳酸镁，进行深度除磷，反应溶液的 pH 值为 8~9，除磷反应约 120min，除磷渣中 WO_3 含量低于 1%，远小于钙盐除磷渣中钨的含量，大大提高了钨的回收率。

3.5.5　除钼渣中有价成分的回收及钨和铜的循环利用

$(NH_4)_3WO_4$ 溶液净化工序得到的除钼渣中主要元素组成为 Cu、Mo，也有少量夹杂 W，因此要对其中的有价成分进行回收。由于采用铵盐-氟盐浸出，体系中不能引入 Na^+ 和 K^+，所以钼渣中钨和钼的浸出用氨水作浸出剂。目前，工业上对于铵盐-氟盐体系除钼得到的钼渣采用一次稀氨水浸钨、浸钨液返回净化工序，二次浓氨水加 $CuSO_4$ 浸钼和沉 CuS，CuS 渣返回主流程除钼工序回用，二次氨水浸钼液制备钼酸铵，钨、钼、铜的回收率分别达到 97.7%、95.4%、99.5%。钨、CuS 直接返回钨冶炼工序再利用以及钼的综合回收，大幅度降低了钨冶炼成本。钼渣处理工艺流程如图 1-3-33 所示。

3.5.5.1　一次稀氨水浸钨

除钼渣中的钨大部分以仲钨酸铵和极少部分 WS_4 形态存在，基于钨亲氧钼亲硫的地球化学性质，用 1~2.5mol/L 的稀氨水在 20~80℃浸出钨而不浸出钼，实现钨与钼的分离。钨溶解反应如下：

$$5(NH_4)_2O \cdot 12WO_3 \cdot 5H_2O + 14NH_4OH = 12(NH_4)_2WO_4 + 12H_2O \quad (1-3-111)$$

$$WS_4 + 2OH^- = WS_3O^{2-} + S^{2-} + H_2O \quad (1-3-112)$$

$$WS_3O^{2-} + 2OH^- = WS_2O_2^{2-} + S^{2-} + H_2O \quad (1-3-113)$$

$$WS_2O_2^{2-} + 2OH^- = WSO_3^{2-} + S^{2-} + H_2O \quad (1-3-114)$$

$$WSO_3^{2-} + 2OH^- = WO_4^{2-} + S^{2-} + H_2O \quad (1-3-115)$$

得到的钨酸铵浸出液返回主流程除钼工序进行再次回收利用，铜钼渣进入浓氨水浸钼工序。

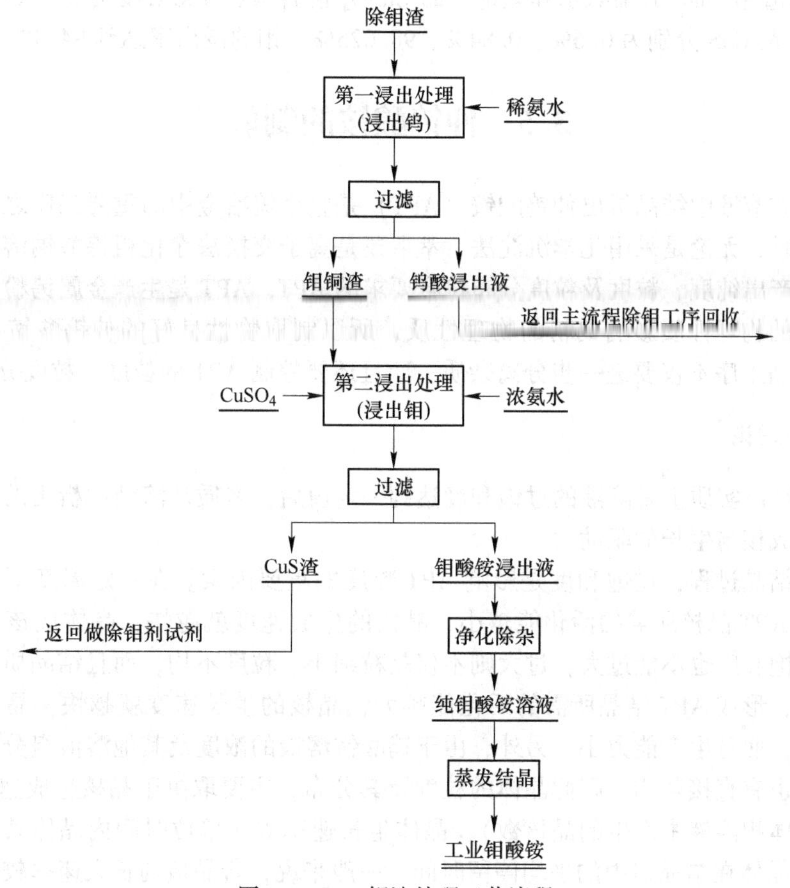

图 1-3-33 钼渣处理工艺流程

3.5.5.2 二次浓氨水加硫酸铜浸出钼

除钼渣经一次稀氨水浸出后，铜钼渣中钼和铜分别以 $CuMoS_4$ 和 CuS 形态存在，也可能有极少部分 MoS_3。用 4.0~7.0mol/L 的浓氨水和 $CuSO_4$ 混合液在 100~160℃浸出铜钼渣，$CuSO_4$ 溶液中离解出的 Cu^{2+} 和 $CuMoS_4$ 离解出的 S^{2-} 反应生成难溶 CuS，加速浓氨水浸钼过程的进行，实现钼和 CuS 的分离。$CuSO_4$ 对浓氨水浸钼过程起着决定作用。具体化学反应如下：

$$CuMoS_4 + 4OH^- + Cu^{2+} = MoS_2O_2^{2-} + 2CuS + 2H_2O \quad (1-3-116)$$

$$MoS_2O_2^{2-} + 2OH^- + Cu^{2+} = MoSO_3^{2-} + CuS + H_2O \quad (1-3-117)$$

$$MoSO_3^{2-} + 2OH^- + Cu^{2+} = MoO_4^{2-} + CuS + H_2O \quad (1-3-118)$$

$$MoS_3 + S^{2-} + 8NH_4OH + 6O_2 \longrightarrow (NH_4)_2MoO_4 + 4(NH_4)_2SO_4 + 4H_2O \quad (1-3-119)$$

浓氨水浸钼液经净化除杂，蒸发结晶回收钼酸铵，CuS 渣经洗涤、干燥、细磨后返回主流程除钼工序作为除钼试剂回用。

对于某含 WO_3、MoO_3 及 CuS 分别为 15.1%、14.5%、55.15%的除钼渣在密闭反应釜中用 1.5mol/L 稀氨水在 80℃浸出 1h 得到铜钼渣，钨的浸出率达到 94%，钼的浸出率达到 6.5%。铜钼渣用 5mol/L 稀氨水和理论量的 $CuSO_4$ 混合液在 130℃浸出 2h，CuS 钼渣中的 WO_3、MoO_3 及 CuS 分别为 0.6%、0.84%、98.025%，钼的浸出率达到 94.9%。

3.6 仲钨酸铵的制取

从钨酸铵溶液中结晶析出仲钨酸铵（APT）是整个钨冶金中的重要工序之一。在生产纯钨化合物时，无论是采用化学沉淀法、萃取还是离子交换法净化粗钨酸钠溶液，都要经过该工序以产出纯度、粒度及粒度分布符合要求的 APT。APT 是生产金属钨粉的重要中间产品，APT 的物理性质影响钨粉的物理性质，所以制取物性良好的仲钨酸铵是非常重要的。APT 结晶工序不仅要进一步分离杂质，而且还要控制 APT 的粒度、粒度分布及形貌。

3.6.1 结晶理论

盐类的结晶实质上是溶液的过饱和度达到一定值后，溶质从溶液中析出的过程，过饱和度是结晶成核与生长的驱动力。

在蒸发结晶过程，过饱和度是影响 APT 粒度的重要因素。在一定温度下，过饱和度越大，形成 APT 晶核所需的活化能越小，晶核的生成速度就越快，晶体成核优先于晶体生长，但过饱和度也不能过大，过大则不仅晶粒细小、粒度不均，而且结晶质量较差；饱和度较低时，形成 APT 结晶所需的活化能越大，晶核的生长速度就越快，晶体生长优先于晶体成核，而且生产能力小。另外，由于钨酸铵溶液的浓度及其他溶液组分的含量对溶液过饱和度也有直接影响。因此晶体的粒度及其分布，主要取决于晶核生成速率 J（单位时间内单位体积溶液中产生的晶核数）、晶体生长速率 G（单位时间内晶体某线性尺寸的增加量）及晶体在结晶器中的平均停留时间。一般来说，若晶核的长大速率较快而晶核的形成速率较慢，晶核少，易得粗晶粒产品；若晶核的长大速率较慢而晶核的形成速度较快，结晶核心多，溶液浓度降低快，对晶体的长大不利，易得到细颗粒产品。

在结晶过程中，晶核形成的速率可用下式表示：

$$J = K_n \Delta C^m \quad (1-3-120)$$

式中 J——晶核形成速率（单位时间内生成的晶核数）；
K_n——晶核形成速率常数；
ΔC——允许使用的最大过饱和度；
m——晶核形成动力学的反应级数。

另外，结晶长大速率可用下式表示：

$$G = K_g A \Delta C^j \quad (1-3-121)$$

式中 G——结晶长大速率；

K_g——总传质系数；
j——晶体长大动力学反应级数；
A——晶体的表面积。

可通过加热蒸发浓缩或中和结晶的等方式使溶液的 pH 值降低，使被结晶的溶质转化为溶解度很小的物质而达到过饱和。工业上仲钨酸铵的制备方法有蒸发结晶法、中和结晶法和冷冻结晶法，以蒸发结晶法为主。

3.6.1.1 蒸发结晶法

蒸发结晶法是最常用的仲钨酸铵制取方法，它采用加热来蒸发溶剂。这种方法工艺及设备简单，易于大型化，同时有一定的提纯作用，所以一直受工业生产的青睐。

蒸发结晶是使钨酸铵料液达到过饱和，促使物料发生相变，从溶液析出纯化晶体的过程。由于钨酸铵溶液不稳定，其中的氨在蒸发过程很容易挥发，随着 NH_3 的挥发，溶液的 pH 值不断下降，当 pH 值降至 7~7.5 时，可溶性的钨酸铵转化为难溶的仲钨酸铵。同时由于 H_2O 的蒸发，溶液不断被浓缩，仲钨酸铵在溶液中始终处于过饱和状态而结晶析出。

APT 蒸发结晶过程化学反应如下：

$$2(NH_4)_2WO_4 + 4H_2O \longrightarrow 5(NH_4)_2O \cdot 12WO_2 \cdot 11H_2O + 14NH_3 (T < 50℃，针状结晶) \quad (1-3-122)$$

$$12(NH_4)_2WO_4 \longrightarrow 5(NH_4)_2O \cdot 12WO_2 \cdot 5H_2O + 14NH_3 + 2H_2O (T > 50℃，片状结晶) \quad (1-3-123)$$

3.6.1.2 中和结晶法

中和结晶则是用酸中和钨酸铵溶液 pH 值为 7~7.5 时，使可溶性的钨酸铵转化为难溶的仲钨酸铵而结晶析出。中和结晶过程反应如下：

$$12(NH_4)_2WO_4 + 14HCl + (7-n)H_2O \longrightarrow 5(NH_4)_2O \cdot 12WO_2 \cdot nH_2O \quad (1-3-124)$$

与蒸发结晶相比，盐酸中和钨酸铵溶液更容易达到饱和状态，溶液浓度也更均匀，能快速成核，反应溶液浓度迅速降低，可以避开晶粒的扩散生长区。因而在相同结晶条件下，中和结晶能得到晶粒更细小的 APT。但因为反应过程结晶温度低，最后得到的是 APT · $11H_2O$。根据水溶液结晶过程的热力学可知，较低的结晶温度有利于获得细小晶体。但从结晶动力学来分析，结晶中的形核、晶格重排、脱水、长大等过程又需要很大的能量来进行推动，所以低温下结晶水无法脱除，只能获得 APT · $11H_2O$，同时晶体的晶型与分散性也不够好。基于这两方面的分析，要想利用中和结晶法制备满足颗粒细小与晶型完整、分散性好的 APT · $5H_2O$ 是不可能的。

3.6.1.3 冷冻结晶法

除用蒸发结晶、酸中和法制备仲钨酸铵外，若将钨酸铵溶液深度冷冻，亦可使 APT 析出，即冷冻结晶法。冷冻结晶示意图如图 1-3-34 所示。

首先将钨酸铵溶液从状态 1 迅速冷冻至状态 2，则钨酸铵与水几乎同时结晶为固体，再将系统气压降至四相平衡点 P 之下，使冷冻物处于状态 3，随后再将冷冻物稍稍加热至状态 4，使固态溶剂水和游离氨在真空状态下升华除去，最终得到多孔细粒 APT。

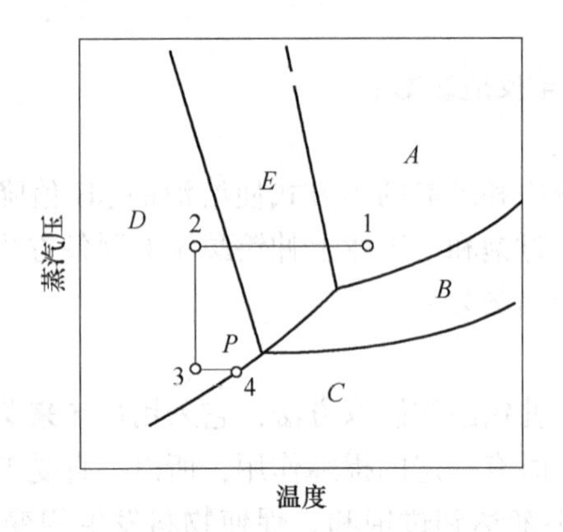

图 1-3-34 冷冻结晶示意图

A—均相溶液；B—蒸汽和溶液；C—蒸汽和固体盐；
D—固体和固体盐；E—固体和溶液；1~4—状态

选择不同的结晶方法，改变结晶条件，可以获得不同晶型、不同粒度和不同纯度的仲钨酸铵产品。

3.6.2 钨酸铵溶液蒸发结晶过程 P、As、Si 析出机理

PO_4^{3-}、AsO_4^{3-}、SiO_3^{2-} 是钨冶炼过程难以彻底除去的杂质。在仲钨酸铵结晶过程，其行为取决于 PO_4^{3-}、AsO_4^{3-}、SiO_3^{2-} 与钨之间的相互作用特性及形成化合物的溶解度。蒸发过程，由于 NH_3 的挥发，钨酸铵溶液的 pH 值不断降低，P、As、Si 与 W 在相应 pH 值下形成溶解度大的杂多酸及其氨盐。

As. G. A. Tsigdinos 研究了杂多酸根稳定存在的 pH 值范围：生成率 20%~80% 的 $[SiW_{11}O_{39}]^{8-}$、$[SiW_{12}O_{40}]^{4-}$对应稳定 pH 值范围分别为 8.7~8.1，5~4.7，$[PW_{11}O_{39}]^{7-}$、$[PW_{12}O_{40}]^{3-}$较低，pH 值分别为 7.7~7.2，2.3~1.9。APT 蒸发结晶过程，当 pH 值由 9 降到 7~5.5 时，形成杂多酸根的先后顺序为 Si→P→As。

Евстнеев1979 年研究表明，随着 P、As、Si 含量的增加，APT 的实收率急剧下降（表 1-3-16）。当溶液中（P+As+Si)/W 原子比大于 1/12 时，APT 不结晶析出。因此，APT 结晶过程，要控制结晶条件，有效利用这种净化作用，降低 APT 结晶体中的 P、As、Si 的杂质含量。

表 1-3-16 P 和 Si 对 APT 结晶过程的影响

料液 /g·L^{-1}	P	0	0.02	0.10	0.30	0	0	0
	SiO_2	0	0	0	0	0.26	0.52	0.785
母液 WO_3/g·L^{-1}	75.0	82.5	80.5	126.8	253.3	174.9	273.5	375.0
APT 结晶率/%	96.5	96.3	96.2	94.1	88.1	92.2	87.8	83.2

与杂多钨酸相反，Si、P、As 的杂多钨酸铵盐难溶于水，其中杂多酸与钨原子之比为 1∶11 型杂多酸铵盐非常难溶。$[SiW_{11}O_{39}]^{8-}$、$[P_2W_{17}O_{59}]^{6-}$、$[PW_{11}O_{39}]^{7-}$、$[As_2W_{17}O_{59}]^{6-}$杂多酸根形成的临界 pH 值分别为 8.7、7.9、7.7、6.8，而 1∶12 型杂多酸根一般在 pH

值小于5时形成，低于APT结晶溶液酸化的通常pH值范围：pH值由9降到7~5.5，未进入杂多酸稳定的pH值范围的结晶中期，因此Si、P、As以1∶11和2∶17类型的杂多酸铵盐析出的可能性较大。由于杂多酸络合的净化时间长短不一，故在APT中析出的趋势应为：Si→P→As。

万林生研究钨酸铵溶液蒸发过程钨的结晶率与P、As、Si析出率和溶液pH值的关系见图1-3-35，钨结晶率与P、As、Si有效分配比和溶液pH的关系如图1-3-36所示。研究结果表明，APT结晶过程，Si、P、As进入其杂多酸根稳定的pH值范围后，其析出趋势虽上升但仍很小，即使中后期母液浓缩后也难达到极限过饱和度，或过饱和度很小，不能自发结晶。结晶后期，P、As、Si在APT固相析出的趋势由上升转为下降，其主要原因是杂多酸（盐）的形成及配聚程度对pH值十分敏感。酸度直接影响溶液中杂多酸离子的组成、价态及摩尔分数。随着结晶过程pH值的下降，溶液中的质子化趋势越来越大。以$[PW_{11}O_{39}]^{7-}$为例：

$$PW_{11}O_{39}^{7-} \longrightarrow HPW_{11}O_{39}^{6-} \longrightarrow H_6PW_{11}O_{39}^{-} \longrightarrow H_7PW_{11}O_{39}$$

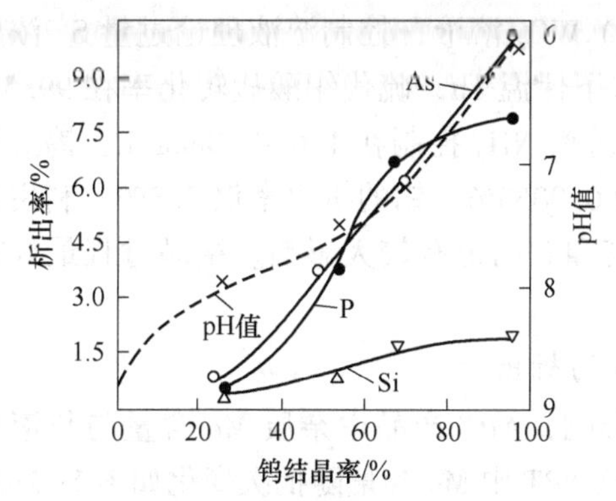

图1-3-35　钨结晶率与P、As、Si析出率和溶液pH值的关系

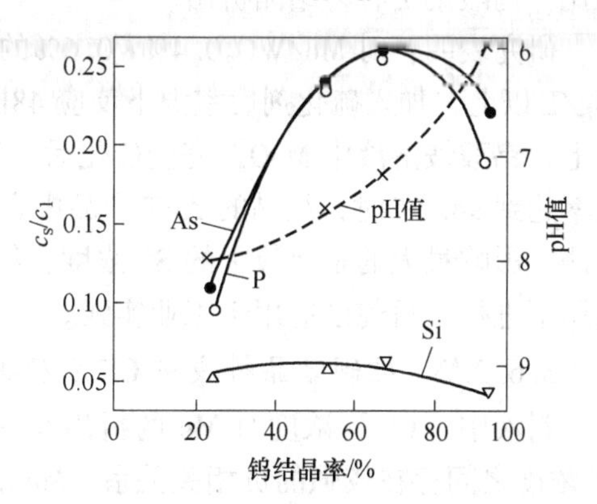

图1-3-36　钨结晶率与P、As、Si有效分配比和溶液pH值的关系

与一般无机相类似，在结晶后期特定的pH值条件下，溶液中杂多酸分子($H_7PW_{11}O_{39}$)的摩尔分数远大于杂多酸根（$[PW_{11}O_{39}]^{7-}$）。钨和钼的性质比较相似，在钨酸铵溶液蒸发结晶过程，由图1-3-37和图1-3-38知，Mo更容易析出。

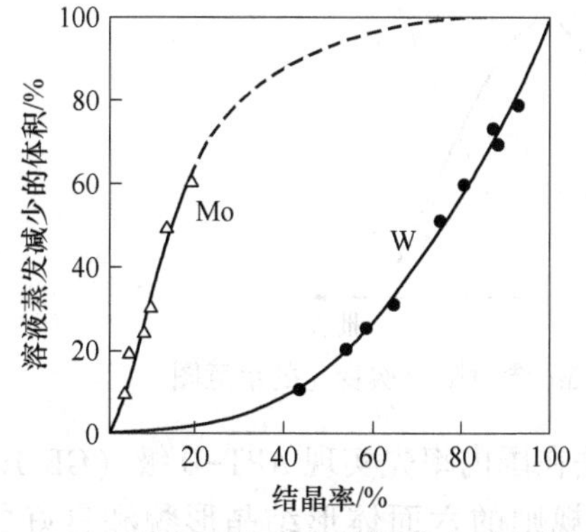

图1-3-37　钨钼析出率与结晶蒸发程度的关系

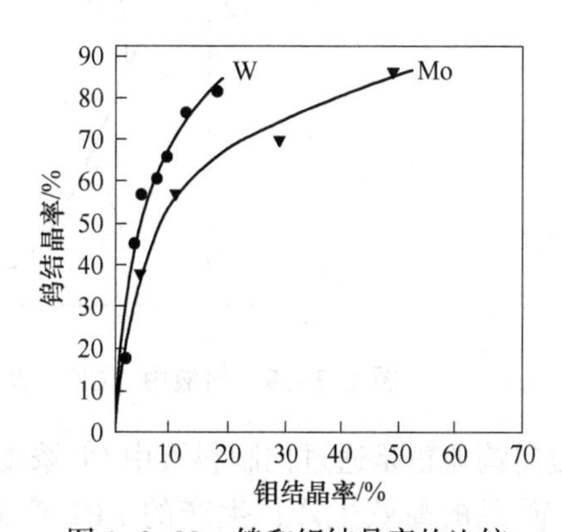

图1-3-38　钨和钼结晶率的比较

综上所述，结晶过程除杂率与钨的结晶率有关，随着钨结晶率的升高，杂质析出率迅速增加，当杂质和钨成一定比例后溶液不析出 APT。所以在 $(NH_4)_2WO_4$ 溶液蒸发结晶 APT 的过程，根据 WO_4^{2-} 和 MoO_4^{2-} 结晶率不同，适当的控制结晶率，可使 80%~90%的钼留在母液中。但钨酸铵溶液中杂质尤其是 Mo 和 P 含量较高时，要得到高纯 APT 和高的结晶率，必须在 APT 结晶过程引入专门的净化工序。在生产实践中，选择何种钨钼分离工艺，除考虑 W、Mo 分离效果外，还必须考虑原料中 Mo 含量的高低，现场采用的工艺流程及对产品的质量要求等因素。

3.6.2.1 MoO_4^{2-} 硫化为 MoS_4^{2-} 抑制钼的析出

此法只适合在钼含量少的溶液中除杂。其原理是使 $(NH_4)_2MoO_4$ 转变成水溶性很大的 $(NH_4)_2MoS_4$，在过量 S^{2-} 或 HS^- 离子存在下，$(NH_4)_2MoS_4$ 相当稳定，结晶过程 $(NH_4)_2MoS_4$ 留在结晶母液中。和钨酸钠溶液除钼不同点在于不能用无机酸预调 $(NH_4)_2WO_4$ 溶液 pH 值，而是直接加入 $(NH_4)_2S$ 或者 NH_4HS 作为 pH 值调节剂和硫化剂，主要原因是仲钨酸铵比仲钨酸钠更容易结晶析出。

研究表明：对 Mo/WO_3 0.4%~0.6%的 $(NH_4)_2WO_4$ 溶液，控制溶液理论过量 S^{2-} 浓度 10g/L 以上，加入硫化剂后室温下反应 48h，70℃下保温 1h，硫代钼酸盐转化率在 99.5%以上。钨酸铵溶液中 MoO_4^{2-} 完全硫化后，溶液中游离 NH_3 控制在 1.6~2.0mol/L，钨的结晶率达到 94.8%时，结晶的 APT 产品中含钼量为 0.0055%，钼的析出率仅 2.3%。利用该方法，影响最大的是溶液中的 S^{2-} 浓度，结晶温度和时间也有较大影响。结晶过程最好在负压下进行，目前已应用于工业实践。

3.6.2.2 控制结晶料液中 Cl^- 浓度抑制 Mo 的析出

料液中 $[Cl^-]$ 浓度对 Mo 的析出有一定的影响，APT 产品中杂质 Mo 含量与料液中 Cl^- 浓度之间存在较强的负相关关系。Mo 的析出及 APT 中 Mo 含量随批次变化如图 1-3-39 所示。根据 Cl^- 浓度与 APT 中 Mo 含量两条曲线的对比发现，料液中 Cl^- 浓度存在一特定阈值，只有当料液中 Cl^- 浓度达到此阈值时才能高效抑制（屏蔽）Mo 的析出。因此可通过控制结晶料液中 Cl^- 浓度来实现对 Mo 析出的有效抑制，不仅可将 APT 一次结晶率从原来的 80%提高到 96%，而且 APT 产品中 Mo 含量可控制在 2×10^{-5} 以内。

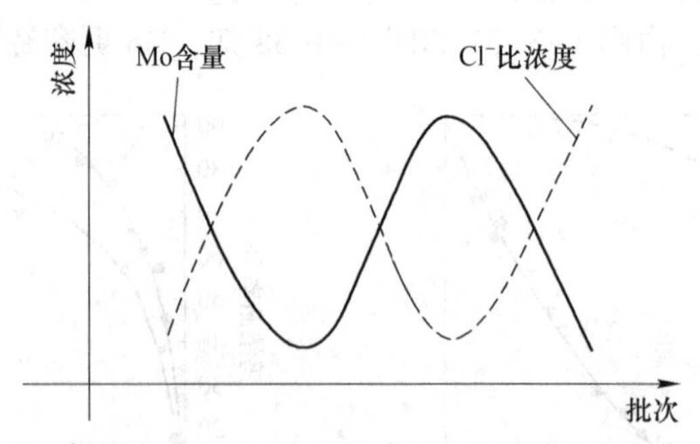

图 1-3-39 料液中 $[Cl^-]$ 及 APT 中 Mo 含量随批次变化的示意图

厦门钨业正是通过控制料液中 Cl^- 浓度的方法在国内率先实现 APT-0 级（GB 10116—1988）产品的高效生产，生产的 APT 产品具有规则的六面体形结晶形貌和良好的粒度分布。

3.6.2.3 除钼

从钨酸铵溶液除钼主要有选择性沉淀法、活性炭吸附法和密实移动床-流化床离子交换法。前提都是要将 MoO_4^{2-} 硫化 MoS_4^{2-}，MoO_4^{2-} 硫代化越彻底，除钼及除其他杂质效果越好。

选择性沉淀法净化钨酸铵溶液是一种综合性除杂方法，国内96%以上的生产厂家都采用该法分离钨酸铵溶液中的钼及其他杂质。如果要得到质量更高的钨酸铵溶液，可结合镁盐沉淀法对其中的 P、As 等离子进行深度净化，只不过加入的镁盐为碱式碳酸镁，这样可避免杂质阴离子如 Cl^- 等对结晶过程产生影响。

采用密实移动床-流化床离子交换法除钼，在满足 APT-0 级产品要求的前提下，APT 的一次结晶率可提高到94%~95%，柿竹园钨矿用该法取得了很好的效果。如果钨酸铵溶液中钼含量过高，可采用特种树脂沉淀法结合密实移动床-流化床离子交换法分离钨和钼。密实移动床-流化床离子交换法在除钼的同时可除去部分砷、锡和锑等杂质。

3.6.3 影响结晶仲钨酸铵物理性质的因素

钨酸铵溶液生产过程可通过控制钨酸铵溶液浓度、蒸发速度、中和速度、结晶温度及添加晶种等方法来调节晶核的形成和长大速度，以获得不同粒度、不同纯度的 APT。此外，溶液中杂质含量和结晶搅拌强度对 APT 晶体粒度也有影响。

3.6.3.1 WO_3 浓度

料液 WO_3 浓度越高，越易进入过饱和状态，晶核形成速度越快，越易得到细粒晶体；若 WO_3 浓度越低，则过饱和度越小，晶核形成速率慢，生成的晶核数就少，有利于晶核长大，容易得到粗颗粒晶体。另外，由于 APT 结晶过程是一个“失氨”过程，游离氨浓度若太大，则结晶过程反应速率将减慢，易形成粗晶 APT。WO_3 起始浓度也影响 APT 的粒度分布。

3.6.3.2 溶液纯度

钨酸铵溶液中的杂质主要有 P、As、Mo、Si、固体微粒以及 NH_4Cl 等。

A P、As、Mo、Si 等

钨酸铵溶液蒸发过程，结晶料液中杂质离子 P、As、Mo、Si 等含量会有所增加，它们易吸附在晶体生长的活性点上。由于这类杂质被吸附到晶面，遮盖了晶体表面的活性区域，抑制晶核的长大，使 APT 的粒度变细，难以结晶出颗粒均匀的粗颗粒产品。$(NH_3)_4PW_{12}O_{40}$、$(NH_3)_4AsW_{12}O_{40}$、$(NH_3)_4SiW_{12}O_{40}$在结晶过程中完全留在母液中，降低了仲钨酸盐的结晶率。

B NH_4Cl 浓度

经离子交换后的钨酸铵溶液经常含有 NH_4Cl，NH_4Cl 含量越高，则越易得到细小不均的 APT 晶体。NH_4Cl 溶液浓度升高，NH_4^+ 浓度也升高，由于 NH_4^+ 的同离子效应，促使 $WO_4^{2-} \rightarrow H_7W_6O_{24}^{5-} \rightarrow H_{14}W_{12}O_{48}^{10-} \rightarrow H_2W_{12}O_{42}^{10-}$ 聚合反应以及式（1-3-125）反应向右进行，导致仲钨酸铵溶解度下降，溶液的过饱和度增大，晶核形成速率加快，生成大量细小晶粒。

$$10NH_4^+ + H_2W_{12}O_{42}^{10-} + 4H_2O = 5(NH_4)_2 \cdot 12WO_3 \cdot 5H_2O \qquad (1-3-125)$$

C 固体微粒杂质

钨酸铵溶液中如存在固体杂质微粒，则这些固体微粒在结晶过程中起着凝聚核心的作用，促使晶核过早生成。此外，杂质对每个晶面生长的影响也可能不同，某些杂质被优先吸附在晶体的某一晶面上，则抑制此晶面的生长，使晶体形状发生改变。杂质含量不一样，产品的晶型和粗细不同，较纯的钨酸铵溶液易制得晶型规则且较均匀的粗晶，其APT的物理性能在实际应用中比较好。

3.6.3.3 蒸发速度或酸中和速度

蒸发速度或酸中和速度越大，结晶初期形成的过饱和度越大，形成的晶核数量越多，则越易得到粒度较细、松装密度小的APT。向溶液中注入10%~20%的稀盐酸至pH值为6.5~7.5，则结晶颗粒松装密度减小，晶型规则，尤其使制取细颗粒仲钨酸铵更为方便。通过调整结晶母液的理想pH值至6.0~8.0，并加热到50℃以上，可得到高纯度的仲钨酸铵晶体。

3.6.3.4 结晶温度

温度是影响APT粒度的主要因素。这是由于温度对晶核形成和长大速度影响不同所致。当溶液的过饱和度一定时，结晶温度低，晶核长大速度慢，而晶核形成速度较快，容易得到细粒APT；而高温结晶时，晶核长大速度快，且部分微小的晶核会返溶于溶液中，形成有效晶核的数量少，晶核形成相对缓慢，故高温结晶易得到粗粒APT。

高温能促进P、As、Si杂多酸的形成，并使杂多酸铵盐溶解度增大，降低了P、As、Si杂多酸铵盐多相成核的速率。低温下晶体生长速度慢，晶体与母液接触时间长，P、As、Si在固液相的分配比更加接近体系平衡时的数值，有利于其析出。氨在水中的溶解度随温度的降低而增加，低温下溶液的终点pH值相对提高，使P、As、Si杂多酸的形成推迟，生长率相对降低，这也是APT含量升高的原因。

此外，结晶温度对APT形貌的影响也比较大。钨酸铵溶液蒸发结晶在50℃以下析出的是针状结晶（含7个或11个结晶水），而大于50℃析出的是片状结晶（含5个结晶水）。

3.6.3.5 结晶时间

蒸发结晶包括升温时间（升温速度）和蒸发时间（蒸发速度）。升温时间快，溶液中大部分游离氨在短时间内被赶出，溶液的pH值下降很快，过饱和度增大，易快速形成较多晶核，使颗粒度变细。蒸发时间长，则有利于小晶体不断溶解，大晶体不断长大。试验还发现，在一定真空度的条件下，蒸发速度加快，所得APT的松装密度显著减小。

3.6.3.6 溶液pH值

溶液pH值对仲钨酸铵晶体的平均粒度与粒度分布都有影响。成核速率及结晶生长速率受pH值影响明显，自生晶核后的pH值控制在8.0~7.8范围内，有利于减少自生晶核的数量及形成速率，最小的晶核能平稳地生长成大颗粒，并且较窄的pH值范围有利于得到均匀分布的粗晶粒APT。

3.6.3.7 晶种

向钨酸铵溶液加入适量晶种可抑制新晶核的形成，但加入的晶种数量超过一定值后，产品APT粒度反而减小，而且晶种的大小及晶粒形态对产品的晶粒也有影响，其中晶种形态对产品的影响尤甚。加入破碎的 APT 晶粒晶种不能获得完好晶粒的产品，这些碎片会长成多晶粒团聚粒子，因此晶种应经过认真筛选或预处理。

图 1-3-40 所示为添加晶种的量由 *a* 到 *c* 逐渐增加的情况下，APT 结晶的 SEM 照片。图 1-3-41 所示为添加破碎的晶种对 APT 形貌的影响。

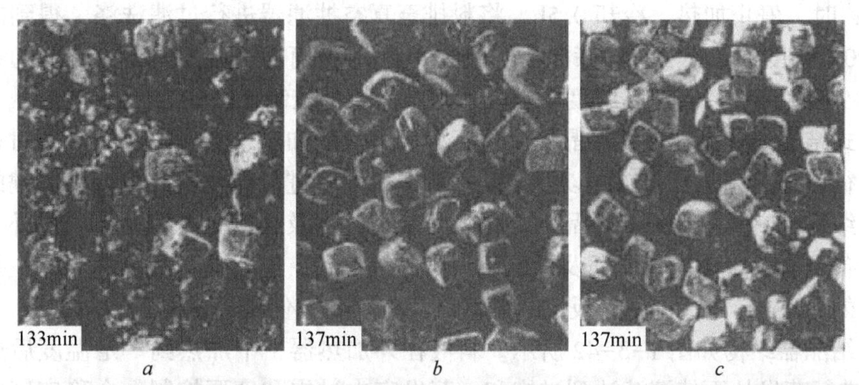

a　　*b*　　*c*

图 1 3 40　晶种量对 APT · $4H_2O$ 形貌的影响

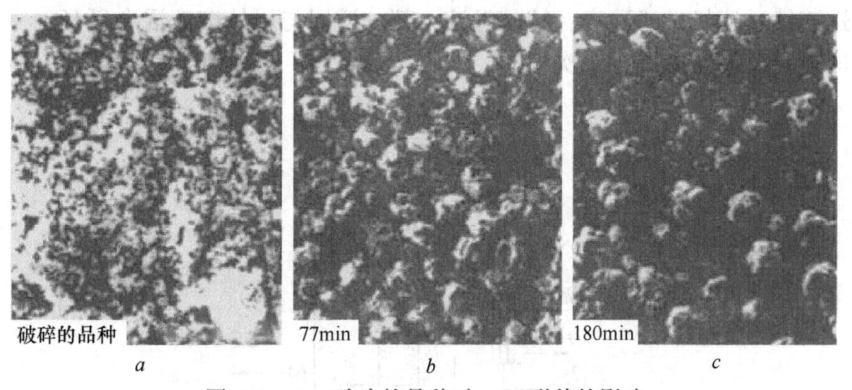

a　　*b*　　*c*

图 1-3-41　破碎的晶种对 APT 形貌的影响

3.6.3.8　*搅拌*

加强搅拌有利于氨的挥发，一般情况下，搅拌会产生一种诱导和加速晶核生成的效果，搅拌能改善结晶过程的传质传热，有利于溶质向晶核表面的扩散。在一定搅拌速度范围内，提高搅拌速度，能增加晶核长大的速度，有利于得到粗颗粒 APT。但搅拌速度过大，晶体被搅碎成许多小晶核，产品粒度变细，难以形成大颗粒。故需通过实践来确定不同设备的搅拌形式和搅拌速度。

3.6.4　工业实践

3.6.4.1　*蒸发结晶法*

工业上多采用减压蒸发，真空压力维持在 40kPa 左右，蒸发温度为 353～363K，得到条状结晶，组成为 $5(NH_4)_2O \cdot 12WO_3 \cdot 5H_2O$。

在工业生产上，蒸发结晶的程度一般根据溶液中及产品所允许的含钼量而定。通常有分批间断式作业和连续式结晶作业两种方法。

分批间断作业是在夹套加热的带有搅拌装置的搪瓷（或衬钛）反应器中进行。将密度为1.16~1.28g/cm^{3}的（$(NH_4)_2WO_4$）溶液（含180~300g/L WO_3）加入反应器内，搅拌加热至沸腾使氨挥发。反应器顶盖上一般安装有与真空系统相联接的管道，将氨及时排至反应器外进行冷却回收，溶液pH值降至7.0~7.7时，APT析出。当母液密度为1.06~1.02g/cm^{3}时，停止加热，冷却0.5h，将料排至真空抽滤器进行过滤洗涤，得到的湿APT在90~120℃温度下干燥后，过筛混合后包装得到APT商品。分批间断式作业的结晶率一般可达到90%~95%，若产品纯度要求高，则结晶率可控制低一些。

连续式结晶作业是在连续结晶器中进行，即溶液的加热、蒸发以及结晶同时在不同的容器内进行，加热、蒸发与浓缩以及结晶室分区，同时进行作业，其中特别关键的部件是结晶室的结构，它直接关系到产品的结构、相貌、纯度及粒度分布等性能。此外，连续蒸发结晶设备还有热力蒸汽再压缩及低温蒸汽结晶等设备。连续式蒸发结晶器的主要结构形式有强制外循环式、循环筒-挡板式结晶器以及奥斯陆流化床式3种。

连续结晶器结构如图1-3-42所示。料液在外加热器1中加热到一定温度后送至蒸发室2，氨进行蒸发从而使溶液达到过饱和。蒸发室中过饱和度要控制在介稳定区内，使其不自动产生晶核。过饱和溶液经中心管3进入结晶室4与其中已存在的晶体接触而进行结晶，晶体送连续过滤机过滤洗涤，结晶母液一部分返回与原始溶液混合循环，一部分送入分批作业的搅拌反应器内进行二次结晶。

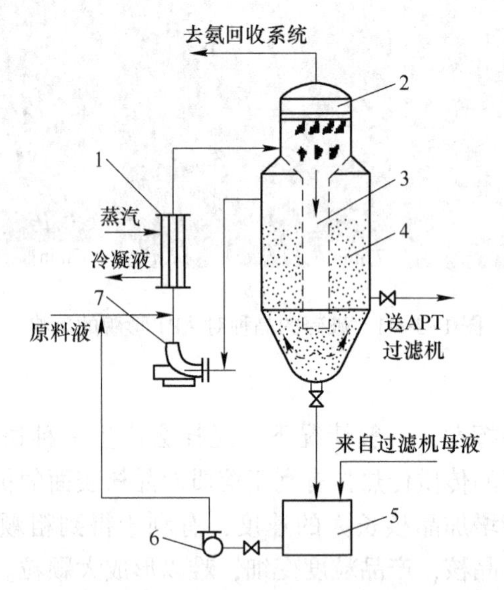

图1-3-42 APT连续结晶器结构示意图

1—外加热器；2—蒸发室；3—中心管；4—结晶室；5—母液槽；6—泵；7—循环泵

分批间断式结晶可通过控制不同的结晶条件得到不同纯度和粒度的APT，结晶率高，母液体积小，NH_3可回收，控制方便，操作简单，但APT的粒度分布范围较宽，批与批之间粒度分布的重现性不太好。而连续结晶法则相反，连续结晶可获得成分和粒度均匀的APT产品，过程连续，质量稳定，产能大，NH_3可回收，但一次结晶率不高（80%~90%），需要循环，所用时间更长。

3.6.4.2 中和结晶法

中和结晶作业在带夹套加热的搪瓷反应器或衬橡胶的反应槽中进行。将 $(NH_4)_2WO_3$ 料液注入反应器中，升温至所要求的温度（按 APT 的粒度要求控制不同的温度：一般中颗粒为 70～75℃，粗颗粒在 90℃以上，细颗粒在 50℃以下），在强烈搅拌下，缓慢加入浓度为 10%～20%的盐酸，中和至 pH 值为 7～7.5，加酸结束，保温搅拌 0.5～1h，使 pH 值稳定，再静置 8～10h，溶液中 90%～95%的钨生成 APT 析出。过滤分离母液，晶体用 1% NH_4NO_3 溶液淋洗。如在常温下加酸，则达到所需的溶液 pH 值后需静置 8～12h，最长甚至要达 24h，结晶析出针状 APT，其组成为 $5(NH_4)_2O \cdot 12WO_3 \cdot 11H_2O$。

中和法与蒸发法比较，能耗小，结晶速度快，较易获得细颗粒 APT，但由盐酸带来的杂质会使 APT 脏化，而且母液体积较大，增加回收系统的负担。

3.6.4.3 冷冻结晶法

冷冻结晶法是在液氮冷却真空干燥器内进行的。将钨酸铵溶液喷在液氮冷却的金属器壁上，水和 APT 同时结晶，得到的固体冷冻物再在真空减压下稍许加热使冰、游离氨升华，得到多孔、干燥的仲钨酸铵。化学纯度与原料液没有变化，但可得到平均粒度为 0.6～1.3μm 的超微仲钨酸铵粉末，且粒度组成均匀，各种杂质或添加剂分布均匀，因而常用此法来制取 W-Re、W-Cu 等成分均匀的复合粉末。此法的 APT 的结晶率为 100%，没有结晶母液，但未获得大规模工业应用。美国爱德华兹高真空公司已用此法生产超细 APT，进而制取超细碳化钨粉，每年产量达 300t。

晶体过滤及洗涤 APT 晶体料浆在室温或在约 313K 温度下过滤，过滤设备可用吸滤盘或带式真空过滤机。过滤所得的 APT 晶体先用 1%～2%的氨水或硝酸铵溶液洗涤 1 次，再用无离子水洗涤 2～3 次，洗水与结晶母液合并处理。晶体干燥、离心脱水后的 APT 晶体在烘干机内烘干以进一步脱除物理吸附水，烘干温度一般低于 473K，成品 APT 晶体含 WO_3 在 88.5%以上。

3.7 APT 结晶母液中钨和氨的回收

我国广泛采用碱分解-离子交换-蒸发结晶工艺生产仲钨酸铵，工业生产中通过控制钨酸铵溶液蒸发结晶过程的 APT 结晶率，使 Mo 等杂质留在结晶母液中。APT 结晶母液 pH 值一般为 6～7，含 3～30g/L WO_3（以正钨酸盐、仲钨酸盐和少量杂多酸的铵盐形式存在），15～70g/L 的 Cl^- 和少量 P、As、Si、SO_4^{2-} 等阴离子及 K、Na 等阳离子。

工业上钨酸铵溶液中钨钼分离 95%都采用选择性沉淀法，有的采用 MoS_4^{2-} 抑制法或者密实移动床-流化床分离钨钼，不管是哪一种钨钼分离方法，首先必须使 MoO_4^{2-} 硫代化为 MoS_4^{2-}，因此 APT 结晶母液中还含有一定量的 S^{2-}。由于结晶母液中含有多种杂质元素，因而不能直接返回主流程。为了提高 W、Mo 及 NH_3 的回收率，必须设置辅助工序处理结晶母液。工业处理方法有二次浓缩结晶-沉淀人造白钨法、余碱转化法、钠碱回调-人造白钨法、石灰沉白钨法，这些都是传统处理方法。现代处理方法主要有强碱性离子交换法、酸回调-大孔弱碱性离子交换树脂法以及选择性沉淀法等，还有膜分离法以及电渗析法等。其中二次浓缩结晶-沉淀人造白钨法操作过程简单，但能耗高，得到的 APT 杂质含量也高。

3.7.1 碱转化法

碱转化法主要包括余碱转化法、烧碱转化-沉白钨法和烧碱转化-离子交换法。

余碱转化是用粗钨酸钠溶液中未反应的 NaOH 中和结晶母液中的酸，把其中的 $(NH_4)_2WO_4$ 和 $(NH_4)_2MoO_4$ 转化成 Na_2WO_4 和 Na_2MoO_4 后，再利用经典 MoS_3 沉淀法除去转化后液中的钼，除钼后液转入主流程与粗 Na_2WO_4 溶液合并净化除磷、砷、锡等杂质，其工艺流程如图 1-3-43 所示。该法在常温下进行，转化过程无需补碱，可直接回收 WO_3。另外，还可利用除钼酸化后液替代部分盐酸分解白钨矿，使 APT 生产的碱耗、酸耗分别下降 8%和 7%。余碱转化法流程短、设备和操作过程简单、投资小、占地面积小，适合大规模生产。因为采用 MoS_3 沉淀法除钼，转化后液中含有 S^{2-}，转化后液和主流程离子交换工艺对接，则 S^{2-} 会影响离子交换树脂的吸附容量，母液中的砷还会引起树脂中毒，所以只能与淘汰的经典化学沉淀法工艺对接。

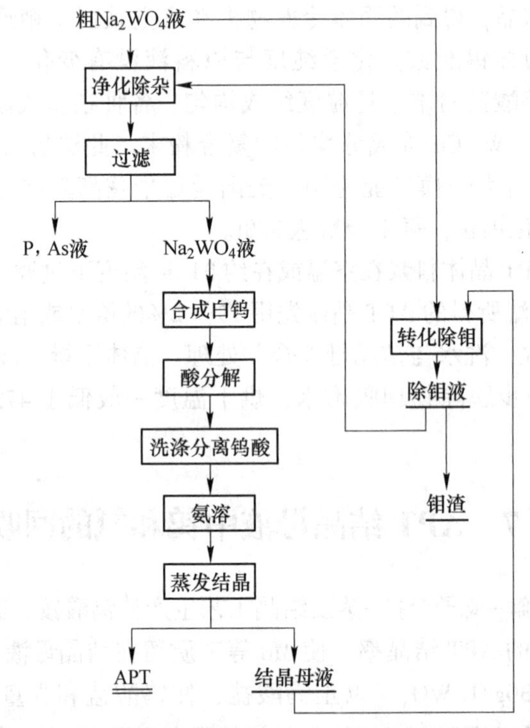

图 1-3-43 余碱转化法处理 APT 结晶母液工艺流程

烧碱转化-沉白钨法是利用烧碱、苏打将结晶母液 pH 值调至 8.5~9，将其中的 $(NH_4)_2WO_4$ 转化成 Na_2WO_4，转化后液净化除杂后加入 $CaCl_2$ 沉淀 WO_4^{2-}。转化过程，烧碱用量一般为理论量的 1.1~1.2 倍，苏打用量稍多一些。如结晶母液中 Si、P 和 As 含量较高，则转化后得到的粗 Na_2WO_4 溶液需先采用铵镁盐沉淀法除去 Si、P、As；如钼高，则需加入 NaHS，使钼形成溶解度较大的 $NaMoS_4$ 后，再加入 $CaCl_2$ 沉淀 WO_4^{2-}，钨以 $CaWO_4$ 沉淀形式析出，而 $NaMoS_4$ 仍留在沉淀后液中，达到钨钼分离的目的。沉淀后液中的钼可采用选择性沉淀法以铜钼渣的形式回收，其工艺流程如图 1-3-44 中 1 所示。该工艺获得的人造白钨还需经进一步分解-净化-转型为钨酸铵，工艺流程长，试剂消耗大，且

APT 结晶母液中大量 NH_4Cl 没有回收利用，氨氮随人造白钨沉淀母液与交换尾液合并外排，造成外排废水氨氮指标不合格。

烧碱转化后的粗钨酸钠溶液也可用 717 强碱性离子交换树脂法处理。该法利用树脂对转化后液中 WO_4^{2-} 和 MoO_4^{2-} 吸附强的性质，WO_4^{2-} 和 MoO_4^{2-} 被交换到树脂上，而 Si、P 和 As 阴离子则随交换后液排出，负载树脂用 2moL/L NH_4OH 与 5mol/L NH_4Cl 混合溶液解吸得到含钼的 $(NH_4)_2WO_4$ 溶液，结晶制备仲钼酸铵。对解吸后的钨酸钠溶液采用选择性沉淀法除钼后返回主流程，或者烧碱转化后溶液直接采用一步离子交换法处理得到 $(NH_4)_2WO_4$ 溶液和 $(NH_4)_2MoO_4$。该法工艺流程短，收率高，能耗低，除杂效果好，但钨钼分离效果较差。碱转化-离子交换法处理 APT 工艺流程如图 1-3-44 中 2 所示。转化法要耗去大量烧碱，成本高，周期长。

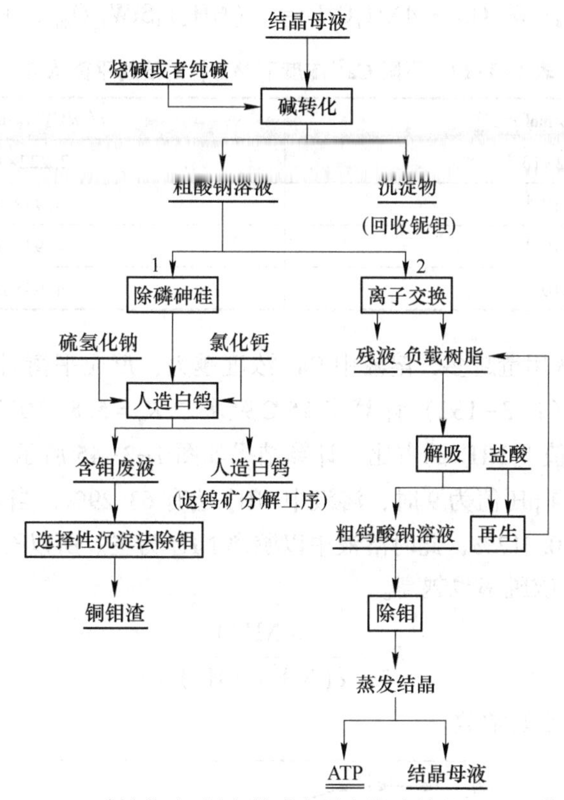

图 1-3-44 碱转化法-沉白钨或离子交换法处理 APT 工艺流程

3.7.2 石灰沉白钨法

3.7.2.1 基本原理

石灰沉白钨法是用廉价石灰代替氢氧化钠作沉淀剂和苛化源，迅速调节结晶母液的 pH 值上升到 8 以上，此时仲钨酸盐、偏钨酸盐、杂多酸盐转化成正钨酸盐而与 Ca^{2+} 反应生成极难溶的 $CaWO_4$（溶度积 $K_{sp}=4.94\times10^{-10}$），同时结合 NH_4Cl 转化成易于吹脱的 NH_3H_2O，盐酸吸收吹脱出的 NH_3，以 NH_4Cl 形式回收氨，回收的 NH_4Cl 可配制离子交换解吸液或者作为优质含钼肥料，石灰沉白钨法完成一步沉钨及吹脱母液中的氨，是一种改良的人造白钨法兼吹脱氨法。但由于介质碱性很弱，一部分杂多酸则与溶液中大量的 NH_4^+ 生成非常难溶的12-杂多酸铵盐，此时结晶母液中总钨的沉淀率达到99.9%以上，沉淀后液中残留的 WO_3 量小于0.1g/L，沉淀白钨中 WO_3 含量达到65%左右，一般结晶母液中杂质离子含量越高，石灰纯度越低，则人造白钨品位越低。不同 Ca^{2+} 浓度下 WO_4^{2-} 的溶解平衡浓度如表1-3-17所示。石灰沉淀过程主要反应如下：

$$Ca(OH)_2 + 2NH_4Cl == CaCl_2 + 2NH_3H_2O \quad (1-3-126)$$

$$Ca(OH)_2 + (NH_4)_2WO_4 \longrightarrow CaWO_4 \downarrow + 2NH_4H_2O \quad (1-3-127)$$

$$H_8W_{12}O_{40} + 12Ca(OH)_2 == 12CaWO_4 \downarrow + 16H_2O \quad (1-3-128)$$

$$H_3PW_{12}O_{40} + 3NH_4OH == (NH_4)_3PW_{12}O_{40} \downarrow + 3H_2O \quad (1-3-129)$$

$$H_3AsW_{12}O_{40} + 3NH_4OH == (NH_4)_3AsW_{12}O_{40} \downarrow + 3H_2O \quad (1-3-130)$$

$$H_4SiW_{12}O_{40} + 4NH_4OH == (NH_4)_4SiW_{12}O_{40} \downarrow + 4H_2O \quad (1-3-131)$$

表1-3-17 不同 Ca^{2+} 浓度下 WO_4^{2-} 的溶解平衡浓度

$c(Ca^{2+})$/mol·L^{-1}	$c(WO_4^{2-})$/mol·L^{-1}
2.222×10^{-5}	2.222×10^{-5}
1×10^{-4}	4.94×10^{-6}
1×10^{-3}	4.94×10^{-7}
1×10^{-2}	4.94×10^{-8}

沉白钨过程，石灰用量越多，溶液中 Ca^{2+} 浓度越大，反应平衡时溶液中的 WO_4^{2-} 浓度沉降越彻底。根据式（1-3-132）计算出25℃废水中 $K_a = 5.8\times10^{-10}$，再根据式（1-3-133）计算出不同pH值下 NH_4^+ 的占比，计算结果如图1-3-45所示。pH值提高，溶液中 NH_4^+ 占比越来越小，当pH值为9时，溶液中 NH_4^+ 还有63.29%，当pH值为13时，水溶液中的 NH_4^+ 占比只有0.017%，此时溶液中以游离 NH_3 为主。所以石灰用量增多，结晶母液的pH值越高，NH_3 吹脱率也越高。

$$K_a = \frac{c(NH_4^+)}{c(NH_3)c(H^+)} \quad (1-3-132)$$

式中，K_a 为 NH_4^+ 离解平衡常数。

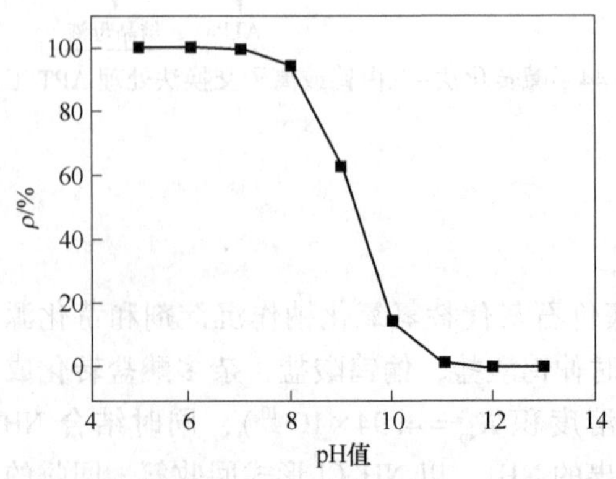

图1-3-45 pH值对水溶液中 NH_4^+ 占比的影响

$$\rho = \frac{c(NH_4^+) \times 100}{c(NH_3) + c(NH_4^+)} = \frac{c(H^+)}{c(H^+) + K_a} \times 100\% \qquad (1-3-133)$$

3.7.2.2 *石灰沉白钨工艺*

石灰沉白钨工艺如图1-3-46所示。该法处理APT结晶母液时，虽然NH_4的脱除率达到97.75%~99.43%，但由于$Ca(OH)_2$在水中的溶解度有限，即使$Ca(OH)_2$饱和水溶液pH值也只能达到12.5左右。用$Ca(OH)_2$作碱源吹脱氨时，受到自身OH^-电离不足的限制，NH_4^+在溶液中还有一定占比，残留的NH_4^+浓度仍未达到工业排放标准（小于15mg/L）。因此，实际生产中经此工序处理后的溶液还需进一步深度脱氨氮，直至污水达到外排标准。

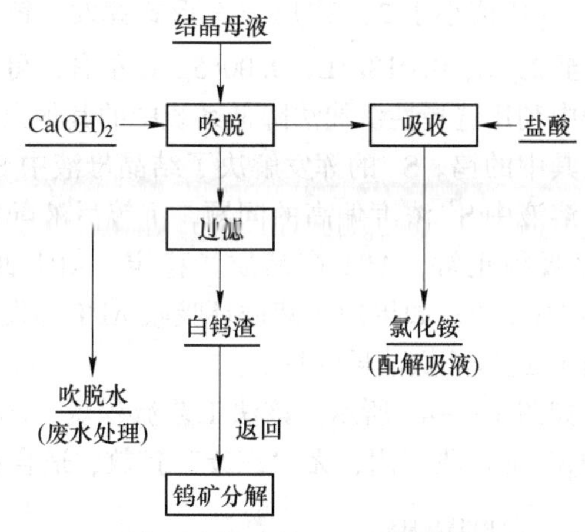

图1-3-46 石灰沉白钨法处理APT结晶母液的工艺流程

该法与常用的氢氧化钠转化法相比，既缩短了工艺流程，又综合回收了NH_3，大大地减少了材料消耗，并提高了金属回收率，还不消耗碱，WO_3生产中碱单耗下降46.1%。

3.7.3 盐酸调酸沉淀法和盐酸调酸-离子交换法

由于聚合作用，钨在不同pH值范围内形成不同的络阴离子，pH值在7.5~9范围内，钨以WO_4^{2-}形式存在，pH值在4~6范围内，钨聚合成$HW_6O_{21}^{5-}$、$W_{12}O_{41}^{10-}$、$HW_{12}O_{41}^{9-}$、$H_2W_{12}O_{41}^{8-}$等，pH值小于4时，则转化成$W_{12}O_{39}^{6-}$、$HW_{12}O_{39}^{5-}$等，pH值小于2时，钨以钨酸沉淀析出。

盐酸调整体系pH值由弱碱性到酸性时，钨聚合成$HW_6O_{21}^{5-}$、$W_{12}O_{39}^{6-}$和$H_2W_{12}O_{40}^{6-}$等，P、As、Si、Mo等与钨形成杂多酸阴离子$PW_{12}O_{40}^{3-}$、$PMo_{12}O_{40}^{3-}$、$PAs_{12}O_{40}^{3-}$、$PSi_{12}O_{40}^{4-}$，同时S^{2-}以H_2S形式挥发，部分P、As、Si、Mo等阴离子与Ca^{2+}、Mg^{2+}、Cu^{2+}等形成沉淀进入渣。介质酸度不同，脱硫率和各离子的脱除率也不同，pH值越低，杂质元素脱除效果越好，所以盐酸调酸过程也是一个净化除杂过程，大部分杂质元素在调酸过程被脱除，但调酸过程对As脱除效果影响不大。pH值对结晶母液各杂质离子的去除效果如表1-3-18所示。

表1-3-18 pH值对结晶母液各杂质离子的去除效果

pH值	成分/g·L^{-1}				
	WO_3^{2-}	S^{2-}	P	As	Mo
7~8	9.62	14.92	0.0038	0.012	0.041
3~4	7.46	13.58	0.032	0.012	0.026
2	5.35	6.50	0.026	0.012	0.0098
1	3.21	2.01	0.018	0.012	0.0065

3.7.3.1 盐酸调酸沉淀法

采用盐酸调酸沉淀法，pH值小于2，S^{2-}以H_2S形式挥发，钨以钨酸沉淀析出，沉钨后液中S、P、Mo分别降至2g/L、0.018g/L、0.0065g/L左右，可全部返回离子工序配制解吸剂。在后续生产过程中利用选择性沉淀法降低系统中的其他杂质含量，调酸过程产生的沉淀送到分解工序回收其中的钨。S^{2-}的挥发解决了结晶母液中S^{2-}导致树脂中毒以及解吸出的高峰$(NH_3)_2WO_4$溶液中S^{2-}浓度偏高的问题。沉钨后液配制主流程离子交换工序的解吸剂，离子交换工序吸附正常，APT产品质量稳定，APT回收率提高0.5%~1%，APT氯化铵消耗下降80~110kg/t。如果用滤液循环吸收APT蒸发结晶过程产生的含氨尾气，则可达到降低APT生产过程液氨消耗的目的。

盐酸调酸法工艺流程如图1-3-47所示。该法工艺流程短、成本低、设备简单，实现了结晶母液中WO_3和NH_4Cl的回收利用，无“三废”排放，适合和离子交换工艺对接。

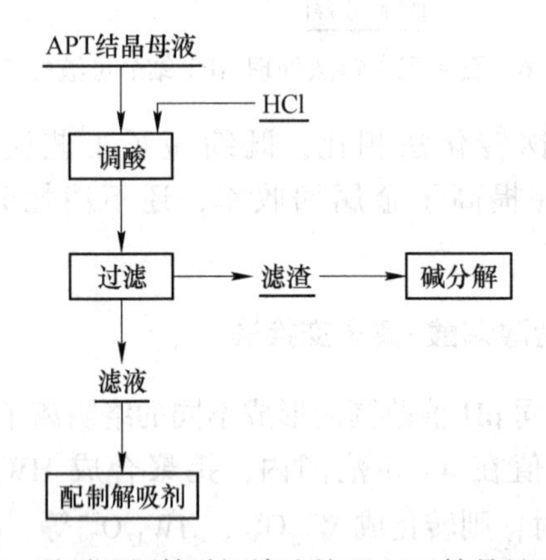

图1-3-47 盐酸回调钨酸沉淀法处理APT结晶母液工艺流程

3.7.3.2 盐酸调酸-离子交换法

当APT结晶母液中含有大量NH_4Cl时，可用盐酸将结晶母液由弱碱性调至pH值为3.5~4.0，利用大孔弱碱性树脂对钨的同多酸根和杂多酸络阴离子的亲和势大极易被吸附的性质，使钨和钼吸附到树脂上，钨的吸附率大于98%，吸附后液中钨含量低于0.2g/L左右，其他金属杂质及非金属杂质都较低，吸附尾液经简单处理再回收NH_4Cl。离子交换吸附过程，相关反应如下：

$$6R_3NHCl + H_2W_{12}O_{40}^{6-} = (R_3NH)_6H_2W_{12}O_{40} + 6Cl^- \quad (1-3-134)$$

大孔弱碱性树脂吸附钨的同时能吸附除去母液中的70%~90%Cl^-，解决了母液中Cl^-含量太高，不能直接返回主流程的难题。

负钨树脂用软化水充分洗涤后，用2.0~2.5mol/L NaOH溶液解吸得到WO_3浓度为180~210g/L，pH值为9~12的Na_2WO_4溶液，钨的解吸率达到98%~99%，解吸液蒸发制备商品钨酸钠，也可用氨水解吸，得到钨酸铵溶液。NaOH溶液解吸反应如下：

$$(R_3NH)_6H_2W_{12}O_{40} + 6NaOH = Na_6H_2W_{12}O_{40} + 6(R_3NH)OH \qquad (1-3-135)$$

$$Na_6H_2W_{12}O_{40} + 18NaOH = 12Na_2WO_4 + 10H_2O \qquad (1-3-136)$$

解吸后的树脂用3%稀盐酸再生转型，转型后树脂进入下一周期吸附。

$$R_3N \cdot H_2O + HCl = R_3NHCl + H_2O \qquad (1-3-137)$$

吸附前结晶母液和解吸液离子浓度如表1-3-19所示，离子交换树脂法处理APT结晶母液工艺流程如图1-3-48所示。

表1-3-19 杂质元素含量

项 目	WO_3	杂质元素含量/$g \cdot L^{-1}$						
		Mo	As	P	Si	Cl^-	OH^-	Fe
APT结晶母液	21.15	0.057	0.030	0.016	0.13	31.05		0.0110
解吸液	63.26	0.058	0.0085	0.002	0.08	17.89	12.63	0.00255

大孔弱酸性树脂处理结晶母液，钨回收率高，环境污染小，对主流程采用离子交换工艺的厂家尤为适合。该法比沉白钨法更先进，氨水解吸含钨溶液直接导入配交前液工序。

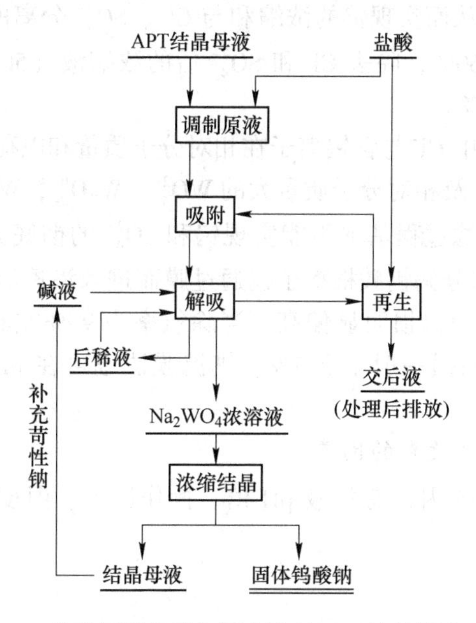

图1-3-48 盐酸回调离子交换法处理APT结晶母液工艺流程

3.7.4 压力驱动膜法

根据水溶液中Cl^-与含钨离子（$H_2W_{12}O_{40}^{6-}$、$W_7O_{24}^{6-}$、WO_4^{2-}）及SO_4^{2-}在相对分子质量和

电荷上的区别，中南大学张贵清教授团队开发了压力驱动膜法分离与回收APT结晶母液中的钨和NH_4Cl。

压力驱动膜有超滤膜和纳滤膜，二者既有相同点，又有不同点。相同点：二者都是压力驱动膜，对相对分子质量大的分子具有截留性。不同点：超滤膜法主要用于溶液中的相对分子质量大的分子、胶体与小分子的分离，超滤膜不是荷电膜，一般对不同价数的离子不具有选择透过性；纳滤膜是一种荷电膜，其分离性能介于超微滤膜和反渗透膜之间，除对不同相对分子质量的离子具有选择透过性之外，还对不同价态的离子具有选择透过性，能截留多价阴离子盐，而允许一价离子透过。

钨在不同pH值下存在不同的形态，在pH值为2.5~10范围内，pH值升高，钨在料液中的存在形式逐渐从偏钨酸根（$H_2W_{12}O_{40}^{6-}$）转化成仲钨酸根（$W_7O_{24}^{6-}$），再转成钨酸根（WO_4^{2-}），含钨离子的相对分子质量和电荷逐渐降低。仲钨酸根与偏钨酸根相比，溶解度也降低，而钨酸根与仲钨酸根相比，相对分子质量小，但溶解性却增强。pH值主要影响APT结晶母液中钨的存在形态和溶解度，从而影响钨的截留率。因此，要用超滤膜和纳滤膜处理APT结晶母液，则需先用盐酸调整APT结晶母液pH值降到2.5~4，此时结晶母液中的钨大部分转变成溶解度较大且相对分子质量较大的偏钨酸根，用微滤器过滤其中的沉淀，滤液在一定压力下通过纳滤膜或者超滤膜。

3.7.4.1 基本原理

超滤膜法利用水溶液中Cl^-、SO_4^{2-}与钨的同多酸与杂多酸根离子在相对分子质量上的差别，对Cl^-和SO_4^{2-}具有离子选择透过性，但对相对分子质量较大的偏钨酸根盐及同多酸盐具有很强的截留能力，从而实现钨的浓缩和与Cl^-、SO_4^{2-}分离的目的。在除氯率为90%左右时，除硫率为50%~60%，除去Cl^-和SO_4^{2-}后的浓缩液（50g/L）可直接进入高峰钨酸铵溶液，钨损为2%~5%。

纳滤膜是利用水溶液中Cl^-与含钨离子在相对分子质量和电荷上的差别，对Cl^-具有离子选择透过性，但对SO_4^{2-}及相对分子质量大的WO_4^{2-}，$W_7O_{24}^{6-}$，$W_7O_{24}^{6-}$，$H_2W_{12}O_{40}^{6-}$等具有很强的截留能力。因此，纳滤过程基本不能实现钨和SO_4^{2-}的彻底分离。对于超滤膜和纳滤膜，Cl^-通过膜的同时，部分偏钨酸根离子也通过膜而进入渗透液中，造成流程中的钨损。与纳滤过程相比，超滤过程钨损明显偏高。当除氯率为90%左右时，超滤过程钨损达到2%~4%，而纳滤过程的钨损一般小于1%。钠滤膜法也可在pH值为8.5~11的溶液中进行。

3.7.4.2 影响膜分离效果的因素

影响膜分离效果的主要因素有料液pH值、操作压力、温度、液中SO_4^{2-}、Cl^-和钨浓度等。

A 超滤膜法

a pH值

pH值对超滤膜截留钨的能力影响很大，升高料液pH值（2~7），超滤膜截留钨的能力逐渐降低，故透过液中钨的浓度逐渐升高，钨损增加。用超滤膜法分离结晶母液中的钨时，必须保证pH值控制在1.5~4，此时绝大部分钨以偏钨酸根离子形式存在，膜对钨的截留率较大，钨与Cl^-的分离效果较好。

b 渗透通量、透过液中 Cl^- 浓度和 WO_3 浓度的变化规律

超滤过程，渗透通量、透过液中 Cl^- 浓度和 WO_3 浓度随透过液体积的变化规律与纳滤过程相似，即在浓缩阶段，透过液体积增加，渗透通量逐渐降低，透过液中 Cl^- 和 WO_3 浓度逐渐升高，其中 WO_3 浓度升高尤为明显，故超滤过程不宜浓缩过度，否则钨损较大。进入透析阶段后，透过液体积增加，渗透通量呈现先升高后降低而后又升高再降低的规律，而透过液中 Cl^- 浓度和 WO_3 浓度总体呈下降趋势。

c 操作压力和温度

升高操作压力（10~20kg/cm^2）和温度有利于提高渗透通量，减少膜面积，节约投资。但对钨的截流率影响不大，均为98%~99%。操作温度一般控制在35~45℃。

d SO_4^{2-} 浓度及在超滤过程中的行为

结晶母液中如果含一定量的 SO_4^{2-}，则其对超滤膜渗透通量和钨损都有影响。SO_4^{2-} 的存在不利于超滤膜的分离过程，SO_4^{2-} 浓度增加，渗透通量下降，钨损增加。与纳滤过程不同，超滤过程具有一定分离 SO_4^{2-} 的能力，在除氯率为90%左右时，除硫率为50%~60%。

D 纳滤膜法

a pH 值的影响

纳滤膜法处理 APT 结晶母液能在相当宽的 pH 值（2.5~10.5）范围内有效截留钨而允许 Cl^- 透过，实现 Cl^- 与钨的分离。钨损随料液 pH 值的升高而增大，平均通量随料液 pH 值的升高而下降，这与钨离子的存在形式变化有关。就分离效果、渗透通量、钨损和浓缩程度等指标来说，酸性料液更为优越，但其对纳滤设备的材质要求更高。

b 操作压力

纳滤膜介于多孔膜与致密膜之间，由于膜阻力较大，要使一定的溶剂通过膜，要用较高的压力。纳滤膜溶剂透过通量原理图如图 1-3-49 所示。

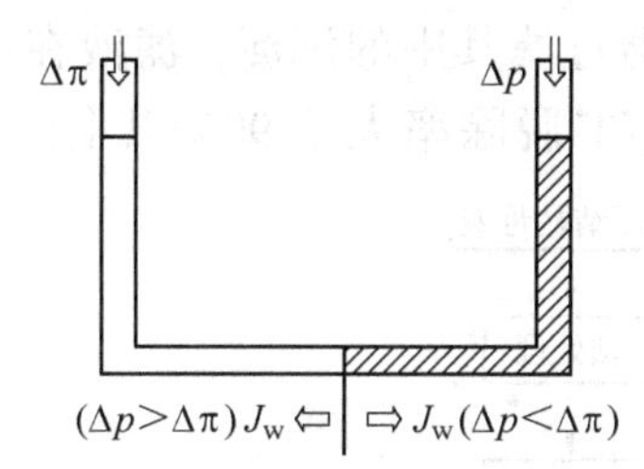

图 1-3-49 纳滤膜溶剂透过通量原理图

Δp—实际操作压力；$\Delta\pi$—渗透压；J_w—纳滤膜通量

当实际操作压力 Δp 大于渗透压 $\Delta\pi$ 时，溶剂就会从浓溶液流向稀溶液。纳滤膜溶剂透过通量 J_w 与实际操作压力有直接关系，纳滤膜的溶剂透过通量 J_w(mol/(m^2·s))和溶质透过通量 J_s(mol/(m^2·s))分别用下列方程式表示：

$$J_w = L_P(\Delta p - \sigma\Delta\pi) \tag{1-3-138}$$

$$J_s = -(P - \Delta x)\frac{dc}{dr} + (1-\sigma)J_{vc} \tag{1-3-139}$$

式中，σ、P(m/s) 及 L_P(m/(s·Pa))均为膜的特征参数，分别称为膜的反射系数、溶质透过系数及纯水透过系数；Δp(Pa) 和 $\Delta\pi$(Pa) 分别为膜两侧的操作压力差和溶质渗透压

力差；Δx、c 分别为膜厚、膜内溶质浓度。

压力增大，过程的推动力增大，故渗透通量增大，但脱氯效率降低。操作压力增大必然导致电耗增加，操作成本也增加。实际操作时，要控制适当的膜压力，既要保证有较高的膜通量和 Cl^- 的透过率，又要降低钨损，同时要考虑设备及膜管的承受压力。

c SO_4^{2-} 在纳滤过程中的行为

SO_4^{2-} 对纳滤膜渗透通量和钨损都有影响，料液中 SO_4^{2-} 浓度升高，溶液渗透压增加，膜对多价离子的选择性下降，因此膜的渗透通量下降，钨损增加。纳滤过程，SO_4^{2-} 与钨基本上得不到有效分离，当除氯率大于90%时，SO_4^{2-} 的除去率小于2%。

d 通过液体积

在浓缩阶段，透过液体积增加，渗透通量逐渐降低，透过液中 WO_3 浓度逐渐升高，且增加的幅度不断加大，到浓缩阶段的后期，透过液中 WO_3 浓度急剧升高。而进入透析阶段后，由于加水稀释，渗透通量突然增加，然后又逐渐降低，而透过液中 WO_3 浓度因水的稀释作用而随之降低。纳滤过程的钨损主要发生在纳滤后期，即浓缩液钨浓度很高时，若适当降低浓缩液的浓度，比如控制最终浓缩液 WO_3 浓度为50g/L，则过程的钨损则会降至1%以下。

e Cl^-浓度和温度

膜通量随 Cl^-浓度的减小而增大，随 WO_3 浓度增大，通量反而减小。故从综合效益考虑，应增加膜面积，采用适当的料液浓度和压力来提高脱氯速率。温度也有影响，温度升高，膜通量增大。

3.7.4.3 膜法处理APT结晶母液工艺流程

纳滤膜和超滤膜法处理APT结晶母液流程如图1-3-50所示。先把APT结晶母液加热到55~85℃，在搅拌下慢慢滴加1~2mol/L盐酸，控制母液pH值为2~4，此时母液中的钨转化为粗偏钨酸铵，用微滤器过滤其中的沉淀，滤液在一定压力下通过纳滤膜或超滤膜。对于纳滤膜，当母液中的 Cl^-脱除率大于90%以上时，浓缩液中的 WO_3 可达50~

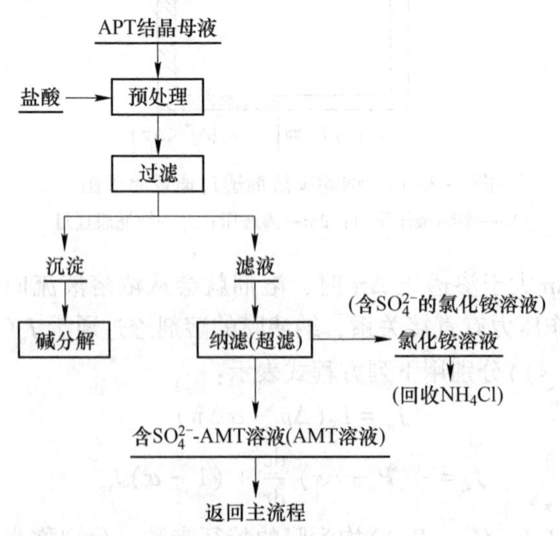

图1-3-50 压力膜法处理APT结晶母液工艺流程

100g/L，浓缩液返回主流程过程，可利用偏钨酸铵溶液中的酸中和碱分解液中的残碱，既回收了钨，又避免了碱分解液中OH^-和Cl^-浓度高时对离子交换过程钨吸附的影响。纳滤过程产生的含NH_4Cl的渗透液送去废液处理工序回收NH_4Cl，回收的NH_4Cl可配制解吸剂。对于超滤膜仅脱除Cl^-，而SO_4^{2-}仍留在渗透液中，NH_4Cl中的SO_4^{2-}会对降低主流程离子交换树脂对钨的吸附容量。

膜法回收APT结晶母液中钨和NH_4Cl具有工艺流程短、操作简单、钨损小、钨和NH_4Cl分离效果好以及试剂消耗小、无污染等优点，具有很大的工业应用潜力。

3.7.5 其他处理方法

除以上方法外，还有电渗析法、萃取法以及选择性沉淀法。

3.7.5.1 选择性沉淀法

选择性沉淀法最早应用于钨酸盐溶液中W和Mo的分离。该法也可用于APT结晶母液的处理。

选择性沉淀法可将结晶母液中的Mo、As、Sn和Sb等杂质除去，将WO_3留在除杂后液中，可直接返回主流程钨酸铵溶液净化过程。如果结晶母液中含有NH_4Cl，则NH_4Cl也留在除杂后液中，沉淀后液可返回主流程配离子交换解吸液。选择性沉淀法净化除杂过程产生的铜钼渣和主流程净化工序产生的铜钼渣合并处理。

该技术工艺流程短，设备简单，成本低，除杂效率好，钨损失少，是一种具有广阔发展前景的方法。但处理过程需要消耗铜盐，得到的铜钼渣还需要进一步处理，以回收其中的钨、铜和钼。

3.7.5.2 电渗析法

利用离子交换膜对不同价态离子的选择透过性，将Cl^-从结晶母液中分离出去，一般先将母液加碱煮沸，使其中的仲钨酸根全部转化为钨酸根，然后进行电渗析脱Cl^-，脱Cl^-到一定程度时，便可直接返回主流程回收WO_3。

电流密度是电渗析过程关键工艺参数。电流密度大，脱氯速率大，但高的电流密度会使电流效率降低，能耗与钨损也增大。从综合因素来考虑，应采用增加膜面积和降低电流密度的措施。电渗析法由于耗电量比较大，在实际生产中尚未采用。

3.7.5.3 萃取法

国内也曾研究和应用N235-TBP-煤油组成的萃取剂萃取回收结晶母液中的钨。工业性生产规模的萃取设备混合室为500mm×500mm×720mm，沉清室为500mm×2000mm×720mm。技术条件为萃取2级，反萃取8级，APT结晶母液含WO_3 9~30g/L，NH_4Cl约150g/L，pH值为3，反萃剂为100g/L NaOH溶液，萃取相比$O/A=1/1$，反萃$O/A=1/(0.5\sim0.8)$。钨的萃取率达99.9%，萃余液中含WO_3达到0.04g/L，NH_4Cl约145g/L，可结晶回收为化肥。工业性生产实践表明：体系中氯化物浓度增加时，萃取率降低，且影响分相。与传统碱转化法相比，提高了金属回收率，缩短了生产周期，实现了工艺过程连续、自动控制，并减少了对环境的污染。

第2篇

钼冶金

1 概论

1.1 钼冶金简史

1778年，瑞典科学家卡尔·威廉·谢勒用硝酸分解辉钼矿得到钼酸，并制备出钼酸盐和氧化钼，证实了钼的存在。1782年，彼得·雅各布·耶尔姆（Peter Jacob Hjelm）用亚麻子油调过的木炭和钼酸混合物密闭灼烧，成功地还原了氧化钼，获得钼粉末。1893年，德国化学家M. Moissan用电炉加热碳和二氧化钼的混合物，得到含钼量为92%~96%的铸态金属钼。20世纪初，别尔齐利乌斯用氢还原三氧化钼得到了更纯的金属钼。

虽然钼是18世纪才发现，但由于钼易氧化、脆性大，加之20世纪前钼冶炼和加工水平有限，钼一直不能进行机械加工，在工业上基本无法进行大量应用。用量较大的仅仅是一些钼化合物，如作为磷试剂用的钼酸铵、作为颜料用的钼蓝和其他某些化合物。1891年，法国的斯奈德率先将钼作为合金元素生产了含钼装甲板，发现其性能优越，而且钼的密度仅是钨的1/2，在许多钢铁合金应用领域得到应用，拉开了钼工业应用的序幕。1900年，又成功地研究出了钼铁生产工艺，同时发现钼钢能满足炮钢材料需要的特殊性能，促使钼钢的生产在1910年迅速发展。此后，钼成为耐热和防腐的各种结构钢的重要成分，也是有色金属镍和铬合金的重要成分。

金属钼的工业生产以及在电气工业上的广泛应用，大约是与金属钨在同一年代开始的。主要是由于生产这两种致密金属的粉末冶金法和压力加工工艺已在工业上研究成功，另一个原因是第一次世界大战的爆发导致了钨需求的剧增和钨铁供应的极度紧张，致使钼在许多高硬度和耐冲击钢中取代了钨，钼的需求增长加速对钼的进一步研究。

第一次世界大战结束后，钼需求锐减，人们开始致力于开发钼在民用工业上的新应用，注意力主要集中在用于汽车工业的新型低钼合金钢，从此，对钼作为合金元素在钢铁和其他领域的开发研究进入了一个新的阶段。20世纪30年代末，钼已经是一种应用广泛的工业原料。1945年，第二次世界大战结束再一次刺激了钼在民用工业应用领域的研究与开发，加上战后重建给许多含钼工具钢的应用开辟了广阔的市场。在第二次世界大战期间，美国的克莱麦克斯钼业公司研究出真空电弧熔炼法，得到了重450~1000kg的钼锭，开辟了钼作为结构材料的道路。50年代，不断发展的粉末冶金法也在工业上能生产重180kg以上的坯料。50年代后，钼的研究工作主要是积极探索耐热钼基合金的成分和生产工艺。现今，钼材料的高纯化、复合化、纳米化是研究的主要方向。

1.2 钼及其主要化合物的性质

1.2.1 金属钼的性质

1.2.1.1 钼的物理性质

纯钼是一种银白色金属，其熔点和沸点很高，熔点为2662±10℃，沸点为4804℃，是典型的难熔金属。密度大，为10.2g/cm^3，属重金属一类。钼弹性模量高，高温强度高，是高温结构元件的重要基体材料。蒸气压低，蒸发率随温度升高而增加慢，线膨胀系数低，是一种重要电光源材料。塑-脆转变温度高，常温下钼难以加工变形处理，其应用受到较大限制。

1.2.1.2 钼的化学性质

钼属于周期表中第五周期Ⅵ副族元素，外层电子结构为$4d^5 5s^1$，具有2个未被电子充满的外电子层N层与O层，使其具有+2、+3、+4、+5、+6等多种化学价态，形成种类繁多的钼化合物，其中以+6价钼的化合物最稳定。

常温下钼在空气中的化学性质很稳定，不会被盐酸、氢氟酸、碱液腐蚀，但能溶于浓硫酸、硝酸和王水。钼与某些金属溶液、非金属元素在不同条件下的作用情况如表2-1-1所示。

表2-1-1 钼与某些非金属元素在不同条件下的作用情况

元素	作 用
氧	钼大约在400℃开始轻微氧化，高于600℃，钼在空气和氧化性气氛下氧化速度迅速增加，形成的三氧化钼开始升华，高于700℃时，钼被水蒸气迅速氧化成二氧化钼。
氢	常温下，钼在纯H_2、Ar和He中完全稳定，在H_2中加热时，能吸收一部分H_2生成固溶体
碳、氮气	高于1200℃，钼与氮发生反应生成氮化物，低于1100℃，钼在CO_2、NH_3和N_2中具有惰性，在更高温度下，在NH_3和N_2中，钼表面可能形成氮化物薄膜，高于1100℃时，能被碳氢化合物和CO含碳气体碳化
硫	在还原气氛下，甚至在高温下，钼也能耐H_2S的侵蚀，钼表面形成黏附性好的硫化物薄层，在氧化气氛下，含硫气氛能迅速腐蚀钼，高于800℃，H_2S才能与钼发生化学反应生成MoS_2
卤素	低于200℃，能耐干燥Cl_2的腐蚀，高于250℃，易被湿氯气腐蚀，低于800℃，能耐碘的腐蚀。氟可以在室温下腐蚀钼，60℃反应生成MoF_6，当有O_2存在时，生成Mo_2OF_2和$MoOF_4$
酸	室温下，钼能抗盐酸和硫酸的侵蚀，80~100℃，钼在盐酸和硫酸中有一定数量的溶解。钼能缓慢溶于硝酸和王水中，高温时迅速溶解于硝酸和王水中，并能溶于氟酸与硝酸混合酸
碱	室温下，苛性碱的水溶液几乎不腐蚀钼，但在热态下会发生轻微腐蚀。在熔融的苛性碱中情况完全不同，特别是在有氧化剂存在时，熔融的氧化性盐类，如硝酸钾和碳酸钾，能强烈侵蚀钼
炭	石墨与钼在1200℃左右生成MoC

1.2.2 钼及其主要化合物的性质

钼最具有代表性的化合物的是六价化合物，主要有三氧化钼、钼酸和钼酸盐，还有+5、+4、+3和+2价态相应的化合物。

1.2.2.1 钼的氧化物

钼与氧形成一系列氧化物，最稳定的为 MoO_3 和 MoO_2。此外还有中间氧化物，如 Mo_9O_{26}、Mo_8O_{23}、Mo_4O_{11}等。

A 三氧化钼（MoO_3）

熔点为795℃，沸点为1155℃，微溶于水。MoO_3 是酸酐，易溶于碱或氨水溶液生成 Na_2MoO_4 或 $(NH_4)_2MoO_4$。未煅烧的 MoO_3 在各种矿物酸中的溶解度相当大，但煅烧后，MoO_3 仅溶解于 H_2SO_4 和 HF 中，特别是与浓 H_2SO_4 反应生成 MoO_2^{2+} 和 $Mo_2O_4^{4+}$，这些离子本身又能形成可溶性盐。高纯 MoO_3 有 α-MoO_3、h-MoO_3 和 β-MoO_3，其中 α-MoO_3 为室温下热力学稳定相，而 h-MoO_3 和 β-MoO_3 为室温下热力学介稳相。

MoO_3 是金属钼、低价钼氧化物及 MoS_2 氧化焙烧时的产物，是钼冶金中最重要的中间体。工业上，在空气中焙烧辉钼矿可制得钼焙砂。纯 MoO_3 用 H_2 于500℃以上还原制取金属钼粉。MoO_3 用途广泛，是制备钼粉、催化剂等钼化工产品的重要原料，另外 MoO_3 在抑烟阻燃、气敏性方面具有一定的用途。

B 二氧化钼（MoO_2）

深棕色粉末，由纯 MoO_3 氢还原制得。MoO_2 不溶于水、碱或酸的水溶液，HNO_3 能将 MoO_2 氧化成 MoO_3。在约1770℃和无空气存在下，MoO_2 歧化为 MoO_3 和 Mo。在空气存在时，MoO_2 在高温会迅速氧化成 MoO_3。

C 中间氧化物（$MoO_{2.89}$和 Mo_4O_{11}）

二者的稳定性不如 $WO_{2.90}$和 $WO_{2.72}$，很难制得它们的纯样品，用 H_2 还原 MoO_3、MoO_2 氧化、在惰性气氛中加热 MoO_2 和 MoO_3 混合物均可生成钼的中间氧化物。Mo_4O_{11}呈蓝紫色，微溶于水、H_2SO_4、HCl 以及稀碱溶液，Mo_8O_{23}和 Mo_9O_{26}呈蓝黑色。

1.2.2.2 钼酸及正钼酸盐

A 钼酸（H_2MoO_4）

钼酸在61~120℃范围内稳定，高于120℃脱水生成 MoO_3。H_2MoO_4 氧化性较弱，微溶于水，但能迅速溶于无机强酸和液碱或氨水中。温度升高，H_2MoO_4 在水中的溶解度增加，但80℃时其溶解度仅有0.518g/L。H_2MoO_4 的溶解度随 HCl 酸度的增加而增加，在 pH 值为1~2范围内其溶解度最小，这也是酸化沉钼的重要理论依据。

当纯钼酸铵溶液用 HNO_3 中和并将溶液自然蒸发时，得到难溶于水的黄色柱状单斜晶系 $H_2MoO_4 \cdot H_2O$，在低于61℃时比较稳定。

B 正钼酸盐

正钼酸盐主要有碱金属、铵的正钼酸盐及碱土金属（除镁外）锰、铁、铜、锌等金属的正钼酸盐，工业上有较大意义的为钠盐、钙盐和铵盐。

a 钼酸钠（Na_2MoO_4）

白色菱形晶体，熔点为687℃，密度为3.28g/cm³，15.5℃时其在水中的溶解度为

39.27%，100℃时为45.57%。主要用于化工、生物碱、催化剂、金属腐蚀抑制剂、搪瓷、染料、颜料及农用微量元素化肥等领域，用量仅次于钼酸铵。

将钼精矿氧化焙烧生成 MoO_3，再用液碱浸取生成钼酸钠溶液，当 Na_2O：MoO_3>1 时，从溶液中结晶出 Na_2MoO_4，在 10~100℃、低于 10℃时，分别析出 $Na_2MoO_4 \cdot 2H_2O$、$Na_2MoO_4 \cdot 10H_2O$。

b 钼酸铵（$(NH_4)_2MoO_4$）

白色或淡绿色晶体，易于纯化、溶解和热解离。$(NH_4)_2MoO_4$ 热解逸出 NH_3，因此 $(NH_4)_2MoO_4$ 是工业生产高纯钼制品的基本原料，如 $(NH_4)_2MoO_4$ 热解生产高纯 MoO_3，用 H_2S 硫化 $(NH_4)_2MoO_4$ 溶液生产高纯 MoS_3，利用 $(NH_4)_2MoO_4$ 生产各种含钼化学试剂等。工业上一般用辉钼矿焙烧脱硫，氨水浸出钼焙砂制取钼酸铵。

$(NH_4)_2MoO_4$ 是石油化学工业和高分子合成工业的催化剂、陶瓷油彩和颜料、特殊分析试剂以及生产金属钼丝、片等的基本原料。

c 钼酸钙（$CaMoO_4$）

白色粉末结晶，溶于无机酸，熔点为 1520℃，CaO 与钼酐在高于 450℃作用生成 $CaMoO_4$。20℃时，$CaMoO_4$ 在水中的溶解度为 0.0058g，100℃时为 0.0235g。工业上常将 $CaCl_2$ 加入钼酸盐水溶液沉淀 $CaMoO_4$，实现钼的富集与钼铼的分离。$CaMoO_4$ 不与 NH_4OH 反应，但在 $(NH_4)_2CO_3$ 存在时，$CaMoO_4$ 转化成 $(NH_4)_2MoO_4$。

$CaMoO_4$ 是工业上重要的产品，是生产特殊钢的添加剂，同时又是生产钼铁和 H_2MoO_4 的原料。

d 铁的钼酸盐（$Fe_2(MoO_4)_3$ 和 $FeMoO_4$）

向 pH 值约为 3.5 的钼酸盐水溶液添加 $FeCl_3$ 或 $Fe_2(SO_4)_3$ 生成 $Fe_2(MoO_4)_3$ 沉淀，在更高 pH 值下得到含有 $Fe(OH)_3$ 的沉淀物。在 pH 值小于 3.5 时，沉淀物含有 H_2MoO_4。当加热至 600℃以上时，$Fe_2(MoO_4)_3$ 分解为 Fe_2O_3 和 MoO_3。

$FeMoO_4$ 熔点为 850℃，在隔绝空气下将 FeO 和 MoO_3 的混合物加热到 500~600℃制得 $FeMoO_4$。$FeMoO_4$ 在空气中加热分解成 Fe_2O_3 和 MoO_3。

$Fe_2(MoO_4)_3$、$FeMoO_4$ 与 NH_4OH 反应缓慢，反应产物为铁氨络合物 $[Fe(NH_3)_4](OH)_2$、$Fe(OH)_2$（氧化成 $Fe(OH)_3$）和 $Fe(OH)_3$，$Fe(OH)_3$ 覆盖在 $Fe_2(MoO_4)_3$、$FeMoO_4$ 表面，阻碍反应的继续进行。

e 钼酸铅（$PbMoO_4$）

微溶于水，熔点为 1065℃，在自然界以 $PbMoO_4$ 矿形式存在。$PbMoO_4$ 既可以从碱金属的钼酸盐溶液中沉淀获得，也可将 PbO 和 MoO_3 的混合物加热到 500~600℃获得。

$PbMoO_4$ 在 1000~1100℃时，蒸气压亦相当大。升华法生产高纯 MoO_3 时，对钼焙砂中含铅量有严格要求。铅含量高时，应严格控制升华温度低于 1000℃。

f 钼酸铜（$CuMoO_4$）

无水钼酸铜在 500~700℃加热得到 CuO 和 MoO_3 混合物。将含铜的盐加入钼酸钠水溶液中，沉淀出黄绿色的碱性钼酸铜，根据沉淀条件的不同，沉淀物的分子式为 $CuO \cdot 3CuMoO_4 \cdot 5H_2O$ 的沉淀，也可析出成分接近于 $2CuMoO_4 \cdot Cu(OH)_2$ 的沉淀。

$CuMoO_4$ 在 850℃时熔化并分解，当温度不低于 900℃时，$CuMoO_4$ 分解加速。钼焙砂中的 $CuMoO_4$ 不影响钼的挥发率，但影响 MoO_3 的挥发速度。

1.2.2.3 钼的同多酸及其盐

H_2MoO_4 可与 MoO_3 反应生成同多酸，其通式为 $mH_2O \cdot nMoO_3$，式中 $m<n$。钼的存在形态与溶液 pH 值有很大的关系。pH 值不小于 6.5 时，溶液中只有 MoO_4^{2-} 存在；pH 值为 6.5~2.5 时，MoO_4^{2-} 开始质子化并逐渐聚合成 $Mo_4O_{13}^{2-}$、$Mo_7O_{24}^{6-}$、$Mo_8O_{26}^{4-}$、$Mo_6O_{20}^{4-}$等多钼酸根阴离子；pH 值小于 2.5 时，多钼酸根离子解离成 MoO_2^{2+} 或更为复杂的阳离子；pH 值小于 1 时，钼主要以 MoO_2^{2+} 离子形式存在。

钼酸可与各种数目 MoO_3 分子结合，生成聚钼酸（$xH_2O \cdot yMoO_3$，$y>x$）。A · 琴纳德等测得的 MoO_3-NH_3-H_2O 系在 25℃和 85℃的等温线分别如图 2-1-1 和图 2-1-2 所示。

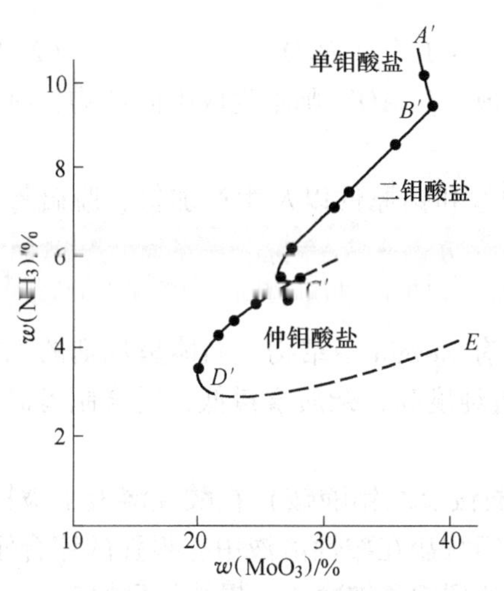

图 2-1-1 MoO_3-NH_3-H_2O 系在 25℃的等温线

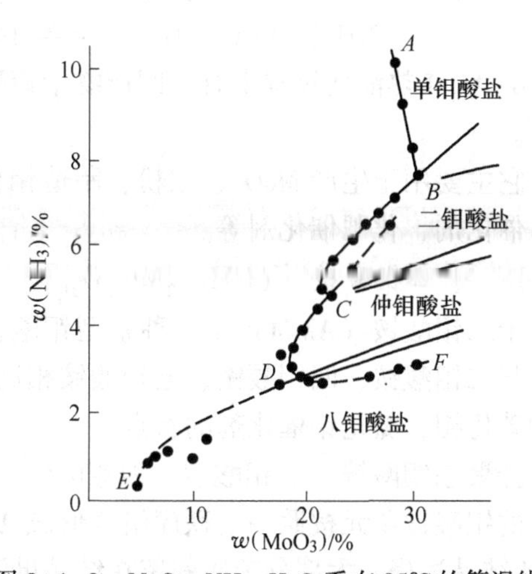

图 2-1-2 MoO_3-NH_3-H_2O 系在 85℃的等温线

温度为 25℃和 85℃，在 MoO_3-NH_3-H_2O 系中，析出条件不同，可析出正钼酸铵、二钼酸铵、仲钼酸铵及八钼酸铵等化合物。仲钼酸铵加热到 245℃或将钼酸铵溶液中和到 pH 值为 2~3 时，析出四钼酸铵。

A 二钼酸铵［$(NH_4)_2Mo_2O_7 \cdot 4H_2O$］

它又称重钼酸铵，易溶于水和碱类，且随溶液中游离 NH_3 浓度而变化。二钼酸铵在空气中加热，则将按下式分解：

$$(NH_4)_2Mo_2O_7 \xrightarrow{225℃} (NH_4)_2Mo_3O_{10} \xrightarrow{250℃} (NH_4)_4Mo_8O_{26} \xrightarrow{360℃} MoO_3$$

当高浓度的钼酸铵溶液加热蒸发时，其中大部分游离 NH_3 被蒸发除去，溶液得到进一步的浓缩，并使 NH_3：MoO_3 分子比为 1：1 时，溶液中的钼将以二钼酸铵形态结晶析出。

B 七钼酸铵［$(NH_4)_6Mo_7O_{24} \cdot 4H_2O$ 或 $3(NH_4)_2O \cdot 7MoO_3 \cdot 4H_2O$］

它又称仲钼酸铵（AHM），具有很高的水溶性，在 20℃和 80~90℃水溶液中，其溶解度分别为 300g/L 和 500g/L，水溶液呈弱酸性，AHM 易溶于氨水。

AHM 在空气中稳定，加热至 90℃时，失去 1 个 H_2O，150℃开始分解并析出 NH_3，转化为四钼酸铵。190℃时，分解成 NH_3、H_2O 和 MoO_3。常将 AHM 加热到 350℃ NH_3 制备 MoO_3。AHM 是工业上常见的钼的化合物，是生产纯 MoO_3 和金属钼粉的中间品。广泛用于石油化工催化剂，还作为微量元素化肥和金属钼的生产原料。

C 四钼酸铵 [$(NH_4)_2Mo_4O_{13}$或 $(NH_4)_2O \cdot 4MoO_3$]

它又称多钼酸铵或无水八钼酸铵（AQM），微溶于水，在水中溶解度为0.5~1g/L，溶于碱和氨水。无水AQM常见结晶形态有AQM、α-AQM、β-AQM，还有微晶型AQM和无定形AQM。主要采用无机酸中和钼酸铵溶液至pH值为2.0~3.5，制备AQM。不同晶型的AQM有不同的热演变过程，α-AQM和β-AQM的热演变过程存在明显的差异。

α-AQM在262~277℃时，反应生成十钼酸铵，十钼酸铵在334~366℃分解生成MoO_3：

$$10(NH_4)_2Mo_4O_{13}(\alpha型) = 4(NH_4)_2Mo_{10}O_{31} + 12NH_3\uparrow + 6H_2O \quad (2-1-1)$$

$$(NH_4)_2Mo_{10}O_{31} = 10MoO_3 + 2NH_3\uparrow + H_2O \quad (2-1-2)$$

β-AQM在325~358℃时，分解为MoO_3：

$$(NH_4)_2Mo_4O_{13}(\beta型) = 4MoO_3 + 2NH_3\uparrow + H_2O \quad (2-1-3)$$

α-AQM热演变过程中有中间产物十钼酸铵生成，β-AQM则不生成中间产物，有利于还原。

它主要用于生产MoO_3、钼粉、制造钼板、钼丝和钼原件以及生产加氢、脱硫等石油精炼催化剂、化肥催化剂等。

D 十二钼酸铵 [$(NH_4)_2Mo_{10}O_{31}$]

十二钼酸铵（AMM）是一种新型钼酸盐，具有Keggin型结构，晶体呈规则的六棱柱状，与二钼酸铵、四钼酸铵、七钼酸铵相比，具有纯度高、杂质含量低、适合制备高纯钼粉和碳化钼、氮化钼催化剂的特点。

低聚态钼酸铵（二钼酸铵、四钼酸铵、七钼酸铵及八钼酸铵）在酸性溶液中被拆分，拆分的钼酸铵单元按照一定秩序组合形成AMM，钼酸盐在酸性溶液中有很强的缩合倾向。AMM结晶过程，大部分杂质残留在结晶母液中，达到钼酸铵净化、提纯的目的。

$$2MoO_4^{2-} + 2H^+ \longrightarrow (Mo_2O_7)^{2-} + H_2O \quad (2-1-4)$$

$$11(Mo_2O_7)^{2-} + 22H^+ \longrightarrow 2(Mo_{11}O_{40})^{2-} + 11H_2O \quad (2-1-5)$$

$$12(Mo_4O_{13})^{2-} + 18H^+ \longrightarrow 4(Mo_{12}O_{40})^{2-} + 9H_2O \quad (2-1-6)$$

$$12(Mo_7O_{24})^{6-} + 64H^+ \longrightarrow 7(Mo_{12}O_{40})^{2-} + 32H_2O \quad (2-1-7)$$

$$12(Mo_8O_{26})^{6-} + 36H^+ \longrightarrow 8(Mo_{12}O_{40})^{2-} + 18H_2O \quad (2-1-8)$$

E 钼酸钠

二钼酸钠（$Na_2Mo_2O_7 \cdot 6H_2O$）、三钼酸钠（$Na_2Mo_3O_{10} \cdot 7H_2O$）、四钼酸钠（$Na_2Mo_4O_{13} \cdot 7H_2O$）、仲钼酸钠（$Na_6Mo_7O_{24} \cdot 22H_2O$）等均属钠的同钼酸盐，都易溶于水，24℃时，上述4种盐在1kg水中溶解度分别为270g、93g、85g、35g（以MoO_3计）。

1.2.2.4 钼的杂多酸及其盐

钼和钨一样，在酸性溶液中，钼酸或其盐类与磷酸、砷酸和硅酸硼酸中的中心原子P、As、Si等形成杂多酸和杂多酸盐。其杂多酸根离子可用以下通式表示：

$[X^{n+} \cdot Mo_6O_{24}]^{(12-n)-}$，$[X^{n+} \cdot Mo_{12}O_{42}]^{(12-n)-}$（X表示P、As、Si等中心原子）

钼酸根也能与钨形成钨钼杂多酸，其络合物中W：Mo分子比为1：1，当溶液中W(Ⅵ)+Mo(Ⅵ)=0.01mol/L时，在25℃和60℃，钨钼杂多酸络合物的稳定常数分别为59×10^4和4.5×10^4。

当有金属阳离子存在时，形成相应的杂多酸盐，例如磷钼酸铵$(NH_4)_3[P(Mo_3O_{10})_4]\cdot$

$6H_2O$，这种溶解度很小的盐是将含钼酸铵的硝酸溶液倒入含有硝酸的磷酸铵溶液中沉淀出来的，这一反应广泛应用于磷酸的定量和定性分析。

A 二元杂多酸

属于这类的杂多酸有12-磷钼酸、18-磷钼酸、硅钼酸、12-硅钼酸、砷钼酸、锑钼酸、钨钼酸、钒钼酸、铀钼酸、硒钼酸、铁钼酸、高铁钼酸等。不含钼的二元杂多酸有磷钨酸、硅钨酸等，常见的有12-磷钼酸（$[H_3PMo_{12}O_{40}]\cdot nH_2O$，$n\approx24$）、12-硅钼酸$[H_4SiMo_{12}O_{40}]\cdot nH_2O$，其次是12-磷钨酸（$[H_3PW_{12}O_{40}]\cdot nH_2O$，$n\approx30$）和12-硅钨酸（$[H_3SiW_{12}O_{40}]\cdot nH_2O$，$n\approx30$）。

常见盐类有磷钼酸钾（钠、锂、铷、铯、铵）盐，还有磷钼酸钴（镍、锌、铜、银和铋）等及烷基磷钼酸盐，如 $Na_2H_5[(C_2H_5)_4N]_4(HP)_5Mo_6O_{33}$。

B 三元杂多酸

这类杂多酸主要有磷钼钒酸（亦称钼钒磷酸）、硅钼钒酸、12-磷钼钒酸、12-硅钼钒酸、砷钼钒酸、锑钼钒酸、硒钼钨酸、磷钒钼酸等，其盐类也有铵、钾、钠等，还有镧盐等，其盐类也有铵、钾、钠盐等，还有镧盐等。

1.2.2.5 钼蓝

钼蓝是钼以混合价态形成的一系列氧化物和氢氧化物混合物的总称，钼的平均化合价为5~6，因呈深蓝色，故名钼蓝，是杂多蓝的一种。钼蓝多以胶体状态存在，很容易被表面活性物质吸附，如离子交换树脂吸附钼蓝后呈蓝色。

钼蓝通常指磷钼蓝（$H_3PO_4\cdot12MoO_3$），是一种由磷酸、五价钼和六价钼离子组成的复杂混合物，常用生成钼蓝的反应定量分析钢铁、土壤、化肥、农作物中磷的含量。

1.2.2.6 钼的卤化物及卤氧化物

钼能与卤素生成一系列氯化物和氯氧化物，在适宜温度下，许多钼的卤化物和氧卤化物具有挥发性。通常用金属钼、氢和碳氢化合物还原 MoF_6、$MoCl_5$、$MoBr_4$ 和 MoI_3 高价卤化物得到低价卤化物。

A 钼的氯化物

钼的氯化物热解得到低价钼的氯化物，其中的一些钼的化合物主要性质见表2-1-2。

表2-1-2 钼的氯化物的某些性质

化合物分子式	颜色	生成热/$kJ\cdot mol^{-1}$	熔点/℃	沸点/℃	稳定性
$MoCl_5$	紫黑色	529.4	194	268	在气相中 $MoCl_5$ 分解生成 $MoCl_4$(气态)
$MoCl_4$	棕色	479.6	高于130℃，分解生成 $MoCl_3(s)$ 和 $MoCl_5(g)$，在330~630℃，$MoCl_4$ 是构成气态的主要成分		
$MoCl_3$	红棕色	393.4	高于530℃，在固相中分解为 $MoCl_2(s)$ 和 $MoCl_4(g)$		
$MoCl_2$	黄色	288.8	在700℃或者高于700℃，分解为Mo和 $MoCl_4(g)$		
MoO_2Cl_2	黄白色	724.0	170(1.47MPa)	156	
$MoOCl_4$	绿色	642.4	104	180	

温度高于500℃时，Cl_2 和金属钼或 MoS_2 作用得到 $MoCl_5$，$MoCl_5$ 用 H_2 还原得到低价氯化物，在湿空气和水中，$MoCl_5$ 水解生成 MoO_2Cl_2 和 $MoOCl_3$。在空气存在下，还原

$MoCl_5$ 得到 $MoOCl_3$，$MoOCl_3$ 是热力学上最稳定的氧氯化物。

温度高于500℃时，Cl_2 与 MoO_3 反应生成易挥发的 MoO_2Cl_2，在500~600℃时，加热 MoO_3 和 NaCl 混合物也可得到 MoO_2Cl_2。

B 钼的氟化物

温度在300~400℃，用Mo还原 MoF_6 可制得 MoF_5 和 MoF_4，MoF_4 也可在350℃时由 MoS_2 与 SF_4 反应制得 MoF_4。MoF_3 可在400℃用Mo、H_2、SbF_3 等还原 MoF_5 制得。表2-1-3列出了钼的主要氟化物及其性质。

表2-1-3 钼的主要氟化物及其性质

化合物	颜色	熔点/℃	沸点/℃	性质
MoF_6	白色	7.5	35	钼与氟反应，得到 MoF_6（易还原，易分解）
MoF_5	黄色	70	209.9	在165℃歧化为 MoF_4 和 MoF_6
MoF_4	绿色固体			在165℃歧化为 MoF_4 和 MoF_6，挥发性差
MoF_3	棕色固体			挥发性差，真空中在600℃时十分稳定
$MoOF_4$	黑色固体	97	186	Mo与HF或 MoO_3 与 F_2 反应制得
MoO_2F_2	白色固体		270	MoO_2Cl_2 与HF反应制得

1.2.2.7 钼的硫化物及碳化物

A 钼的硫化物

钼与硫能生成 MoS_3、MoS_2 和 Mo_2S_3，只有 MoS_3 和 MoS_2 具有实用价值。MoS_2 在自然界以辉钼矿形式存在，其熔点为1180℃，不溶于水、氨水、苏打及还原性无机酸溶液，在空气中加热至450~550℃时可氧化成 MoO_3。

辉钼矿具有层状六角晶格（图2-1-3），钼离子层处于两层硫离子之间，组成三层离子排列，且极具各向异性，层内S-Mo原子间以共价键结合，而层间S-S原子间以较弱的范德华力连接，在外力作用下，容易产生层间相对滑移及层面破裂，这种面集非极性、疏水性、化学惰性于一体，化学反应主要发生在层面断裂的边缘，此处为由S-Mo离子键破裂而形成的晶棱，化学活性相对较高。S-Mo-S三层之间结合力微弱，辉钼矿在隔绝空气的条件下加热到1300~1350℃发生离解，加热到1650~1700℃开始熔化并分解。在空气中加热到500~600℃，辉钼矿矿物很容易氧化成 MoO_3，HNO_3 和王水都能氧化辉钼矿。

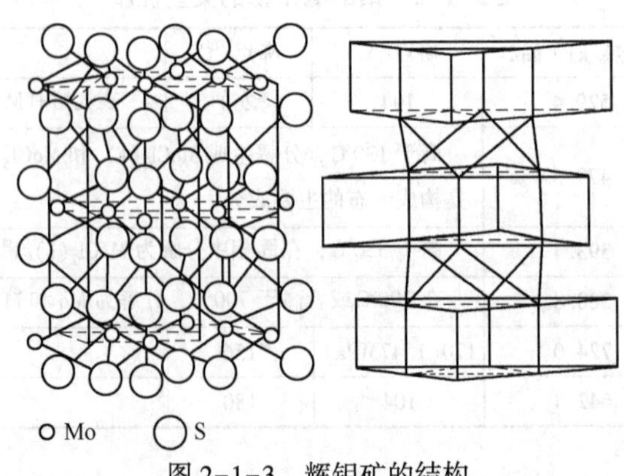

图2-1-3 辉钼矿的结构

向热的钼酸盐酸性溶液中通入 H_2S，可沉淀出 MoS_3，MoS_3 溶于硫化铵溶液，生成易溶于水的硫代钼酸盐，当其溶液酸化时析出 MoS_3。

$$MoS_3 + (NH_4)_2S = (NH_4)_2MoS_4 \quad (2-1-9)$$

$$(NH_4)_2MoS_4 + H_2SO_4 = MoS_3 + (NH_4)_2SO_4 + H_2S \quad (2-1-10)$$

B　钼的氮化物、碳化物

钼在1500℃可与氮发生反应形成钼的氮化物，在1100~1200℃以上与碳、CO和碳氢化合物反应生成 MoC_2，MoC_2 在1500~1700℃的氧化气氛中相当稳定，不会被氧化分解。

C　二硅化钼

$MoSi_2$ 是钼、硅二元合金系中硅含量最高的一种中间相，具有金属和陶瓷双重特性，其熔点为2030℃，略低于金属钼的熔点，具有极好的高温抗氧化性，其抗氧化温度可达1600℃以上，与SiC等硅基陶瓷相当，被认为是继Ni、Ti超合金（使用温度800~1000℃）和结构陶瓷（使用温度高于1000℃）后出现的极具竞争力的高温结构材料。

1.3　钼及其化合物的用途

钼是一种稀有高熔点金属，具有良好的导热、导电、耐高温、耐磨、耐腐蚀等多重特性，是不锈钢、合金钢等材料的重要添加剂，广泛应用于钢铁、化工、电子、电子计算机、航空航天、生物医药、农业及国防建设等领域。

1.3.1　钢铁工业

钼主要用于钢铁工业，其中大部分是以工业氧化钼压块后直接用于炼钢或铸铁，少部分熔炼成钼铁后再用于炼钢。低合金钢中钼含量不大于1%，但其消费却占钼总消费量的50%左右。钼作为钢的合金元素，可以提高钢的强度、高温强度和韧性，提高钢在酸碱溶液和液态金属中的抗蚀性，提高钢的耐磨性，改善钢的淬透性、焊接性和耐热性。钼是一种良好的易形成碳化物的元素，在炼钢过程中不氧化，可单独使用，也可与其他合金元素共同使用。钼与铬、镍、锰和硅等可制造不同类型的不锈钢、工具钢、高速钢和合金钢等，所制成的不锈钢具有良好的耐腐蚀性能，可用于石油开采的耐腐蚀钢管。

钼作为铁合金的添加剂，有助于形成完全珠光体基体，改善铸铁的强度和韧性，提高大型铸件组织的均匀性，还可以提高热处理铸件的可淬性。含钼灰口铸铁具有很好的耐磨性，可作为重型车辆的闸轮和刹车片等。

1.3.2　催化剂工业

钼在催化剂及其他化学工业方面的消费量约占钼总需求量的15%，钼催化剂主要用作汽车和石油化工工业上的催化剂。

1.3.3　航空航天

含钼18%的镍基超合金具有熔点高、密度低和热胀系数小等特性，用于制造航空和航天的各种耐高温部件。

1.3.4　电子工业

金属钼在电子管、晶体管和整流器等电子器件方面得到广泛应用。最近还研制出在强光照射下会改变颜色的 MoO_3，可用于电子计算机光存储元件及多次使用的复印材料。

1.3.5 农业

在农业上用作微量元素化肥。

此外，钼金属业及超合金业对钼的需求量分别占钼总需求量的 6% 和 4%。从结构上看，以深加工产品形式消耗的钼占25%，随着钼新技术的采用和发展，如钼金属陶瓷，难溶材料的复合化，粉体的纳米及应用、高温涂层，钼金属高纯化、高科技领域的钯材和化工材料等领域的发展，钼深加工产品消耗的比例还会不断增加。

1.4 钼冶金原料

钼冶金的原料主要为各种钼的矿产品，随着钼消费量的提高，钼的二次资源回收也占有重要地位，钼的二次资源主要有含钼废催化剂、废金属钼、钼基合金及含钼废气、废液等。

钼在地壳中的平均含量约为 0.00011%，已发现的钼矿物约有 20 种，主要有辉钼矿、钼酸钙矿、钼酸铁矿和钼酸铅矿。最具有工业应用价值的是分布量较广的原生辉钼矿，是提炼钼的主要原料，占国内外钼开采量的 98%。由于风化作用，辉钼矿矿床上部的钼被氧化成钼华、钼酸铁矿、钼酸钙矿和钼酸铅矿。由于钼酸钙矿与钨酸钙矿是同晶形的矿物，所以钼酸钙矿常含杂质钨。

1.4.1 辉钼矿及钼精矿

辉钼矿质地柔软，外观似石墨，密度为 4.7~4.8g/cm^3，硬度为 1~1.5，属六方晶系，主要集中于热液型、斑岩型、硅卡盐型钼矿床。矿床类型以斑岩型钼矿和斑岩-硅卡岩型钼矿最重要。

辉钼矿中常含有以类质同象形态存在的铼，铼与钼的离子半径相近，故经常置换钼而富集于辉钼矿中，是自然界中已知含铼最高的矿物，也是提炼铼的主要原料。辉钼矿中的铼含量往往与矿床性质相关，一般斑岩铜钼矿床中的辉钼矿含铼达到 0.01%~0.1%，而硅卡岩钼矿床、石英钼矿床中的辉钼矿含铼约为 0.001%~0.01%。

辉钼矿常与钨酸钙（白钨矿）矿、钨锰铁矿（黑钨矿）、锡石、黄铁矿（FeS_2）、黄铜矿（$CuFeS_2$）、砷黄铁矿（FeAsS）、辉铋（Bi_2S_3）以及其他一些矿物伴生，钼矿床中有石英、长石、方榴石、方解石等脉石矿物。对斑岩型钼矿床而言，一般钼矿床中钼的品位为 0.1%~0.4%，对硅卡岩型钼矿床而言，仅为 0.01%~0.1%。因此，应经过选矿才能得到钼精矿。

我国已探明的辉钼矿储量约占钼矿总保有储量的 99%，而不便于利用的氧化钼矿石、混合钼矿石及类型不明的钼矿石仅占 1%。钼精矿质量标准如表 2-1-4 所示。

表 2-1-4 钼精矿质量标准（GB 3200—1989） （质量分数/%）

牌号	w(Mo)	$w(SiO_2)$	w(As)	w(Sn)	w(P)	w(Cu)	$w(WO_3)$	w(Pb)	w(CaO)	w(Bi)
KmO53-A	57.00	6.50	0.001	0.01	0.01	0.15	0.05	0.15	1.50	0.02
KmO53-B	53.00	5.00	0.05	0.05	0.02	0.20	0.30	2.00	0.25	0.10
KmO51-A	51.00	8.00	0.02	0.02	0.02	0.20	0.18	1.80	0.06	0.06
KmO51-B	51.00	5.5	0.10	0.06	0.03	0.40	0.40	2.00	0.30	0.15
KmO49-A	49.00	9.00	0.03	0.03	0.03	0.22	0.20	2.20	—	—

续表 2-1-4

牌号	$w(Mo)$	$w(SiO_2)$	$w(As)$	$w(Sn)$	$w(P)$	$w(Cu)$	$w(WO_3)$	$w(Pb)$	$w(CaO)$	$w(Bi)$
KmO49-B	49.00	6.50	0.15	0.06	0.04	0.60	0.60	2.00	—	—
KmO47-A	47.00	11.0	0.04	0.04	0.04	0.25	0.25	2.70	—	—
KmO47-B	47.00	7.50	0.20	0.07	0.05	0.80	0.65	2.40	—	—
KmO45-A	45.00	13.0	0.05	0.05	0.05	0.28	0.30	3.00	—	—
KmO45-B	45.00	8.5	0.22	0.07	0.07	1.20	0.70	2.60	—	—

注：1. 牌号中的 A 表示单一钼矿浮选产品；B 表示多金属矿综合回收浮选产品；

2. 钾、钠的质量分数，报分析数据，不作质量分数考核指标；如需方对牌号中未规定的三氧化钨和铋的质量分数有要求，可由供需双方商定；

3. 经供需双方协议，可调整表中个别指标；

4. 钼精矿中铼为有价元素，供方应报出分析数据，是否计价，供需双方协议。

由于矿石性质的复杂性，如含碳量高时，辉钼矿与煤很难选别与富集，钼精矿品位上不去。如湖南湘西某矿山，因含煤，故碳量较高，浮选得到的粗精矿含 Mo 只有 25%左右，含 C 20%~35%，属于低品位钼精矿。

低品位钼精矿，钼的品位为 20%~40%，其中含有大量 SiO_2、CaO、镁及少量铜、铁、铅、钨、钒、铟杂质的精矿。伴生钼矿石的浮选中矿、尾矿等属于低品位复杂矿石等，国家标准规定钼精矿中钼的品位不能低于 45%，针对这类矿石的特点，应研究开发新型冶金技术，综合回收其中多种有价金属。

钼原料除辉钼矿、铜钼矿、镍钼矿外，还有一些其他尾矿，例如钼铀矿、铀-钼-钒沉淀物、钼铅矿、含钼白钨矿以及含钼铅尾矿等。

1.4.2 我国钼资源的主要分布

我国是世界上钼矿资源最为丰富的国家之一。根据 2014 年国土资源部发布的数据，我国钼矿查明资源储量达到 27268kt，主要集中在陕西金堆城和陕西黄龙铺（钼铅矿床）、河南洛阳、栾川以及南泥湖-三道庄（钼钨矿）、辽宁杨家杖子和吉林大黑山三大区域，属世界级规模的大矿。另外，在广东白石樟（钼钨矿床）、安徽大别山东段等也有分布。

1.4.3 我国钼资源特点

钼矿床有三种类型：(1) 原生钼矿，主要是浮选富集辉钼矿精矿；(2) 次生钼矿，从主产品铜矿中分离钼；(3) 共生钼矿，这类钼矿床中钼和铜的工业开采价值均等。我国钼资源以原生钼矿为主，共伴生钼矿特别少，且原生钼矿中，钼品位较低，贫矿多，富矿少。

1.4.3.1 储量多，但品位低，多属低品位钼矿床

在开发的钼矿山中，含钼量都很低，通常在 0.1%左右，很少超过 0.5%，而副产钼矿，品位仅 0.01%~0.03%。显然，原生钼矿不经过富集是无法利用的。我国钼矿石品位及分布见表 2-1-5。

表 2-1-5 多属低品位矿床我国钼矿石品位及分布

矿石类型	矿石品位/%	占总储量的比例/%
低品位矿	<0.05	65
较低品位矿	0.05~0.1	10

续表 2-1-5

矿石类型	矿石品位/%	占总储量的比例/%
中等品位矿	0.1~0.2	30
较富品位矿	0.2~0.3	4
富矿	>0.3	1

1.4.3.2　有益伴生组分多，经济价值高

据统计，单一钼矿的矿床储量只占全国总储量的14%，作为主矿产，还伴生有其他有用组分的矿床储量占总储量的64%，与铜、镍、钨、锡等金属共生和伴生的钼储量占总储量的22%。

A　镍钼矿

它是我国重要的钼资源矿，主要分布在贵州遵义、湘西北部、湖南张家界、江西都昌、云南曲靖和浙江富阳等地，采用物理及化学选矿技术很难将其中有用组分富集和分离。该矿物除含有 Ni(0.17%~7.03%)、Mo(0.35%~8.17%) 外，还伴生丰富的 Se、V、W、Au、Ag、铂族金属以及稀土金属等多种有价元素。据北京大学估算，镍钼矿总量中含金 510t、银 10800t、钯 480t、稀土金属 501t。因此，有效开发利用镍钼矿资源具有很大的经济价值。

镍钼矿在硫化物与脉石交界处含有部分有机碳，故被称为碳硫钼矿，其中镍主要以硫镍矿、硫铁镍矿、针镍矿、黄铁矿等形式存在，主要脉石矿物有方解石、白云石等碳酸盐类矿物，少量石英碎屑及长石，高岭土等硅酸盐矿物，部分炭化有机质，脉石中一般不含镍、钼，有害元素有砷、磷、铀，其中砷多与稀贵金属形成砷化物，磷主要以磷酸盐形式存在。由于其成分复杂，品位相对较低。

B　铜钼矿

铜钼矿是钼的主要来源之一，在我国的云南、西藏、河南等省（自治区）存在大型的铜钼沉积矿。铜和钼的硫化物多采用浮选富集，得到铜精矿和钼精矿，但由于二者的硫化矿可浮性性质相近，难以彻底分离，精矿还需脱杂处理。国外的实践表明，近年开采的铜钼矿床，其最低铜品位为 0.2%~0.3%，最低钼品位为 0.01%~0.011%。

C　规模大，多适合于露采

据统计，储量大于 100kt 的大型钼矿，其储量占全国总储量的 76%，储量在 1~100kt 的中型矿床，其储量占全国总储量的 20%。适合于露采的钼矿床储量占全国总储量的 64%，如陕西金堆城、河南洛阳和栾川、辽宁杨家杖子和吉林大黑山大型矿床多可露采，而且辉钼矿的颗粒比较粗大，易浮选。

1.5　钼冶金的主要方法及工艺

当前钼冶金的原料绝大部分为辉相矿，辉钼矿的处理方法有氧化焙烧-氨浸（碱浸）法和各种湿法处理方法，二者都可以处理标准精矿，但对于非标准钼精矿和中矿、低品位钼中矿、钼尾矿以及复杂矿不能采用经典焙烧-氨浸工艺，而应以全湿法工艺作为提钼的首选工艺。

处理辉相精矿的主要任务是将钼的硫化物转化为工业氧化相或各种钼酸盐。为完成上述任务，当前工业采用的原则流程如图 2-1-4 所示。

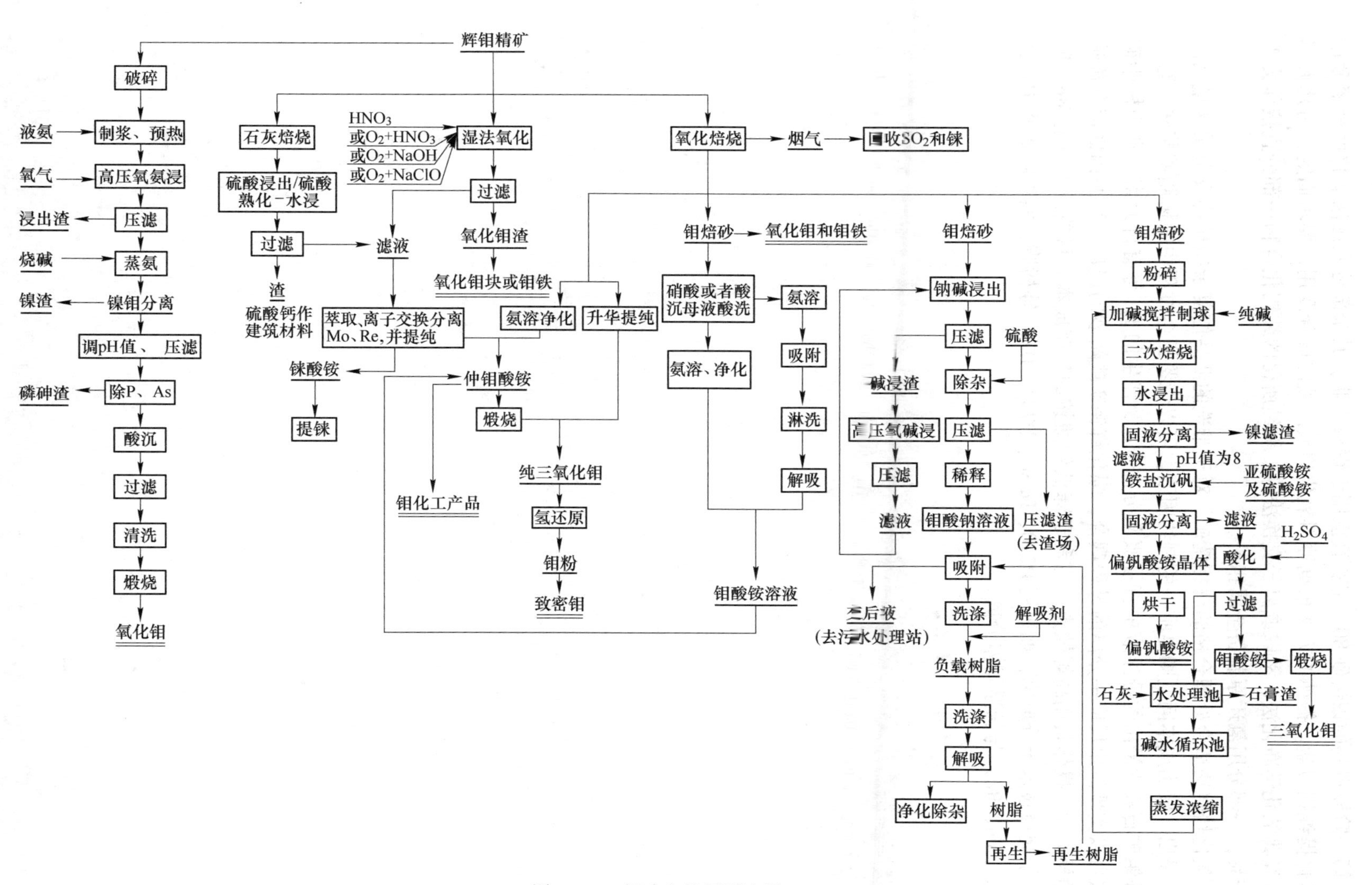

图 2-1-4 钼冶金的原则流程

第一阶段得到的钼焙砂80%左右直接用于钢铁工业，其余部分及湿法氧化所得溶液进行净化提纯钼酸盐。提纯的方法根据原料氧化钼或溶液的成分及用户要求而定，可用升华法、经典的化学净化法、萃取或离子交换法等。提纯所得的纯钼化合物一部分直接作为工业产品，一部分用氢还原制备金属钼粉。

氧化焙烧法适合处理合格的辉相精矿，对于难选的低品位复杂钼矿物及杂质含量高的焙砂浸出，浸出成本问题则是唯一的制约因素。可以借鉴提金过程中的树脂矿浆法，直接从辉钼矿石氧化浸出的悬浮液中直接吸附分离 Mo 及伴生的 Re 等有价元素，利用树脂矿浆法可以实现浸出反应—分离的过程耦合，强化辉钼矿或焙砂的浸出，克服因固液分离造成的投资大、操作费用高等缺点，有利于降低钼酸铵的生产成本。目前，工业上 Mo、Re 的离子交换技术十分成熟，如采用 D290、D380、D703、D701 等树脂，实现将矿浆中目标产物（Mo、Re）与悬浮固体分离。

以钼焙砂为原料生产纯钼化合物

纯钼化合物包括钼的氧化物和各种钼酸盐。钼酸盐是制取 MoO_3 的重要原料。

工业上，生产 MoO_3 方法主要有 3 种：（1）纯火法生产，即硫化钼精矿氧化焙烧生产钼焙砂，钼焙砂高温升华生产纯 MoO_3，工艺简单，生产成本低，但对原料质量要求高；（2）火-湿法联合法生产 MoO_3，首先将钼焙砂用氨水浸出或者钼焙砂经酸盐预浸处理后再用氨水浸出生产钼酸铵，钼酸铵热分解制备高纯 MoO_3，对于低品位、杂质含量高的钼焙砂，也可采用钠碱法浸出或苏打焙烧-水浸等；（3）纯湿法生产，即采用酸性高压氧化、碱性高压氧化、高压氧浸等湿法分解方法分解钼精矿或者镍钼催化剂，然后从浸出液、浸出渣中制备各种钼酸盐，钼酸盐热解制备 MoO_3。本章仅介绍火法和火-湿法联合法生产纯钼化合物。

2.1　钼精矿的氧化焙烧

不管是纯火法还是火-湿法联合法生产纯 MoO_3，第一步首先要将辉钼矿氧化焙烧生产钼焙砂。辉钼矿氧化焙烧的任务就是将 MoS_2 氧化成工业 MoO_3。对炼钼铁和钢铁而言，特别要求工业 MoO_3 总硫含量低，一般不宜超过 0.1%；对制取钼化工产品及金属钼而言，则要求钼焙砂中难溶于 NH_4OH 溶液中的 MoO_2、MoS_2、$CaMoO_4$ 和 $PbMoO_4$ 等含量低，如果这些难溶物含量高，则可考虑采用钠碱法浸钼。

2.1.1　氧化焙烧基本理论

2.1.1.1　氧化焙烧机理

辉钼矿氧化焙烧过程是一个复杂的气固多相化学反应过程，焙烧过程发生一系列化学反应，大体上可分为三类：即 MoS_2 氧化生成 MoO_3 及 MoO_3 与 MoS_2 之间的交互作用，金属硫化物的氧化及硫酸盐的生成，三氧化钼与杂质氧化物、碳酸盐、硫酸盐的相互作用。

A　MoS_2 氧化生成 MoO_3 及 MoO_3 与 MoS_2 之间的交互作用

在 Mo-S-O 系（图 2-2-1 和图 2-2-2）中，在 SO_2 分压较高的情况下（923K 时，当 $P_{SO_2}>10^{-10}$MPa 时），随着系统中氧分压的提高，MoS_2 将氧化成 MoO_2，MoO_2 进一步被氧化成 MoO_3。而在工业生产条件下，一般 P_{SO_2} 均大于 0.01MPa，故焙烧反应如下：

$$MoS_2 + 3.5O_2 = MoO_3 + 2SO_2 + 1063kJ \quad (2-2-1)$$

$$2MoO_2 + O_2 = 2MoO_3 \quad (2-2-2)$$

系统不存在 MoS_2 和 MoO_3 的平衡，即二者不能平衡共存，当将二者混合时，则在一定温度发生交互反应生成 MoO_2。一般在 MoS_2 消耗快完全时，MoO_3 才会稳定存在。

$$MoS_2 + 6MoO_3 = 7MoO_2 + 2SO_2 \quad (2-2-3)$$

按每1kg硫计算，其发热量超过FeS_2、NiS等。MoS_2焙烧反应一旦进行，不需要外部供应热量。由于反应会放出大量的热，使体系温度升高。而对于放热反应来说，温度升高对反应不利，往往需采取适当的散热措施，才能保证不过热。因此，工业生产上，钼精矿焙烧温度通常控制在550~650℃。

但在SO_2分压较低的情况下，随着氧分压的提高，MoS_2氧化顺序如下：

$$MoS_2 \longrightarrow Mo_2S_3 \longrightarrow MoO_2 \longrightarrow MoO_3$$

$$MoS_2 \longrightarrow Mo_2S_3 \longrightarrow Mo \longrightarrow MoO_2 \longrightarrow MoO_3$$

图2-2-2表明，在工业辉钼矿焙烧气氛下（$P_{SO_2}=0.01MPa$），随着氧分压的改变，系统中只可能有MoO_3或者MoO_2或者MoS_2存在。工业生产过程中的P_{SO_2}一般在$10^3 \sim 10^4Pa$范围内，所以钼焙砂中主要成分是MoO_3，提高氧浓度或空气量有利于降低焙砂中的MoO_3含量。

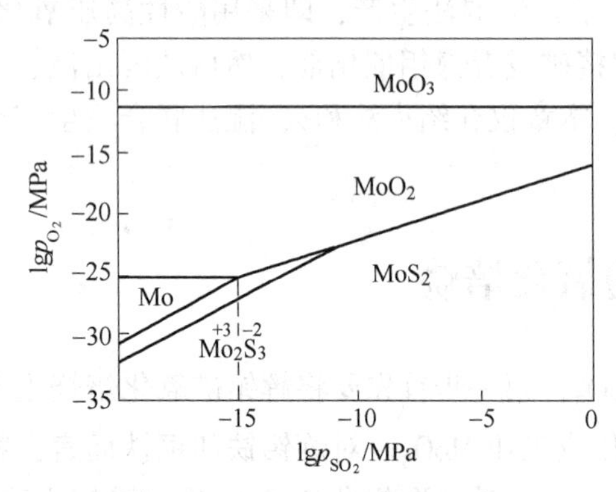

图2-2-1 $P_{SO_2}=0.01MPa$时，Mo-S-O体系平衡图

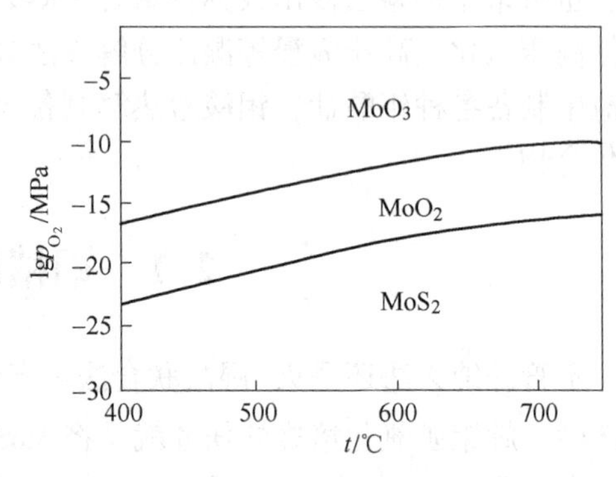

图2-2-2 $P_{SO_2}=0.01MPa$时，Mo-S-O体系平衡图

B 金属硫化物的氧化及硫酸盐的生成

钼精矿中杂质主要为石英或硅酸盐，其次为Fe、Cu、Pb、Bi、Zn的硫化物、$CaCO_3$、方解石、白云石、石灰石以及少量含P、As、Sb的矿物。在工业焙烧温度下，伴生元素硫化物包括方铅矿（PbS）、黄铁矿（FeS_2）、黄铜矿（$CuFeS_2$）等在焙烧过程被氧化成相应的氧化物或进一步氧化硫酸盐，这些氧化物或盐又可与SO_3（或P、As、Sb的氧化物）反应生成相应的硫酸盐（或磷酸盐、砷酸盐等）。

$$MeS + 1.5O_2 = MeO + SO_2 \quad (2-2-4)$$

$$MeO + SO_2 + 0.5O_2 = MeSO_4 \quad (2-2-5)$$

$$MeO + SO_3 = MeSO_4 \quad (2-2-6)$$

（Me：Cu、Pb、Zn等金属）

焙烧过程精矿中的$CaCO_3$也会发生分解，生成硫酸盐并释放出CO_2气体。

$$CaCO_3 + 0.5O_2 + SO_2 = CaSO_4 + CO_2 \quad (2-2-7)$$

钼精矿中有铼存在时，焙烧过程中也生成铼的氧化物而进入烟尘：

$$2ReS_2 + 7.5O_2 = Re_2O_7 + 4SO_2\uparrow \quad (2-2-8)$$

但应当指出：在高温及低SO_2浓度的情况下，$MeSO_4$不稳定。焙烧温度高于450~

500℃时，部分 $FeSO_4$ 离解，$CuSO_4$ 高于 600~680℃ 离解，$ZnSO_4$ 高于 700℃ 也离解，$CaSO_4$ 在 1450℃后才能离解。因此，钼精矿在 550~650℃焙烧时，Cu、Zn 及 Ca 等的硫酸盐难以除去，钼焙砂中 S 及 P、As 等杂质含量高。而钢铁工业对钼焙砂中残硫量的要求非常严格，国内钢铁厂家一般要求焙砂残硫量小于 0.07%，所以钼精矿焙烧过程中应严格控制硫酸盐的生成。

C 三氧化钼与杂质氧化物、碳酸盐、硫酸盐的相互作用生成钼酸盐

在氧化焙烧过程中，MoO_3 将与伴生元素的氧化物或其硫酸盐作用生成相应的钼酸盐。

$$MeO + MoO_3 = MeMoO_4 \tag{2-2-9}$$

$$MeSO_4 + MoO_3 = MeMoO_4 + SO_2 + 1/2O_2 \tag{2-2-10}$$

（Me：Cu、Pb、Zn、Fe）

$$Fe_2O_3 + MoO_3 \longrightarrow Fe_2(MoO_4)_3 \tag{2-2-11}$$

$$CaO + MoO_3 = CaMoO_4 \tag{2-2-12}$$

$$CaCO_3 + MoO_3 = CaMoO_4 + CO_2 \tag{2-2-13}$$

辉钼矿含有的 SiO_2 不与 MoO_3 发生化学反应。

除以上三类反应外，钼精矿中易熔脉石（如硅灰石等）在氧化焙烧温度下易熔化，使钼精矿烧结，造成炉料烧不透。此外，钼酸盐的生成不仅影响氨浸效果，而且使焙砂在低于 MoO_3 的熔点（795℃）立即发生烧结，其原因是一些钼酸盐和 MoO_3 会生成低熔点共熔物，如 $CaMoO_4$-MoO_3、$PbMoO_4$-MoO_3、$CuMoO_4$-MoO_3、$MgMoO_4$-MoO_3、$FeMoO_4$-MoO_3、$Fe_2(MoO_4)_3$-MoO_3 系共晶温度分别为 727℃、672℃、560℃、745℃、705℃、722℃。低熔点共熔物的形成会使物料在焙烧过程中烧结结块，难以彻底氧化脱硫，MoO_2 也不能充分氧化成 MoO_3，而 MoO_2 在氨水中不溶解，对焙烧过程和钼焙砂氨浸过程不利。因此特别要防止炉料黏结，保证有充足的空气，使 MoO_2 完全氧化成 MoO_3。

2.1.1.2 *辉钼矿氧化焙烧过程铼的行为*

由于 ReS_2 和 MoS_2 结构相似，焙烧过程中铼与钼的行为密切相关。焙烧初期，炉气中 SO_2 浓度较高，钼精矿中 MoS_2 含量较高，ReS_2 的氧化产物 Re_2O_7 被 SO_2 和 MoS_2 还原为不易挥发的 Re_2O_3 和 ReO_2。焙烧后期，烟气中的 SO_2 小，氧气浓度大，未完全氧化的 ReS_2 以及低价铼的氧化物极易被氧化成易挥发的 Re_2O_7 进入烟气中。因此，在确保焙砂质量前提下，要切实控制好炉内供氧量和尾气温度，确保尾气温度为 300~400℃，使 Re_2O_7 进入气水混合器。由于回转窑焙烧过程气固交换相对较差，部分铼残留于钼焙砂，大约有 10% 挥发 Re_2O_7 在烟道中降温、凝结，随烟尘一起进入电收尘被捕集，85%左右的铼在一级动力波洗涤器与水反应生成高铼酸（$HReO_4$）进入淋洗液，淋洗液循环铼富集铼到0.1~0.15g/L 左右排出。

当辉钼精矿中含有 Ca、K、Cu 等伴生元素时，Re_2O_7 可与其金属氧化物反应生成相应的高铼酸盐。$Cu(ReO_4)_2$、$Fe(ReO_4)_3$ 的离解温度与 Re_2O_7 沸点接近，对铼的逸出率影响不大，而 $Ca(ReO_4)_2$、$KReO_4$ 难离解，Ca、K 的高铼酸盐同未挥发的铼将大部分残留于钼焙砂中，铼的挥发率降低，这部分铼在钼焙砂氨浸工序进入钼酸铵溶液，酸沉钼酸铵后仍留在酸沉母液中，酸沉母液一般含铼 0.015~0.03g/L，或者蒸氨结晶析出钼酸铵后留在结晶母液中。钼焙砂氨溶之前如果采用硝酸或者硝酸-氯化铵溶液酸洗除杂，则铼几乎都进

入酸洗母液。

辉钼精矿焙烧过程，焙烧炉型、物料混匀程度与料层厚度、焙烧温度以及炉门开启大小，炉内负压等都会影响铼的挥发率。工业上钼精矿焙烧过程不仅要提高铼的挥发率，还要提高 Re_2O_7 的水吸收率，所以气水混合器、含铼 SO_2 烟气喷淋工艺以及焙烧过程系统风量的控制也相当重要。

2.1.1.3 钼精矿氧化焙烧过程动力学及影响焙烧过程的因素

A 反应过程动力学机理

硫化矿的氧化过程为气-固相之间的多相反应，整个过程要经历外扩散、化学吸附、化学反应、内扩散等步骤，其中最慢的步骤为控制性步骤，辉钼矿的氧化也服从这些规律。

辉钼矿在氧化过程中，发生的化学反应实际上是不可逆的。矿物表面被氧化生成的氧化膜所覆盖，氧和 SO_2 两种气体通过氧化膜朝相反的方向扩散，它的扩散速度由氧化膜结构所决定。大量研究结果表明，辉钼矿在400~500℃氧化速度很慢，氧化产物 MoO_3 会在精矿颗粒表面形成一层致密的薄膜，氧化过程主要受 O_2 经过膜进入膜内和产物 SO_2 扩散到膜外的速度控制，当温度升高至550~600℃时，辉钼矿表层氧化生成的氧化膜是疏松多孔的，此时 O_2 和 SO_2 易于穿透氧化膜而不会受阻，氧化速度相应加快。因此，在550~600℃的反应速度最快，在600℃时辉钼矿氧化速度可达0.009mm/min，氧化速度主要受化学反应控制。

以上数据表明，MoS_2 的焙烧在工业规模下有可能自热进行，甚至还要采取散热措施，才能保证不过热。

B 影响辉钼矿氧化速度的因素

影响辉钼矿氧化速度的主要因素有钼精矿质量、焙烧温度、气流速度、氧浓度等。

a 钼精矿质量

钼精矿中的杂质含量不但影响钼焙砂的产品质量，而且影响后续焙砂处理工艺的流程。通过配料，使入炉的原料中 Mo、Cu、Pb、P 等指标达到“原料控制标准”要求。生产实践表明，当钼精矿中 Cu、Ca、Pb 含量较高时，焙砂中残硫量超标，需二次焙烧，生产效率下降、成本升高、钼回收率降低。

b 钼精矿粒度

粒径过大不易烧透，造成残硫偏高，钼精矿粒度过小易于团聚包硫，且气流夹带损失增加。因此应控制粒度在-80~+150目占90%以上，可获得较佳的焙烧效果。

c 焙烧温度

温度对 MoS_2 氧化速度及钼焙砂质量影响非常大。炉温不足，MoS_2 氧化速度太慢，脱硫不充分；焙烧温度升高，MoS_2 氧化速度急剧升高，并放出大量的热。由于 MoO_3 的熔点低（795℃）、沸点低（1155℃），在720℃左右蒸气压达0.08kPa，即显著升华，因此焙烧温度不宜过高。一方面 MoO_3 挥发损失太大；另一方面由于 MoO_3 与钼酸盐的共晶温度低，物料局部熔化使物料烧结，不仅不利于焙烧操作，更重要的是被烧结的物料内部不能充分氧化，含硫及 MoO_2 高；同时烧结过程 MoO_3 与其他金属氧化物的接触增加，有可能使各种钼酸盐的含量增加。因此，焙烧过程应严格控制炉温，加料速度是控制炉温的关键之一，加料速度不均匀将导致发热不均匀，引起温度波动，一般温度不宜超过650℃。所以焙烧过程中要有良好的通风条件和加强热交换时的温度控制。

辉钼矿在隔绝了空气（如钼精矿烧结块内部）或供氧不足时焙烧，其表面氧化层中 MoO_3 会与里层尚未氧化的 MoS_2 反应生成 MoO_2，从而出现表层为 MoO_3、中层为 MoO_2，内核残留有 MoS_2 的包裹状态。MoO_2、MoS_2 都不溶于氨水，MoS_2 也会使钼焙砂含硫量升高。为防止辉钼矿"烧不透"，必须控制炉温，不宜过高，并要防止炉料黏结。工业生产中必须将其控制为550~650℃。

d　物料在沸腾炉中的滞留时间

滞留时间越长，钼焙砂中残硫量越低，但延长滞留时间会降低生产能力。

e　空气中含氧量的影响

炉内氧含量升高，钼焙砂中的硫含量下降，采用富氧焙烧对提高钼焙砂的质量是非常有益的。

2.1.2　焙烧工艺及焙烧设备

目前，工业上钼精矿氧化焙烧设备主要有回转窑、多膛炉和沸腾炉，多膛炉焙烧因其所产钼焙砂能满足钢铁工业和钼材加工的要求，因而在国外得到广泛应用。该方法缺点是 SO_2 浓度低，难以制酸，环境污染大，铼回收率低，难以处理低品位复杂钼矿。

2.1.2.1　多膛炉焙烧

A　多膛炉结构

工业上常用的多膛炉有8~12层，12层多膛炉结构，如图2-2-3所示。多膛炉整套设备包括炉体、中轴、耙臂、耙齿、冷却风机以及自动控制系统等。每层炉膛设置独立燃烧系统，通过炉膛温度控制燃气的消耗，保证反应进行。焙烧时，钼精矿送入焙烧炉顶部最上层炉床以后，通过使用顶部炉膛上装有启动燃烧器产生大量的热来点火燃烧，通过空气进口往炉膛送入空气。焙烧过程，炉料经机械运动的耙料装置不断翻动推进，炉内每层的下料口与上、下两层的下料口相互错开，第一层氧化室下料口靠近旋转轴，处于较中心的位置，第二层氧化室的下料口又处于炉壁位置，依此类推，从而保证焙烧物料在每一层都可得到旋转的耙齿充分的搅动。焙烧好的焙砂不断由最下一层炉床耙下，最后由最底层排料口排出。耙齿安在耙臂上，每一层的耙臂一般为2个或4个，固定在炉中心垂直的旋转中空轴上。旋转轴动力设备在炉底部，为了延长旋转轴及耙臂使用寿命，使用空气冷却旋转中空轴及耙臂。

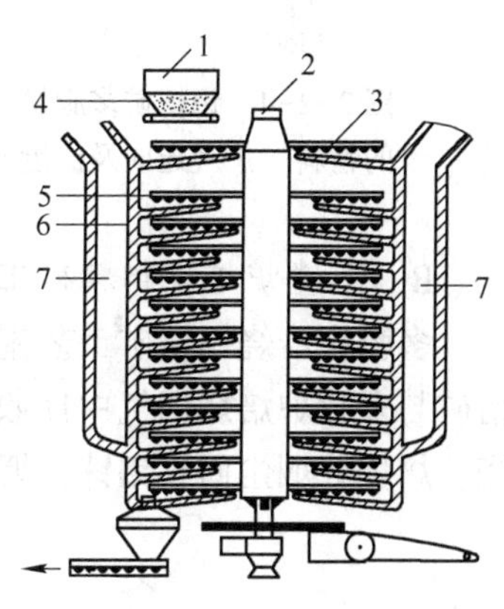

图2-2-3　多膛炉结构
1—料仓；2—回转轴；3—干燥层；4—精矿；5—耙齿；6—空气冷却的耙臂；7—烟道

采用废气预热新鲜空气，并在下面几层每层安装有4~6个煤气（天然气）喷嘴。辉钼精矿在炉膛内的氧化过程可分为4个反应区：

第1区：一般1~2层（由上至下），主要是挥发物料中的浮选剂和部分 MoS_2 的氧化。

第2区：一般在3~5层，主要是 MoS_2 氧化为 MoO_2 及部分 MoO_2 进一步氧化成 MoO_3。

第3区：一般在6~8层，主要使 MoO_2 被完全氧化为 MoO_3。

第2、3区是氧化燃烧主要反应区间，反应释放的热量很大，不仅可维持氧化必需的炉温，还绰绰有余。焙烧产生的 SO_2 和 SO_3 气体随废气排出，第2、3区浓度较高，可单独排出回收制酸。

第4区：一般在9层以后，进一步脱硫，使硫含量由1%左右降至0.1%以下。在最底层以上几层由于物料含硫量少，发热量有限，因此要维持足够的温度，需要用煤气加热。

为了更好地调节各层的温度，空气的作用一方面是提供氧气，另一方面是带走部分热量以防过热。各层的炉气及物料走向、温度分布及钼焙砂组成分别如图2-2-4和图2-2-5所示。

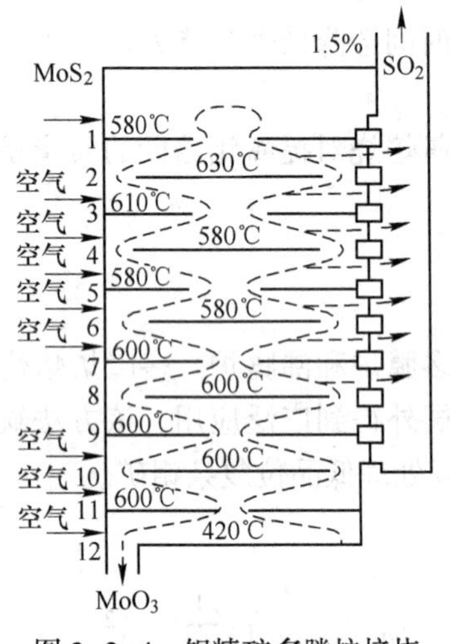

图2-2-4　钼精矿多膛炉焙烧的物料、炉气走向及温度分布

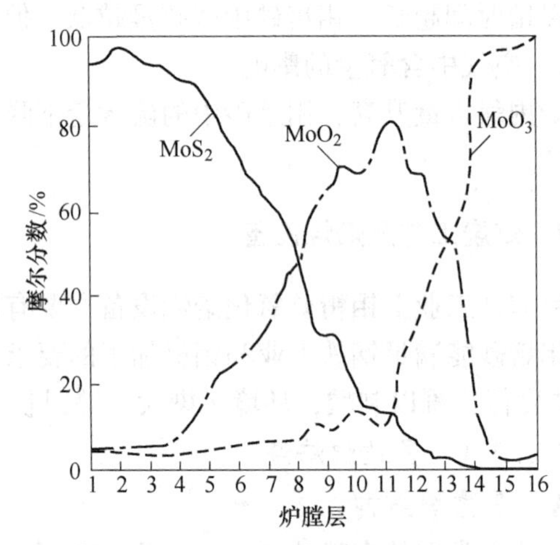

图2-2-5　多膛炉焙烧过程各层物料的组成

B　多膛炉焙烧钼精矿工艺及烟气处理

多膛炉焙烧钼精矿工艺流程如图2-2-6所示。经过提升及皮带输送至螺旋给料器的钼精矿与多膛炉焙烧烟气中回收的烟尘及烟气洗涤泥浆混合配料，送入多膛炉进行氧化焙烧。焙烧炉烟尘回收钼铼，烟气首先采用旋风收尘器捕收烟气中的大颗粒尘渣，再进行干

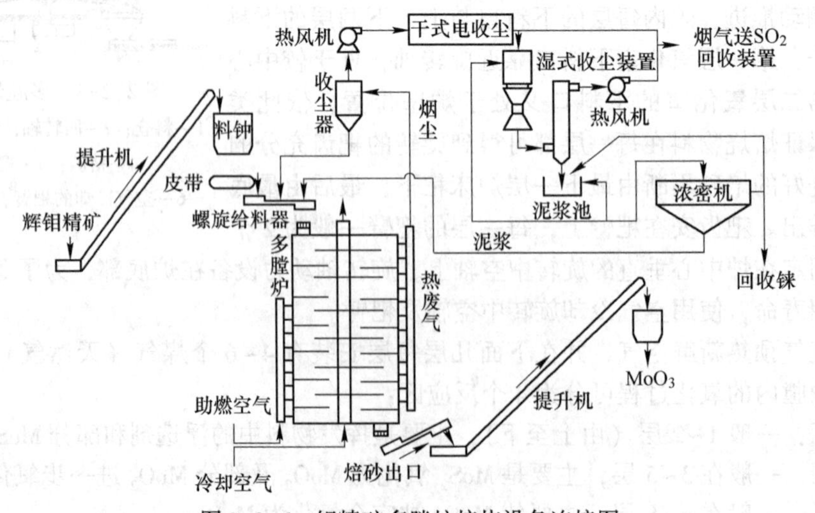

图2-2-6　钼精矿多膛炉焙烧设备连接图

式（电）收尘俘获其中较细的颗粒，最后经湿式收尘回收细颗粒的钼铼氧化物三级收尘工艺，经三级收尘后的烟气回收其中的 SO_2。一级、二级干式收尘回收的大颗粒烟尘及湿式收尘水（酸）不溶泥浆返回多膛炉焙烧，湿法收尘溶液或烟尘水（酸）浸液用于回收钼和铼。

生产出来的氧化钼经过破碎机破碎至 2~4mm，再通过带夹套的冷却螺旋使焙烧料从 500~530℃冷却至 90~80℃，最后经筛分，筛上物为粗颗粒氧化钼返回到破碎工段进一步破碎筛分，筛下物通过螺旋输送机送至氧化钼料仓储存。氧化钼可直接作为钢铁冶金原料，也可作为制取钼化合物及金属钼的原料。

经旋风及干式电收尘后净化收尘后的烟气中 SO_2 浓度一般为 0.8%~3.0%，对于 SO_2 浓度大于 3%的烟气可直接用来制取硫酸。但大部分的工厂所排放出的烟气的 SO_2 浓度都小于 3%，常采用吸收法处理后排放。

多膛炉生产工艺技术成熟，生产规模大，机械化程度高。在多层炉中，炉料自上而下，气流自下而上逆流接触，料、气混合良好，焙烧供氧充足，炉料经机械不断翻动，在从炉底撒落到下一层时，炉料呈漂浮状态，氧化反应充分、激烈。故此，钼焙砂中残留低，产品质量好，可直接用于钢铁工业、合金制造及化工等方面。其缺点是处理量有限，炉内轴向温差较大，温度难以控制，局部温度过高会造成大量的 MoO_3 的挥发，烟气中携带的 MoO_3 量多，而且钼酸盐及 MoO_3 烧结结成硬壳引起运动部件腐蚀，炉膛需要经常清扫；烟尘量大，烟尘量可达 15%~20%，因而，多膛炉焙烧一般在两级多管收尘后接电收尘，收集的烟尘返回焙烧工序处理；外排烟气中 SO_2 浓度（1.5%左右）低，制酸不经济，已造成 SO_2 污染，形成社会公害；铼挥发率低，设备结构复杂。

2.1.2.2　沸腾焙烧

钼精矿的沸腾炉焙烧被认为是目前较为理想的焙烧方法，其产出的钼焙砂特别适合于仲钼酸铵的制取。钼精矿沸腾焙烧设备连接如图 2-2-7 所示。沸腾焙烧时，空气自下而上，钼精矿粉自上而下，二者逆流运动。在沸腾区，空气流速正介于两个临界速度 V_{min} 与 V_{max} 之间，炉料呈流态化很像沸腾的液体，故被称流化沸腾或沸腾焙烧。

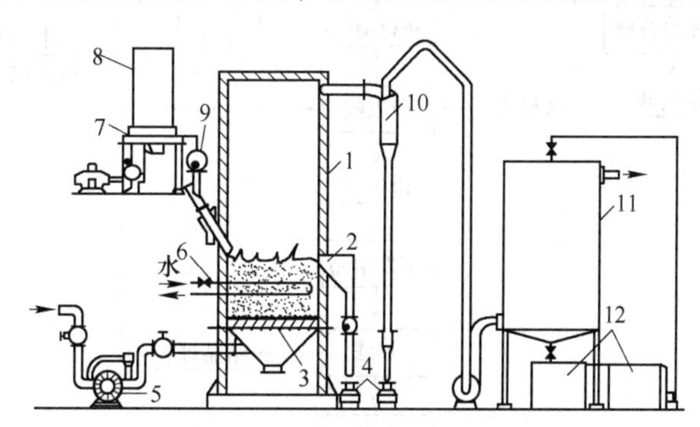

图 2-2-7　钼精矿沸腾焙烧设备连接图

1—炉身；2—卸料门；3—空气分布板；4—焙砂仓和烟尘仓；5—空压机；6—水冷器；7—加料器；8—料仓；9—闸门；10—旋风收尘器；11—湿式电收尘；12—矿浆贮存

沸腾炉是一个竖的圆柱形耐火室，炉身 1 由耐火砖砌成，其下部有带孔的空气分布板 3，空气流经过分布板上的风帽均匀进入炉内，精矿则通过加料器 7 进入炉内，精矿在空气流的作用下形成沸腾层，沸腾层高度取决于卸料门 2 的高度，一般为 1~1.5m。焙烧好的钼焙砂从炉体1~1.5m高处的出料孔不断排出。炉气和被携带的粉尘经炉顶烟道进入除尘器。经收尘系统回收的粉尘含硫达8%~10%，应返回沸腾焙烧炉再焙烧，废气回收SO_3或排空。钼精矿沸腾焙烧温度控制在560~580℃，沸腾焙烧过程的烟尘率高达20%~40%，不适合处理过细物料。为导出沸腾层内多余的热量，在沸腾层内设有水冷却器6。

相对于多膛炉焙烧而言，沸腾焙烧的优点是：炉子单位生产能力高，完全自动化操作；由于生成MoO_2及钼酸盐少，故焙砂氨浸时钼浸出率高；铼的挥发率高；能耗低，一般不另加燃料。不足之处是焙砂含硫量高达2%~2.5%（其中1.5%~2%是硫酸盐），不能用于钢铁工业。沸腾焙烧产品主要用于生产钼化工产品及金属钼的原料。

2.1.2.3 回转窑焙烧

回转窑分为内加热式和外加热式两种，外加热回转窑产能较低，最大缺陷是窑体加热部位容易被烧坏，维修频繁且费用高。内加热回转窑产能较高，设备故障率低，使用寿命长。回转窑焙烧钼精矿生产能力的大小取决于钼精矿品位、粒度和杂质含量等，最大生产能力为10~15t/d。回转窑焙烧与多膛炉焙烧法相比，回转窑投资小，设备及工艺简单。

回转窑焙烧辉钼矿工艺流程如图2-2-8所示。

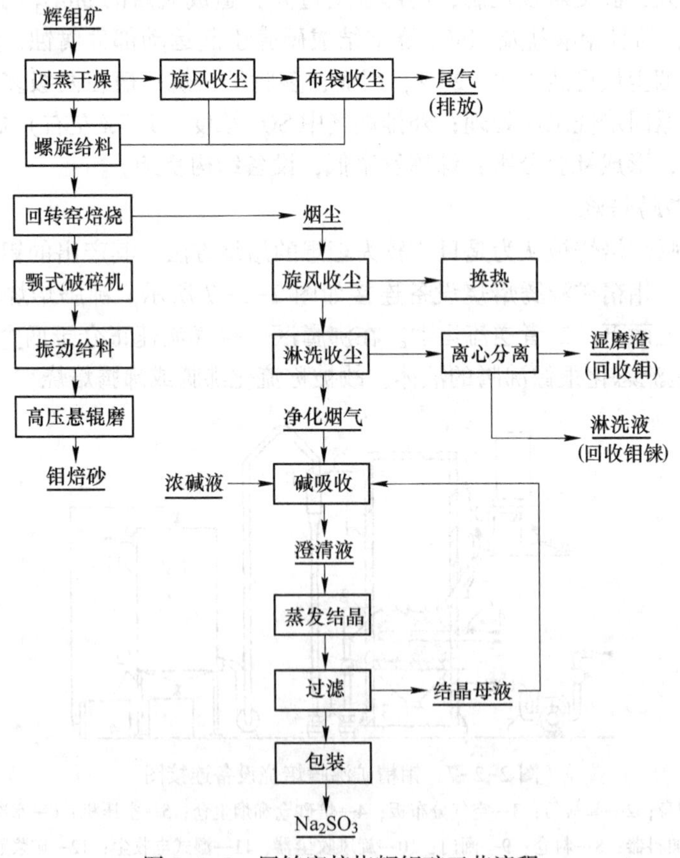

图2-2-8 回转窑焙烧辉钼矿工艺流程

焙烧主体设备为回转窑，回转窑炉筒一般都是由耐热钢板焊制而成的，炉筒安装倾角为1°~3°，加热室内衬耐火砖和保温砖。回转窑总体可分为加料系统、炉筒及支架、加热系统、出料系统、烟气收尘系统等部分。辉钼矿由加料系统加入炉筒内，在炉内经过氧化焙烧后经出料系统放出，烟气则由窑头排出进入收尘系统分别进行收尘和 SO_2 的吸收制酸。回转炉结构如图 2-2-9 所示。

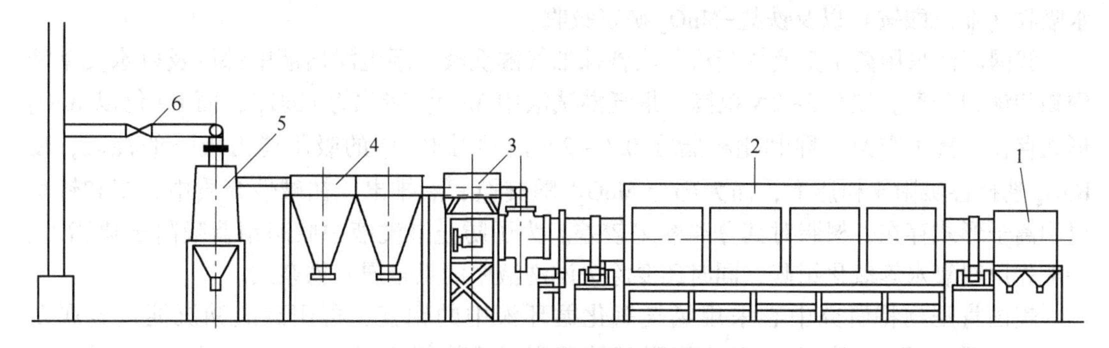

图 2-2-9　回转炉结构示意图

1—出料仓；2—炉体；3—入料仓；4—重力除尘器；5—旋风除尘器；6—喷射泵

钼精矿投入回转窑焙烧之前，首先采用闪蒸干燥机进行干燥，脱出大部分油水。使钼精矿残余的油水量稳定在 1%以下，大大改善回转窑氧化焙烧的稳定性。物料在回转窑内的焙烧分为预热干燥、氧化反应、烧结和深度氧化四个阶段，也有三阶段和五阶段的划分方法。现以四阶段法为例说明。

第一阶段：一般在炉头段，即物料加入端。物料在此预热，窑内温度 200～300℃，钼精矿中油和水迅速挥发和蒸发。生产中要求钼精矿中油、水含量不得高于 5%。此阶段物料不燃烧、不烧结。

第二阶段：在转筒的中前段。随着窑内温度升高，精矿开始发生剧烈自燃反应，放出大量热，炉料开始烧结并黏结于炉壁上，形成 10～50mm 的黏料层。炉筒转动过程，其内壁上的黏结物料受重力作用不断掉落，使物料和氧气得以充分接触，大部分物料在此阶段发生氧化焙烧反应生成的 SO_2 气体得以及时扩散，加快反应进程。

第三阶段：即烧结阶段。物料在此烧结结块，大量粘在筒壁上并不断增厚，而且物料成分也发生质的变化，S 含量降到 1%～6%，MoO_2 含量约 40%，MoO_3 含量约 55%。此阶段为吸热反应，焙烧温度对反应速度的影响最敏感，温度高，反应速度快，当温度高于 720℃时，由于其他副反应使焙砂质量下降。同时，在高温下，炉筒氧化腐蚀加快，炉龄缩短。因此，在满足工艺要求的前提下，焙烧温度应保持在 700℃以下。

第四阶段：即深度氧化阶段，也称冷却阶段。温度一般为 200～500℃，物料在此迅速变冷，表现为一个强吸热过程。物料成分进一步变化，S 含量降至小于 0.1%，此阶段 MoO_2 被完全氧化为 MoO_3，焙砂中 MoO_2 含量小于 20%，MoO_3 含量大于 80%（受操作条件控制）。物料粒度分布不均匀，焙砂中有大量的烧结块。

回转窑焙烧的局限性是钼焙砂中低价氨不可溶钼含量占全钼的 15%左右，不适用于生产钼酸盐，若要降低低价氨不可溶钼含量，导致钼金属回收率降低，生产控制不稳定。

2.1.3　焙烧烟气中铼的回收

钼精矿焙烧尾气中可回收成分主要为 SO_2、Mo 和 Re，焙烧烟气（尘）经旋风等收尘后和进行淋洗塔洗涤，将其中的低沸点氧化物和以尘埃形式随烟气排出的其他成分从烟气中分离出来，洗涤液用来分离 Mo 和 Re，洗涤后的烟气用来回收其中所含的 SO_2。高浓度 SO_2 用来生产硫酸，对于低浓度 SO_2，国内目前一般采用的碱吸收（产品亚硫酸钠）、氨水吸收（亚硫酸铵）以及铁盐-MnO_2 矿浆吸收。

我国广泛采用离子交换树脂法回收含铼烟气淋洗液、烟尘浸出液中铼以及氨水反萃液中钼和铼的分离。在 0.5~2N 范围，烟气淋洗液中 MoO_4^{2-} 转化为 MoO_2^{2+}，而 Re 仍以 ReO_4^- 形式存在，离子交换法即利用树脂在 0.5~2N 范围对 ReO_4^- 的吸附能力极强的性质，使 ReO_4^- 选择性吸附于树脂上，而大部分 MoO_2^{2+} 随交换后液排出。在碱性介质中，钼和铼均以阴离子形式存在，树脂对其分离效果较差。为了防止淋洗液中胶态钼蓝吸附于树脂上，一般先用双氧水等氧化钼蓝，同时还要除去淋洗液中的重金属及铁杂质。

美国肯尼柯特研究中心采用氯气氧化循环液中的钼蓝，再用碳酸钠沉淀重金属及铁，沉淀后液调 pH 值至 10 后，用强碱性阴离子交换树脂吸附 ReO_4^-，用 NaOH 淋洗负铼树脂上的钼及其他杂质阴离子，再用 3% 的 NH_4SCN 溶液解吸铼（图 2-2-10）。我国某厂先把循环液用氨水调 pH 值为 8.5~9 后，用双氧水氧化钼蓝和二价铁，三价铁水解沉淀后液用树脂吸附铼，负铼树脂用 9% 的 NH_4SCN 在 40~60℃ 解吸，铼解吸率大于 97%，解吸液浓缩冷却到 0℃ 左右结晶得到 NH_4ReO_4，NH_4ReO_4 重溶再结晶得到纯 NH_4ReO_4。

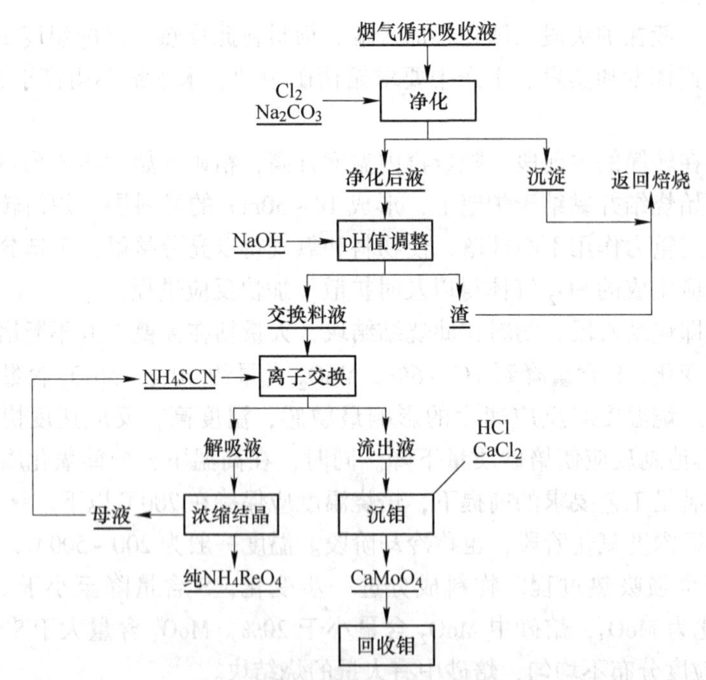

图 2-2-10 离子交换法回收烟气循环液中铼的工艺流程

金堆城钼业公司符新科等研究采用含氧化焙烧-树脂吸附回收回转窑烟灰中的铼，烟气淋洗过程铼以 ReO_4^- 进入淋洗液，淋洗液经液固分离、净化后采用树脂吸附，载铼树脂用 NH_4SCN 解吸。烟灰焙烧-淋洗-钼铼分离工艺流程见图 2-2-11。

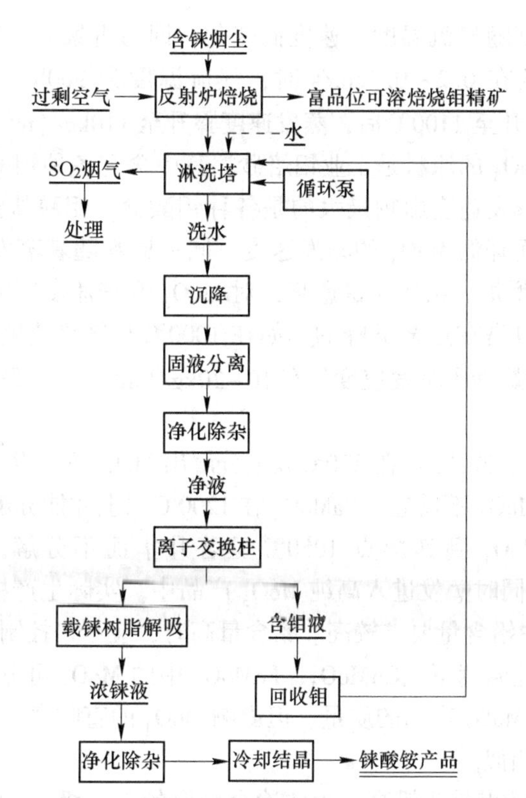

图 2-2-11 烟尘焙烧-淋洗-离子交换提取铼工艺流程

2.2 升华法生产纯三氧化钼

2.2.1 基本原理

MoO_3 的熔点和沸点均较低，熔点为 795℃，沸点为 1155℃。MoO_3 在熔化前就已开始升华，气相中的 MoO_3 以重聚合分子（MoO_3）$_3$ 状态存在，当温度达到 900～1100℃时，MoO_3 蒸发已相当快。温度对纯 MoO_3 蒸气压的影响见表 2-2-1。

表 2-2-1 不同温度下 MoO_3 的蒸气压

温度/℃	600	610	625	650	720	750	800
蒸气压/Pa	0.00	1.20	2.40	6.67	79.99	233.01	1345.55
温度/℃	850	900	950	1000	1050	1100	1150
蒸气压/Pa	3119.74	7186.06	14012.14	26504.41	38436.73	63487.94	101324.7

液态 MoO_3 上面的蒸气压与温度之间的关系如下：

$$\lg P_{(MoO_3)_3} = -\frac{1024580}{T} + 1101.2$$

式中，P 为（MoO_3）$_3$ 蒸气压，Pa；T 为标定温度，K。

此时，$\Delta H_{蒸发} = 147kJ/mol$，$\Delta S_{蒸发} = 103J/mol$。

纯 MoO_3 的蒸发速度随气流温度、速度而变化，即与重聚分 $(MoO_3)_3$ 从液面迁移出的速度相关。气流速度在 0.2～0.3cm/s 时，气流温度为 900℃，纯 MoO_3 蒸发速度为 12.3kg/(m^2·h)，气温升至 1100℃后，蒸发速度骤升至 110kg/(m^2·h)。

升华法生产高纯 MoO_3 的原料是工业钼焙砂，其中含有各种钼酸盐及其他杂质。钼焙砂升华过程，对 MoO_3 蒸发速度影响最大的是各种钼酸盐，钼酸盐混入熔体 MoO_3 内，降低 MoO_3 的蒸气压，从而降低 MoO_3 的蒸发速度。同一原料随着蒸发过程的持续进行，蒸发残渣中杂质含量明显增加，杂质含量愈高，对 MoO_3 升华速度影响愈明显。实际生产实践中 MoO_3 的蒸发速度也是在逐渐下降的。如在 1000℃ 和气流速度 2.3cm/s 时，MoO_3 从含 48%～50%MoO_3 的钼焙砂中蒸发速度仅有 10～20kg/(m^2·h)，采用真空可提高 MoO_3 的蒸发速度。

升华过程，$CuMoO_4$、$FeMoO_4$ 在 820℃以上分解出 MoO_3 而升华，不会影响 MoO_3 的直收率；Fe_2O_3、SiO_2 与 MoO_3 不反应；$CaMoO_4$ 在 1200℃以上才能分解，$PbMoO_4$ 与 MoO_3 显著升华温度一致，$PbMoO_4$ 到其熔点 1050℃ 显著升华而不分解，在 1000～1100℃ 时，$PbMoO_4$ 会随 $(MoO_3)_3$ 同时蒸发进入高纯 MoO_3 产品中。实际生产中，为了提高升华法的 MoO_3 质量，对钼焙砂中铅含量要求较高。铅含量高时，应严格控制升华温度低于 1000℃，一般控制在 900℃。在此温度下，$CuMoO_4$、$FeMoO_4$ 中的 MoO_3 可分解出来，而且铅、铁、硅、钙等钼酸盐不影响 MoO_3 产品的质量，但影响 MoO_3 的直收率。$Bi_2(MoO_4)_3$ 与 $PbMoO_4$ 对 MoO_3 升华过程影响相似。

我国钼精矿的主要特点是含铅高，火法冶金制取的工业级 MoO_3 大多含 45%～50%的 Mo，杂质金属含量较高，其中含铅为 0.15%～0.70%，比美国的钼精矿含铅高 0.4%以上，所以我国一般不用升华法生产纯 MoO_3。

2.2.2 升华法制备 MoO_3 的生产实践

目前，国外广泛采用电炉一段升华法制备高纯 MoO_3，主要以奥地利采用的间歇式升华电炉（图 2-2-12）和美国采用的连续升华电炉为主（图 2-2-13）。这两种旋转电炉都

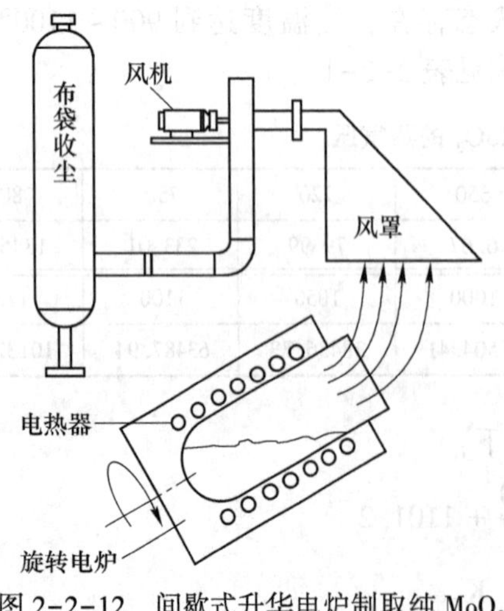

图 2-2-12 间歇式升华电炉制取纯 MoO_3

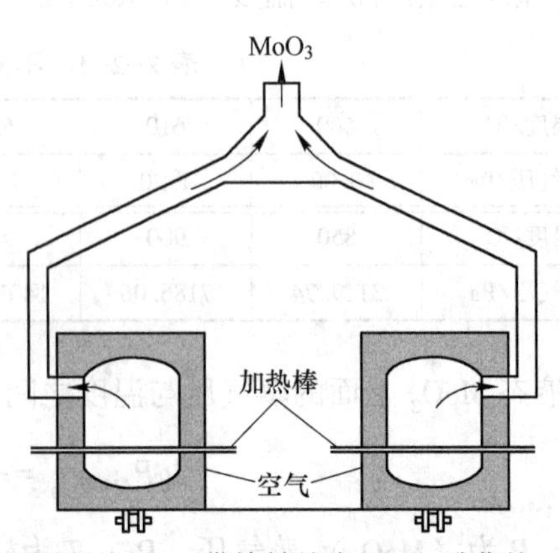

图 2-2-13 带旋转炉底 MoO_3 升华炉

是在钼焙砂中拌入石英砂进行高温升华，空气骤冷用布袋收尘收集 MoO_3。我国伍耀明目前正在设计研究利用矩形立式真空炉生产 MoO_3。

奥地利升华电炉是间歇式电炉，升华电炉里面放置一个石英坩埚，坩埚内装有钼焙砂与石英砂的混合料，随着电炉倾斜 35°旋转（与地表呈 35°），旋转可以使物料翻动，但没有扬料板也翻不上来。电炉的倾斜增大了炉料的蒸发面积，通入坩埚的空气将 MoO_3 蒸气带走。坩埚大，料层厚，规模受到限制。该电炉生产 MoO_3，产量较低，适合小规模生产。

美国的电炉是水平旋转，连续作业，昼夜可生产 3.75t 高纯 MoO_3，适合大规模生产。此电炉由电极加热至 1000~1100℃，并不断旋转。为了防残余物料烧结，炉底铺有一层石英砂，钼焙砂不断加入电炉炉底上，一边焙烧一边渗透石英层，形成固定炉床，空气按要求的流速从炉底流过，带走已升华的 MoO_3，通过总集气管，表面冷凝系统，进入空气集尘器，高纯 MoO_3 在此与空气分离。钼焙砂随电炉旋转一周后，其中 MoO_3 已升华 60%~65%，残余炉料被螺旋耙料机从炉底卸出，并由给料器补加新的钼焙砂。被卸出的残渣还含有 20%~30%的 MoO_3，往往通过氨浸回收，也有的送去冶炼钼铁。

2.3　湿法生产钼酸铵

以钼焙砂为原料采用湿法工艺生产钼酸铵，包括传统钼酸铵制备工艺、钼酸铵清洁生产工艺及钠碱浸出工艺生产钼酸铵。

2.3.1　经典湿法制备钼酸铵

经典湿法制备钼酸铵是一种传统工艺，技术成熟，产品质量稳定。但氨水浸出效率较低，除杂效果不太好，因此金属回收率不高，而且所排废水的氨氮含量高，增加了废水治理费用。经典氨浸工艺，主要包括酸预处理-氨浸-净化-酸沉-结晶等工序，工艺流程如图 2-2-14 所示。

2.3.1.1　钼焙砂酸预处理

A　钼焙砂直接氨浸

钼焙砂直接氨浸是利用 MoO_3 易溶于氨水生成 $(NH_4)_2MoO_4$ 的性质来实现钼与大部分杂质的分离。

钼焙砂中钼主要以 MoO_3 形式存在，也存在少量铁、铜、镍、钴、锌、钙和铅的钼酸盐及少部分未完全氧化的 MoS_2 和 MoO_2，氨水对不同的钼酸盐的浸取效果有所不同，氨不溶物杂质留在氨浸渣中。

氨水浸出过程，MoO_3 和 Cu、Ni、Zn 的钼酸盐分别以 $(NH_4)_2MoO_4$ 和 $Me[(NH_3)_4]_2MoO_4$ 形式进入氨浸液。

$$MoO_3 + 2NH_4OH = (NH_4)_2MoO_4 + H_2O \tag{2-2-14}$$

$$MeMoO_4 + 8NH_4OH = Me[(NH_3)_4]_2MoO_4 + 8H_2O \tag{2-2-15}$$

$FeMoO_4$ 虽能被氨水分解，但反应缓慢。因为在 $FeMoO_4$ 表面开始生成 $Fe(OH)_2$，

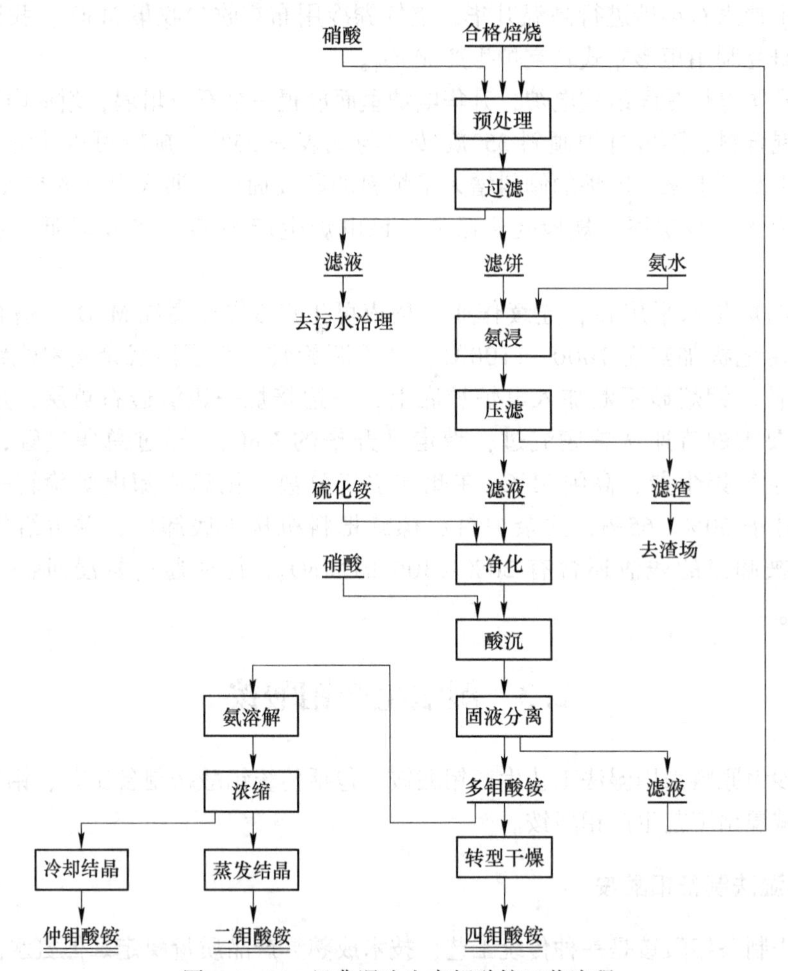

图 2-2-14 经典湿法生产钼酸铵工艺流程

$Fe(OH)_2$继续被氧化成一层不溶于氨水的 $Fe(OH)_3$ 薄膜，阻碍其溶解进程的继续进行，$FeMoO_4$ 大部分进入浸出渣中。

$$FeMoO_4 + 2NH_4OH = (NH_4)_2MoO_4 + Fe(OH)_2 \quad (2\text{-}2\text{-}16)$$

$$Fe(OH)_2 + 4NH_4OH = [Fe(NH_3)_4](OH)_2 + 4H_2O \quad (2\text{-}2\text{-}17)$$

$Fe_2(MoO_4)_3$ 在氨水中表层溶解，生成致密的 $Fe(OH)_3$ 薄膜，阻止了 $Fe_2(MoO_4)_3$ 的进一步溶解。

MoO_2、MoS_2、$CaMoO_4$、$PbMoO_4$ 不与氨水反应，但在 $(NH_4)_2CO_3$ 和 $NaClO$ 存在时能发生如下反应：

$$MeMoO_4 + 4(NH_4)_2CO_3 = MeCO_3 + (NH_4)_2MoO_4 \text{(式中 Me 为 Ca 和 Pb)} \quad (2\text{-}2\text{-}18)$$

$$MoS_2 + 9NaClO + 6NH_4 \cdot OH = (HN_4)_2MoO_4 + 2Na_2SO_4 + 9NaCl + 3H_2O \quad (2\text{-}2\text{-}19)$$

$$MoO_2 + 2NH_4 \cdot OH + NaClO = (HN_4)_2MoO_4 + NaCl + H_2O \quad (2\text{-}2\text{-}20)$$

$$MoO_2 + 10NH_4 \cdot OH + 15NaClO = 2(HN_4)_2MoO_4 + 3(HN_4)_2SO_4 + 15NaCl + 5H_2O \quad (2\text{-}2\text{-}21)$$

另外，钼焙砂中的硫酸盐也和氨水反应生成氨配离子，反应如下：

$$MeSO_4 + 6NH_4OH = Me[(NH_3)_4](OH)_2 + (NH_4)_2SO_4 + 4H_2O \quad (2\text{-}2\text{-}22)$$

石英（SiO_2）及硅酸盐不溶于氨水而进入氨浸渣中。

焙砂中的 $CaSO_4$ 与氨浸液中 MoO_4^{2-} 反应生成 $CaMoO_4$，造成钼的浸出率降低。但在 $(NH_4)_2CO_3$ 存在下，$CaCO_3$ 溶度积 4.8×10^{-9}(15℃) 远远小于 $CaMoO_4$ 溶度积 4.099×10^{-3}(15℃)，使得化学平衡向右移动。CO_3^{2-} 作用是使 $CaMoO_4$、$PbMoO_4$、硫酸铁均转化为碳酸盐或碱式碳酸盐，既防止 $CaMoO_4$、$FeMoO_4$ 的生成，又减少胶态 $Fe(OH)_3$ 对 MoO_4^{2-} 的吸附与对焙砂的包裹，还可与 $[Zn(NH_3)_4]^{2+}$ 和 Ca、Mg、Ba 等元素反应生成相应的碳酸盐，提高氨浸液的质量，同时钼的浸出率由 83%~85%提高到 93%~96%。

氨浸过程加入 $(NH_4)_2S$，目的是使氨浸液中溶解的铜、锌、镍以及铁等金属离子以硫化物形式沉淀进入浸出渣。工业规模下浸出时，常加入理论量 300%的 $(NH_4)_2S$，控制温度为 70℃，最终浸出液含钼 150.4g/L，含镍 0.001~0.005g/L，含铜、铁小于0.001g/L，渣含钼为 8.04%。

钼焙砂直接氨浸，不但可使溶性钾、钠盐溶解进入氨浸液，而且 Cu、Ni、Zn 钼酸盐以及 $MeSO_4$ 的溶解导致氨浸液中杂质离子含量增加，加重后续净化工序负担。同时大量 $Fe_2(MoO_4)_3$ 和 $FeMoO_4$ 未溶解留在浸出渣中。

B 钼焙砂的酸盐预处理-氨浸

为了减轻后续净化工序除杂负担，提高氨浸液质量及钼的浸出率，工业生产上一般采用硝酸或者酸沉母液处理钼焙砂，预处理后的钼焙砂再氨浸。如果用盐酸处理钼焙砂，钼酸在其中溶解度大，Mo 的回收率低，废水中钼较硝酸预处理高，设备腐蚀严重。另外，制备的钼酸铵产品中残有少量 Cl^-，直接影响后续产品质量和深加工工艺，且会缩短不锈钢材质设备使用寿命。

a 硝酸或者酸沉母液预处理

硝酸或者酸沉母液预处理钼焙砂在 80~95℃、pH 值为 1.5 时进行，焙砂中以钼酸盐和 MoO_3 形式存在的钼转化成多钼酸盐和钼酸，同时大部分铜、钙、铁、钾、镍、锌等金属杂质以可溶性氯化物形式进入预浸液而被除去。MoO_3 在硫酸、硝酸、盐酸中的溶解度与酸浓度的关系见图 2-2-15。

$$nMeMoO_4 + 2NH_4Cl + 2(n-1)HCl = (NH_4)_2O\cdot nMoO_3\downarrow + (n-1)H_2O + nMeCl_2 \quad (2\text{-}2\text{-}23)$$

（式中 Me 为 Mg^{2+}、Ca^{2+}、Cu^{2+}、Ni^{2+}、Fe^{2+} 等离子）

$$nMoO_3 + 2NH_4Cl + 2H_2O = (NH_4)_2O\cdot nMoO_3\downarrow + 2HCl \quad (2\text{-}2\text{-}24)$$

$$MoS_2 + 6HNO_3 = H_2MoO_4\downarrow + 2H_2SO_4 + 6NO \quad (2\text{-}2\text{-}25)$$

$$MeMoO_4 + 2HNO_3 = Me(NO_3)_2 + H_2MoO_4\downarrow \quad (2\text{-}2\text{-}26)$$

$$MeSO_4 + 2HNO_3 = Me(NO_3)_2 + H_2SO_4 \quad (2\text{-}2\text{-}27)$$

钼焙砂经酸盐预浸处理后，不但可除去钼焙砂中的碱金属和碱土金属，而且还可除去部分铜、镍、铁等有害杂质，钼在氨浸渣中的吸附现象明显减少，低价钼也被氧化，钼的氨浸率得到提高。酸沉母液作为钼焙砂预处理液和洗涤用水循环使用，可综合利用其中的酸，同时回收残钨，获得的钼酸铵产品中钾钠含量较低。

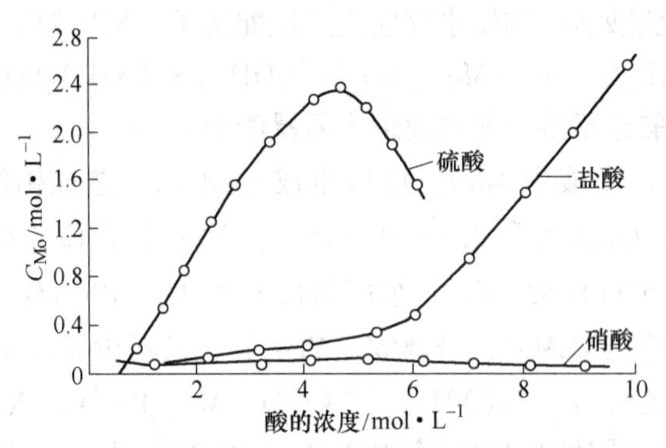

图2-2-15 MoO_3 在硫酸、硝酸、盐酸中的溶解度与酸浓度的关系

"预浸"过程完成后进行液固分离，并用微酸性溶液洗涤浸渣，可除去绝大部分可溶性金属离子，除 K^+、Na^+效果好，废水含钼较低，滤饼送氨浸工序。钼焙砂进行酸洗除杂时，其中的铼几乎都进入酸洗母液中，酸洗母液中溶解钼约占总钼的1%，可采用离子交换法或者萃取法回收其中的钼和铼。

生产实践中，酸预处理过程一般在搪瓷反应锅中进行，常温下加浓硝酸并加水稀释或者加入酸沉母液，控制终点pH值为0.5~1.5，固液比为1：3、反应温度为75~90℃、反应时间为1~2h。

b 酸浸渣氨浸

钼焙砂经酸处理后，预浸渣中钼以 $(NH_4)_2O \cdot nMoO_3$ 和 H_2MoO_4 形式存在，预浸渣氨浸过程，其中钼以 $(NH_4)_2MoO_4$ 形式进入氨浸液，氨浸过程主要化学反应如下：

$$(NH_4)_2O \cdot nMoO_3 + 2(n-1)NH_4OH = n(NH_4)_2MoO_4 + 2(n-1)H_2O \tag{2-2-28}$$

$$H_2MoO_4 + 2NH_4OH = (NH_4)_2MoO_4 + 2H_2O \tag{2-2-29}$$

氨水过量时，酸分解过程生成的杂多酸也被氨水破坏，使钼从杂多酸中分离出来。以硅钼杂多酸为例，溶解反应如下：

$$H_8[Si(Mo_2O_7)_6] + 24NH_4OH = 12(NH_4)_2MoO_4 + H_2SiO_3 + 15H_2O \tag{2-2-30}$$

式（2-2-30）反应是可逆反应，要想提高钼浸出率，必须进行多段逆流浸出。

经过预处理过的焙砂如果还含有 $CaMoO_4$、MoO_2 和未氧化的 MoS_2，则浸出率明显降低。

C 氨浸工艺指标

氨浸过程常在带有机械搅拌和蒸气加热套的密闭搪瓷反应釜或钢制浸出槽中进行。一次氨浸pH值控制在8~10，起始氨浓度为8%~10%，温度为70~80℃，固液比1：(3~4)，氨用量为理论量的1.15~1.40倍，必须保证有25~30g/L游离的氨，防止生成聚钼酸盐。钼焙砂中杂质含量不同，钼浸出率也不同，钼焙砂的氨浸出率通常为80%~95%，氨浸液含 MoO_3 140~190g/L，氨浸渣质量约为钼焙砂质量的10%~25%，含钼量为5%~25%，还需进一步回收钼。

当一次氨浸液中游离氨含量达到一定值时，吸取上层清液送钼酸铵贮槽澄清，然后再向反应釜按比例注入氨水，进行二次氨浸。二次氨浸过程完毕放料过滤，二次氨浸液用于下一次氨浸，二次氨浸渣送渣场存放或另行处理，一次氨浸液送净化工序。

2.3.1.2 氨浸液净化

钼酸铵溶液净化对钼酸铵产品质量起决定性作用，净化后的钼酸铵溶液中杂质含量直接决定钼酸铵的质量等级。钼酸铵溶液净化主要为硫盐法，该法对绝大多数重金属具有很强的除杂能力，但对除碱金属及碱土金属基本上无能为力。

A 净化原理

氨浸过程，由于钼焙砂中铜、铅、锌、镍、铁的浸出，氨浸液中含有铜、铅、锌、镍、铁等杂质铵络离子（$[Me(NH_3)_4]^{2-}$），硫盐法除杂是利用某些杂质的硫化物在碱性溶液中溶度积小的特点，从溶液中析出，从而达到除杂的目的。硫化物的溶度积如表 2-2-2 所示。在氨浸液中加入（$(NH_4)_2S$ 或者 NH_4HS，金属杂质生成硫化物的沉淀反应如下：

$$[Cu(NH_3)_4](OH)_2 + (NH_4)_2S + 4H_2O \longrightarrow CuS\downarrow + 6NH_4OH \qquad (2-2-31)$$

$$[Fe(NH_3)_6](OH)_2 + (NH_4)_2S + 3H_2O \longrightarrow FeS\downarrow + 8NH_4OH \qquad (2-2-32)$$

表 2-2-2 硫化物的溶度积 K_{sp}（20℃）

化合物	CuS	FeS	PbS	ZnS	SnS	NiS	Cu_2S
K_{sp}	3.5×10^{-38}	3.7×10^{-19}	1.1×10^{-29}	1.1×10^{-24}	1×10^{-28}	3×10^{-21}	2.5×10^{-50}

其他 Me^{2+} 也能生成 MeS 沉淀，Cu^{2+}、Fe^{2+}、Pb^{+} 以及砷、锑基本上可沉淀完全。对锌及镍而言，由于 $Zn(NH_4)_4^{2+}$、$Ni(NH_3)_4^{2+}$ 的络合物稳定常数较大，离解出的 Zn^{2+}、Ni^{2+} 浓度较小，而 ZnS，NiS 的溶度积又比 CuS 等大，因而溶液难以达到 ZnS 和 NiS 的溶度积，故除锌、镍的效果不如除铜效果好。

金属硫化物沉淀除杂过程在衬胶或搪瓷搅拌槽中进行，硫化剂加入量一般应略高于沉淀铜、铁等的理论需要量，终点 pH 值控制为 8~9，反应温度为 85~90℃，过滤后的钼酸铵溶液应无色透明，铜铁含量小于 0.003g/L，钼回收率大于 99%。硫化剂过量，将生成暗红色的硫代钼酸盐或硫代钼酸钠，同时母液中残留 S^{2-}，在酸沉工序（pH 值为 2.5~3.0）有红棕色 MoS_3 沉淀生成，MoS_3 粒度细，过滤时部分 MoS_3 被带入滤液，结晶时进入钼酸铵产品，降低产品纯度；硫化物量不足，则部分重金属杂质未生成硫化物沉淀，不但会影响产品质量，同时造成钼的损失，硫化物沉淀过程中约有 0.3%的钼损失掉。

硫化物沉淀法不能有效除去氨浸液中的 Ca^{2+}、Mg^{2+}、K^{+}，制备的钼酸铵中杂质元素含量高。硫盐沉淀法净化除杂前后，元素含量见表 2-2-3。

表 2-2-3 净化前后元素含量对比表/%

元素	Ca	Mg	元素	Ca	Mg	元素	Ca	Mg
净化前	0.1	0.15	净化前	0.02	0.03	净化前	0.05	0.01
净化后	0.1	0.15	净化后	0.02	0.03	净化后	0.05	0.01

将该工艺净化的钼酸铵溶液直接蒸发结晶（结晶率约为 80%），结晶钼酸铵中不合格元素如表 2-2-4 所示。

表 2-2-4 不合格元素含量

元素	Mg	Ca	K
含量/$mg \cdot kg^{-1}$	45	12	650

钼焙砂经过酸预处理后，氨浸液中的 Ca^{2+}、Mg^{2+}、K^+ 含量大大降低。

B 传统净化工艺的改进

a 硫盐沉淀法结合中和法除杂

为了降低净化后液中 Ca^{2+}、Mg^{2+}、K^+ 含量，很多生产厂家采用硫盐结合中和法除杂，即钼酸铵溶液经硫盐净化后，又中和沉淀钼酸，再用氨水重新溶解钼酸得到纯度很高的钼酸铵溶液。该工艺最大优点是钼酸铵中金属杂质含量极低，其不足之处是金属实收率低，酸碱耗量大，劳动强度大，工艺流程长，成本高。另外，除 K^+ 效果也不理想。

b 硫盐沉淀法结合活性炭吸附除杂

硫化沉淀法和活性炭吸附法相结合，可除去溶液中的有机物质和不能形成硫化物沉淀的 K^+、Na^+。其工艺为向含有一定量的铁、铜等金属氨络离子的粗钼酸铵中先加入活性炭搅拌 20~30min，在不断搅拌下分批向反应釜中缓慢注入硫化铵或硫氢化铵溶液，开蒸汽加热至 80~90℃，然后用氨水调节溶液 pH 值为 8.0~8.5。净化完毕后，停止搅拌，待溶液静置澄清后，真空泵虹吸上清液，将净化渣过滤淋洗，洗水压至稀钼酸铵溶液储槽，净化渣集中堆放。净化液要澄清透明，铜、铁含量不大于 0.003g/L。

c 硫盐沉淀法结合 $(NH_4)_2CO_3$ 除杂

钼酸铵溶液经 $(NH_4)_2S$ 沉淀除杂后，加入 $(NH_4)_2CO_3$，利用 $(NH_4)_2CO_3$ 中的 CO_3^{2-} 沉淀溶液中的 Ca、Mg、Ba 等元素，而过量的 CO_3^{2-} 在酸沉过程中会分解成二氧化碳和水。除杂反应完成后过滤洗涤碳酸盐沉淀，沉淀 Ca、Mg、Ba 后的滤液静置除去杂质悬浮物，而未反应的双氧水也会随着时间的延长而自然分解。因此除杂后滤液必须静置放置，以提高钼酸铵的质量，静置后的钼酸铵溶液加入硝酸镁除去 PO_4^{3-} 等阴离子后，采用微孔过滤器进一步除杂。微孔过滤器是利用强酸性阳离子交换树脂对重金属杂质及碱土金属杂质有强的选择性，处理氨浸液，并起到一定的脱色作用。

d 螯合离子交换树脂净化氨浸液

氨浸液中，金属大多以 $[Me(NH_3)_4]^{2-}$ 形式存在，调节体系 pH 值，使其以 Me^{2+} 形态存在，采用螯合树脂吸附可除去这些杂质 Me^{2+}，深度净化钼酸铵溶液。螯合型离子交换树脂吸附重金属离子具有选择性，吸附顺序如下：

$$Hg^{2+} > Cu^{2+} > Pb^{2+} > Ni^{2+} > Zn^{2+} > Co^{2+} > Ca^{2+} > Mg^{2+} > Ba^{2+} > Sr^{2+} > Na^+$$

离子交换过程，降低体系 pH 值，$[Me(NH_3)_4]^{2-}$ 发生离解反应，以 $[Cu(NH_3)_4]^{2+}$ 离解为例，$[Cu(NH_3)_4]^{2+}$ 离解为 Cu^{2+}，游离的 Cu^{2+} 被螯合树脂吸附。

$$[Cu(NH_3)_4]^{2+} = Cu^{2+} + 4NH_3\uparrow \quad (2-2-33)$$

$$R—N\langle\begin{matrix}CH_2COO^-\\CH_2COO^-\end{matrix} + Cu^{2+} \rightleftharpoons R—N\langle\begin{matrix}COO\\COO\end{matrix}\rangle Cu \quad (2-2-34)$$

新树脂清水漂洗后，用 2mol/L 的盐酸浸泡后水洗至 pH 值不小于 1.5，负载树脂转型用 1mol/L 氨水溶液浸泡再生处理后的树脂，水洗至出水 pH 值不大于 10 后返回钼酸铵溶液净化过程。

离子交换反应时，溶液的 pH 值会影响有关氨络合物的稳定性和树脂活性基团的离解，改变树脂交换容量。随着溶液 pH 值的提高，自由氨浓度迅速增加，氨络合物变得相当稳定，自由状态金属离子浓度下降，树脂净化效果受到影响，交换容量下降；而 pH 值过低时，虽然自由状态金属离子浓度大大提高，但树脂活性基团的离解受到抑制，除杂效果亦不佳。为此，考虑与经典工艺的衔接，通常要求交换吸附 pH 值控制在 6.5~8.5。

离子交换法净化钼酸铵溶液，不但可除去 Ca、Mg、K、Na 元素，还可除去铜、铅、锌、镍、铁等元素，提高了钼酸铵质量，简化了工艺流程。交换过程物料处于封闭状态，操作环境有所改善，消除了传统净化法硫化渣对钼酸铵溶液的吸附与夹带，钼的回收率达到 96%以上；省去了加硫化铵等操作程序，工艺流程短，操作简单，特别适合于生产低 K、Na 钼酸铵产品。

2.3.2 钼酸铵盐的清洁生产

钼酸铵清洁生产采用酸-盐预处理与离子交换组合工艺，工艺流程如图 2-2-16 所示。

该工艺以工业氧化钼为原料，先进行酸-盐预处理，预处理液经压滤后，滤液回流至预处理阶段，提高钼的回收率，滤饼氨浸并再次过滤，初次压滤液进入离子交换柱。

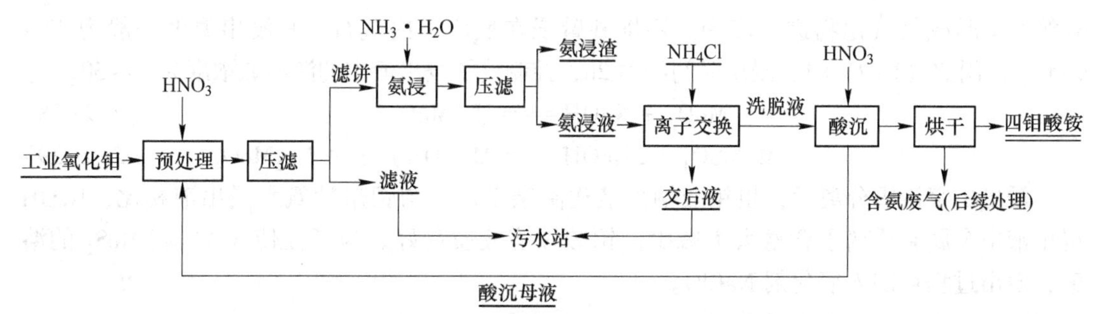

图 2-2-16 钼酸铵清洁生产工艺流程

在钼精矿焙烧过程，部分钼会以 MoO_2 形式存在，在硝酸预处理后，这些 MoO_2 会以低价钼的形式存在于氨浸液中，这些低价钼在溶液中会呈现蓝色，如若不去除，低价钼会严重影响钼酸铵的品质。通过加入双氧水会把低价钼氧化成高价钼，去除掉溶液中的钼蓝。倘若双氧水加入过量，过量的双氧水会与钼酸铵溶液作用生成一种过钼酸铵盐 $(NH_4)_2MoO_6$，导致沉淀出来的多钼酸铵是黄色。

氧化后的钼酸铵溶液进入离子交换树脂吸附柱，利用强碱性离子交换树脂对不同离子亲和力的不同，树脂优先吸附 MoO_4^{2-}，而 P、As、Si 等有害阴离子则随交后液排出。负载树脂用 NH_4Cl 和 NH_4OH 混合液解吸，制取纯净钼酸铵溶液，盐酸再生解吸后的树脂后用于下一周期吸附。

吸附：
$$Na_2MoO_4 + 2R-Cl \xlongequal{} R_2MoO_4 + 2NaCl \tag{2-2-35}$$

解吸：
$$R_2-MoO_4 + 2NH_4Cl \xlongequal{} 2RCl + (NH_4)_2MoO_4 \tag{2-2-36}$$

$$R \equiv N + HCl \xlongequal{} (R \equiv NH)Cl \tag{2-2-37}$$

离子交换树脂能有效除去钼酸铵溶液中的 P、As 和 Si 等杂质，实现钼的转型，得到纯净的钼酸铵溶液，精钼酸铵溶液经酸沉、离心分离和烘干等工序得到工业产品四钼酸铵。

2.3.3 钼焙砂钠碱浸出制备钼酸盐

对于非标准钼精矿，因其焙砂中铜、镍等金属钼酸盐含量高，传统氨浸法会造成大量铜、镍等金属溶解进入氨浸液，净化工序负担加重，且钼的浸出率偏低。如果采用酸盐预浸处理钼焙砂，则工艺流程长，操作过程复杂。对于杂质金属含量较高的钼焙砂，工业上常采用 NaOH、碳酸钠或者 NaOH 和 $NaCO_3$ 混合溶液浸出代替氨水浸出。

2.3.3.1 氢氧化钠浸出

氢氧化钠浸出-离子交换工艺是目前工业上应用最为成熟的镍钼矿处理工艺。该工艺最大特点是钼焙砂采用强碱浸出-离子交换替代了传统的钼焙砂酸洗-氨浸-金属硫化物沉淀净化除杂生产路线，碱分解过程钼进入分解液中，能与留在分解渣中的镍有效分离。借助离子交换的富集转型及相应的除杂作业可以制备高纯钼酸铵产品。离子交换法生产钼酸铵产品具有工艺流程短、操作简单、生产环境良好、易于实现自动化控制、除杂简单、环保治理效果好等特点。该工艺对原料的要求不太苛刻，并克服了经典法生产钼酸铵所带来的生产污水 NH_3-N 严重超标排放的弊端，其工艺流程如图 2-2-17 所示。

A NaOH 浸出

NaOH 浸出钼焙砂的目的是将焙砂中的钼转化成 Na_2MoO_4溶于水溶液中，铜、铁、镍、锌等杂质形成氢氧化物进入渣中。钼焙砂碱浸在反应釜内进行，其浸出温度一般为 70~95℃、液固比（1~2）∶1、浸出时间约为 2h，控制终了浸出液中的游离碱浓度为 20~50g/L。

$$MoO_3 + NaOH = Na_2MoO_4 \quad (2-2-38)$$

$$MeMoO_4 + 2NaOH = Me(OH)_2\downarrow + Na_2MoO_4 \quad (2-2-39)$$

浸出矿浆液固分离后，粗钼酸钠溶液送除杂工序。与钼焙砂氨水浸出液相比，NaOH 浸出液中金属杂质离子含量大大减少，钼酸铵溶液质量好。为了促使 MoO_2 和 MoS_2 的溶解，浸出过程可加入氧化剂 NaClO。

B 碱浸渣二次高压氧碱浸出

钼焙砂经一次碱浸溶解 MoO_3 后，碱浸渣含有少量 Mo，主要以不溶性的 MoO_2 和 MoS_2 形式存在，可对碱浸渣中的钼进行二次高压氧碱浸，提高钼的浸出率。具体化学反应如下：

$$2MoO_2 + O_2 + 4NaOH = 2Na_2MoO_4 + 2H_2O \quad (2-2-40)$$

$$2MoS_2 + 4.5O_2 + 6NaOH = Na_2MoO_4 + 2Na_2SO_4 + 3H_2O \quad (2-2-41)$$

常规碱浸和高压氧碱浸出结果对比如表 2-2-5 所示。

表 2-2-5 一次高压氧碱浸工业条件及结果（碱过量系数 1.2，液固比 4∶1）

渣来源	一次渣含钼/%	温度/℃	时间/h	氧压/MPa	二次渣含钼/%	钼浸出率/%
陕西	26.3	180	2	0	6.3	76.04
陕西	26.3	180	2	1.6	1.5	94.30
河南	31.6	200	2	0	7.7	75.63
河南	31.6	200	2	1.8	1.9	93.98

一次碱浸渣经二次高压氧碱浸后，渣含钼为 1.5%~1.8%，国内采用经典法的生产企业二次氨浸出时渣含钼为 3%~5%，比高压碱浸高出 1%~3%。

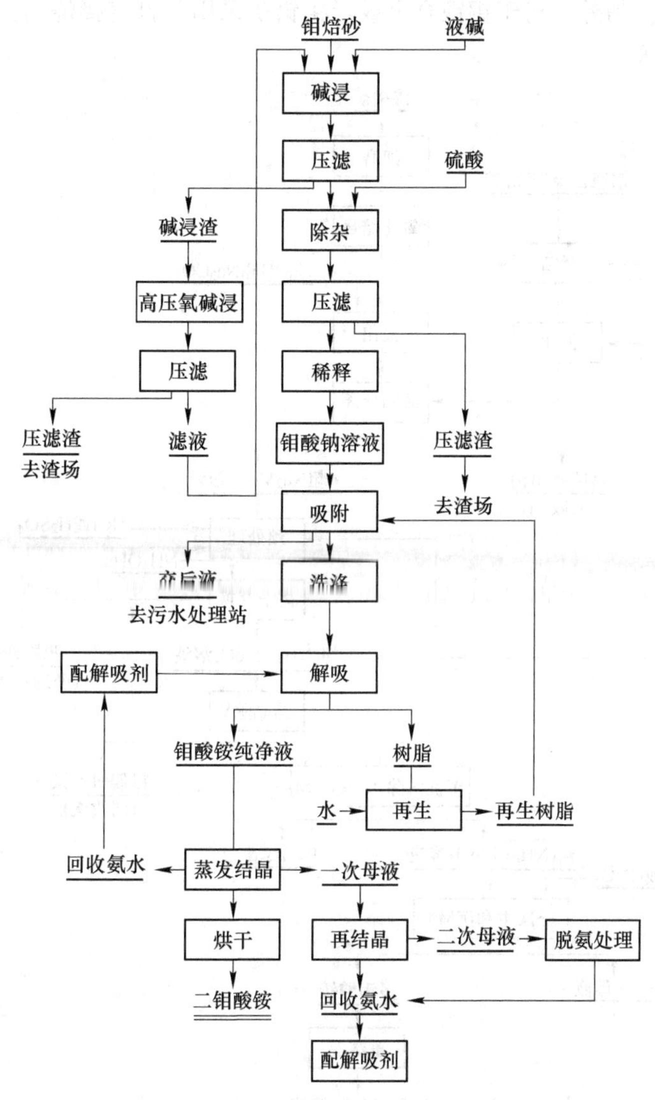

图 2-2-17　苛性钠浸出—离子交换法处理钼焙砂原则流程

离子交换：一次浸出液与二次浸出液的混合溶液中有过量的游离碱，还含有磷、硅等杂质，采用酸化沉淀硅和镁盐生成沉淀的方法可将其除去。粗钼酸钠溶液经过加水配料，配成一定钼浓度的交前液，进入离子交换作业。采用强碱性阴离子交换树脂优先吸附 MoO_4^{2-}，而 P、As、Si 等有害阴离子、杂质金属阳离子则随交后液排出。负载树脂用 NH_4Cl 和 NH_4OH 混合液解吸，制取纯净钼酸铵溶液，盐酸再生解吸后的树脂后用于下一周期吸附。后续的蒸发、浓缩结晶、干燥等工艺过程与经典氨浸法大同小异，不再赘述。

2.3.3.2　NaOH 和 Na_2CO_3 混合溶液浸出

镍钼矿是一种多金属的复杂矿物，除镍、钼、钒等元素外，还含有 10%～15% CaO，在氧化焙烧过程，CaO 会与钼反应生成难溶性的 $CaMoO_4$。而 $CaMoO_4$ 则很容易与 Na_2CO_3 反应，基于此中南大学稀有金属冶金研究所开发出镍钼矿氧化焙烧脱硫-NaOH 和 Na_2CO_3 混合溶液浸出技术。镍钼矿氧化焙烧-NaOH 和 Na_2CO_3 混合溶液浸出-离子交换工艺流程如图2-2-18所示。另外，对于钼镍合金或者钼铅矿采用苏打直接烧结，烧结矿水浸液处理方式见图2-2-18。

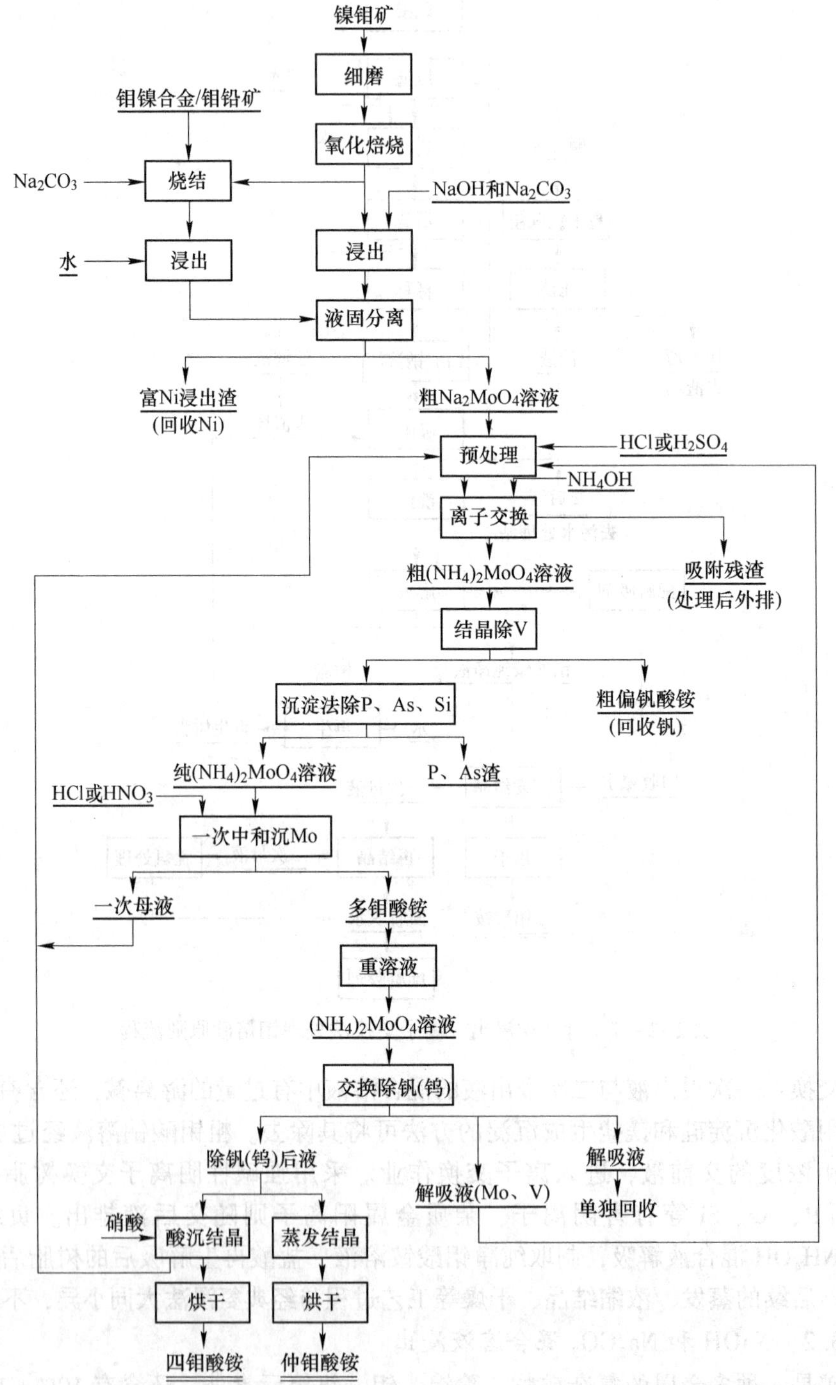

图2-2-18 NaOH和Na_2CO_3混合溶液浸出镍钼矿焙砂、钼铁合金及钼铅矿工艺流程

A 镍钼矿焙烧

将镍钼矿在650℃焙烧4h，然后在95~100℃用2.5mol/L Na_2CO_3溶液和1.3mol/L

NaOH 浸出 2h，钼的浸出率达到 92.32%，尾渣即为镍精矿，整个工艺过程钼的回收率为 89.06%。该工艺很好地解决了相似元素钼和钒的分离问题，是目前镍铜矿提钼工业化最成功和最先进的技术。

B 离子交换与解吸

碱浸出后的含钼溶液钼浓度太低，不能直接用于生产钼酸铵，可用大孔弱碱性阴离子交换树脂选择吸附富集钼。为了提高树脂的吸附能力，交换之前需对溶液用盐酸或硫酸调节 pH 值为 3~4。在钼的离子交换过程，钼以同多酸根离子和部分 P、As、Si 等杂质离子被吸附，钼的吸附能力达到 98.54%。大孔弱碱性树脂吸附钼的饱和工作容量可达到 140g/mL 以上，且吸附性能稳定。用 5mol/L 氨水作解吸剂，解吸液钼浓度可达 100~120g/L，最高可达 230g/L 以上，钼的解吸率为 99.51%。

C 净化除杂

解吸时，P、As、Si 等与钼一并进入解吸液中，且有相当高的浓度，必须对解吸液进行净化。采用铵镁盐沉淀法净化解吸液中的 P 和 As。净化条件：饱和 $MgCl_2$ 溶液加入量为理论量的 1.2~1.5 倍，温度为 60~80℃，终点 pH 值为 8.5~9.0，整个离子交换过程金属回收率可达 98%以上。

D 钼钒分离-偏钒酸铵沉淀结合离子交换法除钒

Ni-Mo 矿中一般含有 0.1%~0.2%的 V_2O_5，在钼矿物的碱法分解及离子交换富集钼的过程中，钒与钼总是“形影不离”，钒对钼产品而言，是有害杂质。由于钒钼化学性质相近，部分钒随钼进入到钼酸铵产品中，含少量钒的多钼酸铵外观呈浅黄色。因此，钼生产工艺中要做好钼与钒的分离，并有效回收钒。

当溶液 pH 值为 6.5~9.0 时，钒主要以偏钒酸根（VO_3^-）或钒酸根离子（$V_3O_9^{3-}$）形态存在。当溶液 pH 值为 6.5~9.0 且有铵盐存在时，因同离子效应，钒能以偏钒酸铵（NH_4VO_3）形式从钼酸盐溶液中结晶析出，达到钼钒的初步分离。离子交换法富集钼工艺，为钒的初步分离创造了必备条件。解吸得到的钼酸铵溶液，无需特殊处理，静置一段时间，钒就以 NH_4VO_3 形式结晶析出，且可从沉淀物中回收钒。初步净化后的钼酸铵溶液 V_2O_5 含量可降至 0.3g/L，为了获得高纯度钼酸铵产品，必须进行钼钒深度分离。

在 pH 值为 6.5~9.0 时，钼主要以 MoO_4^{2-} 形态存在，钒以 $V_3O_9^{3-}$ 形式存在，$V_3O_9^{3-}$ 所带的电荷比 MoO_4^{2-} 所带的电荷多，利用强碱大孔氯型阴离子交换树脂深度净化除钒是利用树脂在 pH 值为 6.0~8.0 的溶液中，对 $V_3O_9^{3-}$ 的吸附选择性大于对 MoO_4^{2-} 的吸附选择性，$V_3O_9^{3-}$ 被选择性吸附，其吸附率达 99%以上。吸附过程接触时间 20~80min，处理 V_2O_5 含量 0.05~1.2g/L 的钼酸铵溶液，一般控制流出液 V_2O_5 含量约 0.02g/L 为吸附终点，可以满足制取高纯度钼酸铵产品的要求，其 V_2O_5/Mo 质量比可达 0.001%以下。负载树脂用清水淋洗后，用 50g/L 的氨水解吸后，$V_3O_9^{3-}$ 解吸率可达 99%。解吸后，树脂转型后可直接用于下轮吸附，解吸所得钼、钒混合溶液返回至离子交换前的料液调制工艺。D231-Ⅱ树脂有较高的耐氧化性、耐酸碱、耐有机溶剂的性能，机械强度大。D231-Ⅱ树脂从钼酸铵溶液吸附钒酸根，工艺简单，分离效果好。

E 深度除钨

虽然钨钼分离（大量钨中分离微量钼）问题已基本解决，但对钼钨分离（大量钼中分离微量钨）却一直未见工业应用。为了提高钼产品的质量，中南大学稀冶开发了离子交换法从钼酸盐除去微量钨。该法处理 WO_3/Mo 为 0.5%的原料，钼酸铵产品中的钨含量可以稳定在 100×10^{-6}以下。

钼和钨在不同 pH 值的溶液中存在的形态如图 2-2-19 所示。在 pH 值为 7~9 的溶液中，钨主要以 $W_7O_{24}^{6-}$存在，而钼主要以 MoO_4^{2-} 存在，显然 $W_7O_{24}^{6-}$半径大于 MoO_4^{2-}，此时钨钼离子性质差异明显，选择对同多钨酸根离子具有较大亲和势的离子交换树脂，从含高钼低钨的钼酸铵溶液中选择性吸附钨。离子交换过程可能发生的反应如下：

$$2RCl + MoO_4^{2-} \longrightarrow R_2MoO_4 + 2Cl^- \tag{2-2-42}$$

$$2RCl + Mo_2O_7^{2-} \longrightarrow R_2Mo_2O_7 + 2Cl^- \tag{2-2-43}$$

$$6RCl + W_7O_{26}^{2-} \longrightarrow R_6W_7O_{26} + 6Cl^- \tag{2-2-44}$$

一般而言，高价态大离子交换势高于价态相对较低的小离子，因此在连续交换过程中，应存在如下置换反应：

$$3R_2Mo_2O_7 + W_7O_{26}^{6-} \longrightarrow R_6W_7O_{26} + 3Mo_2O_7^{2-} \tag{2-2-45}$$

$$3R_2MoO_4 + W_7O_{26}^{6-} \longrightarrow R_6W_7O_{26} + 3MoO_4^{2-} \tag{2-2-46}$$

在连续交换过程中，优先吸附的是钨的同多酸根离子，而钼的同多酸根离子和单钼酸根离子吸附之后，且随着料液的不断进入已被吸附钼的同多酸根离子和单相酸根离子可逐步被钨的同多酸根离子置换下来，随交后液排出，这就是在交换过程中钼和钨能得到较好分离的根本原因。

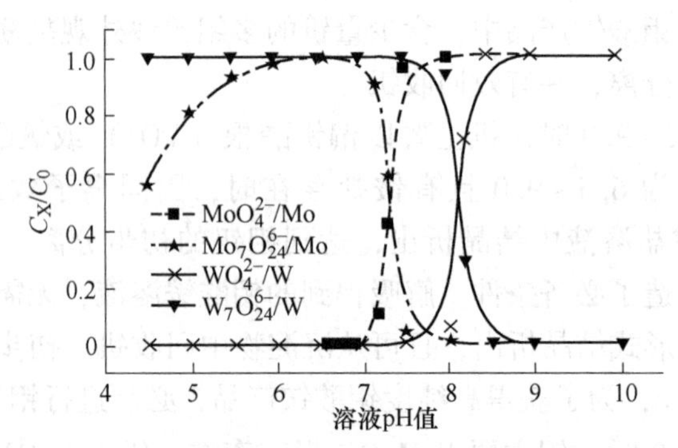

图 2-2-19 钼和钨在不同 pH 值的溶液中存在的形态

解吸采用氨水，高浓度的 OH^-将钨和钼解吸下来，钨和钼离子进入溶液，同时树脂重新转化成 OH^-树脂。解吸过程离子交换反应如下：

$$R_2MoO_4 + 2OH^- \longrightarrow 2ROH + MoO_4^{2-} \tag{2-2-47}$$

$$R_2Mo_2O_7 + 4OH^- \longrightarrow 2ROH + 2MoO_4^{2-} + H_2O \tag{2-2-48}$$

$$R_6W_7O_{26} + 14OH^- \longrightarrow 6ROH + 7WO_4^{2-} + 4H_2O \tag{2-2-49}$$

得到的解吸液是 $(NH_4)_2MoO_4$ 和 $(NH_4)_2WO_4$ 混合溶液。解吸后的树脂需要 HCl 溶液再生，恢复成 RCl 型重复使用。

根据钨和钼的回收产品的要求可选用 5mol/L NH_4Cl + 2mol/L $NH_4 \cdot H_2O$、2mol/L NaOH 或者 2mol/L NaCl+1mol/L NaOH 溶液解吸。

F 酸沉结晶

净化后钼酸铵溶液含钼 100~120g/L，pH 值为 8.5~9.0，用 50%硝酸酸沉，酸沉温度为45~55℃，pH值为2.0~2.5。经过酸沉得到一次酸沉钼酸铵产品，该产品含Fe、Mg、Si等杂质较高，用10%~15%氨水溶解得到钼浓度为200g/L左右，pH值为7左右的重溶液，再用硝酸重结晶得二次钼酸铵产品，沉钼母液直接返回离子交换工序回收其中的钼。沉钼过程直收率约为92%，回收率大于97%。

2.3.3.3　钼焙砂苏打压煮浸出

钼焙砂苏打浸出适合处理低品位钼精矿和杂质金属含量较高的钼焙砂。该方法需在高压设备中完成，虽然苏打用量少，Mo浸出率高，但浸出温度高，浸出液中杂质元素含量也较高。苏打压煮浸出钼焙砂反应如下：

$$MoO_3 + 2Na_2CO_3 + H_2O = Na_2MoO_4 + 2NaHCO_3 \quad \Delta G^{\ominus}_{298.15K} = -6.636kJ/mol \tag{2-2-50}$$

$$CaMoO_4 + Na_2CO_3 = Na_2MoO_4 + CaCO_3 \quad \Delta K^{\ominus}_{298.15K} = 14.89kJ/mol \tag{2-2-51}$$

$$CaSO_4 + Na_2CO_3 = Na_2SO_4 + CaCO_3 \quad \Delta K^{\ominus}_{298.15K} = 3250kJ/mol \tag{2-2-52}$$

$$SiO_2 + Na_2CO_3 + H_2O = NaHSiO_3 + NaHCO_3 \quad \Delta G^{\ominus}_{298.15K} = -269.355kJ/mol \tag{2-2-53}$$

苏打压煮过程，上述反应可以使矿物中的钼以Na_2MoO_4形式进入浸出液中，杂质磷、砷、硅等也与Na_2CO_3反应进入溶液，而镍等金属以碳酸盐形式留在浸出渣中，实现钼与镍的初步分离。

浸出液pH值一般控制为9~11，P、As、Si三种元素主要以$H_3SiO_4^-$、HPO_4^{2-}和$HAsO_4^{2-}$的形式。浸出过程加入添加剂MgO，Al_2O_3抑制杂质的浸出，抑制反应如下：

$$NaH_3SiO_4 + MgO = MgSiO_4 + NaOH + H_2O \quad \Delta G^{\ominus}_{298.15K} = -216.58kJ/mol \tag{2-2-54}$$

$$2Na_2HPO_4 + 3MgO + H_2O = Mg_3(PO_4)_2 + 4NaOH \quad \Delta G^{\ominus}_{298.15K} = -2594.54kJ/mol \tag{2-2-55}$$

$$2Na_2AsO_4 + 3MgO + H_2O = Mg_3(AsO_4)_2 + 4NaOH \quad \Delta G^{\ominus}_{298.15K} = -2068.01kJ/mol \tag{2-2-56}$$

上述反应的热力学分析及相关实验数据表明，苏打压煮过程，加入矿重2.5%的MgO（表2-2-6）能与P、As、Si生成难溶镁盐留在渣中，可有效抑制Si的浸出，对的P、As浸出的抑制效果不太明显。

表2-2-6　苏打常压浸出与高压浸出镍钼矿焙砂比较

项　目	苏打低压浸出率/%	苏打高压浸出率/%	
		MgO：0%	MgO：2.5%
Mo	87.4	95.39	95.90
P	0.47	6.38	6.20
As	7.61	33.21	32.84
Si	10.56	14.53	5.60

续表 2-2-6

项 目	苏打低压浸出率/%	苏打高压浸出率/%	
		MgO：0%	MgO：2.5%
Si/Mo 分离系数		19.0	25.0

注：苏打低压浸出条件：温度为95℃，液固比为4∶1，浸出时间为120min，苏打量为矿重的50%；
苏打高压浸出条件：温度为160℃，液固比为2∶1，浸出时间为90min，苏打量为矿重的30%。

苏打浸出液中钼的萃取同苏打压煮液中钨钼的萃取一样，也选用季胺盐萃取剂三辛基甲基氯化铵，选用辛醇、磺化煤油为极性改善剂和稀释剂。其萃取与反萃原理见第1篇3.3.2节。苏打浸出钼焙砂-季胺盐萃取钼工艺流程见图2-2-20。

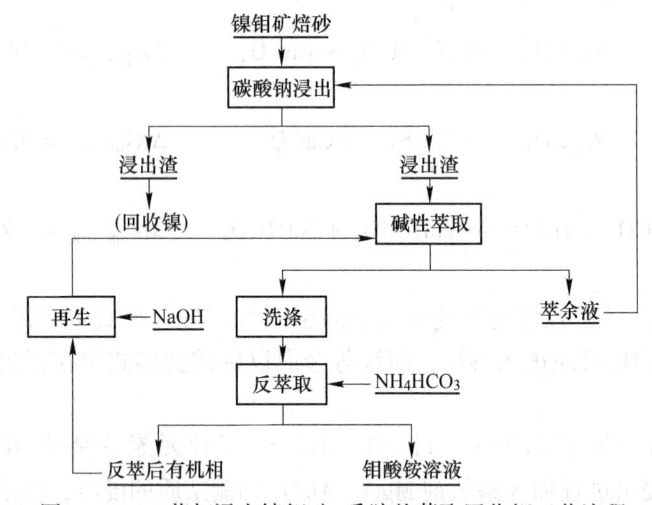

图 2-2-20 苏打浸出镍钼矿-季胺盐萃取回收钼工艺流程

镍钼矿氧化焙烧-苏打压煮-碱性季胺盐萃取是近年来开发的一种处理镍钼矿的新方法，可实现系统水的循环，是一种清洁生产工艺。目前虽未工业化应用，但将会成为一种极具工业化应用潜力的方法。

2.3.3.4 钼焙砂苏打常压浸出

低品位钼精矿焙烧脱硫-苏打浸出-钼酸钙沉淀回收钼的工艺流程如图2-2-21所示。

该工艺包括焙烧、苏打浸出和 $CaMoO_4$ 沉淀三部分。浸出过程实行多级浸出，浸出剂为8%~10%的苏打溶液，浸出设备为带有搅拌和加热的铁质反应釜或搪瓷反应釜，部分硅、磷、砷等杂质随钼一块进入到溶液中。当浸出溶液的pH值降低到8~10时，大部分硅将以偏硅酸沉淀析出，过滤后溶液中钼浓度为50~70g/L。在80~90℃条件下，在衬胶的反应釜中加入 $CaCl_2$ 溶液沉淀得到 $CaMoO_4$。溶液的pH值、钙用量以及滤液中原始钼浓度对钼的沉淀率都有一定的影响。在弱碱性及 $CaCl_2$ 过量15%~19%的条件下，钼的沉淀率可达97%~98%。沉淀经水洗、过滤、干燥后即可得到钼酸钙产品，沉淀母液中仍含有1g/L左右的钼，可用离子交换等方法回收。净化后的苏打浸出液也可以采用铵盐酸沉、煅烧工艺生产工业级氧化钼。

2.3.3.5 钼焙砂苏打烧结-水浸

苏打焙烧法是将钼焙砂拌上苏打粉在650~750℃进行焙烧，钼焙砂中 MoO_3 与苏打作

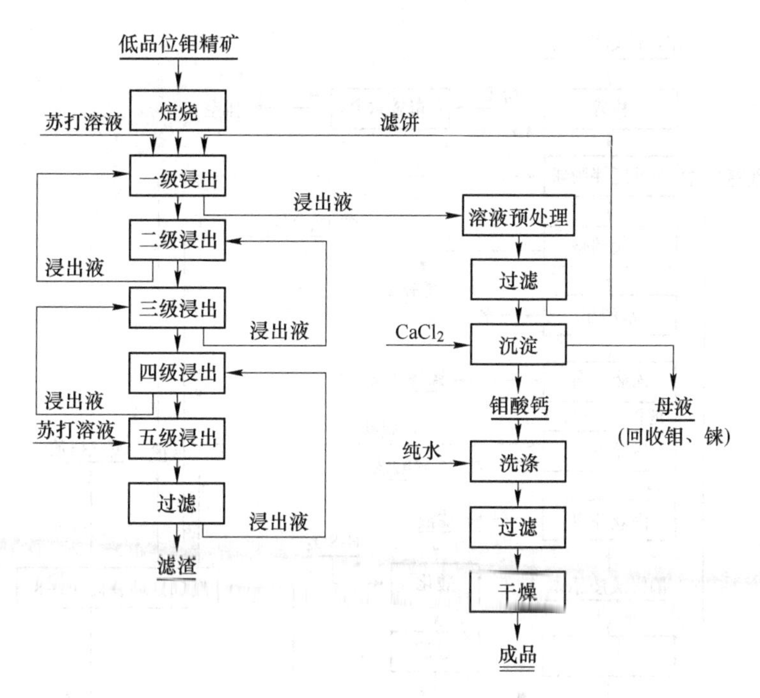

图 2-2-21 低品位钼精矿焙烧-苏打浸出工艺流程

用生成水溶性 Na_2MoO_4。在氧化剂硝石和空气存在下，MoO_2、MoS_2 氧化成 MoO_3 与 Na_2CO_3 作用生成 Na_2MoO_4，钼酸盐转化成碳酸盐和 Na_2MoO_4，烧结矿经热水浸提，其中的 Na_2MoO_4 溶入液相，同时钒酸钠也进入液相，水浸渣即为镍渣，回收镍。钼焙砂苏打烧结-水浸工艺流程如图 2-2-22 所示，该工艺设备投资低，操作流程简单。

2.3.4 钼酸盐的制备

钼酸铵是生产金属钼粉的原料，其品质的优劣与钼制品的结构和性能好坏直接相关。工业上用蒸发结晶法和中和结晶法制备钼酸盐，其实质是将正钼酸盐溶液中和到 pH 值为 2~3 或者蒸发除去部分氨，则 MoO_4^{2-} 聚合成 $Mo_2O_7^{2-}$、$Mo_7O_{26}^{4-}$、$Mo_4O_{13}^{2-}$（$Mo_8O_{26}^{4-}$），并形成相应的氨盐析出。工业生产中，常用蒸发结晶法析出仲钼酸铵 $(NH_4)_6Mo_7O_{24}\cdot 4H_2O$ 或二钼酸铵 $(NH_4)_2\cdot Mo_2O_7$，用中和法析出四钼酸铵 $(NH_4)_2Mo_4O_{13}$ 或八钼酸铵 $(NH_4)_4Mo_8O_{26}$，用冷却结晶法制取七钼酸铵。

2.3.4.1 钼酸铵溶液浓缩

净化后的钼酸铵母液含 MoO_3 为 120~140g/L，通常先经预先蒸发浓缩至 MoO_3 为280~300g/L，密度 1~1.22g/L，pH 值为 7 或游离氨约 15g/L 时，停止加热后过滤，滤液冷却至 45℃转入酸沉工序。浓缩的目的使其中的水分、氨气挥发，缩小溶液体积，提高钼浓度，降低溶液碱度，提高酸沉质量。另外，使溶液中胶状杂质 CuS、FeS 和 $Fe(OH)_3$ 聚集沉淀，以便过滤除去，提高产品质量。

浓缩设备主要有浓缩槽、过滤器、扬液器、净化液储槽、二效浓缩器等。工业上常用二效浓缩器对钼酸铵溶液进行预浓缩，浓缩设备结构如图 2-2-23 所示。

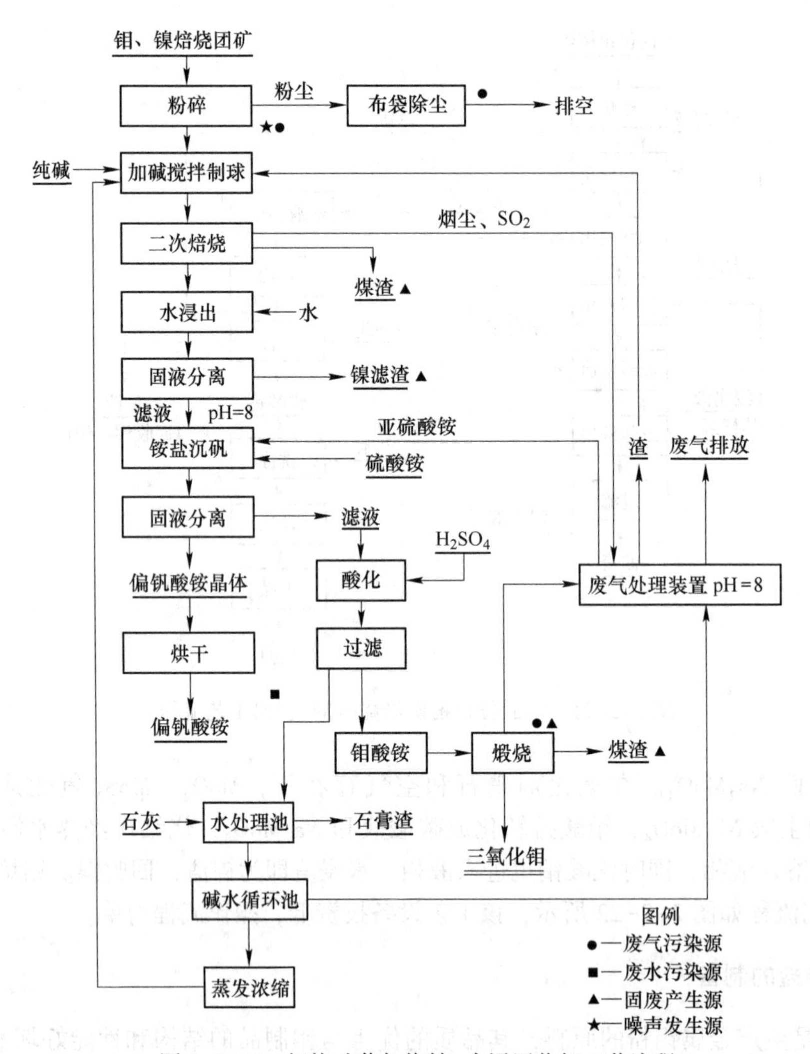

图 2-2-22 钼焙砂苏打烧结-水浸回收钼工艺流程

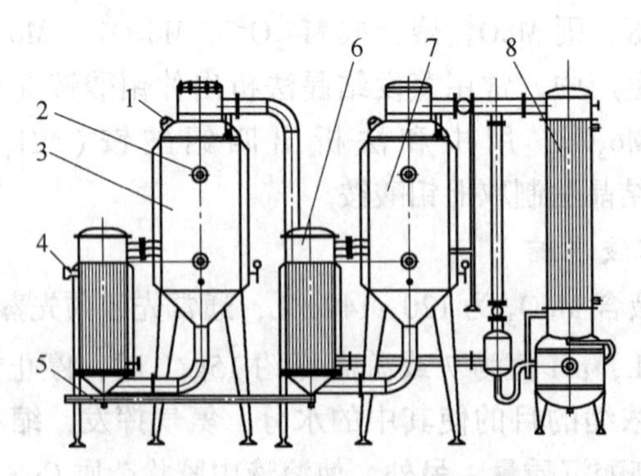

图 2-2-23 二效浓缩器设备结构简图

1—射灯；2—观察镜；3—一效蒸发器；4—一效加热器；5—进出液口；

6—二效加热器；7—二效蒸发器；8—冷凝回收器

2.3.4.2 钼酸铵制备

A 四钼酸铵（AQM）或八钼酸铵（AOM）制备

工业上多采用硝酸酸沉法制备四钼酸铵，钼酸铵的酸沉过程是一多聚合过程，酸沉过程是将预浓缩的（NH_3）$_2MoO_4$ 溶液（含 280~300g/L MoO_3）在 55~65℃下用硝酸调至 pH 值为 2~3，利用钼酸铵在此 pH 值溶解度较低的原理，96%~97%的钼以（NH_4）$_2Mo_4O_{13}$ · $2H_2O$ 或（NH_4）$_4Mo_8O_{26}$ · $4H_2O$ 形式沉淀出来。析出的晶体必须马上用真空吸滤器或离心机对其进行固液分离，以免固液接触时间过长生成细晶粒无水四钼酸铵难以过滤。酸沉过程温度不能太低，否则生成偏钼酸盐；温度高，产品发黄，晶形易转化。中和沉淀的酸母液中，一般含钼 3~5g/L，一部分用作钼焙砂酸洗的反应液，另一部分采用离子交换技术回收有价金属后再排放。

$$4(NH_3)_2MoO_4 + 6HNO_3 \xlongequal{\quad} (NH_4)_2Mo_4O_{13} \cdot 2H_2O + 6NH_4NO_3 + H_2O \tag{2-2-57}$$

$$8(NH_3)_2MoO_4 + 12HNO_3 \xlongequal{\quad} (NH_4)_4Mo_8O_{26} \cdot 4H_2O + 12NH_4NO_3 + 2H_2O \tag{2-2-58}$$

在盐酸酸沉过程，最好溶液中加入适量双氧水（不宜过量，否则生成过氧化物而导致产品发黄），将 S^{2-} 氧化成 SO_4^{2-}，防止酸沉过程钼蓝（钼酸或钼酸盐的酸性溶液在还原剂 S^{2-} 作用下呈深蓝色）的生成。另外，工业浓盐酸含有大量 Fe^{3+}、Cl^-，酸沉时带入产品，外观不佳，质量低劣，需对沉淀出的多钼酸盐进行重结晶。故工业生产通常采用硝酸作反应液预处理钼焙砂，同理制取多钼酸铵的酸沉工序亦使用硝酸进行酸沉结晶。

酸沉工艺条件不同，钼酸铵粒径、晶体形貌和结构成分也不相同，因此要严格控制酸沉过程工艺条件，特别是控制好原始溶液浓度、反应温度及终点 pH 值。加酸中和前溶液的钼酸铵浓度高，pH 值低，中和反应温度低，加酸速度快，最终酸度高以及溶液达到预定酸度后，液固不及时分离，长时间搅拌，都会使结晶的晶粒细化，吸附的杂质增多。溶液的钼酸铵浓度小，溶液中的硅、磷、砷含量高，中和反应温度高，最终酸度高或低于工艺要求，均会使钼的结晶率降低。钼酸铵晶体的粒径和晶型不同，还原不同晶型的四钼酸铵制得的金属钼粉质量也有所不同，并影响后续钼产品的质量。

B 七钼酸铵（AHM）或者仲钼酸铵、钼酸铵制取

a 蒸发冷却结晶

工业上多采用冷却结晶法制取仲钼酸铵，将四钼酸铵重溶于氨水制成钼酸铵溶液（密度为 1.09~1.12g/cm^3），多钼酸铵溶液过滤除去金属氢氧化物、机械杂质后，将所得滤液泵入连续蒸发结晶器中加热蒸发浓缩（挥发除去部分氨和水）至密度 1.38~1.40g/cm^3（含 MoO_3 400g/L），冷却结晶过滤，此时有 50%~60%的钼成仲钼酸铵析出，与溶解在结晶母液中的杂质分离。为了提高回收率，母液要再结晶 2~3 次，最后析出的产品如纯度较差，可返回处理。

$$7(NH_4)_2MoO_4 \xlongequal{\quad} (NH_4)_6Mo_7O_{24} \cdot 4H_2O + 8NH_3 \tag{2-2-59}$$

仲钼酸铵的粒度主要受钼酸铵溶液中游离氨含量的影响，其次是初始钼浓度。游离氨含量高，初始钼浓度低，晶核难以形成，析出粗粒晶体，粗粒晶体吸附的杂质少。蒸发结晶过程，应保持游离氨 4~6g/L，并不断搅拌以防过热，避免生成酸性较强的钼酸盐，否

则析出含氨更少的细晶粒钼酸盐。另外，蒸发结晶时间也是影响晶粒粗细的因素，结晶时间适当长些，有利于晶体的长大和晶型完整。蒸发结晶法制取仲钼酸铵的最大特点是产品纯度高，颗粒松散均匀。但也存在生产周期长、设备生产能力小、金属收率低和生产成本高等问题。

b 真空蒸发冷却结晶

将钼酸铵溶液进行真空蒸馏，蒸馏时不需要调节 pH 值，蒸发出的氨和水经过冷凝器冷却到缓冲瓶中，返回至氨浸作业。蒸发得到的钼酸铵溶液在 20℃ 或稍低的温度下冷却结晶，然后过滤、真空干燥得高纯七钼酸铵产品。

C 二钼酸铵（ADM）制取

国内部分企业采用蒸发结晶法生产二钼酸铵，国外采用高纯钼酸铵溶液连续结晶工艺生产二钼酸铵，也可采用四钼酸铵重溶结晶法生产二钼酸铵。

a 钼酸铵溶液蒸发结晶法

将 NH_3/MoO_3=0.86~1 或 1.25~1（摩尔比），即相当于 pH 值为 5.3~7.0 的纯钼酸铵溶液，在蒸发结晶器中加热至 80~90℃，随着氨气的逸出和水分的蒸发，pH 值降低，形成 $Mo_2O_7^{2-}$ 聚合体，最终以二钼酸铵晶体便析出，具体化学反应如下：

$$2(NH_4)_2MoO_4 = (NH_4)_2Mo_2O_7 + 2NH_3 + H_2O \qquad (2-2-60)$$

二钼酸铵的形貌、粒度等对后续的生产加工及产品性能都有影响。粉末态二钼酸铵在溶解时，团聚体被分解成形状不规则的小颗粒，MoO_3 产品粒度分布宽，杂质多；而规则晶体状二钼酸铵在焙解时不会破裂，产品粒度变化小，分布均匀，晶界清晰，纯度高。与粉末态二钼酸铵相比，规则大晶体二钼酸铵生产的 MoO_3 在后续加工过程中，在装料体积相同的情况下，装料质量增加，传输容易，生产效率高，而且化学及结构性上的优点更有利于得到性能优良的深加工产品。

传统粉末态二钼酸铵的生产方式皆为分批式蒸发结晶，料液进入结晶釜后用蒸汽进行持续加热蒸发直至一定的体积。在结晶过程中蒸汽压力不稳定，没有控制蒸发速度，导致产品为粉末状团聚体，粒度分布范围比较宽。传统粉末态二钼酸铵团聚的主要原因是成核过饱和度高，成核速率过大。采取加入晶种、控制蒸发速率等措施可得到规则大粒度的二钼酸铵。在传统分批式蒸发结晶基础上，蒸发到一定条件后加入晶种，控制蒸发速率，使晶体最大限度生长，得到规则大晶体二钼酸铵。蒸发出的蒸气进入表面冷凝器冷凝后回收利用，不可冷凝的气体经真空泵排出。

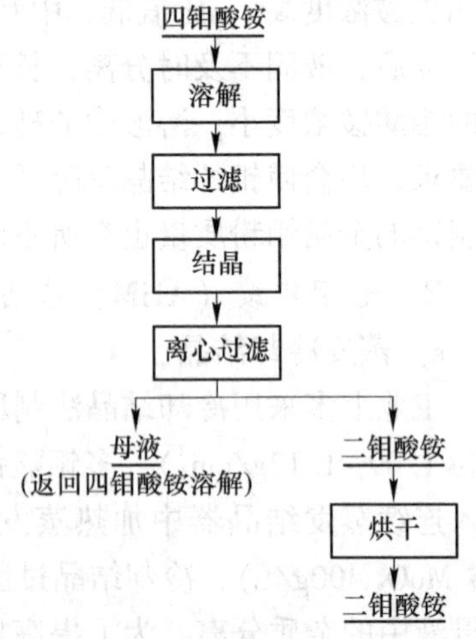

图 2-2-24 二钼酸铵生产工艺流程

b 四钼酸铵重溶结晶法

（1）二钼酸铵生产工艺流程如图 2-2-24 所示。

1）四钼酸铵溶解。按一定比例先向溶解釜加入纯水，将纯水加热到 70℃，在搅拌状态下，慢慢加入四钼酸铵和氨水，使钼酸铵浓度控制在 MoO_3 为 400g/L 左右，pH 值为 5.5~6.5。

2）钼酸铵溶液过滤。四钼酸铵溶解后，通入适量蒸气将钼酸铵溶液升温到 80~90℃，用板框过滤机热过滤，滤液放入结晶釜。

3）冷却结晶。在冷却结晶釜中，在搅拌状态下，待起晶种作用的初始晶核形成后，通入冷却水冷却至室温，析出二钼酸铵晶体，放料渣，离心机脱水，分离得二钼酸铵产品。

（2）影响因素。为了生产出晶型规则、粒度均匀和纯度高的二钼酸铵，必须严格控制其工艺技术条件。

1）钼酸铵溶液浓度。溶液过饱和度大小直接影响晶核形成过程和晶体长大过程快慢，这两个过程快慢还影响着结晶产品晶型、粒度及其分布状况，控制溶液过饱和度是结晶过程的首要问题。生产实践表明，四钼酸铵溶解后要保证一定的钼酸铵溶液浓度，钼酸铵溶液浓度过低，冷却结晶产生的二钼酸铵品粒粗细不均，流动性差；钼酸铵浓度过高，四钼酸铵溶解不完全，形成晶型未转化的混浊溶液，过滤较为困难，冷却结晶时瞬间生成大量二钼酸铵晶体难以长大，产生细颗粒的二钼酸铵，经焙烧还原后，钼粉粒度细，不能满足钼深加工要求。

2）钼酸铵溶液 pH 值。pH 值为 7~7.5 时，钼酸铵溶液中钼以简单阴离子 MoO_4^{2-} 形式存在，当其酸化时，存在下列平衡：

$$MoO_4^{2-} \xrightleftharpoons{pH > 6.5} Mo_2O_7^{2-} \xrightleftharpoons{pH6.5 \sim 5.5} Mo_7O_{24}^{6-} \xrightleftharpoons{pH4 \sim 2.5}$$

$$HMo_7O_{24}^{5-} \xrightleftharpoons{pH2.5 \sim 1.8} H_6MO_7O_{24} \xrightleftharpoons{pH < 1.8} MoO_2^{2+}$$

钼酸铵溶液 pH 值对钼酸铵结晶形态起决定性作用，当调整钼酸铵溶液 pH 值为 5.5~6.5 时，将从溶液中析出二钼酸铵。

3）搅拌速度。由于机械搅拌能增强溶液的传质和传热过程，加快四钼酸铵溶液溶解，使钼酸铵溶液浓度和温度均匀。快速搅拌时，氨易挥发和溶液温度下降快；搅拌速度太慢时，降低了溶解和结晶效率。因此应控制适当的搅拌速度。

D 十二钼酸铵制取

传统的十二钼酸铵制备工艺以二钼酸铵和七钼酸铵为原料，通过王水的酸性环境实现低聚态钼酸铵溶解、再结晶制备出形貌规整的六棱柱状十二钼酸铵晶体。该工艺由于是王水提供酸性环境，因此必然需要提高设备材质要求，相应地增加工艺设备投资以及产品加工成本，同时酸性废水存在 NO_3^- 和 Cl^-，这给处理废水时进行离子分离带来一定困难，相应也会增加十二钼酸铵加工成本。

2.4 钼酸铵焙解生产纯三氧化钼

高纯度 MoO_3 是生产含钼催化剂、钼深加工制粉的重要原料，其粒度、松装比对钼深加工的后续影响特别大。高纯 MoO_3 的物理化学性质直接影响钼粉的物理化学性质，尤其对钼粉的杂质含量影响最为严重，另外对钼粉的粒度、形貌及粒度分布也有一定的影响。工业上生产纯 MoO_3 常用钼酸铵焙解法，生产纯 MoO_3 原料不同，钼酸铵分解过程也不相同。

2.4.1 焙解钼酸铵原理及影响因素

钼酸铵的焙解属于热分解反应，钼酸铵分解过程氨和水以气态形式挥发，钼酸铵失去结晶水和氨转变为三氧化钼。以仲钼酸铵为例，焙解化学反应方程式如下：

$$3(NH_4)_2O \cdot 7MoO_3 \cdot 4H_2O \xlongequal{\quad} 7MoO_3 + 6NH_3\uparrow + 7H_2O\uparrow$$

焙解因素即热分解因素主要有两大类：一是外界条件，如分解温度、分解时间、分解气氛、炉子温度均匀情况和排气条件的变化，加料量的多少及速度等均有关系；二是内在因素，如钼酸铵粒度大小，钼酸铵形貌，钼酸铵中氨和水的含量等。外界条件一般由内在因素决定，如分解温度由钼酸铵的粒度决定，即钼酸铵粒度越小，焙解温度越低，同样，钼酸铵氨和水含量越低，分解时间越短。

在钼酸铵粒度、含水量以及分解温度确定的条件下，影响钼酸铵焙解进行的程度气氛因素主要是氨气和水汽在分解气氛中的含量，即氨气与水汽的气体分压（P），热分解反应，从理论上讲，降低氨气和水汽的分压有利于反应朝高纯 MoO_3 方向进行。

2.4.2　影响高纯 MoO_3 的粒度分析

高纯 MoO_3 对其母体钼酸铵的晶形及颗粒形貌具有一定的继承性，其粒度主要取决于钼酸铵的种类和本身的粒度及焙烧时的温度，可根据用户的粒度要求进行粒度控制。

2.4.2.1　焙解原料对高纯 MoO_3 粒度的影响

钼酸铵的单晶及钼酸铵颗粒团粒度直接影响高纯 MoO_3 的单晶颗粒和 MoO_3 颗粒团的粒度。由于钼酸铵的品种、晶型等对后续产品具有遗传性，普通四钼酸铵或转型四钼酸铵相对单晶颗粒较大，表面能低，聚合力小，钼酸铵团聚颗粒小，费氏粒度小；而二钼酸铵或七钼钼酸铵单晶颗粒小，表面能大，聚合力大。钼酸铵颗粒团大，费氏粒度大，煅烧后的高纯 MoO_3 聚合力大，流动性好，费氏粒度大。

2.4.2.2　温度对高纯 MoO_3 继承钼酸铵的晶型及颗粒形貌的影响

温度偏高会促使 MoO_3 长大，而温度过高，还会使 MoO_3 升华，物料结块或颗粒长大，出现针状结晶，反而严重影响煅烧质量。温度偏低，氨气排不尽，出料颜色不好，呈灰黄色，同样影响产品质量。MoO_3 挥发性较高，其蒸气压大，一般不宜过高温度焙解。原料和温度对制取高纯 MoO_3 物理性质的影响见表2-2-7和表2-2-8。

表2-2-7　普通四钼酸铵不同温度下制取的高纯 MoO_3

序号	1区	2区	3区	费氏粒度/μm	松装比/g·cm^{-3}	流动性	颜色
1	450	450	450	5.8	0.9	一般	淡黄
2	400	420	540	6.9	0.9	一般	淡黄
3	350	400	540	7.7	0.9	一般	淡黄

表2-2-8　二钼酸铵不同温度下制取的高纯 MoO_3

序号	1区	2区	3区	费氏粒度/μm	松装比/g·cm^{-3}	流动性	颜色
1	450	450	540	9.3	1.12	良好	淡黄
2	400	450	540	9.5	1.15	良好	淡黄
3	350	420	540	9.9	1.18	良好	淡黄
4	300	450	540	10.8	1.20	良好	淡黄

钼深加工企业需要费氏粒度大的产品，在原料选择上可选用二钼酸铵和七钼酸铵，钼酸铵的费氏粒度应控制在25μm以上，松装比控制在1.1g/cm^3，焙烧在控制钼酸铵的同时，尽量降低温度，原则上低温控制在300~350℃，高温控制在530~550℃。为了使粒度便于控制，设备最好选择多温区，即3~5个温区，温区分布采取解体控制。保证粒度的有效控制，使MoO_3的最终费氏粒度控制在9~16μm，松装比控制在1.1g/cm^{3}以上。

对于作为添加剂的高纯MoO_3，粒度一般控制在5μm以上，松比控制在0.8g/cm^{3}以上。生产此类高纯MoO_3，原料用普通四钼酸铵，粒度一般控制在15μm左右，松装比控制在1.0g/cm^{3}以上。添加剂用的高纯MoO_3，对钼铵比要求较高，故对焙烧温度要求较高。低温一般控制在420~450℃，高温控制在550~580℃，采用二温区以上设备即可生产出符合要求的产品。

对于用作催化剂的高纯三氧化钼，其粒度小点也可以，但需均匀，故一般采用普通四钼酸铵生产，对钼酸铵的费氏粒度一般不作规定，但粒度分布要尽量集中，钼酸铵成分尽量单一，焙烧温度多采取三温区控制，低温区一般为400~420℃，中温区一般为480~520℃，高温区一般为540~600℃。生产出的高纯MoO_3颜色为淡绿黄色，粒度一般为2~5μm。

2.4.3 工业焙烧炉

工业化焙解钼酸铵生产纯MoO_3常用3种焙解炉：回转炉、立式涡轮盘炉及网带炉。

2.4.3.1 回转炉

回转炉由给料及出料系统组成，炉体为钢质圆筒，内衬耐火材料，炉体支承在数对托轮上，并具有3°~6°的倾斜度。炉体通过齿轮由电动机带动缓慢旋转。物料由较高的炉尾端加入，由较低的炉头端卸出。热源采用电加热或采用燃烧煤、煤气及天然气加热。

生产过程中，先将钼酸铵加到装有螺旋进料器的料斗中，钼酸铵在螺旋进料器的作用下按一定速度进入炉内，再随着炉管旋转进入高温区煅烧焙解，焙解生成的MoO_3随炉管的转动到达炉管出口，出口处安装有一个不锈钢制作的旋转筛，MoO_3经旋转筛过筛后自动落入盛料桶中。回转炉结构如图2-2-25所示。

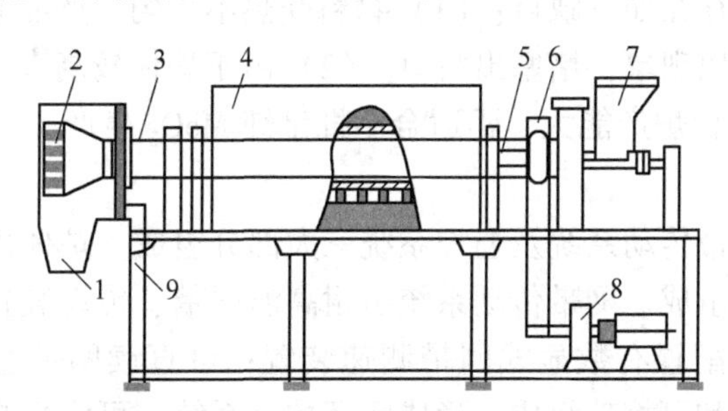

图2-2-25 回转炉结构示意图

1—卸料口；2—回转筛；3—炉管；4—炉壳；5—炉管；6—防护罩；7—进料斗；8—传动装置；9—炉架

回转炉的优点是：操作简便，排气良好，加料均匀；缺点是：单台炉产能小、炉体使用寿命短、粉尘大、自动化程度低、劳动强度大、运行成本高及产品均匀性差等。

2.4.3.2 立式涡轮盘焙解炉

立式涡轮盘焙解炉整个系统主要由螺旋进料器、电加热器、立式焙解炉、螺旋出料器、滤管式收尘器、包装和氨气洗涤塔等组成，图 2-2-26 为立式涡轮盘焙解炉内部结构示意图。

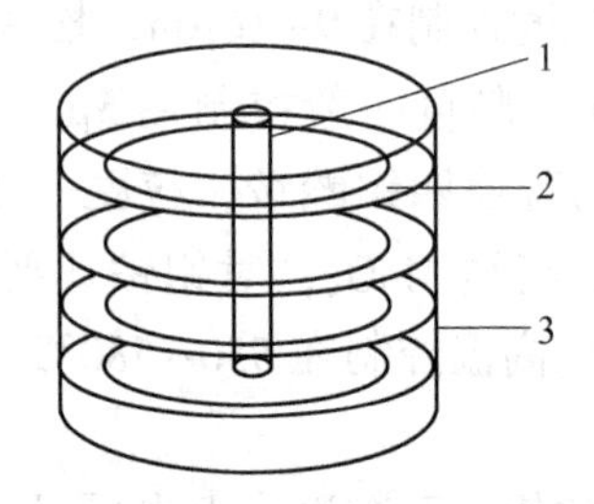

图 2-2-26 立式涡轮盘焙解炉内部结构示意图
1—中轴；2—炉盘；3—炉壁

工艺流程为：原料（钼酸铵）进入输送倒袋站，通过风送系统进入到加料仓，然后在旋转下料阀的作用下进入螺旋输送机，将原料从立式涡轮盘炉加料口加入炉内煅烧焙解；空气在引风机作用下经电加热器加热至 500℃±20℃，自下而上流经炉膛，使钼酸铵分解生成 MoO_3，产品纯 MoO_3 通过立式涡轮盘炉下端旋转下料阀进入出料螺旋输送机（有冷却装置），通过出料螺旋输送机将产品输送至提升机，提升到小料仓，通过振动筛分级后，筛上料返回系统，筛下料进入混料机，混合均匀后，送成品区计量包装，包装好的产品经检验合格后入库，夹带氨气的热空气从炉膛顶部流出，经滤管式收尘器回收气体所夹带的细粉，再进入洗涤塔用水喷淋吸收，产生的氨水可回收再利用。

立式涡轮盘焙解炉具有如下优点：（1）单台炉产能大，占地面积小：每台立式涡轮盘焙解炉每天可生产高纯 MoO_3 约 14t，是单台回转炉产能的 14 倍（回转炉每台产量为 1t/d），大大提高了纯 MoO_3 的产量，同时也节约了生产用地。（2）自动化程度高，操作简便，用工人数大为减少，降低了生产成本。（3）整个装置全部密封，产品粉尘泄漏少，车间工作环境大为改善。

立式涡轮盘焙解炉存在如下缺点：（1）物料受热不均匀，产品质量不稳定；另外，偶尔会出现物料在炉内结块现象，堵塞出料口。（2）由于炉体较高大，炉内结构紧凑，炉内维修较为困难。（3）单台炉产能大，不适合小批量纯 MoO_3 生产。

2.4.3.3 网带炉

网带炉由炉体、网带传动系统及温控系统三大部分组成。炉体由进料段、预烧段、焙烧段、缓冷段及出料段组成。网带传动系统由耐高温网带、传动装置等组成。网带的运行速度通过变频器调节，配置有数显式网带测速装置；可直读网带速度；温控系统由热电偶、数显式智能调节器和可控硅组成，形成闭环控制系统，可实现自动精确控温。主要生产催化剂用纯 MoO_3，网带炉结构见图 2-2-27。

网带炉的主要优点是：能实现精确温控（控温精度为±10℃），物料受热均匀，产品氨溶性好，回收率高，粉尘小，设备易于维修等。缺点是：单台炉产能小，设备占地面积大。另外，由于炉体非封闭，热量相对容易散失，加之没有热量回收设施，造成能耗较大，夏天工作环境温度高等。

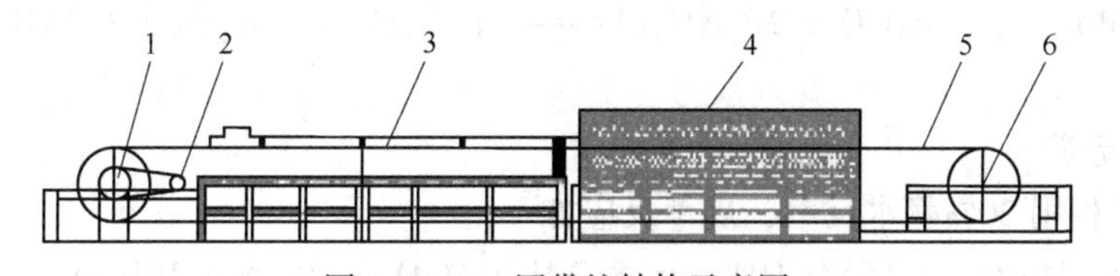

图 2-2-27 网带炉结构示意图

1—前滚筒；2—传动装置；3—盖板；4—炉体；5—网带；6—后滚筒

2.5 酸沉母液或者氨浸渣中钼的综合回收

综合分析钼酸盐制备工艺，影响钼直收率的途径主要有两个方面：一是酸沉母液带走部分钼，二是残留在氨浸渣中的钼。综合回收酸沉母液及氨浸渣中钼可大大提高钼的回收率，增加企业经济效益，同时也产生了显著的环保效益。

2.5.1 酸沉母液中钼的回收

酸沉法制取四钼酸铵时，产出大量含磷、砷、硅阴离子的含钼液，传统硫化除杂无法将氨浸液中的 P、Si、As 等阴离子除去，酸沉过程，这些离子与钼生成杂多酸进入酸沉母液。由于原料成分和生产条件的差异，酸沉母液中残钼量波动较大，一般为 1.5~7.0g/L，pH 值为 2.0~2.5。目前，国内大部分生产厂家采用二次酸沉法或者酸沉母液预浸钼焙砂。二次酸沉法即用硝酸调母液 pH 值为 0.5~1.0，进行二次酸沉钼酸，氨水溶解钼酸后返回主流程，或者采用二次酸沉钼酸生产工业钼酸钠。二次酸沉法缺点是酸沉母液中仍含 1.5~3.5g/L 的钼，钼损失较大。另外，也可采用萃取、离子交换、钡盐和钙盐沉淀等方法回收钼，也有用氨浸渣处理酸沉母液回收钼的相关研究报道。

2.5.1.1 萃取法

钼在酸沉母液中以 $Mo_8O_{26}^{4-}$ 和钼磷、砷、硅杂多酸形态存在。N_{235} 在酸性介质极易萃取这些阴离子，萃钼后的有机相经氨水反萃入水相获得钼酸铵溶液，钼酸铵溶液转入主流程净化工序生产钼酸铵。该法主要包括有机相酸化、萃取、反萃与净化四个过程。萃取过程易实现连续化、自动化，操作简便，劳动强度低，生产能力大。

A 基本原理

a 酸化

萃取剂由 N_{235}、仲辛醇和煤油组成。用 N_{235} 有机胺萃取钼时，常用盐酸酸化使胺生成胺盐。

$$R_3N + HCl = R_3NHCl \quad (2-2-61)$$

b 萃取钼

萃取过程控制原液 pH 值为 2.0~3.5，pH 值高于 3.5 或低于 2，溶液中的钼酸根离子形态发生变化，导致钼的萃取率降低。

$$(NH_4)_4Mo_8O_{26} + 4R_3NH_4Cl = (R_3NH)_4Mo_8O_{26} + 4NH_4Cl \quad (2-2-62)$$

$$(NH_4)_3[P/AsMo_{12}O_{40}] \cdot nH_2O + 3R_3NH_4Cl = (R_3NH)_3[P/AsMo_{12}O_{40}] + 3NH_4Cl + nH_2O \quad (2-2-63)$$

$$(NH_4)_2[SiMo_{12}O_{40}] \cdot nH_2O + 2R_3NH_4Cl = (R_3NH)_2[SiMo_{12}O_{40}] + 2NH_4Cl + nH_2O \quad (2-2-64)$$

c 氨水反萃

负钼有机相用20%氨水反萃，反萃反应如下：

$$(R_3NH)_4Mo_8O_{26} + 16NH_4OH = 8(NH_4)_2MoO_4 + 4R_3N + 10H_2O \quad (2-2-65)$$

$$(R_3NH)_3[P/AsMo_{12}O_{40}] + 27NH_4OH = 12(NH_4)_2MoO_4 + 3R_3N + (NH_4)_3P/AsO_4 + 15H_2O \quad (2-2-66)$$

$$(R_3NH)_2[SiMo_{12}O_{40}] + 26NH_4OH = 12(NH_4)_2MoO_4 + 4R_3N + (NH_4)_2SiO_3 + 15H_2O \quad (2-2-67)$$

d 反萃液净化

萃取过程中，磷、砷、硅的杂多酸也一起被有机相萃取，故反萃取时出现乳化现象。在反萃钼酸铵溶液中加入 $MgCl_2$，沉淀净化 P、As、Si。

B 工业实践

萃取有机相按 $20\%N_{235}+10\%$仲辛醇+70%煤油的体积比配制，酸沉母液 pH 值为 2.0~3.5，两相接触时间 1~1.5min，两相分相时间 4~5min，两级并流萃取，钼萃取率不小于95%，萃余液含钼不大于 0.5g/L。用 20%的氨水进行两级反萃，两相接触时间 5~6min，两相分相时间 30min，反萃液含钼不小于 100g/L，pH 值为 8.5~9.0。

2.5.1.2 离子交换法

目前，酸沉母液大都采用离子交换法回收钼，强碱性阴离子交换树脂回收钼原理同强碱性阴离子交换树脂吸附钨。这里仅介绍弱碱性离子交换树脂法，其回收工艺流程如图2-2-28 所示。

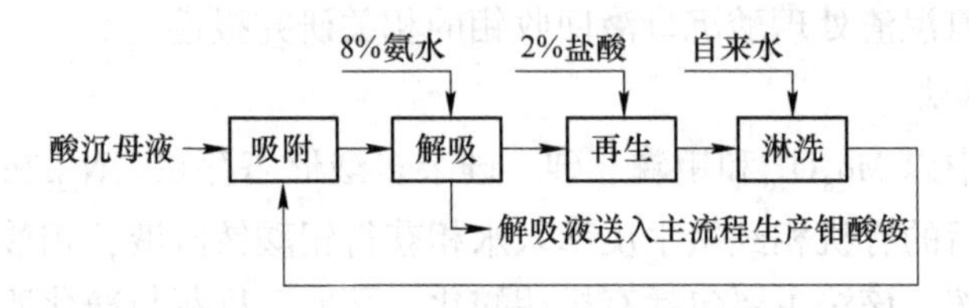

图 2-2-28 弱碱性离子交换树脂处理酸沉母液工艺流程

大孔弱碱性离子交换树脂吸附钼和氨水反萃钼化学反应同酸沉液 N_{235} 萃取法，吸附过程采用逆流串柱吸附，pH 值控制为 2~3，钼被吸附到树脂上，杂质阴离子等随交液排出。饱和负钼树脂用 10%的氨水解吸转型为钼酸铵，解吸液 pH 值与时间和密度之间的关系见图 2-2-29 和图 2-2-30 所示。解吸液 pH 值为 6.0~7.0，停留时间最长，解吸液中钼含量组最高，当 pH 值到 7 以后，解吸液 pH 值急剧上升，但溶液密度却突然下降。当 pH 值达到 9 时，溶液密度小于 $1g/cm^3$，所以解吸液 pH 值为 9 时停止解吸。

解吸后树脂用 2% HCl 溶液再生，自来水淋洗解吸后的树脂，当流出液到中性时，树脂送酸沉母液吸附工序，解吸液用氨调至 pH 值为 9 时，进入主流程制备钼酸铵。离子交换法回收酸沉母液中钼的回收率达到 95%以上，但大量 NH_4NO_3 未得到回收利用，不仅浪费资源，而且污染环境。

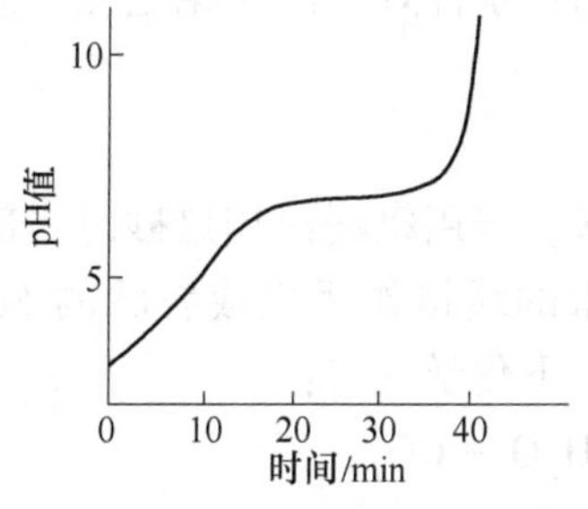

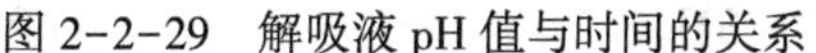
图 2-2-29 解吸液 pH 值与时间的关系

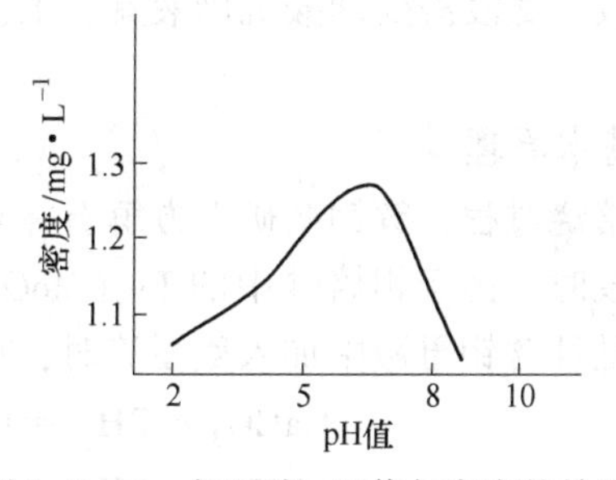

图 2-2-30 解吸液 pH 值与密度的关系

针对弱碱性离子交换树脂法回收酸沉母液中钼存在 NH_4NO_3 未回收的问题，当 pH 值为 7 左右的酸沉母液用离子交换法回收钼后，采用电渗析进行淡化与浓缩，淡水回用，含 NH_4NO_3 的浓水蒸发浓缩至密度 1.20～1.40g/cm³ 后，加入石膏粉，料浆经 120～200℃ 离心喷雾干燥，生产农用化肥，化肥样品不仅含氮高，还含有少量钼，可作为含微量元素复合化肥的原料。

2.5.1.3 钡盐沉淀法

酸沉母液也可用钙盐和钡盐沉淀制取钼酸钙和钼酸钡，酸沉母液钡盐沉淀实现了钼酸铵与钼酸钡的联合生产，降低了钼精矿的消耗。

A 钡盐沉钼原理

酸沉母液中除含有钼酸根外，还含有一定量的 SO_4^{2-}，调整酸沉母液 pH 值为 0.5～1.0 时，加入 $BaCl_2$ 溶液，MoO_4^{2-} 与 Ba^{2+} 结合生成 $BaMoO_4$ 沉淀，而 SO_4^{2-} 与 Ba^{2+} 亦形成 $BaSO_4$ 沉淀混入 $BaMoO_4$ 产品中，影响产品质量。利用 $BaMoO_4$ 的溶度积（4×10^{-8}）和 $BaSO_4$ 的溶度积（1.1×10^{-10}）的不同以及 $BaMoO_4$ 能微溶于稀酸而 $BaSO_4$ 不溶于稀酸等特性，从 $BaMoO_4$ 中分离大部分 $BaSO_4$。

$$(NH_4)_2MoO_4 + 2HNO_3 = H_2MoO_4 + 2NH_4NO_3 \quad (2-2-68)$$

$$(NH_4)_2SO_4 + BaCl_2 = BaSO_4 + 2NH_4Cl \quad (2-2-69)$$

$$H_2MoO_4 + 2NH_4OH = (NH_4)_2MoO_4 + 2H_2O \quad (2-2-70)$$

沉淀除去产品中的可溶性盐类：

$$(NH_4)_2MoO_4 + BaCl_2 = BaMoO_4 + 2NH_4Cl \quad (2-2-71)$$

B 工艺过程

先用硝酸调母液 pH 值为 0.5～1.0，进行二次酸沉钼酸，同时加入适量 $BaCl_2$ 溶液，使 SO_4^{2-} 生成 $BaSO_4$ 析出，再用氨水中和至微碱性（pH 值为 9），使 H_2MoO_4 溶于氨水中，澄清后抽出清液，再加 $BaCl_2$ 沉淀 MoO_4^{2-}，沉淀物经多次水洗除去氯化铁、硝酸铵等可溶性盐类后离心分离，$BaMoO_4$ 沉淀烘干成品。沉淀过程要控制好 $BaCl_2$ 的加入量，使产品中 $BaMoO_4$ 含量大于 90%，钼回收率大于 94%。

水洗 $BaMoO_4$ 的废液呈微碱性，主要成分为 NH_4Cl 和 NH_4NO_3，其含氮量为 4%～5%，可作为液体肥料，其中含有的极微量的 Ba^{2+}，加入 $(NH_4)_2SO_4$ 除去。

2.5.1.4 氨浸渣处理酸沉母液

该法是采用传统钼酸铵生产过程产出的氨浸渣去处理酸沉母液，使母液中的钼转入渣中统一回收。氨浸渣处理酸沉母液具有工艺简单、回收条件好、渣含钼量低、回收成本低廉等优点。

A 基本原理

氧化焙烧过程，辉钼精矿中方解石并未全部分解，当用氨浸出钼焙砂时，部分进入氨浸渣。氨浸时，由于钼焙砂中的 $Fe_2(MoO_4)_3$ 同氨水的缓慢作用生成胶状的 $Fe(OH)_3$ 沉淀，在向酸性含钼母液中加入氨浸渣时，首先发生如下化学反应：

$$CaCO_3 + 2H^+ = Ca^{2+} + H_2O + CO_2\uparrow \quad (2-2-72)$$

$$Fe(OH)_3 + 3H^+ = Fe^{3+} + 3H_2O \quad (2-2-73)$$

随着上述反应的向右进行及氨浸渣本身的中和作用，母液的 pH 值不断上升，达到一定值时，溶液中的 Ca^{2+}、Fe^{3+} 和母液中的 MoO_4^{2-} 结合生成难溶 $CaMoO_4$ 及 $Fe_2(MoO_4)_3$ 沉淀。在适宜条件下，存在于酸沉母液中的残钼可比较彻底地转入渣中，而渣中钼可采用二次氨浸、碱焙烧等方法进行综合回收。

B 影响沉钼效果的因素

a 反应终点 pH 值

一般反应终点 pH 值为 4.5~5.5 时，渣处理后废液中的残钼量低，提高反应终点酸度，生成的 $CaMoO_4$、$Fe_2(MoO_4)_3$ 又发生分解，不仅原酸沉母液中的钼不能进入渣相，氨浸渣中未被浸出的钼也部分被分解进入母液，使得渣处理后废液中的残钼量迅速升高。

b 氨浸渣量

氨浸渣量增加，参加反应的钙、铁量也随之增多，渣处理后废液中的残钼量降低。渣水反应既有钙、铁的溶解及难溶钼酸盐生成的反应，也存在渣中钼的反溶。

c 反应温度和反应时间

反应温度升高，渣处理后废液中的残钼量依次递减，反应温度高于 60℃ 后，残钼量稍有升高。为保证酸沉母液中钼的最大回收效果，一般于 60℃ 左右处理 0.5~1.0h。

用酸沉母液处理不同地区的氨浸渣，渣处理后废液中的残钼量都在 0.1g/L 左右，钼的回收率均大于 90%。经氨浸渣处理后的废液 pH 值由 1.25 上升至 5.0 左右，废液可进一步回收 NH_4NO_3，或作为复合肥料使用。

2.5.1.5 纳滤膜法

除以上技术回收酸沉钼液中钼以外，目前最先进的回收方法是纳滤膜法。纳滤膜法处理酸沉母液原理和回收 APT 结晶母液中的钨相似，其回收工艺流程如图 2-2-31 所示。

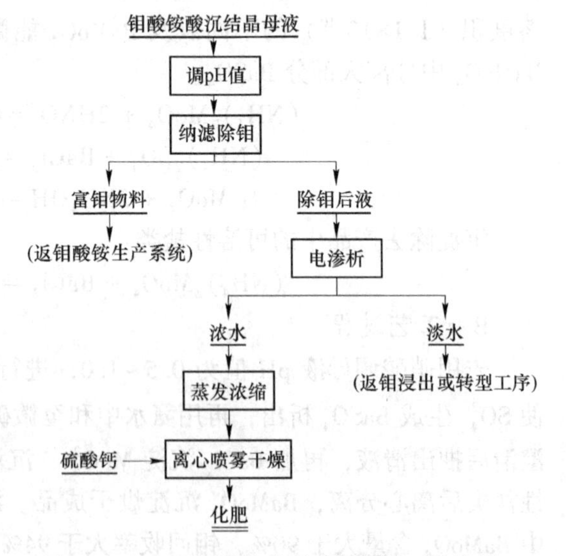

图 2-2-31 纳滤膜法处理酸沉母液工艺流程

2.5.2 氨浸渣中钼的回收

氨浸渣来自钼酸铵生产氨浸工段，氨浸渣造成的钼损失，不仅与渣中钼含量有关，而且与氨浸时的渣率有关，渣率越高，钼损失就越大。氨浸渣渣率一般为10%～20%，渣中除含有MoO_3、MoO_2和MoS_2外，还含有难溶的各种钼酸盐（主要为Ca、Fe、Cu和Pb的钼酸盐）和大量的SiO_2。另外，$Fe_2(MoO_4)_3$会在氨浸工序中遇碱迅速生成$Fe(OH)_3$胶体，$Fe(OH)_3$胶体不但吸附微量MoO_4^{2-}，而且在生成胶体的过程很容易将尚未溶解的氧化钼包裹住，形成氧化钼团聚物。这种团聚物的形成阻碍了钼酸铵的形成，是团聚物中的可溶性钼在固液分离过程中进入氨浸渣，导致氨浸渣的钼含量明显升高，钼损失量增多，大大降低了钼酸铵的回收率。氨浸渣中钼含量高低与钼焙砂质量有直接关系，由于钼精矿成分和焙烧工艺的不同，所得钼焙砂的质量也有较大差异，酸洗后钼焙砂经氨浸所产渣中钼含量也有所不同，一般含钼量为5%～25%。对氨浸渣中钼进行综合回收，既能提高企业经济效益，同时也有利于环境保护。

氨浸渣钼含量是影响钼酸铵生产回收率的主要因素之一。目前，氨浸渣中钼的回收方法主要有二次氨水浸出，碱湿法浸出、盐酸分解、苏打烧结、高压碱浸以及二次焙烧-氨浸等方法。氨浸渣二次氨浸液直接返回钼焙砂氨浸过程，无需通过离子交换、萃取或者化学沉淀等方法富集，但是不溶性钼在二次氨浸过程中是不溶解的，因此二次氨浸渣中残钼含量也很高。要提高二次氨水浸出钼浸出率，必须在氨水浸出过程中加入助浸剂，如次氯酸钠、硝石、过氧化氢、碳酸铵等。

2.5.2.1　氧化焙烧法

对氨浸渣进行二次焙烧，其目是将氨浸渣中没有浸出的低价MoS_2和MoO_2充分氧化成在碱性条件下容易浸出的MoO_3或钼酸盐。经酸洗除去焙砂中大部分可溶盐类杂质，钼以钼酸的形式存在于酸洗残渣中。根据生产实际情况，酸洗渣可用少量烧碱、纯碱或者氨水浸取，钼以钼酸钠或钼酸铵形式进入浸出液。在钼酸钠母液中含有二氧化硅、复盐铜，还有少量磷、砷化合物等杂质，加入脱硅脱铜剂，在一定pH值和温度下，用凝聚法过滤除杂。

焙烧法主要包括氨浸渣焙烧-酸洗预处理-碱浸-脱硅-浓缩结晶等过程。生产实践证明，钼含量在8.0%左右的低品位钼矿或钼渣原料采用该工艺生产钼酸钠，其含量达到99%以上。

A　焙烧

为防止MoO_3升华，氨浸渣焙烧温度一般控制在550℃。但对钼渣来说，温度选择在750℃更有利于氢氧化物和盐类的分解与转换，提高钼的转化率，焙烧时间视钼的转化率确定。

B　酸洗预处理

氨浸渣虽含可溶性杂质较少，但因焙烧使得CuS、FeS和铁的碱式盐在700℃以上氧化成CuO、$CuSO_4$、Fe_xO_y、$Fe_2(SO_4)$等，酸洗工序Cu、Fe等金属杂质离子进入浸出液。控制液固比为3：1，调整介质pH值为1，钼以H_2MoO_4形式沉淀下来，用pH值为3的酸液洗涤滤饼，可满足除杂的要求。

C　碱浸

酸洗洗涤的滤饼中主要成分为$MoO_3 \cdot H_2O$，其中还含有Fe^{3+}、Cu^{2+}、Ca^{2+}等盐类，中温条件下，用NaOH调至pH值为8浸出分离这些金属杂质。碱浸过程加入Na_2CO_3能加快难溶性钼酸盐中钼的浸出，提高钼的浸出率。

D 碱浸液净化除杂脱硅

碱浸液加入铝盐以及硫化沉淀剂，调节溶液 pH 值约等于 7，升温搅拌 30min 过滤去杂。

E 浓缩结晶

当母液密度达 $1.4g/cm^3$ 时，降温结晶，但结晶速度不宜过快，并定期搅拌，防止晶核成形太大，包藏杂质盐类，同时要防止结晶母液中 $Na_2SO_4 \cdot 10H_2O$ 低温析出。一般控制温度在 40℃时进行脱水烘干。

2.5.2.2 苏打烧结-水浸法

苏打焙烧法-水浸法原理同钼焙砂烧结-水浸，水浸渣含钼可降到 0.8%以下，工艺流程如图 2-2-32 所示。苏打烧结-水浸对各种渣的适应性强，金属回收率高。其缺点是对设备要求较高，操作不便，劳动强度大，生产周期长，能源消耗大，钼回收率低，经济效益差，且容易产生二次污染。

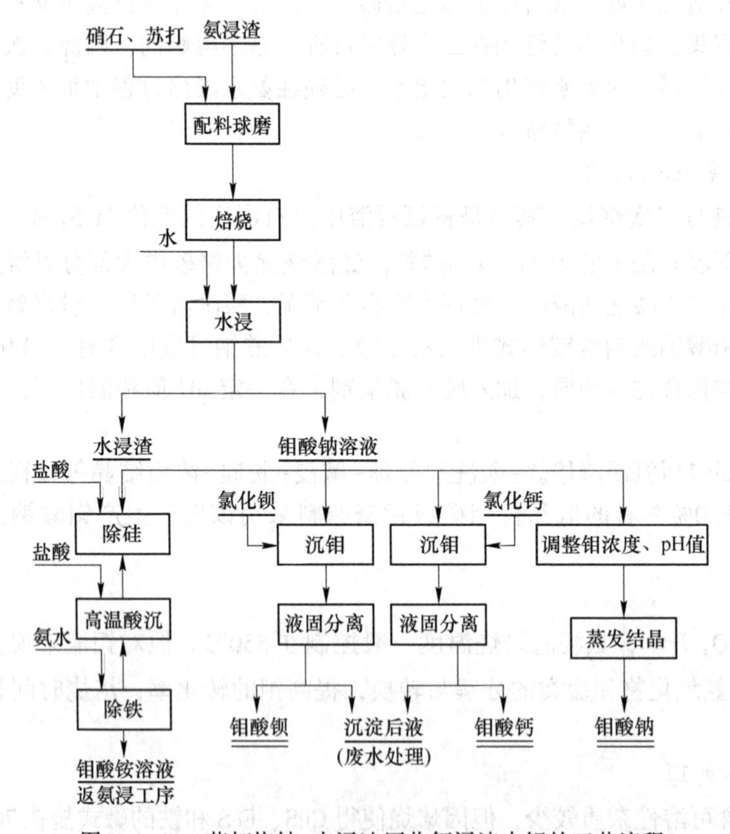

图 2-2-32 苏打烧结-水浸法回收氨浸渣中钼的工艺流程

盐酸酸化水浸液沉硅，除硅液结晶 Na_2MoO_4，其中含 Mo 不小于 39%，水不溶物小于 0.03%；也可对除硅液进行高温酸沉，最后氨水浸出铁回收钼；也可用 $CaCl_2$ 溶液沉淀得到含 Mo 大于 40%的 $CaMoO_4$，母液残 Mo 小于 1g/L；用 $BaCl_2$ 溶液沉淀得到含 Mo 大于 29%的 $BaMoO_4$，母液残 Mo 小于 0.03g/L，Mo 的总回收率均大于 70%。

如氨浸渣是经酸盐预浸处理的，则大部分金属杂质被除去，故得到纯净的钼酸钠溶液，其中钼含量低，直接蒸发得到的钼酸钠晶型不是很好，有团块现象，产品含钼一般为36.5%~39%，难以满足出口要求。调整钼浓度达到44g/L，pH值为8.5~9.0时结晶，可获得含钼大于39%的钼酸钠。

2.5.2.3 酸分解法

用酸沉母液、硝酸或者盐酸、硫酸混酸在氧化剂作用下，将氨浸渣中不溶和难溶于氨水的钼酸盐转化成易溶于氨水的钼酸和聚钼酸，氨水溶解钼酸和聚钼酸得到钼酸铵溶液转入主流程的氨水浸出钼焙砂工序。Fe等大部分金属杂质进入溶液中，SiO_2和未分解的MoS_2和MoO_2留在钼酸沉淀中。

酸浸铵浸渣过程，少量钼生成MoO_2Cl_4、$MoOCl_4$等各种氧氯化钼进入酸母液中。为了减少可溶性钼量，用氨水继续中和盐酸分解后的溶液，使可溶性钼呈钼酸沉淀。

$$CaMoO_4 + 4HCl = MoO_2Cl_2 + CaCl_2 + 2H_2O \quad (2-2-74)$$

$$MoO_2Cl_2 + 2(NH_3 \cdot H_2O) = H_2MoO_4 \downarrow + 2NH_4Cl \quad (2-2-75)$$

A 酸分解

在酸沉母液中，按一定比例加入浓盐酸（31%，体积分数），然后将料液或溶液加热至60~65℃，在搅拌情况下分批加入氨浸渣，当料浆温度升至92~95℃时，搅拌保温，分解渣中钼含量不大于1.5%时，在充分搅拌下缓缓加入氨水中和酸解液至pH值为3.0~3.5，再经板框压滤机过滤、洗涤，即得到粗钼酸。粗钼酸滤饼送至氨浸出工序，酸分解液用于制备氯化铵。

B 氨溶

将粗钼酸滤饼与氨水按一定比例混匀后，在72~75℃下搅拌浸出，当钼量不大于1.16%时，停止搅拌，料液充分静置澄清。上层清液过滤，下层料浆压滤洗涤，所得滤液与洗液合并后送入主流程制备仲钼酸铵。滤饼渣中尚含有1%~1.5%钼、3%~4%的铵盐，其余是硅、镁、钙、铁等盐类，可用于生产农业肥料。

当氨浸渣中钨品位较高（3%~5%W）时，W-Mo难以分离，此时可用20%~30%盐酸加氧化剂加温到100℃左右浸出氨浸渣，其中钼酸盐被完全分解转化成易溶于盐酸的钼酸，而大部分钨酸盐不会分解，而随杂质一起残留于浸渣中，分离出的钼酸溶液回收钼。

与碱焙解法相比，酸分解法虽然工序少，流程短，原、辅材料消耗降低，产生的废渣和废水可作肥料，但酸腐蚀设备及环境污染严重。

2.5.2.4 苏打压煮法

苏打压煮法处理氨浸钼渣，具有钼浸出率高、工艺流程短、环境污染少等特点。但浸出过程需在高压设备中完成。该方法和焙烧法相比，不仅酸、碱单耗低，环境污染大为减少，而且可利用中间产物钼酸，进一步生产钼酸铵或三氧化钼。苏打压煮法处理氨浸渣过程主要化学反应见钼焙砂氨浸部分见第二篇2.3.3.3节。

工业上常在高压釜内用Na_2CO_3溶液在150~200℃、1.0~2.0MPa条件下浸出氨浸渣，渣中钼转化成可溶性Na_2MoO_4，Mo浸出率达到92%以上。压煮液中钼的回收方法：一是压煮液浓缩结晶析碱制备钼酸钠-酸沉-碱溶钼酸-钼酸钠溶液浓缩结晶-离心分离干燥制备钼酸钠；二是用离子交换法回收压煮液中钼；三是用氯化钡或者氯化钙沉淀压煮液中的钼。苏打压煮法回收氨浸渣中钼的工艺流程见图2-2-33。

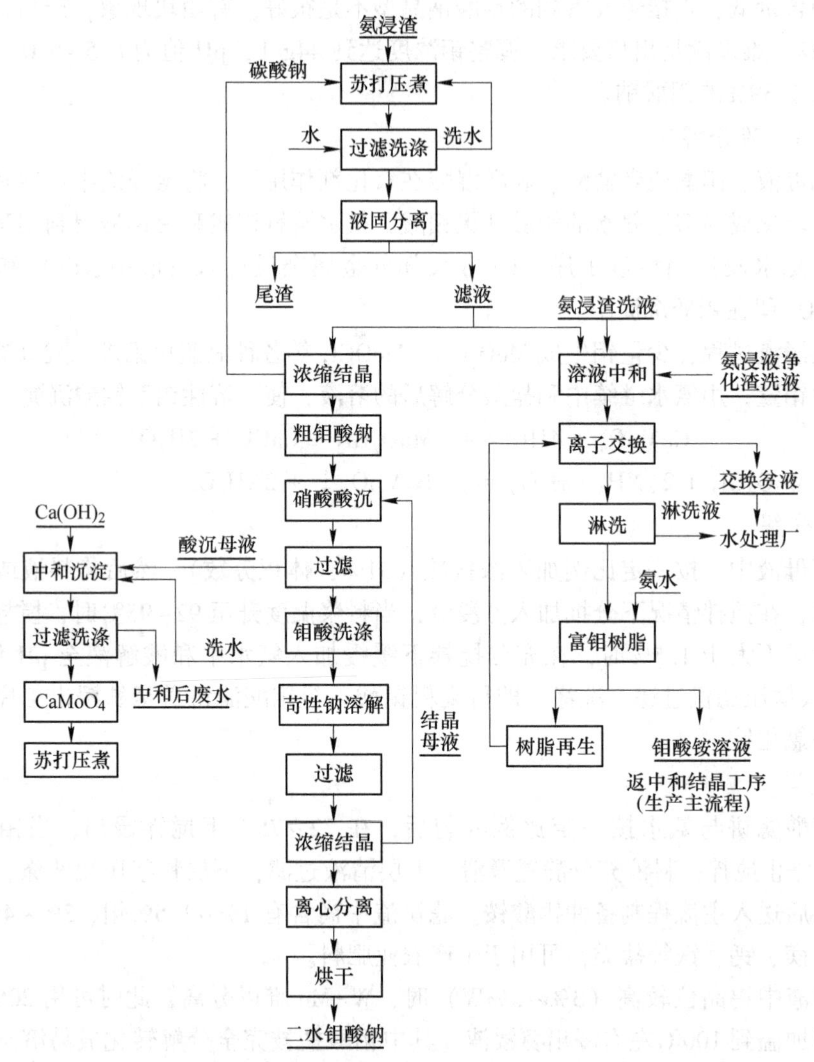

图2-2-33 苏打压煮法回收氨浸渣中钼的工艺流程

A 苏打压煮-浓缩结晶析碱制备钼酸钠—酸沉-碱溶-浓缩结晶-离心分离干燥制备钼酸钠

a 分离纯碱

苏打压煮法处理氨浸渣得到的浸出液中钼含量较低，但碱含量却很高，利用 Na_2CO_3 在碱中的溶解度比钼酸钠的溶解度小的特点，对浸出液进行蒸发浓缩，大部分 Na_2CO_3 结晶析出分离，而钼留在浸出液中，达到回收部分碱的目的。分离出的 Na_2CO_3 返回氨浸渣压煮工序重复使用，析碱液制备钼酸钠。Na_2CO_3 的回收，降低了纯碱的购买成本以及酸工段中和余碱所需的酸量。

b 硝酸酸沉钼-钼酸精制钼酸钠

析碱后液浓缩结晶制备的 Na_2MoO_4 含量仅为 92%～94%，其中还含有微量 Na_2CO_3，Na_2MoO_4 质量较差，经济价值低。但析碱后液即粗钼酸钠溶液经磷、砷酸镁盐沉淀法除杂后，再利用硝酸沉淀钼酸，NaOH 溶液浸出钼酸制备 Na_2MoO_4，可获得 98.3%以上结

晶 Na_2MoO_4。

c 酸沉母液制备钼酸钙

酸沉钼酸过程，钼酸部分溶于盐酸，钼酸过滤过程，部分粒度较小的钼酸跑滤，导致酸沉钼后液中含有一定量的钼。可向合并后的酸沉母液和钼酸洗液混合液中加入石灰乳，可溶和不可溶钼酸均与其反应生成 $CaMoO_4$，$CaMoO_4$ 返回碱压煮工段。

B 苏打压煮-离子交换法

压煮液与中和结晶母液、洗液合并后，用2mol/L 硫酸调整 pH 值为2.5~3.0（钼呈多聚态形式存在，且形态多变）后泵入离子交换柱进行常温串柱吸附，到达树脂穿透点钼浓度0.05g/L 时，用3mol/L 氨水淋洗富钼树脂，淋洗液返回主流程制备钼酸铵。

苏打压煮-离子交换法可回收各种矿源的氨浸渣中钼，工艺流程短，操作方便，“三废”污染少，工作环境好，产品回收率高，钼总回收率达到94%。

2.5.2.5 $(NH_4)_2CO_3$ 和 NaClO 混合溶液浸出法

$(NH_4)_2CO_3$ 和 NaClO 混合溶液浸出实质是用 $(NH_4)_2CO_3$ 及强氧化剂 NaClO 混合溶液浸出氨浸渣中的钼。在碱性条件下，钼焙砂或者氨浸渣中的 MoO_2、Mo_2O_3、MoS_2 等低价钼化合物都能被 NaClO 氧化成高价钼而被浸出。其工艺流程如图2-2-34所示。

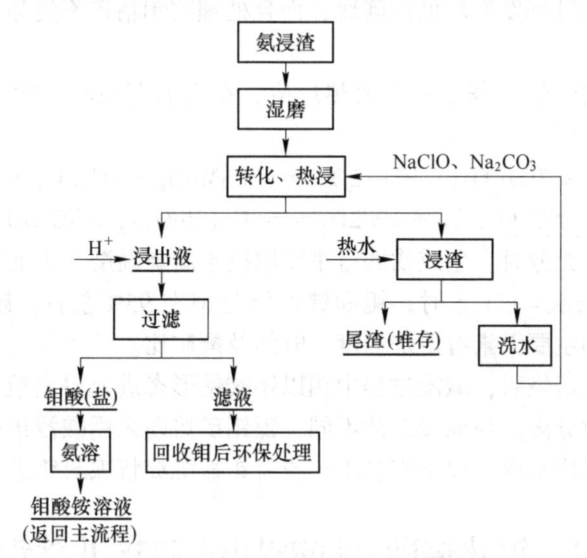

图2-2-34 Na_2CO_3 和 NaClO 混合溶液浸出法回收氨浸渣钼工艺流程

实践证明，以 NaClO 作为氧化剂，以 Na_2CO_3 作为浸出剂处理氨浸渣，具有流程短、能耗小、产能大、生产成本低、钼浸出率高及污染物排放较少等优点。

3 钼矿物氧化钙化焙烧生产钼酸盐

对于铼含量高以及含有较高铜、铋、镍、锌、铅等低熔点金属的钼精矿，焙烧过程中炉料易烧结，造成钼精矿氧化效果不好，而且氧化焙烧存在 SO_2 逸出、MoO_3 挥发、MoO_2 生成以及铼挥发不完全等缺点。另外，镍钼矿提取现行工艺都存在一个共性问题，即镍留在渣中，需要进一步回收。

针对这些问题，对于此类钼矿，焙烧过程一般加入石灰，使钼铼硫化物充分转化成 $CaMoO_4$ 和 $Ca(ReO_4)_2$，烧结块破碎后采用热水浸提 $Ca(ReO_4)_2$，而 $CaMoO_4$ 则留于水浸渣中。该工艺消除了 SO_2 污染问题，而且钼、铼分步浸出分离效果较好，但铼收率仍较低。为了提高钼、铼的回收率，破碎后的烧结块采用硫酸浸提或者硫酸低温熟化-水浸，钼、铼分别以钼酸和高铼酸形式进入浸液，二者的浸出率得到明显提高。该法解决了钼精矿焙烧过程 SO_2 公害以及铼挥发率较低的问题，而且处理的钼精矿不受品位限制，产出的钼酸盐 K、Na 含量低。

钼精矿石灰钙化焙烧过程是一个放热反应，在有氧存在时，辉钼矿在 400~700℃焙烧，按以下反应式进行：

$$MoS_2 + 3Ca(OH)_2 + 9/2O_2 = CaMoO_4 + 2CaSO_4 + 3H_2O$$

$$2ReS_2 + 5Ca(OH)_2 + 19/2O_2 = Ca(ReO_4)_2 + 4CaSO_4 + 5H_2O$$

在石灰和氧供给充分时，生成物的量主要取决于焙烧温度。工业焙烧温度一般控制在 650~700℃，钼矿/石灰=1/1.5 时，钼和铼的转化率在 95%左右，硫的转化率在 95%以上。影响焙烧效果的主要因素有焙烧温度、时间及配矿比。

镍钼矿氧化脱硫焙烧后，碱浸过程中钼以钼酸钠形态进入浸出液中，镍则进入浸出渣中，钼与镍得以有效分离。与碱浸工艺不同，镍钼矿焙砂采用酸浸出时，镍和钼同时进入溶液中，后续则需采用萃取、离子交换工艺或者钼盐沉淀将镍与钼进行分离。

3.1 钙化焙砂-硫酸浸出-N235 共萃钼铼

该法是将钼精矿进行石灰焙烧后，用硫酸浸出焙烧块，硫酸浸出液用 N235+仲辛醇+煤油共萃取钼铼-浓氨水反萃富钼铼有机相-H_2SO_4 沉钼制备四钼酸铵-树脂吸附铼-铼解吸-解吸液二次结晶制备 $(NH_3)_2ReO_4$-树脂再生，生产工艺流程如图 2-3-1 所示。该法产出的 $(NH_3)_2MoO_4$、$(NH_3)_2ReO_4$ 中 K、Na、Ca 含量低，解决了火法工艺产品中 K、Na、Ca 含量过高的难题。

3.1.1 焙烧过程

生产焙烧工序参数控制：焙烧温度为 700℃、时间为 2h，矿比为 1∶1.5。焙烧炉采用电加热式回转窑，ϕ400nm，长 6000mm，单窑日处理能力为 200kg 混合料。

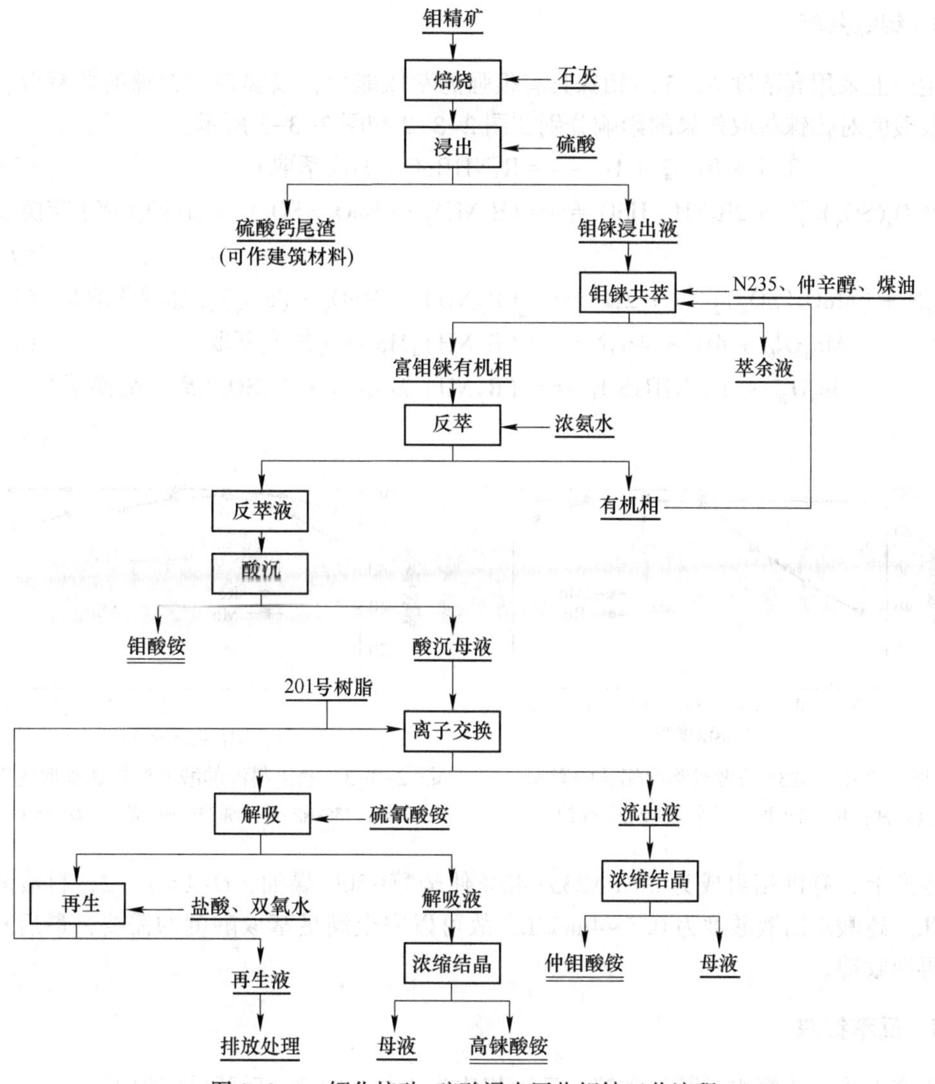

图 2-3-1 钙化焙砂-硫酸浸出回收钼铼工艺流程

3.1.2 硫酸浸出

石灰焙烧钼精矿后，焙砂中的 $CaMoO_4$ 易溶于硫酸溶液中，而 $Ca(ReO_4)_2$ 在水中有较大的溶解度，更容易被浸出。生产中控制浸出参数为：硫酸浓度 5%（体积分数），液固比为 3∶1，在 90℃，搅拌浸出 2h，钼、铼浸出率分别为 98.5%和 92.1%。

$$NiO + H_2SO_4 = NiSO_4 + H_2O \quad (2-3-1)$$

$$Fe_2O_3 + 3H_2SO_4 = Fe_2(SO_4)_3 + 3H_2O \quad (2-3-2)$$

$$CaMoO_4+2H_2SO_4 = CaSO_4+MoO_2SO_4+2H_2O \quad (2-3-3)$$

$$2Ca_5(PO_4)_3(OH) +H_2SO_4 = CaSO_4+3Ca_3(PO_4)_2+2H_2O \quad (2-3-4)$$

$$Ca(ReO_4)_2+H_2SO_4 = H_2ReO_4+CaSO_4 \quad (2-3-5)$$

典型的钼铼浸出料液组成为：Mo 22g/L，Re 35g/L，H_2SO_4 1.25mol/L。

3.1.3 钼铼共萃

生产上采用高浓度 N235 对钼铼具有很强的萃取能力，以实现对钼铼的共萃取，N235 浓度及酸度对钼铼萃取效果的影响分别如图 2-3-2 和图 2-3-3 所示。

$$R_3N + ReO_4^- + H^+ = R_3NHReO_4\text{(加成萃取)} \quad (2-3-6)$$

$$[MoO_2(SO_4)_2]^{2-} + 2R_3NH \cdot HSO_4 = (R_3NH)_2 \cdot (MoO_2 \cdot SO_4)_2 + 2HSO_4^-\text{(离子交换萃取)} \quad (2-3-7)$$

$$2R_3N + [MoO_2(SO_4)_2]^{2-} + 2H^+ = (R_3NH)_2 \cdot MoO_2 \cdot (SO_4)_2\text{(加成萃取)} \quad (2-3-8)$$

$$Mo_8O_{26}^{4-} + 4H^+ + 4R_3N = (R_3NH)_4Mo_8O_{26}\text{(加成萃取)} \quad (2-3-9)$$

$$Mo_8O_{26}^{4-} + 4R_3NHHSO_4 = (R_3NH)_4Mo_8O_{26} + 4HSO_4^-\text{(离子交换萃取)} \quad (2-3-10)$$

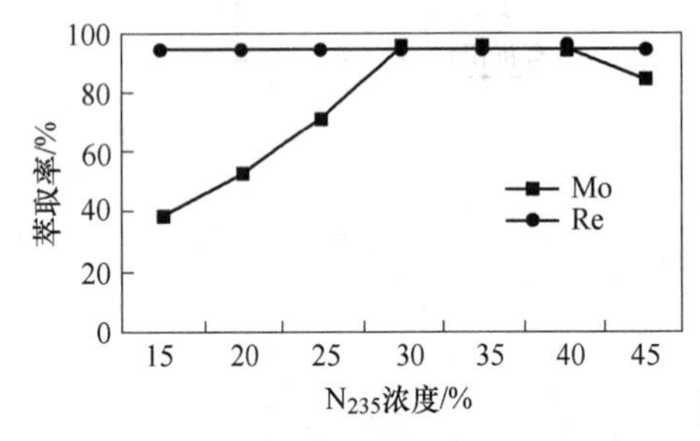

图 2-3-2 N235 浓度对萃取钼铼的影响
（条件：40%仲辛醇（其余为 N235、煤油））

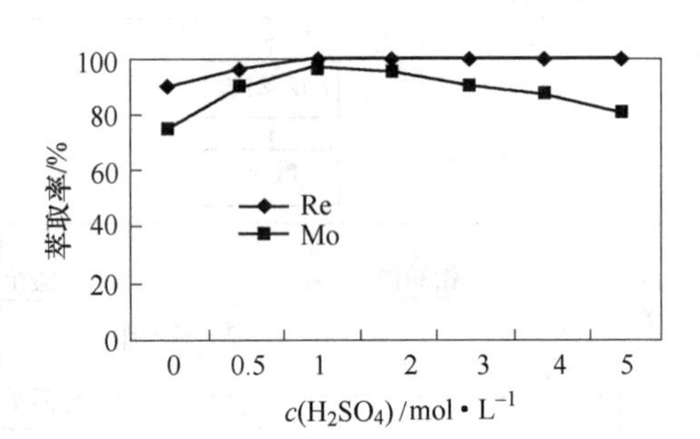

图 2-3-3 浸出料液的酸度对钼铼萃取的影响
（条件：35%N235-40%仲辛醇-煤油，$O/A=1:2$）

生产上，有机相组成为 30%N235-40%仲辛醇-30%煤油，$O/A=1:2$，料液酸度为 1mol/L。硫酸浸出液酸度为 0.5~4mol/L，故可以完全满足萃取酸度的需要，最后从萃余液中再回收镍。

3.1.4 反萃钼铼

生产上采用浓氨水反萃钼和铼，反萃相比为 $O/A=4:1$，反萃反应如下：

$$(R_3N)_2H \cdot ReO_4 + NH_3 \cdot H_2O = NH_4ReO_4 + 2R_3N \quad (2-3-11)$$

$$(R_3NH)_2MoO_2(SO_4)_2 + 6NH_3 \cdot H_2O = 2R_3N + (NH_4)_2MoO_4 + 2(NH_4)_2SO_4 + 4H_2O \quad (2-3-12)$$

$$(R_3NH)_4Mo_8O_{26} + 8NH_3 \cdot H_2O = 4R_3N + 8(NH_4)_2MoO_4 + 2H_2O \quad (2-3-13)$$

萃取、反萃、洗涤过程在箱式萃取槽中进行，生产上采用 5 级萃取、2 级洗涤、3 级反萃工艺。

3.1.5 酸沉回收钼

钼反萃液中 $C_{Mo}=170g/L$，$C_{Re}=250mg/L$，其中含有少量的有机相，萃取及夹带的 P 等杂质。除杂时加入活性炭（$1kg/m^3$）及除杂剂，煮沸 0.5h，除杂后的溶液清亮后再进行酸沉，沉 Mo 回收率为 98.5%，酸沉母液中的钼在进行吸附铼后返回至钼流程，故钼的回收率可达 99.5%，酸沉工序中铼的总回收率为 99.0%。

3.1.6 离子交换回收铼

酸沉母液中 C_{Mo} = 2.5mol/L，C_{Re} = 230mg/L，pH 值为 2.5。吸附柱尺寸 ϕ200mm×1000mm，每柱装湿树脂 20L，树脂层高 700mm。

采用 201 树脂吸附铼，在硫酸浓度在 0.5～2mol/L 时，利用强碱性阴离子交换树脂对 ReO_4^- 的吸附能力极强的性质，使 ReO_4^- 选择性吸附于树脂上，而钼随交后液排出。饱和富铼树脂用 NH_3SCN 溶液解吸，解吸液中 Re 浓度为 18g/L，再采用 HCl 和 H_2O_2 对解吸树脂进行再生，铼解吸液经二次结晶即得高铼酸铵产品。

（1）Mo 回收率：焙烧工序为 98.4%，浸出工序为 98.5%，萃取工序为 98.5%，酸沉工序为 99.5%，全流程回收率为 95.0%。

（2）Re 回收率：焙烧工序为 99.5%，浸出工序为 92.1%，萃取工序为 97.5%，酸沉工序为 99.0%，离子交换工序为 98.6%，全流程回收率为 87.2%。

3.2 钙化焙烧-低温硫酸化焙烧-水浸提镍钼

与硫酸浸出相比，低温硫酸化过程可有效强化矿物的分解，提高酸的利用率和镍钼的浸出率，缩短反应时间。经低温硫酸化焙烧后，焙砂中只留下熟石膏和石英的晶相，钼钙矿、氧化镍、赤铁矿和羟磷灰石晶相都消失。再经水浸后，浸出渣中含有熟石膏（$CaSO_4$）、生石膏［$Ca(SO_4)(H_2O)_2$］和石英晶相。由此可见，镍、钼等在低温硫酸化焙烧过程形成了非晶态的硫酸盐。

镍钼矿氧化钙化焙烧-低温硫酸化焙烧-水浸出同时提取镍和钼，镍和钼的浸出率分别达到 92%和 96%以上。镍钼矿氧化钙化焙烧-低温硫酸化焙烧-水浸液 pH 值为-0.17～1.85，浸出液中除含有钼和镍外，还含有铁、钒、铝、磷、HSO_4^- 等杂质，是一个复杂体系。

硫酸是一种二元酸，其二级电离常数仅为 0.01，不同 pH 值下溶液中 SO_4^{2-} 和 HSO_4^- 的分配比见表 2-3-1。

表 2-3-1 不同 pH 值下溶液中 SO_4^{2-} 和 HSO_4^- 的分配比

pH 值	0.1	0.5	1.0	1.5	2.0
HSO_4^-/%	98.68	96.91	90.9	75.97	50
SO_4^{2-}/%	1.24	3.06	9.09	24.02	50

中南大学王明玉认为，在酸性硫酸盐溶液体系中，Mo(Ⅵ) 可与硫酸形成一系列的硫酸氧钼阴离子。表 2-3-1 表明，随着 pH 值的降低，HSO_4^- 浓度增加，由于发生如下反应：

$$2SO_4^{2-} + H_2MoO_4 + 2H^+ = [MoO_2(SO_4)_2]^{2-} + 2H_2O \quad (2-3-14)$$

$$2HSO_4^- + H_2MoO_4 + 2H^+ = [MoO_2(HSO_4)_4]^{2-} + 2H_2O \quad (2-3-15)$$

$$[MoO_2(SO_4)_2]^{2-} + 2HSO_4^- + 4H^+ = [MoO_2(HSO_4)_4]^{2-} + H_2O \quad (2-3-16)$$

所以，$[MoO_2(HSO_4)_4]^{2-}$ 比例在增加，而 $[MoO_2(SO_4)_2]^{2-}$ 比例在减少。因此，硫酸盐的存在对溶液中钼的存在形态有着重要的影响，影响结果见表 2-3-2。

表 2-3-2 硫酸盐的存在对溶液中钼的存在形态的影响

pH 值	不含硫酸盐体系	含硫酸盐体系
8.0	MoO_4^{2-}	MoO_4^{2-}
6.0	MoO_4^{2-}	MoO_4^{2-}
5.0	MoO_4^{2-}、$Mo_7O_{24}^{6-}$	MoO_4^{2-}、$Mo_7O_{24}^{6-}$
4.0	$Mo_7O_{24}^{6-}$、$Mo_8O_{26}^{4-}$	$Mo_8O_{26}^{4-}$、$Mo_7O_{24}^{6-}$
3.0	$Mo_8O_{26}^{4-}$	$Mo_8O_{26}^{4-}$
2.0	$Mo_8O_{26}^{4-}$	$Mo_8O_{26}^{4-}$、$[MoO_2(SO_4)_2]^{2-}$、$[MoO_2(HSO_4)_4]^{2-}$
1.5	$Mo_8O_{26}^{4-}$	$Mo_8O_{26}^{4-}$、$[MoO_2(SO_4)_2]^{2-}$、$[MoO_2(HSO_4)_4]^{2-}$
1.0	—	$Mo_7O_{24}^{8-}$、$[MoO_2(SO_4)_2]^{2-}$、$[MoO_2(HSO_4)_4]^{2-}$
0.5	—	$Mo_7O_{24}^{6-}$、$[MoO_2(SO_4)_2]^{2-}$、$[MoO_2(HSO_4)_4]^{2-}$
0.1	—	$Mo_7O_{24}^{6-}$、$[MoO_2(SO_4)_2]^{2-}$、$[MoO_2(HSO_4)_4]^{2-}$

表 2-3-2 表明，在含有 SO_4^{2-} 存在的 $0<pH<1$ 的溶液中，钼在水浸液中主要以 $Mo_7O_{24}^{6-}$、$[Mo_2O_5(SO_4)_2]^{2-}$、$[MoO_2(HSO_4)_4]^{2-}$形态存在，而非 MoO_4^{2-}，因此可选用弱碱性 Cl^- 阴离子交换树脂吸附水浸液中的 $Mo_7O_{24}^{6-}$、$[Mo_2O_5(SO_4)_2]^{2-}$、$[MoO_2(HSO_4)_4]^{2-}$，从而使阴离子交换树脂在低 pH 值条件下能有效吸附溶液中的（Ⅵ）。酸度对 D314 大孔弱碱性丙烯酸系阴离子交换树脂吸附钼效果的影响分别如图 2-3-4 和图 2-3-5 所示。

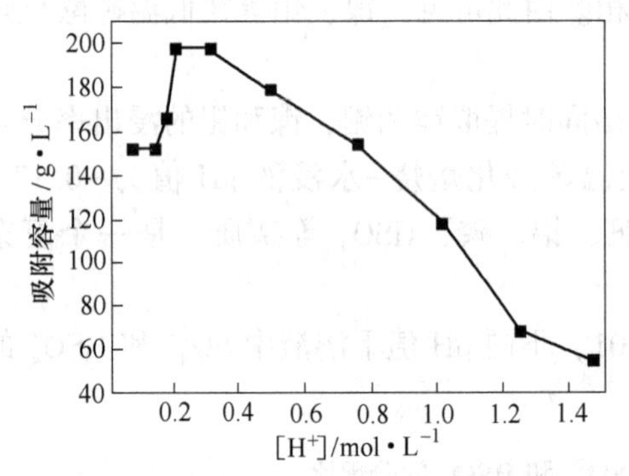

图 2-3-4 酸度对 D314 树脂吸附钼效果的影响

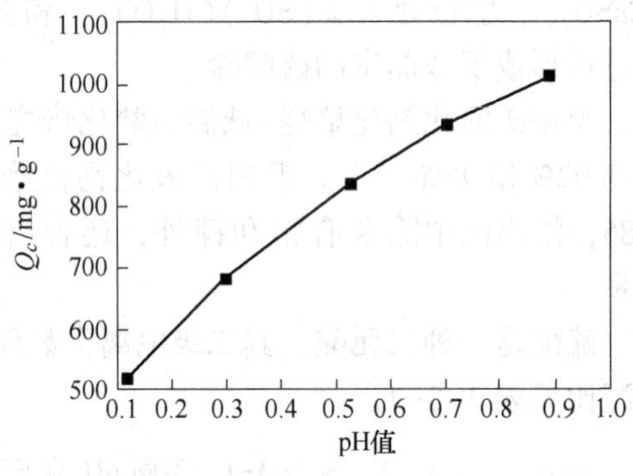

图 2-3-5 pH 值对 D314 树脂吸附容量的影响

弱碱性阴离子交换树脂吸附水浸液中的钼时，Ni^{2+} 留在萃余液中，实现钼与镍的分离。负载树脂用水洗至 pH 值为 2.5~3 时，$[MoO_2(SO_4)_2]^{2-}$、$[MoO_2(HSO_4)_4]^{2-}$ 发生解离，SO_4^{2-}、HSO_4^- 被洗脱下来，而钼以 $Mo_8O_{26}^{4-}$形式留在树脂上，再用氨水或者苛性钠解吸，得到钼酸铵或者钼酸钠溶液。

在 pH 值为 0.36~1.24 的范围内，D314 树脂对酸性硫酸盐溶液体系中钼的吸附是一个吸热熵增的自发过程，升温有利于吸附过程的进行，等温吸附过程符合 Langmuir 模型。但 D314 树脂吸附钼的过程缓慢，同时受颗粒扩散和化学反应控制，吸附达到平衡需 24h 以上。

弱碱性离子交换树脂吸附钼的过程，镍留在萃余液中，后续再从萃余液回收镍。

4 辉钼矿湿法氧化法生产钼酸盐

4.1 概　　述

焙烧法污染环境，且难以实现钼及铼的高效回收，特别对于低品位多金属非标准钼精矿、钼尾矿和钼中矿，焙烧过程 MoO_3 与伴生金属焙烧产物金属氧化物反应生成各种低熔点钼酸盐，使物料烧结，不但影响产品脱硫，而且导致焙烧作业操作难度加大，产出的钼焙砂纯度低，钼回收率低。20 世纪 70 年代末相继开发了酸碱性介质氧压煮法、次氯酸钠法、电氧化法等湿法分解方法。

湿法分解法实质是在水溶液中利用适当的氧化剂使辉钼矿中的硫氧化 SO_4^{2-} 进入水相，钼则氧化成 H_2MoO_4 或 MoO_4^{2-} 进入水相，同时铼全部以高铼酸或者铼酸盐形式进入水相。湿法氧化适合处理高、低品位钼精矿，解决了焙烧法 SO_2 污染、伴生铼回收率低及低品位钼中矿、钼尾矿难以处理等问题。氧化过程不产生任何烟气，有利于综合回收多种有价金属，具有流程短、金属收率高、环境友好、劳动强度低、易于实现续生产和过程控制自动化等优点。

25℃时，MoS_2 的 $K_{sp}=2.2\times10^{-56}$，化学性质比较稳定，辉钼矿的分解行为以及分解速度取决于系统的氧化还原电势和 pH 值。图 2-4-1 和图 2-4-2 为 Mo-S-H_2O 系的 E-pH 图，通过控制氧化电位，MoS_2 在酸性和碱性介质均可被氧化。MoS_2 在酸性介质中被氧化成钼酸（H_2MoO_4）进入渣中，MoS_2 在碱性介质中被氧化成钼酸钠（Na_2MoO_4）进入分解液中。一般来说，标准电位越低，氧化性越弱，但实际上，在常温常压下，Fe^{3+}、O_2、MnO_2、HNO_3 与 MoS_2 反应速度很慢，主要是由动力学原因造成。因此，要提高 MoS_2 的分解速度，应从动力学的角度采取强化措施。表 2-4-1 所示为各种氧化剂的电位及电极反应。

表 2-4-1　各种氧化剂的电位及电极反应

氧化剂	标准氧化电位/V	电极反应
$FeCl_3$	0.77	$Fe^{3+}+e = Fe^{2+}$
MnO_2	1.23	$MnO_2+4H^++2e = Mn^{2+}+2H_2$
Cl_2	1.36	$Cl_2+2e = 2Cl^-$
O_2	1.23	$O_2+4H^++2e = 2H_2O$ $2H^++2e = H_2$
$KMnO_4$	1.695	$MnO_4^-+8H^++5e = Mn^{2+}+4H_2O$
HNO_3	0.95~1.0	$NO_3^-+4H^++3e = NO+2H_2O$
NaClO	0.89	$ClO^-+H_2O+2e = Cl^-+2OH$

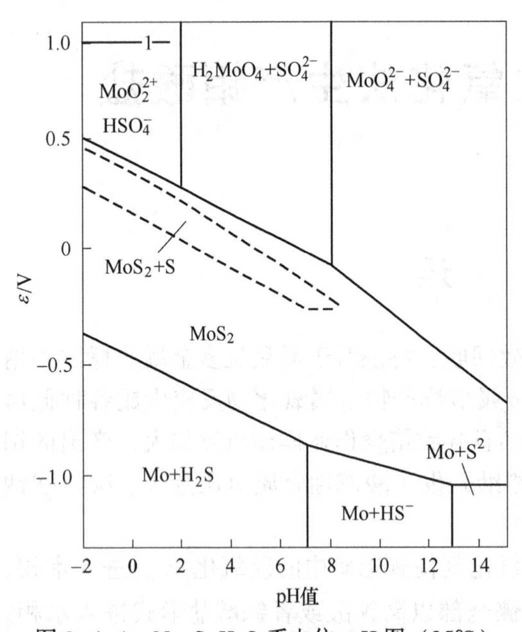

图2-4-1 Mo-S-H_2O系电位-pH图（25℃）

1—Fe^{3+}+e ═ Fe^{2+}

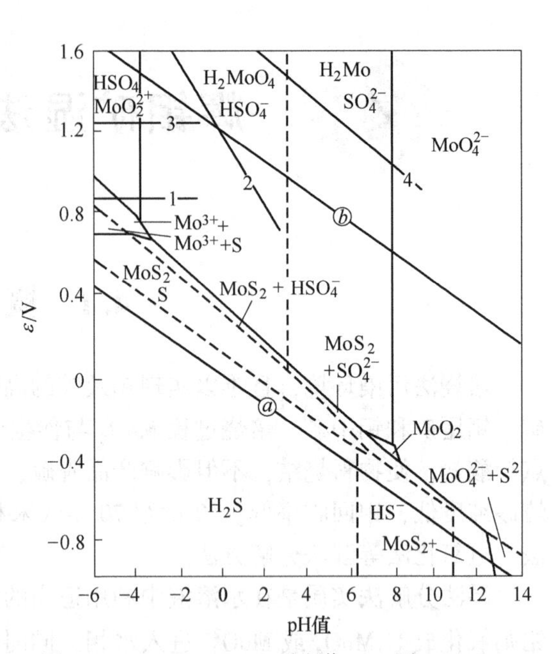

图2-4-2 Mo-S-H_2O系电位-pH图（100℃）

1—Fe^{3+}+e ═ Fe^{2+}；

2—MnO_2+$4H^+$+2e ═ Mn^{2+}+$2H_2$；

3—Cl_2+2e ═ $2Cl^-$；4—ClO^-+H_2O+2e ═ Cl^-+2OH

4.2 酸分解法

酸分解法有硝酸氧化分解、硫酸分解和盐酸分解法，对于含有白钨矿或钼钨钙矿的钼矿物，可采用盐酸分解。

辉钼矿高压硝酸压煮法特点：分解时间短，钼铼分离效果好，回收率高，设备生产能力大，无 SO_2 烟害，能处理不合格的辉钼精矿；硝酸或硝酸钠耗量极少，成本低；产品质量好，特别是钾、钠含量低。但排料时有少量氮氧化物废气排出，可用水或碱吸收解决；酸性介质的腐蚀性强，防腐材料昂贵，设备投资大。

4.2.1 硝酸氧化辉钼矿基本原理

硝酸氧化分解可在常压或者高压下进行，二者原理相同，只是采用的设备和分解条件有所不同。该法不排放含 SO_2 的烟气和烟尘，尾矿渣为无毒无害废渣，既可安全堆放，也可用作建筑材料。分解液中钼和铼的回收可采用萃取、萃取与离子交换相结合的方法回收。

4.2.1.1 *硝酸氧化辉钼矿的主要化学反应*

硝酸氧化辉钼矿是液—固—气三相反应的放热过程，在加热过程硝酸迅速氧化 MoS_2 成 H_2MoO_4 和 H_2SO_4。

$$MoS_2 + 9HNO_3 + 3H_2O \longrightarrow H_2MoO_4 + 2H_2SO_4 + 9HNO_2 + \Delta Q \quad (2-4-1)$$

MoS_2 氧化速度随温度的升高及 HNO_3 浓度的增加而增加，H_2SO_4 的存在有利于提高 MoS_2 的分解速度。例如当溶液中含 10%～12% H_2SO_4 时，在保持反应速度不变的情况下，HNO_3 浓度可由35%降至30%，将部分浸出母液返回是有利的。H_2SO_4 浓度达到一定程度时，$HReO_4$ 会少量溶于 H_2SO_4 溶液中。

$$H_2MoO_4 + 2H_2SO_4 = H_2[MoO_2(SO_4)_2] + H_2O \quad (2-4-2)$$

Amin Khoshnevisan 等人研究发现辉钼矿中约 75%～80% 的钼以水合氧化钼形态（H_2MoO_4 和多钼酸）进入浸出渣，约 20%～25% 的钼以钼酸胶体、$MoO_2(SO_4)_2^{(2n-2)-}$ 或 $Mo_2O_5(SO_4)_2^{(2n-2)-}$ 进入溶液。因此钼的回收要从浸出渣和浸出液中回收，工艺流程比较复杂。

由于 ReS_2 的热焓（-139kJ/mol）小于 MoS_2 的热焓（-256.2kJ/mol），因此 ReS_2 比 MoS_2 更容易氧化，铼几乎全部以 $HReO_4$ 形式进入分解液，大部分重金属，铁的硫化物均氧化成硫酸盐进入分解液。

$$ReS_2 + 19HNO_3 + 5H_2O = 2HReO_4 + 4H_2SO_4 + 19HNO_2 + \Delta Q \quad (2-4-3)$$

$$3MeS + 8HNO_3 = 3MeSO_4 + 8NO + 4H_2O \text{（Me 代表 Cu、Ni、Fe、Zn 等金属）} \quad (2-4-4)$$

硝酸用量视工作条件而定，当系统中有氧存在时，其用量约为理论量，甚至远远低于理论量。氧的作用是将分解过程产生的 NO 气体再生成 HNO_3，继续参与下周期辉钼矿的氧化。因此，HNO_3 是向 MoS_2 等金属硫化物传送氧的媒介，氧化过程并不消耗 HNO_3，HNO_3 仅起催化剂的作用。式（2-4-6）是 HNO_3 催化的关键反应，一般压力愈高，NO 浓度愈大，NO 氧化速度愈快，高压氧化分解更有利于 NO 的氧化。

$$2HNO_2 = NO + 2NO_2 + H_2O \quad (2-4-5)$$

$$2NO + O_2 = 2NO_2 + 1235kJ/mol \quad (2-4-6)$$

$$3NO_2 + H_2O = 2HNO_3 + NO + 485.3kJ/mol \quad (2-4-7)$$

由于氧气的参与，氧气氧化 MoS_2 和 ReS_2 反应如下：

$$2MoS_2 + 9O_2 + 6H_2O = 2H_2MoO_4 + 4H_2SO_4 + \Delta Q \quad (2-4-8)$$

$$4ReS_2 + 19O_2 + 10H_2O = 4HReO_4 + 8H_2SO_4 + \Delta Q \quad (2-4-9)$$

工业上，可用 $NaNO_3$ 代替 HNO_3，$NaNO_3$ 用量和用 HNO_3 相比，有所增加，但钼的分解率可提高6%以上。同时 $NaNO_3$ 在运输、储存及价格等方面比 HNO_3 有一定的优越性。

4.2.1.2 影响氧化分解的因素及氧化动力学

HNO_3 氧化分解辉钼矿，钼进入溶液的量主要取决于溶液成分、酸度、温度、氧压及液固比等。提高温度和氧压、溶液中有一定量的 SO_4^{2-}、提高液固比及适当提高酸度都有利于钼进入浸出液或压煮液。

关于 HNO_3 氧化分解辉钼矿动力学，比较一致的观点是化学反应步骤和 NO_3^- 经过产物膜向内扩散步骤为主要控制步骤。在反应开始时，控制步骤为化学反应步骤，随着反应的进行，产物在精矿粒子表面形成的固体产物膜逐渐加厚，NO_3^- 经过产物膜向内扩散步骤逐步转变为控制步骤。高压氧分解辉钼矿过程，MoS_2 氧化分解活化能为 8.8kJ/mol。

Amin Khoshnevisan 等人研究发现，氧化钼沉淀物呈纤维状，没有明显的边界扩散层。

4.2.2 氧压煮工业实践

硝酸压煮法分解辉钼精矿在高压釜中进行，为了控制反应釜在规定的压力和温度范围内，通过釜内的蛇形冷却管和釜外的冷却夹套调节反应温度。由于反应物较细，矿浆黏性大，可加入少量炭粉，降低矿浆黏度，提高钼的转化率，同时脱除浸出液的颜色。另外，磨细矿料、消除矿料油脂、加强搅拌，均有利于辉钼矿与氧气和催化剂的接触碰撞，可加快反应速度，提高钼铼的分解率，分解过程产生的NO气体在硝酸再生槽中和氧气反应再生硝酸。

4.2.2.1 氧压煮分解条件

压煮温度控制在150~200℃，氧压为1.1~2.0MPa，液固比1.5~2.0/1，视精矿钼品位不同加入适量HNO_3和$NaNO_3$，在此条件下，钼、铼分解率分别达到98%和99%以上。以压煮钼滤饼为原料生产的钼酸铵，其质量优于用辉钼矿精矿氧化焙烧所产钼焙砂生产的钼酸铵，特别是钾、钠等碱金属杂质含量仅为后者的1/10~1/8。

4.2.2.2 压煮液中钼铼的分离与回收

压煮液中钼铼均以阴离子形态存在，可采用萃取或离子交换回收钼铼，也有研究用Fe^{3+}沉淀钼以多钼酸铁沉淀钼，再用离子交换或者萃取法回收沉淀后液中的铼。

A N235两步萃取法回收压煮液中的钼和铼

硝酸压煮液中含有钼、铼、硫酸以及金属阳离子，压煮液可采用N235萃取钼和铼。辉钼矿压煮过程，部分硅酸盐以硅酸形式进入压煮液，N235萃取钼铼过程会产生乳化现象。生产上，N235萃取之前一般向压煮液中加入100×10^{-6}的聚醚A，利用聚醚可桥联硅酸使之凝聚沉淀消除乳化现象，除硅过程钼铼损失率均小于0.5%。压煮液经聚醚沉硅后，料液必须实施精细过滤才能送至萃取工序。工业上常采用N235两步萃取回收钼和铼，即利用N235对ReO_4^-的亲和力比$MoO_2(SO_4)_2^{2-}$和$Mo_8O_{26}^{4-}$强的特性，先用2.5%~3%N235萃取ReO_4^-，萃余液再用20%N235萃取$MoO_2(SO_4)_2^{2-}$和$Mo_8O_{26}^{4-}$。N235对高酸度介质中钼铼的分离效果比较好，适合回收烟气淋洗循环液及辉钼矿硝酸压煮液中的钼和铼。N235萃取法回收硝酸压煮液中钼和铼的工艺流程如图2-4-3所示。

压煮液中H_2SO_4浓度一般为20%~25%，不能综合利用。为此，Noranda公司对图2-4-3所示流程进行了改进，即10%的浸出液送回收钼铼车间，90%返回浸出辉钼矿，从而H_2SO_4得以富集，H_2SO_4浓度最高可达75%，铼也得到富集。同时返回浸出液中已含一定量的钼，故浸出时由精矿进入溶液中的钼量少，钼进入固相的回收率达90%，另外还能充分利用母液中的HNO_3。

a 硝酸压煮液中铼的回收

（1）萃取。N235萃取铼按加成和离子交换机理进行：

$$R_3N + ReO_4^- + H^+ \xlongequal{\quad} R_3NHReO_4\text{(加成型萃取)} \tag{2-4-10}$$

$$R_3N + 2H^+ + SO_4^{2-} \xlongequal{\quad} R_3NH\cdot HSO_4 \tag{2-4-11}$$

$$R_3NH\cdot HSO_4 + ReO_4^- \xlongequal{\quad} R_3NH\cdot ReO_4 + HSO_4^-\text{(离子交换萃取)} \tag{2-4-12}$$

上式表明，铼的萃取进程与N235的浓度和体系酸度密切相关。萃铼条件：聚醚沉硅精细过滤后液酸度一般控制5mol/L以上，萃取相组成：2.5%N235+40%醇-35%煤油、相

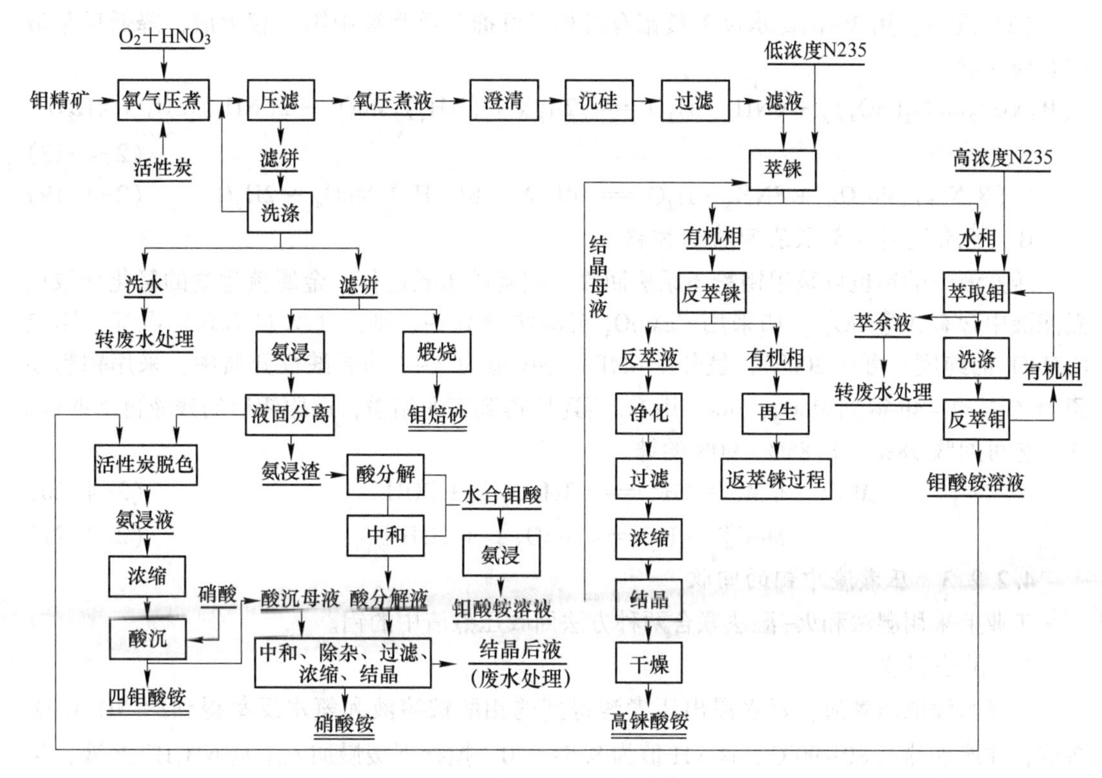

图 2-4-3　硝酸高压氧化分解辉钼矿工艺流程

比 $O/A=1:8\sim10$（容量比例），加入助溶剂醇类可避免第三相形成。

（2）反萃。用氨水反萃铼：

$$(R_3N)_2H\cdot ReO_4+NH_3\cdot H_2O=\!=\!=NH_4ReO_4+2R_3N \tag{2-4-13}$$

用 5mol/L 氨水在相比 $O/A=10:1$ 时反萃铼得到 NH_4ReO_4 溶液，除磷砷等杂质后的 NH_4ReO_4 溶液经浓缩、脱色、多次冷却结晶得到 NH_4ReO_4，结晶母液返回净化工序，解吸铼后的有机相洗涤后用 10%的硫酸溶液再生返萃铼工序。

b　萃余液中钼的回收

（1）萃取。N235 萃铼后，萃余液中钼以 $MoO_2(SO_4)_2^{2-}$、$Mo_8O_{26}^{4-}$形式存在，钼的萃取反应如下：

$$2R_3N+[MoO_2(SO_4)_2]^{2-}+2H^+=\!=\!=(R_3NH)_2\cdot MoO_2\cdot(SO_4)_2\text{（加成萃取）} \tag{2-4-14}$$

$$[MoO_2(SO_4)_2]^{2-}+2R_3NH\cdot HSO_4=\!=\!=(R_3NH)_2\cdot(MoO_2\cdot SO_4)_2+2HSO_4^-\text{（离子交换萃取）} \tag{2-4-15}$$

$$Mo_8O_{26}^{4-}+4H^++4R_3N=\!=\!=(R_3NH)_4Mo_8O_{26} \tag{2-4-16}$$

$$Mo_8O_{26}^{4-}+4R_3NHHSO_4=\!=\!=(R_3NH)_4Mo_8O_{26}+4HSO_4^- \tag{2-4-17}$$

钼的萃取也与 N235 浓度和萃取体系酸度关系甚大。硫酸浓度增加，由于过高的硫酸浓度会影响 N235 的萃取活性和选择性能，同时过高的游离酸根与 $[MoO_2(SO_4)_2]^{2-}$发生竞争萃取，降低 Mo 的萃取率。萃钼条件：酸度 2.5mol/L，有机相组成为 18%N235+10%醇+72%磺化煤油，相比为 $O/A=1:4\sim5$。

（2）反萃。用2%的氨水反萃负钼有机相，可抑制反萃液中第三相生成，降低反萃液中杂质含量。

$$(R_3NH)_2MoO_2(SO_4)_2 + 6NH_3 \cdot H_2O = 2R_3N + (NH_4)_2MoO_4 + 2(NH_4)_2SO_4 + 4H_2O \quad (2-4-18)$$

$$(R_3NH)_4Mo_8O_{26} + 8NH_3 \cdot H_2O = 4R_3N + 8(NH_4)_2MoO_4 + 2H_2O \quad (2-4-19)$$

B 还原沉淀—萃取法回收钼和铼

压煮液中的钼也可采用钼粉还原法回收。钼精矿压煮过程，金属硫化物的氧化导致压煮滤液中含有大量 SO_4^{2-}，如采用 $CaMoO_4$ 沉淀法分离钼，则产生大量 $CaSO_4$ 沉淀，影响 $CaMoO_4$ 的纯度。可在200℃，氢分压6MPa，pH值为2~3的弱酸性介质中，采用钼粉还原 MoO_4^{2-}，1~4h得到 MoO_2，MoO_2 用 H_2 再还原得到工业钼粉，还原钼后的残液再萃取铼。该工艺可回收98%钼和85%~90%的铼。

$$MoO_4^{2-} + Mo + 4H^+ = 3MoO_2\downarrow + 2OH^- \quad (2-4-20)$$

$$MoO_4^{2-} + H_2 = MoO_2\downarrow + 2OH^- \quad (2-4-21)$$

4.2.2.3 压煮渣中钼的回收

工业上采用湿法和火-湿法联合两种方法回收压煮渣中的钼。

A 湿法回收

用氨水浸取压煮渣，氨水浸出压煮渣得到的钼酸铵溶液和氨水反萃得到的 NH_4MoO_4 溶液合并液加热至80~90℃，调pH值为8.5~9.0，搅拌下缓慢加入适量 NH_4HS 溶液，保温4h左右除去 Cu^{2+}、Fe^{2+}、Fe^{3+}、Zn^{2+}、Pb^{2+}等离子。除杂后滤液浓缩、浓硝酸酸化pH值至6.0~6.4，析出水合钼酸沉淀，钼酸经氨溶、浓缩、结晶制备仲钼酸铵。酸沉母液先用氨水或通入液氨中和pH值至6.0~ 6.4后，再浓缩、冷却、结晶得到副产品混合铵盐化肥。滤渣中尚有1%~1.5%钼、3%~4%的铵盐，其余是硅、镁、钙、铁等盐类，可作为配料生产农业用肥等。

B 火法和湿法联合法

高压釜内的泥浆经过滤，滤饼洗涤数次后在350℃左右煅烧制取工业 MoO_3，直接用于炼钼钢或者氨浸煅烧焙砂再制备各种钼酸盐。

4.3 钠碱高压氧浸法

钠碱高压氧浸法与硝酸压煮法相比，碱法分解腐蚀小，对设备材质的要求低，设备投资少。缺点是液固比大，分解时间长，生产能力较酸法小；碱耗量大，生产成本高；压煮液中 Na_2SO_4 浓度高，生产过程中结晶出的 Na_2SO_4 堵塞管道，并对后续溶剂萃取过程不利。另外，产品钾、钠杂质含量较高。

4.3.1 基本原理

4.3.1.1 压煮过程反应热力学及主要反应

以NaOH或 Na_2CO_3 作浸出剂，在一定温度下通氧加压氧化，MoS_2、ReS_2 与碱、氧气反应生成 Na_2MoO_4、$NaReO_4$ 和 Na_2SO_4 进入水溶液，而其他伴生金属则形成金属氢氧化物入渣。相关主要反应如下：

$$MoS_2 + 6NaOH + 4.5O_2 = Na_2MoO_4 + 2Na_2SO_4 + 3H_2O + \Delta Q \quad (2-4-22)$$

$$2ReS_2 + 10NaOH + 9.5O_2 = 2NaReO_4 + 4Na_2SO_4 + 5H_2O + \Delta Q \quad (2-4-23)$$

杂质反应：

$$2FeS_2 + 8NaOH + 7.5O_2 = Fe_2O_3 \cdot 3H_2O + 4Na_2SO_4 + H_2O + \Delta Q \quad (2-4-24)$$

$$MeS + 2NaOH + 2O_2 = Me(OH)_2 + Na_2SO_4 (Me：Cu、Zn、Ni等) \quad (2-4-25)$$

$$SiO_2 + 2NaOH = Na_2SiO_3 + H_2O \quad (2-4-26)$$

$$Al_2O_3 \cdot nH_2O + 2NaOH = 2NaAlO_2 + (n+1)H_2O \quad (2-4-27)$$

$$P_2O_5 + 6NaOH = 2Na_3PO_4 + 3H_2O \quad (2-4-28)$$

与酸法相比，碱压煮液中Cu、Pb、Zn等杂质含量少，但Si、Al和P含量偏高，对萃取分离钼有一定的影响。硫被氧化成SO_4^{2-}，可从萃余液中结晶回收Na_2SO_4。

4.3.1.2 钼浸出动力学及影响因素

碱压煮法分解辉钼矿，影响钼浸出率的主要因素有碱用量和pH值、氧分压、温度、矿浆浓度等。

A 碱用量和pH值

碱用量增加，钼铼的浸出率提高，碱过量系数达1.15以上，钼的浸出率可达99%以上，NaOH用量一般为理论量的1.0~1.15倍。压煮介质pH值一般控制在8~9，可降低压煮液钼回收调酸的酸耗及浸液中Si、Al和P等阴离子浓度。

B 氧分压和压煮温度

提高氧分压和压煮温度，MoS_2氧化速度加快，压力越大、温度越高，对设备材质要求高。工业上氧分压和压煮温度分别控制在2.0~2.8MPa和150~200℃。

4.3.2 工业实践

碱氧压煮设备为不锈钢材质制造的高压釜，可用萃取法和离子交换法回收压煮液中的钼和铼。

4.3.2.1 工艺流程

高压氧浸—萃取法回收钼铼工艺流程如图2-4-4所示，主要包括高压氧浸、调酸、萃取、反萃、反萃液净化和蒸发结晶等主要工序。如果压煮液中有铼存在，则在N235萃钼之前先用硫酸酸化萃铼。

辉钼矿碱压煮某钼矿，在NaOH过量系数为1.12，温度150℃，氧分压0.5MPa，总压保持0.9~1.2MPa，保温反应4h，钼的浸出率可达98%以上。G·N·索波里对图2-4-4所示工艺压煮部分进行改进，即当分解过程进行到80%左右时，结束分解过程，分解液用于制取钼产品，分解渣中未分解的硫化钼用浮选方法进行回收富集，再返回分解过程。

N235两步萃取法分离回收钠碱法压煮液中钼和铼的原理同硝酸压煮萃取法，不同点是钠碱法压煮液pH值为8~9，而N235是一种阴离子萃取剂，在酸性环境下才能发生萃取作用，所以先用硫酸调压煮液pH值为2.0~3.5，此时Mo和P、As、Si分别以$Mo_8O_{26}^{4-}$

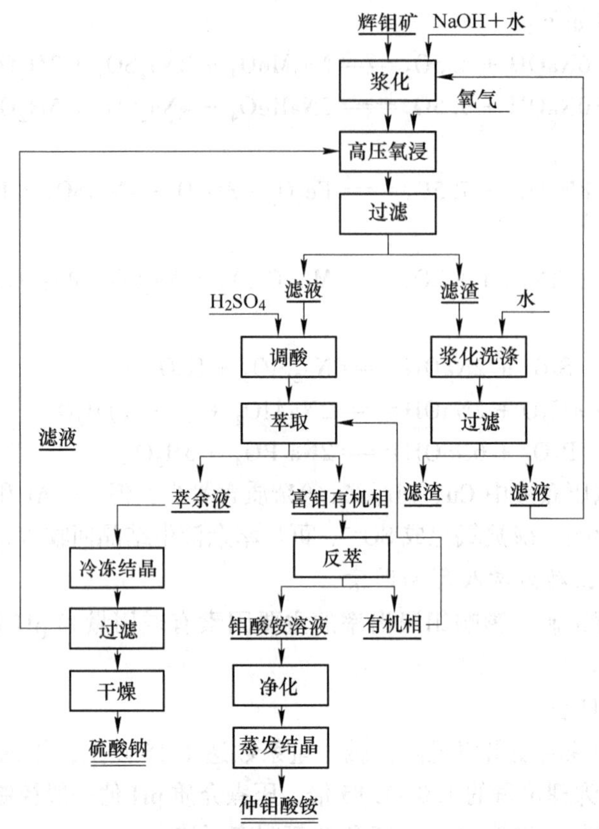

图 2-4-4 高压氧碱浸辉钼精矿工艺流程

和杂多酸形式存在。

也可采用镁盐沉淀法先除去压煮液中 P、Si 等阴离子杂质后再酸化，酸化液 N235 萃铼后再萃钼。

4.3.2.2 离子交换树脂法

调整碱压煮液 Mo 浓度后泵入装有大孔树脂的离子交换柱，MoO_4^{2-} 进入树脂，杂质随交后液流出。用自来水淋洗饱和富钼树脂后，再用 200g/L 的 NaOH 溶液入柱解吸，得到含 Mo 为 180g/L 的 Na_2MoO_4 溶液，解吸洗涤后的树脂用 5%的盐酸转型为 Cl^- 型树脂，用于下周期吸附，交换后液进入废水处理系统。氨水也可用作解吸剂，直接得到高浓度的 $(NH_4)_2MoO_4$ 溶液。

$$Na_2MoO_4 + 2RNCl \xlongequal{} (R_4N)_2MoO_4 + 2NaCl(\text{吸附}) \tag{2-4-29}$$

$$(R_4N)_2MoO_4 + 2NaOH \xlongequal{} 2R_4NOH + Na_2MoO_4(\text{解吸}) \tag{2-4-30}$$

$$R_4NOH + HCl \xlongequal{} 2R_4NCl + H_2O(\text{转型}) \tag{2-4-31}$$

碱压煮液中钼的回收也可经酸沉—氨溶-净化-二次酸沉生产钼酸-酸沉液再回收铼，该工艺钼铼回收率高，但中和过程产生大量含盐废液需要处理。

4.4 次氯酸钠分解法

工业上次氯酸钠法主要用于分解钼的浮选中间产品、难选的钼中矿、精选尾矿、氨浸渣以及镍钼矿，适合间歇生产和连续生产，反应条件温和，对设备要求不高，生产过程易控制，分解过程选择性强、浸出率高。其缺点主要是 NaClO 易分解，药剂消耗量大、成本高，NaClO 是液体，不便于运输和贮存。

4.4.1 基本原理

4.4.1.1 反应热力学及化学反应

碱性条件下，NaClO 是一种强氧化剂，能氧化 MoS_2 和伴生的金属硫化物。具体氧化反应如下：

$$MoS_2 + 9NaClO + 6NaOH \Longrightarrow Na_2MoO_4 + 2Na_2SO_4 + 9NaCl + 3H_2O \quad (2-4-32)$$

$$CuS + 4NaClO + 2NaOH \Longrightarrow Cu(OH)_2 + Na_2SO_4 + 4NaCl \quad (2-4-33)$$

反应式（2-4-32）的 $\Delta G_0 = -1112.455kJ/mol<0$，$\Delta H_0 = -1071.165kJ/mol<0$，故此反应是放热反应，在热力学上是可自发进行的。

金属硫化物氧化副反应的发生不仅消耗 NaClO，同时其他金属硫化物氧化生成的部分 Me^{2+} 与 MoO_4^{2-} 作用生成 $MeMoO_4$ 沉淀入渣。但在 20~40℃时，NaClO 对 MoS_2 的氧化速率大于对 Fe、Cu 硫化物的氧化速率，此时 MoS_2 可充分转化为 MoO_4^{2-}，而铜、铁的硫化物则很少溶解。

理论上氧化 1mol MoS_2 需 9mol ClO^-，工业 NaClO 一般是含有效氯 17%左右的水溶液，故分解过程 NaClO 用量与液固比难以兼顾。另外，NaClO 在高温下易分解，只适合室温下浸出。

$$2NaClO \Longrightarrow O_2 + 2NaCl \quad (2-4-34)$$

分解过程可加入适量 CO_3^{2-}，因为钙、镁碳酸盐的溶度积（15℃，$CaCO_3$ 的溶度积 4.8 $\times 10^{-9}$）小于其钼酸盐的溶度积（15℃，$CaMoO_4$ 的溶度积 4.099×10^{-3}），则 Ca 和 Mg 的钼酸盐转化成 Ca 和 Mg 的碳酸盐，可以抑制 $MeMoO_4$ 沉淀的生成。

$$MeMoO_4 + (NH_4)CO_3 \Longrightarrow (NH_4)_2MoO_4 + CaCO_3 (Me: Ca 和 Mg) \quad (2-4-35)$$

许多学者研究表明，NaClO 在 CO_3^{2-} 的存在下，温度低于 40℃，能抑制其他硫化物的氧化，同时在 pH 值为 9 的条件下对 MoS_2 氧化速度最快。控制恰当的条件，有利于对钼的选择性氧化浸出。

4.4.1.2 分解过程动力学及影响分解反应速度和浸取率的因素

A NaClO 氧化浸出辉钼矿动力学

柯家俊研究结果表明，NaClO 氧化分解辉钼矿的反应为一级反应，其速率方程为：

$$d_{[Mo]}/dt = 2.58 \times 10^4 \times A_{MoS_2} \times C_{NaClO} \times e^{-24300/RT} \quad (2-4-36)$$

式中 A_{MoS_2}——MoS_2 的表面积，cm^2；

C_{NaClO}——NaClO 的浓度，mol/L；

[Mo]——浸出进入溶液的钼量，mg/L。

在 10~45℃下，NaClO 氧化分解辉钼矿的反应的表观活化能为 24.3kJ/mol。

B 影响分解效果的因素

影响次 NaClO 氧化分解辉钼矿效果的主要因素有 NaClO 浓度、分解温度及 pH 值等。

a NaClO 浓度

一般增大 NaClO 溶液的起始浓度，辉钼矿的分解速度增大，浸液中 NaClO 浓度一般保持在 130~140g/L。

b pH 值

pH 值对氧化分解辉钼矿效果影响很大。在中性及酸性条件下提高 pH 值，辉钼矿分解速度加快；在 pH 值大于 9 的碱性条件下，提高 pH 值，分解速度降低。pH 值小于 9 时，矿石中浸出的 Pb 与 MoO_4^{2-} 形成 $PbMoO_4$ 沉淀，降低钼的浸取率；pH 值为 9~11，Pb 以 PbO_2 形式沉淀；而当 pH 值在 12 以上，Pb 有可能成为 $[Pb(OH)_3^-]$ 再次被溶出。工业生产中 pH 值一般控制在 9~11，Pb、Cu 及 Ni 留在浸出渣中。

c 温度

温度主要影响 NaClO 的分解速度、杂质离子的浸出速度以及能耗。温度高于 40℃，其他的金属硫化物也会被氧化进入溶液，浸出的 Pb 由于生成 $PbMoO_4$，降低钼的浸取率。其次，钼浸出反应为放热反应，降低反应温度会使反应进行得更彻底。另外 NaClO 在光照、高温条件下易分解。所以适宜温度为 25~35℃，工业控制温度一般低于 60℃。

4.4.2 工业实践

NaClO 氧化辉钼矿浸出液可采用离子交换、氯化钙沉淀及溶剂萃取等方法回收其中的钼。

4.4.2.1 辉钼矿次氯酸钠浸出-盐酸酸化-离子交换-净化除杂-制备钼酸盐

以含 $MoO_3$3.0%~6.0%，含镍 2.88%、含 $V_2O_5$0.18%为原料生产钼酸铵，采用离子交换法回收钼的工艺流程如图 2-4-5 所示，镍在提钼后的分解渣中得到富集，作为提镍及贵金属等有价元素的原料。该工艺不但能回收 Mo 和 Ni，还能有效地富集回收 V。

A NaClO 氧化分解辉钼矿的条件

NaClO 浓度为 130~140g/L，NaOH 浓度为 50~90g/L，CO_3^{2-} 浓度在 7~9g/L 左右，浸出温度一般低于 60℃，浸出时间 2~4h，控制终点 pH 值为 9~11。浸出矿浆过滤后洗涤滤渣，得到含钼浸液，钼浸出率达到 96%~98%以上，全流程金属回收率在 85%以上。镍在提钼后的浸出渣中富集，滤渣中 Mo 含量控制在 0.4%以下，作为提镍及贵金属等的原料或用来冶炼制取镍铁合金。

B 离子交换与解吸液净化

滤液用盐酸或硫酸调节 pH 值为 8~9 后进入离子交换工序吸附 Mo，负载树脂用氨水解吸，解吸液含钼最高可达 230g/L 以上，整个离子交换过程金属回收率可达 98%以上。

采用铵镁盐沉淀法净化解吸液中的 P 和 As。净化条件：饱和 $MgCl_2$ 溶液加入量为理论量 1.2~1.5 倍，温度 60~80℃，终点 pH 值为 8.5~9.0。净化完毕后过滤，解吸液净化渣成分见表 2-4-2，渣中主要元素组成为 P、As 和 Mg，另外，还含有 2%左右的钼，钼主要为夹带损失，可通过氨水洗涤回收大部分钼。

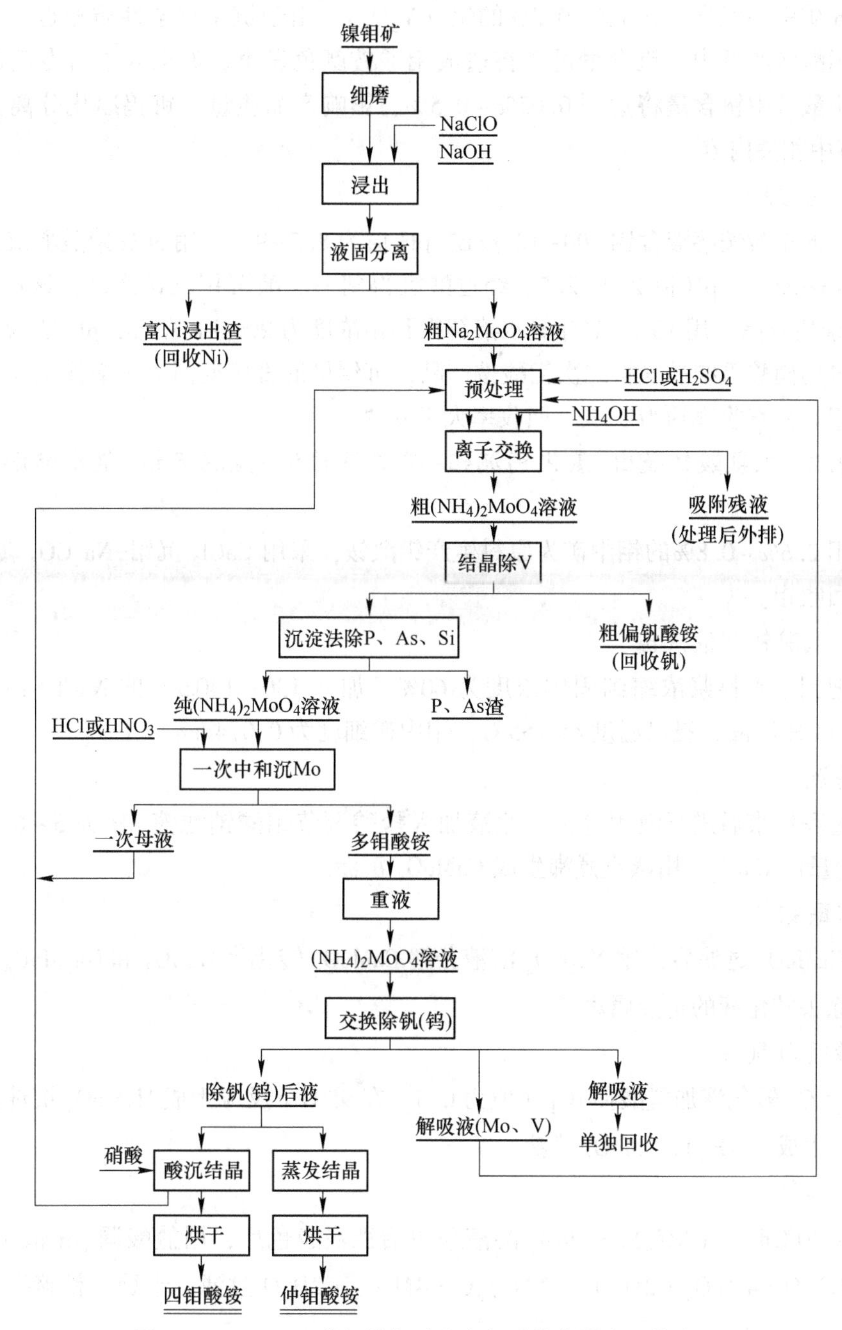

图 2-4-5 NaClO 分解镍钼矿生产钼酸铵全湿法工艺流程

表 2-4-2 解吸液净化渣

元素	MgO	Al_2O_3	SiO_2	P_2O_5	SO_3	CaO	V_2O_5
含量/%	9.682	0.039	0.020	33.692	0.170	0.033	0.078
元素	Cr_2O_3	FeO	MoO	Cl	NiO	SeO_2	As_2O_3
含量/%	0.008	0.035	2.174	0.195	0.014	0.063	53.794

Ni-Mo矿中一般含有0.1%~0.2%的钒（V_2O_5），由于钒钼化学性质相近，部分钒随钼进入到钼酸铵产品中，钒含量过高将造成钼酸铵颜色发黄。如果未进行专门的除钒操作，产品钼酸铵中钒含量将达到0.05%~0.5%，影响产品质量。钒钨净化分离见第1篇2.3.3.2节中相关内容。

C 酸沉结晶

净化后的钼酸铵溶液含钼100~120g/L，pH值为8.5~9.0，用50%硝酸酸沉，酸沉条件为温度45~55℃，pH值2.0~2.5。经过酸沉得到一次酸沉钼酸铵产品，该产品含Fe、Mg、Si等杂质较高，用10%~15%氨水溶解得到钼浓度为200g/L左右，pH值为7左右的重溶液，再用硝酸重结晶氨得二次钼酸铵产品，沉钼母液直接返回离子交换工序回收其中的钼。沉钼过程直收率约为92%，回收率大于97%。

4.4.2.2 次氯酸钠浸出-氯化钙沉钼-碳酸钠转化-盐酸沉钼-氨水溶解-钼酸铵制备

以含钼0.6%~0.8%的钼中矿为原料生产钼酸铵，采用$CaCl_2$沉钼-Na_2CO_3转化-盐酸沉钼工艺回收钼。

A 次氯酸钠溶液浸出

首先把钼中矿料浆浓缩到固体浓度为60%，加入130~140g/L的NaClO溶液、50~60g/L的NaOH溶液，浸出温度45~55℃，钼中矿细度为0.074mm以下。

B 钙沉

浸出过程结束后进行液固分离，滤液加入盐酸调节钼酸钠滤液pH为5~6后，加入1.2倍理论量的$CaCl_2$，用蒸汽煮沸生成$CaMoO_4$沉淀。

C 碳酸钠转化

沉淀$CaMoO_4$过滤后，用Na_2CO_3溶液分解$CaMoO_4$转化为$CaCO_3$和Na_2MoO_4，并以碳酸盐形式除去转化液的重金属离子。

D 酸沉与氨溶

向Na_2CO_3转化液加盐酸使其pH值为0.5，在95℃下反应生成H_2MoO_4沉淀，氨水溶解H_2MoO_4生成$(NH_4)_2 \cdot MoO_4$溶液。

E 中和结晶

在30~40℃时，$(NH_4)_2 \cdot MoO_4$溶液采用活性炭脱色后，用盐酸调pH值至2.5~3，析出$(NH_4)_2O \cdot 4MoO_4 \cdot 2H_2O$，$(NH_4)_2O \cdot 4MoO_4 \cdot 2H_2O$过滤、干燥、粉碎得到钼酸铵成品。

4.5 电氧化法和超声波电氧化法

电氧化法和超声波电氧化法是NaClO氧化法的发展，电氧化法多用于低品位钼矿的处理，极具发展潜力，它继承了NaClO法浸出率高、反应条件温和的特点，是一种洁净的冶金方法。

4.5.1 电氧化法

4.5.1.1 基本原理

该法是将浆化的辉钼矿料液泵入装有 NaCl 溶液的电解槽中，用石墨作阳极和阴极，在直流电作用下，阳极产生 Cl_2，阴极产生 H_2。

$$2Cl^- = Cl_2 + 2e^-（阳极） \tag{2-4-37}$$

$$2H_2O + 2e^- = 2OH^- + H_2（阴极） \tag{2-4-38}$$

NaCl 电解：

$$2NaCl + 2H_2O = 2NaOH + H_2 + Cl_2 \tag{2-4-39}$$

阳极产物 Cl_2 与 NaOH 反应生成 NaClO，NaClO 再氧化分解钼矿物，钼以 Na_2MoO_4 形式进入分解液，电氧化法在电解槽中完成 NaClO 生成和 NaClO 氧化辉钼矿两个过程。

NaClO 生成：

$$2NaOH + Cl_2 = NaClO + NaCl + H_2O \tag{2-4-40}$$

NaClO 氧化 MoS_2：

$$MoS_2 + 9NaClO + 6NaOH = Na_2MoO_4 + 2Na_2SO_4 + 9NaCl + 3H_2O \tag{2-4-41}$$

如矿石中含铼时，NaClO 同时氧化硫化铼：

$$ReS_2 + 9NaClO + 6NaOH = NaReO_4 + 2Na_2SO_4 + 9NaCl + 3H_2O \tag{2-4-42}$$

电解 NaCl 溶液生成的 ClO^- 与 MoS_2 或 Re_2S_7 反应后，又生成 Cl^-。因此，浸出过程本身并不消耗 NaCl，浸出后矿浆过滤，滤返回电解再生 ClO^-，NaCl 损失仅限于滤渣带走的部分，电氧化过程所消耗的仅是洁净价廉的电能。

从氧化速度来看，当溶液中含 NaClO 小于 30g/L，游离状态的碱小于 20～30g/L 时，MoS_2 氧化速度较快，铜和铁的硫化物在 20～40℃时，氧化速度比 MoS_2 小，而且电氧化法是边生产 NaClO，边与 MoS_2 反应，几乎没有过剩的 NaClO 与其他金属硫化物反应。该法对辉钼矿的氧化具有选择性，浸出液中其他金属杂质含量较低，因此电氧化法是一种极具发展前景的环保型辉钼矿湿法分解方法。

4.5.1.2 影响辉钼矿氧化效果的因素

在 NaCl 矿浆中直接电解生产次氯酸钠氧化辉钼矿涉及液-固-气多相反应，影响因素主要有矿浆初始 pH 值、NaCl 浓度、槽电压、矿浆浓度与温度、磨矿细度、浸出时间和电流密度等。

A 矿浆初始 pH 值

pH 值过低或过高，对 NaClO 的生成和稳定性都有较大的影响，从而影响 Mo 的浸出率及电流效率。pH 值控制在 9～10，辉钼矿分解速率最快，可用碳酸盐-酸式碳酸盐缓冲体系稳定辉钼矿电氧化过程体系 pH 值，使钼精矿中钼、铼选择性高效氧化浸出，而黄铜矿基本不被浸出。碳酸盐的存在，有利于钼酸钙的分解。

B NaCl 浓度

NaCl 浓度不仅影响电解产生的 NaClO 浓度，还影响电流效率。缓冲体系下（pH 值为 8.5～9.0）电氧化辉钼矿，当电流密度相同时，NaCl 浓度愈高，产生的 NaClO 量亦愈多，MoS_2 的分解速率加快。另外，增大 NaCl 浓度，有利于提高溶液电导率，降低电耗，提高电流效率。但浓度过高，NaClO 产生速度远高于其消耗（分解辉钼矿）速度，NaClO 浓度增加快，分解反应加剧，NaClO 有效利用率降低，电流损耗增加，电流效率下降。过高的

Cl^-也会对后续萃取或者离子交换过程造成负面影响。因此，选择电解过程氯化钠浓度为4.0mol/L左右。

C 槽电压的影响

槽电压对电解过程、电流密度、电流效率及电化学反应都有显著影响。它不仅与温度、电解质相关，同时也受电极种类及电极间距的影响。理论计算，槽电压必须大于2.1875V，电压过低，电解过程电流效率很低，Mo浸出率较低，槽电压越高引起电能损耗越大，电流效率也会降低，一般取3.5V左右。槽电压对电流密度的影响如表2-4-3所示。

表2-4-3 槽电压对电流密度的影响

槽电压/V	2.0	2.5	3.0	3.5	4.0
电流密度/$A \cdot m^{-2}$	40.83	97.98	244.95	653.20	816.50

D 电流密度的影响

在NaCl浓度相同的溶液中，电解产生的ClO^-浓度主要取决于电流密度。电流密度增加，产生的ClO^-浓度亦愈大，而ClO^-浓度又决定了辉钼矿的氧化速度。阳极电流密度高，ClO^-难以接近电极，阻止了阴极还原或阳极过度氧化的发生。同时，电流密度高，氧的超电压比氯的超电压增大要快，阳极放氧反应减少，可以保证较高的生产效率。因此增加电流密度，钼的浸出率和电流效率均明显提高。但电流密度过大会引起槽电压上升，电耗增加，同时可能导致副反应的发生，降低Mo浸出率。较为理想的阳极电流密度应该控制在653.2~700A/m^2。

E 矿浆浓度

矿浆浓度决定浸出液中Mo的浓度和处理量的大小，并对Mo的浸出率影响较大。矿浆浓度大于20%时，Mo浸出率大幅度下降。而当矿浆浓度降到10%时，浸出时间可以缩短一倍，Mo的浸出率仍达98.42%。综合考虑，矿浆浓度取20%较为适宜。

F 温度的影响

NaClO与MoS_2的反应是一个放热的过程，随着反应的进行，矿浆温度逐渐上升，钼的浸出率和电流效率略有提高，但幅度不是很大。矿浆温度在40℃以上，Mo的浸出率比较高。当矿浆温度比较高时，NaClO分解加速，并加剧向ClO_3^-转化的副反应，同时Cl_2的溶解度也降低，析出的氧有一部分未参加反应就逸出液面，使NaClO用量比氧化辉钼矿的理论值多得多。所以矿浆温度一般为25~40℃时较合适。

G 搅拌速度的影响

电氧化分解辉钼矿过程的反应速度主要受化学和传质扩散控制。在一定范围内提高搅拌速度，有利于强化传质和提高扩散速度。

4.5.1.3 电氧化液中钼铼的回收

北京矿冶研究总院的曲立等研究了电氧化法处理金堆城钼矿的低品位钼中矿，其主要化学成分为Mo 1.30%、Cu 0.78%、Fe 13.30%、Pb 0.05%、Zn 0.16%、Ca O 2.46%、MgO 1.45%、S 11.85%、K_2O 4.11%、WO_3 0.0038%、Sn 0.0052%、Bi 0.0085%、As 0.00019%、P 0.11%、*Re*<0.0005。研究表明，电氧化法处理低品位钼中矿，Mo的浸出率

可达到96%~98%，浸出液中钼的萃取率达99%，反萃率达97%，用电氧化法-萃取法获得的钼酸铵含钼大于60%，钼的总回收率为90%左右。

美国矿务局曾采用N235萃取-活性炭吸附法处理辉钼矿电氧化浸出液，浸出液先用SO_2还原其中的ClO_3^-后调整pH值，再用过硫酸盐氧化低价钼，然后用N235加煤油萃取，钼铼全部进入有机相，负载有机相再用氨水解吸，钼铼进入氨水解吸液，解吸液再用活性炭吸附铼，吸附后液蒸发结晶制备NH_4MoO_4。负铼活性炭首先用25%的氯化钠溶液洗脱夹带钼，洗涤后的负铼活性炭用甲醇-水混合溶液解吸，解吸液经蒸馏回收甲醇后进行二次萃取，卸载活性炭用纯水再生后返回使用。含铼解吸液经过调酸，使pH值降至1~1.5，再二次萃取铼后，用氨水反萃得到NH_4ReO_4溶液，蒸发结晶即可制得NH_4ReO_4晶体。其工艺流程如图2-4-6所示。

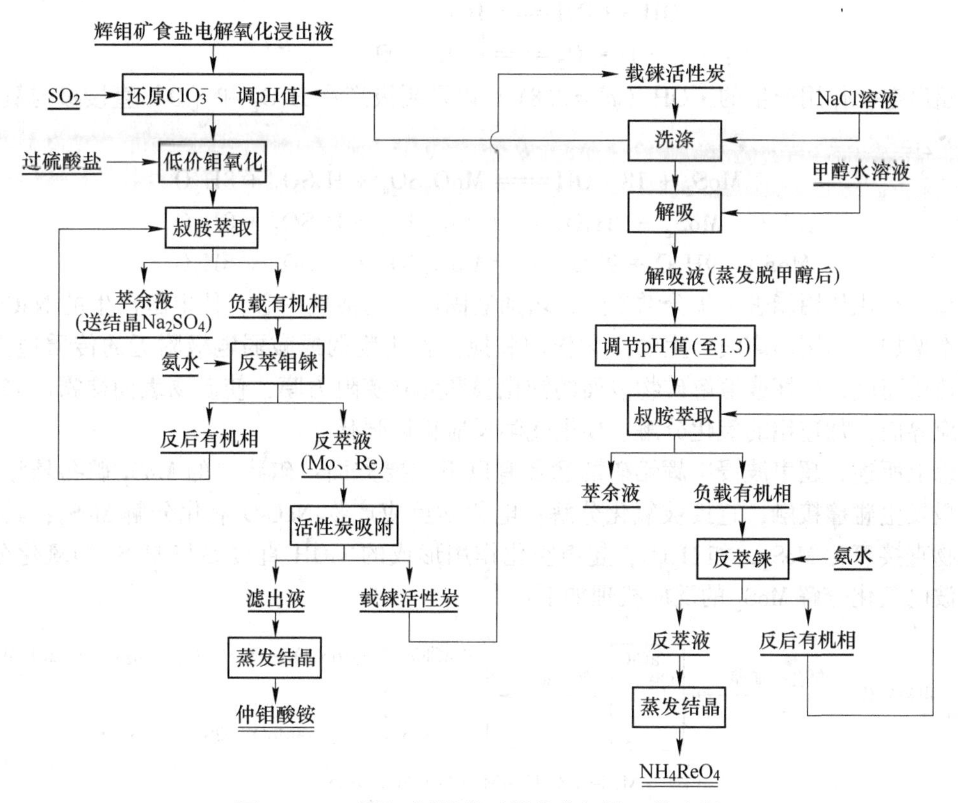

图2-4-6　萃取-活性炭吸附分离钼铼工艺流程

电氧化法适用于处理难选或复杂低品位钼精矿，但电流效率低，电耗大，生产成本高，在处理标准钼精矿方面没有经济优势。降低电氧化法能耗的关键在于提高电解电流效率，抑制电解产物或其他惰性矿物在电极表面的覆盖，强化反应体系的传质。

4.5.2　超声波电氧化法

针对电氧化法湿法分解辉钼精矿电流效率不高、能耗较大的缺点，浸出过程引入超声波。超声波的介入可显著减少电极表面的覆盖物，提高电氧化过程的电流效率，加速MoS_2的分解，是一种新型强化浸出过程手段。

当超声波能量足够高时会产生“超声空化”现象。超声空化气泡形成至急剧崩溃的瞬间，产生局部极端高温高压（5000K，1800atm），空化气泡表面产生的电荷跨过气泡形成巨大的电场梯度，导致水分子断裂形成强氧化性的羟基自由基·OH，随后这些·OH互相结合，并随着气体或蒸气的进入，或者生成 H_2O_2 扩散到液相本体和还原性物质发生氧化反应。超声波空化过程水介质发生反应如下：

$$H_2O = \cdot H + \cdot OH$$

$$O_2 = 2[O]$$

$$[O] + H_2O = \cdot OH + \cdot OH$$

$$\cdot H + \cdot OH = H_2O$$

$$\cdot OH + \cdot OH = O + H_2O$$

$$\cdot OH + \cdot OH = H_2O_2$$

$$\cdot H + O_2 = \cdot OH + O$$

超声空化作用产生的·OH（$\varphi^{\ominus}=2.8V$）以及阴极产物 H_2O_2 和［O］直接参与氧化分解 MoS_2：

$$MoS_2 + 18 \cdot OH = MoO_2SO_4 + H_2SO_4 + 8H_2O$$

$$MoS_2 + 9H_2O_2 = MoO_2SO_4 + H_2SO_4 + 8H_2O$$

$$MoS_2 + 9H_2O + 9[O] = MoO_2SO_4 + H_2SO_4 + 8H_2O$$

超声空化作用能进一步分散矿浆，增加液固反应的活性中心，使电解产生的NaClO的利用率增加；利用超声波产生的空化作用和搅拌作用削弱或减弱电极附近的传质边界层，加大传质速度，破坏或溶解矿物表面的钝化膜和元素硫阻力膜，使矿物表面裸露出来，扩大反应界面，加速钼的氧化分解，使电化学反应得以强化。

综上所述，超声波浸出辉钼矿的途径有以下主要方面：矿浆中的 MoS_2 矿物悬浮粒子与阳极发生碰撞接触，直接被氧化分解；电化学反应产物NaClO氧化分解 MoS_2；其他阴极产物直接氧化 MoS_2，如 H_2O_2，超声空化作用形成的·OH直接参与 MoS_2 的氧化分解。超声波电氧化分解 MoS_2 的反应机理如下：

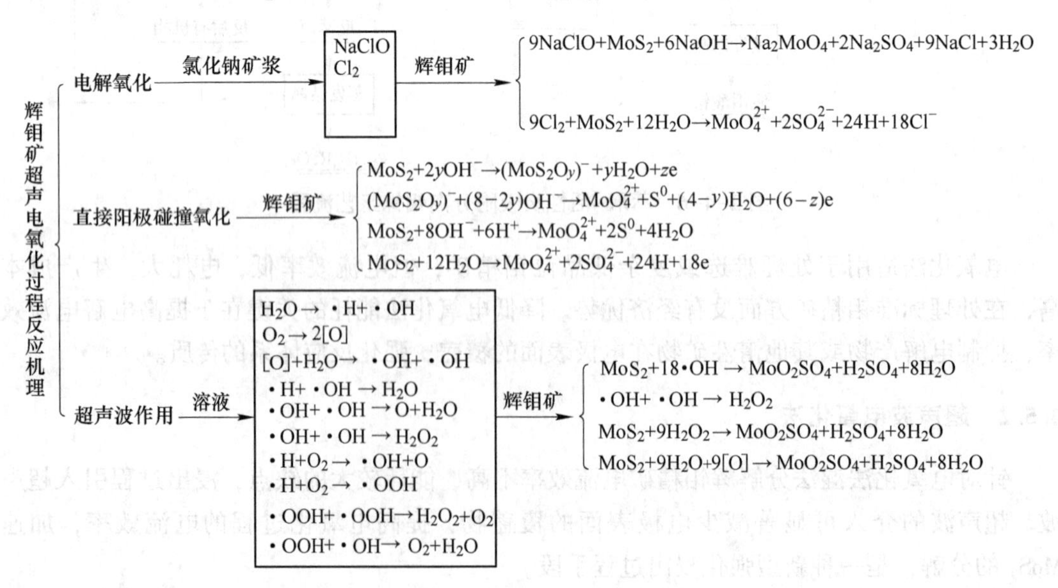

此工艺的关键在于超声波强化食盐电解氧化 MoS_2 的同时，超声波空化作用形成的具有强氧化性的·OH 直接参与 MoS_2 的氧化分解，解决了单纯电氧化浸出率和电流效率低的问题。超声波空化作用的形成、状态及强度与声参数、介质的物理化学性质及周围环境有关。超声波用于生产实践之前，尚有许多问题要解决，如超声波的施加方式、性能的稳定性及生产规模的放大等。

4.6 高压氧氨浸法

镍钼矿中钼主要以非晶态的硫化钼形态存在，类似于无定形的辉钼矿，因此非晶态的硫化钼必然比辉钼矿的化学性质更为活泼。针对镍钼矿晶化程度低、化学活性高的特点，赵中伟开发的常压空气氧化浸出镍钼矿的工艺，使用廉价空气作为氧化剂，不会向浸出体系中引入新的杂质，具有绿色环保的特点。

高压氧浸法包括 NaOH 浸出和氨浸，NaOH 浸出过程，钼以钼酸根的形态进入溶液，镍则富集在渣中，实现了镍与钼的有效分离，浸出渣可作为提取镍的原料。镍钼矿氨浸过程，镍与钼都进入浸出液，从氨浸液中要进行镍和钼的分离。这里仅介绍高压氧氨浸法，高压氧氨浸镍钼矿工艺简单，对设备要求相对较低，试剂消耗少，Mo 与 Ni 的浸出率高、杂质浸出少、钼酸铵纯化工艺简单，且不产生有害气体，同时可综合回收放射性元素铀、尾渣中含铀低于 0.005%。

4.6.1 基本原理

高压氧氨浸是在常压下于氨水介质中，用空气、富氧空气或氧气高温氧压分解镍钼中的含钼矿物。分解反应如下：

$$2MoS_2 + 9O_2 + 12NH_4OH = 2(NH_4)_2MoO_4 + 4(NH_4)_2SO_4 + 6H_2O + Q \quad (2\text{-}4\text{-}43)$$

$$MoO_3 + 2NH_4OH = (NH_4)_2MoO_4 + H_2O \quad (2\text{-}4\text{-}44)$$

$$NiS \cdot FeS + 3FeS + 7O_2 + 10NH_3 + 4H_2O = [Ni(NH_3)_6]SO_4 + 2Fe_2O_3 \cdot H_2O + 2(NH_4)_2S_2O_3 \quad (2\text{-}4\text{-}45)$$

$$2Ni_3S_2 + 9O_2 + 32NH_3 + 2(NH_4)_2SO_4 = 6[Ni(NH_3)_6]SO_4 + 2H_2O \quad (2\text{-}4\text{-}46)$$

$$MeS + 2O_2 + 6NH_4OH = [Ni(NH_3)_6]SO_4 + 6H_2O + Q(Me：Cu、Ni、Zn) \quad (2\text{-}4\text{-}47)$$

$$As_2O_5 + Mg^{2+} + 6NH_3 \cdot H_2O = Mg(NH_4)AsO_4 \downarrow + 3H_2O \quad (2\text{-}4\text{-}48)$$

$$P_2O_5 + Mg^{2+} + 6NH_3 \cdot H_2O = Mg(NH_4)PO_4 \downarrow + 3H_2O \quad (2\text{-}4\text{-}49)$$

根据上述反应，镍钼矿中 MoS_2 与氧发生反应生成钼酸铵进入溶液，同时钒、钨等也进入溶液，硫转化成硫酸根、亚硫酸根，浸出液中含有 $[Ni(NH_3)_6]^{2-}$、$[Cu(NH_3)_4]^{2-}$、MoO_4^{2-}、SO_4^{2-}、PO_4^{2-}、AsO_4^{3-}、Na^+、K^+等。

4.6.2 工业实践

以慈利县恒昌镍钼有限公司日处理 60t 镍钼矿为例说明。

4.6.2.1 主要设备

主要设备包括1000m^3/h制氧系统1套、磨矿制粉设备1套、6t循环流化床锅炉1台、高压反应釜2台、高压泄压装置两套、蒸氨系统1套、萃取分离、净化、浓缩系统两套、蒸发、结晶、沉淀系统3套、各种规格压滤机15台。

4.6.2.2 工艺流程

高压氧氨浸镍钼矿工艺流程如图2-4-7所示，主要包括原矿破碎-制浆-高压氧化-氨水浸出-蒸氨分离镍钼-酸沉-煅烧等过程，该工艺可以回收硫酸铜和硫酸镍，消除了火法工艺产生的SO_2和镍渣的危害。

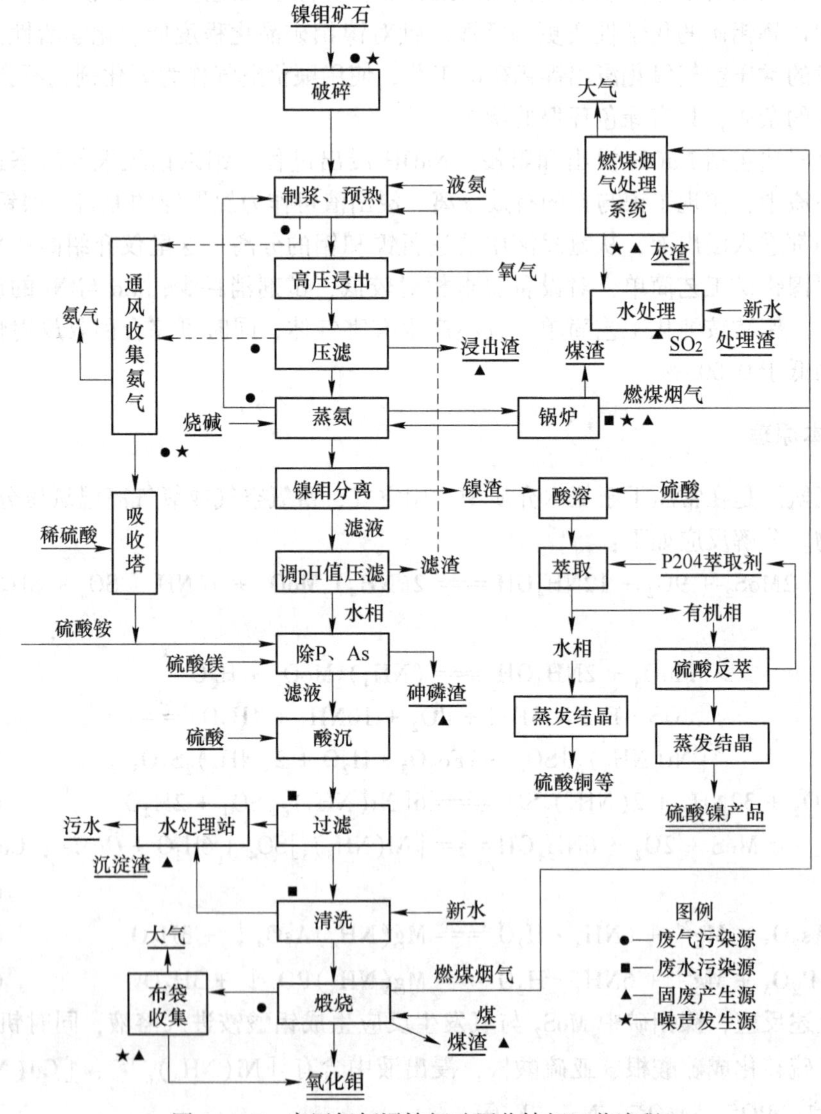

图2-4-7 高压氧氨浸镍钼矿回收镍钼工艺流程

A 原矿破碎

矿石先经过颚式破碎机粗破碎后入雷蒙磨磨碎到约100目，再进入球磨机磨细到180

~200 目，二者磨矿过程产生的粉尘经布袋除尘器处理后排放。

B　制浆

磨碎达到要求后的矿石进入碳钢制浆槽内，与新水、滤框清洗水、回收的氨水、补充的液氨一起制浆，制浆过程逸散的氨气采用集气罩收集，与高压浸出、板框过滤工段收集的氨气一起经氨吸收塔吸收。制浆过程液固比为（2.5~3）：1，氨浓度为 160g/L，pH 值为 10.3，在预热器内预热到 60~70℃。

C　高压浸出

预热好的料浆用高压泵压入 1 台 4 室的不锈钢反应釜或碳钢反应釜中压入氧气反应，工程设两台制氧机，氧气产量达到 $160m^3$，通过氧气压缩机达到一定的压缩量送至反应釜，反应温度 100℃，反应时间 7h，反应压力 2.5MPa，钼的转化率为 88%~90%。反应后的浆液通过两台 $200m^2$ 板框压滤机过滤，滤渣送至废渣暂存堆场，滤液送蒸氨塔。过滤过程中有氨气逸散，采用集气罩收集，吸收塔吸收制氨水，反应釜中的泄压气体进入氨吸收塔制氨水，氨水返回制浆槽。

D　蒸氨分离镍钼

高压釜出来的浆液过滤后进入蒸氨塔，蒸氨塔中加适量 NaOH，蒸氨塔反应釜内产生的氨气进入氨吸收制氨水，氨水返回制浆槽。蒸氨后料液再次通过板框过滤，滤液进入调配槽，滤渣即镍渣，含 $Ni(OH)_2$、$NiCO_3 \cdot Ni(OH)_2$ 和少量 $Cu(OH)_2$、$Zn(OH)_2$、$Co(OH)_2$。过滤过程有氨气逸散，采用集气罩收集，吸收塔吸收制氨水返回制浆槽。调整调配槽滤液 pH 值为 7~8，再次通过板框过滤，滤渣含 Mo、V、Ti、Si 等，滤渣返回高压浸出，滤液主要含 MoO_4^{2-}、SO_4^{2-}、PO_4^{3-}、AsO_4^{3-}、Na^+、K^+等。主要反应如下：

$$NH_4^+ + OH^- = NH_3\uparrow + H_2O \qquad (2\text{-}4\text{-}50)$$

$$(NH_4)_2Mo_4O_{13} + 8NaOH = 4Na_2MoO_4 + 2NH_3\uparrow + 5H_2O \qquad (2\text{-}4\text{-}51)$$

$$2Ni(NH_4)_2SO_4 + 4NaOH + CO_3^{2+} = NiCO_3 \cdot Ni(OH)_2\downarrow + 2Na_2SO_4 + 4NH_3\uparrow + 2H_2O \qquad (2\text{-}4\text{-}52)$$

$$[Me(NH_3)_6]^{2+} + 2OH^- = Me(OH)_2\downarrow + 6NH_3\uparrow \text{（Me：Ni 和 Co）} \qquad (2\text{-}4\text{-}53)$$

$$[Me(NH_3)_4]^{2+} + 2OH^- = Cu(OH)_2\downarrow + 4NH_3\uparrow \text{（Me：Cu 和 Zn）} \qquad (2\text{-}4\text{-}54)$$

E　分离镍铜后的滤液除 P、As

除 P、As 在 $2m^2$ 净化槽内进行，加入适量硫酸镁和硫酸铵，利用铵镁盐沉淀法净化除 P、As。滤渣用热水洗涤，洗涤废水用于废气处理，沉渣 As 渣为有害渣（出售给有危险废物处理资格的单位综合利用），滤液进入酸沉工序。

F　酸沉钼酸

除 P、As 后的滤液含 MoO_4^{2-}、Mg^{2+}、SO_4^{2-}、NH_4^+、Na^+、K^+，加硫酸酸化得到钼酸沉淀，钼酸沉淀经过滤，洗涤得到钼酸。酸沉后的废水进入污水处理系统。

$$Na_2MoO_4 + H_2SO_4 = Na_2SO_4 + H_2MoO_4\downarrow \qquad (2\text{-}4\text{-}55)$$

G　煅烧

酸沉过滤产生的钼酸经反射炉煅烧得到 MoO_3，煅烧炉烟气用布袋收集 MoO_3。

H 镍渣处理

将蒸氨分离镍钼得到的镍渣加稀硫酸溶解，溶解 pH 值为 1～3，生成含 $NiSO_4$、$CuSO_4$、$CoSO_4$、$ZnSO_4$ 溶液进入萃取槽，采用 20%P204（皂化度为 73%）萃取剂萃取镍，用硫酸溶液反萃有机相，经过三级萃取、三级反萃得到 $NiSO_4$ 溶液，$NiSO_4$ 溶液再蒸发浓缩得到 $NiSO_4$ 产品，水相 $CuSO_4$、$CoSO_4$、$ZnSO_4$ 萃余液蒸发浓缩得到硫酸铜渣等。P204 萃取镍和硫酸反萃反应如下：

$$Ni^{2+} + 2HP204 = Ni(P204)_2 + 2H^+ \qquad (2-4-56)$$

$$Ni(P204)_2 + 2H^+ = Ni^{2+} + 2HP204 \qquad (2-4-57)$$

第3篇

石煤提钒

1 概　　论

1.1 钒的性质及用途

1.1.1 钒的物理性质

钒是一种银灰色金属，具有体心立方结构，钒的力学性质与其纯度及生产方法密切相关。O、H、C、N 等杂质会使其变脆，少量则可以提高其硬度及剪切力，但会降低其延展性。钒的主要物理性质见表 3-1-1。

表 3-1-1　钒的主要物理性质

项目	相对原子质量	密度	熔点	沸点	比电阻	导热系数	熔化潜热	蒸发潜热
单位		g/cm^3	℃	℃	μΩ · cm（20℃）	J/(m · S · ℃)	kJ/mol	kJ/mol
数量	50.94	6.11	1887	3377	24.8	30.7	16.0~21.5	514.77

1.1.2 钒的化学性质

钒属于 d 区元素，价电子结构为 $3d^3 4S^2$，5 个价电子都可以参与成键。钒的化学性质主要由外层和次外层电子结构决定，能生成+2、+3、+4、+5 价的化合物。高价钒的化合物具有氧化性，低价钒具有还原性，且价态越低，还原性越强。

室温下金属钒较稳定，不与空气、水和碱作用，能耐稀硫酸、盐酸、碱溶液及海水的腐蚀，但能被硝酸、氢氟酸或浓硫酸腐蚀。高温时，金属钒易与氧和氮作用，当金属钒在空气中加热时，钒氧化成棕黑色的 V_2O_3、蓝色的 V_2O_4 或橘红色的 V_2O_5。钒在氮气中加热至 900~1300℃时生成氮化钒。钒与碳在高温下可生产碳化钒。当钒在真空或惰性气氛中与硅、硼、磷、砷一同加热时，可生成相应的硅化物、硼化物、磷化物和砷化物。

1.1.3 钒的主要化合物的性质

1.1.3.1 钒的氧化物

常见的钒氧化物为+2、+3、+4、+5价的氧化物：VO、V_2O_3、VO_2、V_2O_5，低价氧化钒不溶于水，与强酸形成强酸盐如VCl_2、VSO_4；与强碱形成$V(OH)_2$，低价氧化钒在空气中会被氧化成高价氧化钒。五价氧化钒则可用还原性气体还原成四价、三价和二价的氧化钒。钒的氧化物的性质见表3-1-2。

表3-1-2 钒氧化物的性质

性质	颜色	密度/g·cm^{-3}	熔点/℃	分解温度/℃	水溶性	酸溶性	碱溶性	氧化还原性	酸碱性
VO	浅灰	5.55~5.76	1790		无	溶	无	还原	碱
V_2O_3	黑	4.87~4.99	1970~2070		无	HF、HNO_3	无	还原	碱
VO_2	深蓝	4.33~4.339	1545~1967		微	溶	溶	两性	碱
V_2O_5	橙黄	3.352~3.360	650~690	1690~1750	微	溶	溶	氧化	两性

1.1.3.2 钒酸

钒的含氧酸在水溶液中形成钒酸根阴离子或钒氧基离子，它能以多种聚集态存在，使之形成各种组成的钒氧化合物，其性质对钒的生产极为重要。

钒酸的存在形式与溶液的酸度和钒酸盐的浓度相关，当钒的浓度很低时，如钒浓度小于1mmol/L时，在各种pH值条件下均呈单核形式存在（如正钒酸盐、偏钒酸盐或VO_2^+）。钒酸根具有极强的聚合性能，当质子化的钒酸根浓度升高时，会发生聚合反应。不同钒酸水溶液在25℃时的存在状态见图3-1-1。

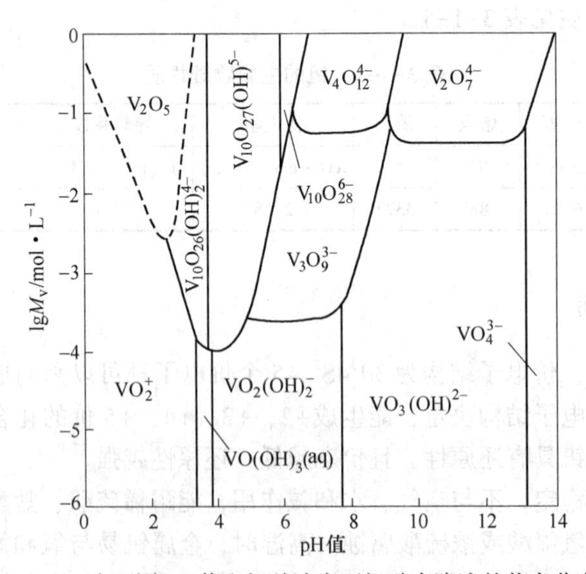

图3-1-1 在不同pH值和钒总浓度下钒酸水溶液的状态分布图

钒酸根离子在溶液中存在的主要平衡反应为：

平衡反应	pH 值范围	
$VO_4^{3-} + H^+ \rightleftharpoons HVO_4^{2-}$	14 ~ 11	(3-1-1)
$2VO_4^{2-} \rightleftharpoons V_2O_7^{4-} + H_2O$	12 ~ 10	(3-1-2)
$2V_2O_7^{4-} + 4H^+ \rightleftharpoons V_4O_{12}^{4-} + 2H_2O$	~ 9	(3-1-3)
$5V_4O_{12}^{4-} + 8H^+ \rightleftharpoons 2V_{10}O_{28}^{6-} + 4H_2O$	4 ~ 6	(3-1-4)
$H_2V_{10}O_{28}^{4-} + H_2O \rightleftharpoons 5HV_6O_{17}^{3-} + 3H^+$		(3-1-5)
$6V_{10}O_{28}^{6-} + 36H^+ \rightleftharpoons 6V_{10}O_{28} + 5H_2V_{12}O_{31} + 13H_2O$	1.6	(3-1-6)
$H_2V_{12}O_{31} + 12H^+ \rightleftharpoons 12VO_2^+ + 7H_2O$	1	(3-1-7)

1.1.3.3　钒酸盐

在水溶液中不存在简单的 V^{5+}，而存在的是和氧结合稳定的钒酸根阴离子或钒氧基离子，它能以多种聚集状态存在，使之形成组成各异的多种钒化合物。钒酸盐的存在形式及其在溶液中的聚集状态与钒酸盐的阳离子种类及钒在溶液中的浓度和溶液的酸度有关。一般来说，钒酸根阴离子只与碱金属钠、钾及碱土金属镁生成的钒酸盐易溶于水，其他钒酸盐的溶解度均很小。某些金属的五价钒酸盐的性质见表 3-1-3。

表 3-1-3　五价钒酸盐的物理及化学性质

化合物	分子式	状　态	熔点/℃	水溶性	$\Delta H_{298}^{\ominus}$ /kJ·mol^{-1}	$\Delta S_{298}^{\ominus}$ /J·(mol·K)$^{-1}$	$\Delta G_{298}^{\ominus}$ /kJ·mol^{-1}
偏钒酸	HVO_3	黄色/固		溶于酸碱			
偏钒酸铵	NH_4VO_3	淡黄色/固	200（分解）	微溶于水	-1051	140.7	-886
偏钒酸钠	$NaVO_3$	无色/固/单斜晶体	630	溶于水	-1145	113.8	-1064
		水溶液			-1129	108.9	-1046
偏钒酸钾	KVO_3	固		溶于热水			
正钒酸钠	Na_3VO_4	无色/固/六方晶系	850~856	溶于水	-1756	190.1	-1637
		水溶液			-1685		
	NaH_2VO_4	水溶液			-1407	180.0	-1284
焦钒酸钠	$Na_4V_2O_7$	无色/固/六方晶系	632~654	溶于水	-2917	318.6	-2720
偏钒酸钙	CaV_2O_6	固	778		-2330	179.2	-2170
焦钒酸钙	$Ca_2V_2O_7$	固	1015		-3083	220.6	-2893
正钒酸钙	$Ca_3V_2O_8$	固	1380		-3778	275.1	-3561
偏钒酸铁	FeV_2O_6				-1899		-1750
焦钒酸铅	$Pb_2V_2O_7$	固	722		-2133		-1946
正钒酸铅	$Pb_3V_2O_8$	固	960		-2375		-2161
偏钒酸镁	MgV_2O_6	固			-2201	160.8	-2039
焦钒酸镁	$Mg_2V_2O_7$	固	710		-2836	200.5	-2645
偏钒酸锰	MnV_2O_6				-2000		-1849

钒酸盐中含有五价钒的有偏钒酸盐、正钒酸盐、焦钒酸盐及多钒酸盐。偏钒酸盐是最稳定的，其次是焦钒酸盐，而正钒酸盐比较少见，即使在温度较低的情况下也会迅速水

解，转化为焦钒酸盐。钒冶金中较重要的钒酸盐是钒酸钠和钒酸铵等。以钒酸钠为例，其反应如下：

$$2Na_3VO_4 + H_2O = Na_4V_2O_7 + 2NaOH \quad (3-1-8)$$

而在沸腾溶液中，焦钒酸盐又会转化为偏钒酸盐，其反应如下：

$$Na_4V_2O_7 + H_2O = 2NaVO_3 + 2NaOH \quad (3-1-9)$$

1.1.3.4　偏钒酸钠

较常见的钒酸钠的形式有偏钒酸钠（$NaVO_3$）、焦钒酸钠（$Na_3V_2O_7$）和正钒酸钠（Na_3VO_4）。它们在水中易溶，生成水合物。偏钒酸钠在35℃以上时能从溶液中析出无水结晶，而在35℃以下时则析出 $NaVO_3 \cdot 2H_2O$。偏钒酸钠的溶解度随温度升高而增加，有关数据见表3-1-4。

表3-1-4　偏钒酸钠在水中的溶解度

温度/℃	25	40	60	70	75
$NaVO_3$	21.1	26.23	32.97	36.9	38.8
$NaVO_3 \cdot 2H_2O$	15.2	29.9	69.9		

1.1.3.5　偏钒酸铵

偏钒酸铵（NH_4VO_3）为白色或微带黄色的晶体粉末，微溶于水和氨水，难溶于冷水。偏钒酸铵在水中的溶解度见表3-1-5。当水溶液中有铵盐存在时，因同离子效应，偏钒酸铵在水溶液中的溶解度下降，这一现象在钒冶金中被广泛应用，在钒的湿法冶金中，以偏钒酸铵形式从溶液中分离钒，可使钒与大多数杂质分离。

表3-1-5　偏钒酸铵在水中的溶解度

温度/℃	0	20	25	35	45	55	60	70
NH_4VO_3	0.066	0.51	0.608	1.08	1.57	2	2.55	3.05

偏钒酸铵在常温下稳定，加热时易分解，其在空气中的分解反应为：

$$6NH_4VO_3 = (NH_4)_2O \cdot 3V_2O_5 + 4NH_3 + 2H_2O \quad (523 \sim 613K) \quad (3-1-10)$$

$$2NH_4VO_3 = V_2O_5 + 2NH_3 + H_2O \quad (693 \sim 713K) \quad (3-1-11)$$

1.1.4　钒及其化合物的用途

钒及其化合物具有优异的物理和化学性能，85%左右的钒用于生产合金钢、工具钢或其他铁基合金；另一重要应用领域为航空、航天用的含钒钛基合金；在其他领域则主要用于化工及石油生产的催化剂。

钒在钢铁工业中主要用作合金添加剂，能起到细化晶粒的作用，提高钢的机械加工性能和物理性能。它可同钢中的碳和氮作用，生成小而硬的难熔金属碳化物和氮化物，从而增加钢的强度、韧性、耐磨性和耐腐蚀性，广泛用于生产高强度低合金钢、高速钢、工具钢、弹簧钢、轴承钢、耐热钢、不锈钢、永磁合金和合金铸铁等。

钒用于有色金属加工，可生产钒钛合金、钴镍合金、铌钽合金等。钒和钛组成的最重要的合金是Ti-6Al-4V，它在室温下的稳定性好，具有很好的抗疲劳性能，用作铸造合金和锻造合金，用于飞机发动机、宇航船舱骨架、蒸汽涡轮机叶片、火箭发动机机壳等。

钒氧化物是重要的化工原料。V_2O_3 可作为冶炼钒合金的原料，同时可作为对加氢、脱氢反应的催化剂。此外，V_2O_3 可用于热短路限流电阻、非熔断性保护器、无触点继电器开关器件的生产。VO_2 可用于太阳能控制材料、红外辐射测热计、热敏电阻、热敏开关、可变反射镜、红外脉冲激光保护膜、全息存储材料、抗静电涂层材料的生产。V_2O_5 有良好的催化活性，因此被大量用于有色金属冶金行业中含 SO_2 尾气制酸的催化剂，即钒触媒，催化效率高、价格低廉。同时，被广泛应用于石油炼制、有机合成，如合成橡胶、锦纶的生产和原油炼制的脱硫过程以及生产聚酯和塑料。

1.2 石煤中钒的提取方法

石煤生成于震旦纪、寒武纪、志留纪等古老底层中，由菌类、藻类等生物在浅海还原环境下形成的高变质可燃矿物，外观如煤矸石，灰分高、热值低。石煤中硫含量为 2%~5%，以黄铁矿硫为主，其次为有机硫，硫酸盐硫最少；碳含量 10%~15%，热值较低。我国石煤钒矿的品位较低，但储量非常大，石煤中 V_2O_5 品位一般为 0.3%~1%。我国石煤钒矿的平均含钒品位见表 3-1-6，其中目前有开采价值的 V_2O_5 品位不低于 0.8%。

表 3-1-6 我国石煤钒矿的平均含钒品位

V_2O_5 品位/%	<0.1	0.1~0.3	0.3~0.5	0.5<1.0	>1.0
占有率/%	3.1	23.7	33.6	36.8	2.8

1.2.1 钒在石煤中的赋存状态

石煤中钒的赋存状态主要有以下 3 种类型。

1.2.1.1 类质同象

钒呈类质同象赋存于（铝）硅酸盐矿物晶格中，这部分钒较难浸出。石煤中的钒大部分是以 V^{3+} 存在于云母等（铝）硅酸盐矿物中（其中伊利石是钒赋存的最主要矿物），呈类质同象形式部分取代四次配位的硅氧四面体“复网层”和六次配位的铝氧八面体“单网层”中的 Al^{3+}，Fe^{3+} 等而进入矿物晶格，直接提取难度很大。图 3-1-2 为钒在云母晶体内存在形式结构示意图。

1.2.1.2 吸附态

以吸附形式赋存在有机物质、氧化铁或黏土类矿物中，这类钒以 V^{4+} 和 V^{5+} 为主。石煤中的钒有时以络阴离子呈吸附形态存在于针铁矿、赤铁矿、高岭石、碳酸盐矿物中。在这些矿物中，钒则多为连生体或微细粒包裹体，所以多数情况下是一种混入物。有的钒还会以金属有机络合物和有机物的形态存在。

1.2.1.3 以独立的钒矿物存在

石煤中的钒还可形成钒云母、钛钒榴石、钙钒榴石、变钒铀矿、砷硫钒铜矿等独立钒矿物，部分呈吸附状态。这些矿物含钒很高，是石煤中钒最集中的矿物成分。

上述 3 种钒的存在形式中，以类质同象形式为主的是 V^{3+} 和部分 V^{4+}，以吸附为主的是

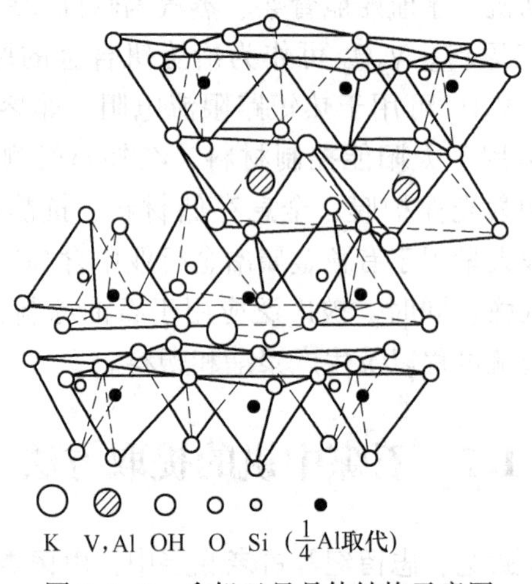

图 3-1-2　含钒云母晶体结构示意图

V^{4+}或V^{5+}，以独立矿物存在的为V^{5+}。从全国石煤中钒的赋存情况来看，大部分是类质同象，其次是吸附形式，较少以独立钒矿物存在，这与钒的价态特性基本一致。

1.2.2　石煤中不同价态钒的溶解性

自然界中，钒具有多种价态，如 V(Ⅱ)、V(Ⅲ)、V(Ⅳ) 和 V(Ⅴ)。但由于石煤通常于还原性条件下形成，故原生石煤中 V(Ⅴ) 较少，尽管形成后经过多年自然风化作用，低价钒会转变为 V(Ⅴ)，但也只是对表层区石煤，含量有限。V(Ⅱ) 在自然界中不稳定，故也极为少见。石煤中绝大多数钒以 V(Ⅲ) 和 V(Ⅳ) 形式存在，而且由于其独特的形成原因，V(Ⅲ) 则更为普遍。由于石煤中钒以 V(Ⅱ) 形式存在情况极少，故仅介绍 V(Ⅲ)、V(Ⅳ) 和 V(Ⅴ) 的溶解性。

V(Ⅲ)：石煤中的 V(Ⅲ) 以类质同象形式取代 Al(Ⅲ) 而存在于铝硅酸盐矿物晶格中，此时受到层状铝硅酸盐晶体结构的束缚而稳定的存在。一般的酸或碱难以将其溶出，采用氢氟酸可完全溶解铝硅酸盐矿物，进而释放出 V(Ⅲ)。

V(Ⅳ)：石煤中 V(Ⅳ) 通常以 VO_2、VO^{2+}或亚钒酸盐等形式出现，有机物中钒以VO^{2+}形式存在。游离于氧化物中的钒可以 VO_2 形式存在。此外，V(Ⅳ) 也可取代 Al(Ⅲ) 或 Si(Ⅳ) 而存在于铝硅酸盐矿物的晶格中。V(Ⅳ) 不溶于水，溶于酸，在酸性溶液中可生成稳定的蓝色 VO^{2+}。

V(Ⅴ)：原生石煤随着长期的风化氧化作用，石煤中的 V(Ⅴ) 会逐渐增多，尤其是表层石煤。V(Ⅴ) 在石煤中主要以 V_2O_5 和结晶钒酸盐（$xM_2O \cdot yV_2O_5$）形式存在。以 V_2O_5 形式存在的钒易溶解于稀酸中，以结晶钒酸钾或钠盐形式存在的钒则可溶于水，钙盐则溶于酸。

对于 V(Ⅳ) 和 V(Ⅴ) 型含钒石煤可采用稀酸浸出或通过焙烧将其转化为易溶于水的钒酸盐。对于 V(Ⅲ) 型石煤，必须破坏层状铝硅酸盐矿物的晶体结构，其方法包括焙烧使 V(Ⅲ) 转化为高价钒（V(Ⅳ) 和 V(Ⅴ)），然后进行酸浸，或直接采用浸出，但在浸出过程中添加助浸剂。目前，我国石煤中的钒主要以 V(Ⅲ) 形式存在，而这种形式的钒提取难度也最大。

提钒方法与钒的赋存状态紧密相关。一般而言，若钒以吸附态存在，则该石煤易浸出；反之，以类质同象形式存在，则较难浸出。我国的石煤大部分属难浸矿石，钒主要以类质同象形式存在于（铝）硅酸盐矿物中。由于含钒的（铝）硅酸盐矿物一般为尖晶石型和石榴石型，结构稳定，难以被水、酸和碱溶解，因此，要提取石煤中的钒就必须破坏这类矿物的晶体结构，使赋存在晶格中的钒释放出来，再使其氧化和转化。破坏（铝）硅酸盐晶体结构一般须在高温、氧化性气氛中进行，因此，焙烧是一种行之有效的方法。除焙烧法外，也可使用化学药剂，强酸在一定条件下即可破坏（铝）硅酸盐矿物的晶体结构。其原理是：一定温度和酸度下，H^+可进入（铝）硅酸盐矿物晶格中置换Al^{3+}，使离子半径发生变化，从而将钒释放出来，继而被氧化成+4、+5价后用酸溶出。

尽管石煤成分、种类及钒含量存在差异导致处理方法各不相同。总括起来有两种类型：一种是对矿物先进行焙烧转化后再进行浸出，这种工艺主要针对以V(Ⅲ)形式存在的石煤矿物，从我国典型石煤矿来看，有70%~80%石煤矿中钒以V(Ⅲ)形式存在；另一种为直接浸出，即直接对石煤矿物用酸或碱溶液浸出，目前工业化的浸出方法主要为酸浸出，其主要针对以V(Ⅴ)形式存在的石煤矿物。

1.2.3　石煤中钒提取的步骤

钒提取通常分五步进行：

（1）石煤的预处理，包括物料输送、破碎、筛分、混料配料、球磨、制粒等。当石煤中碳含量较高时，不利于钒的浸出，需要预先去除石煤中的碳。

（2）通常采用钠盐、钙盐或者空白焙烧，将石煤钒矿中较难浸出的钒（Ⅲ）转变为易溶于溶液中的V(Ⅳ)或V(Ⅴ)形式的钒酸盐。对于以V(Ⅴ)形式存在的钒，则直接进行水浸，不需焙烧。

（3）用水或其他溶剂对石煤或焙烧熟料进行浸出，使矿物中的钒转入溶液。

（4）采用沉淀法、离子交换法、萃取法等，从含钒浸出液中分离纯化钒，并制成钒产品。

（5）将获得的钒产品进行分解、熔片。

2 石煤焙烧

焙烧是将含钒石煤在氧化性气氛中进行高温氧化，目的是将石煤中的钒（Ⅲ）转化为钒（Ⅳ）或（Ⅴ）的易溶于溶液的钒酸盐；破坏石煤矿物的结构，使钒易于从矿物中浸出。焙烧过程依据是否加入添加剂及所加入的添加剂不同，可分为钠盐焙烧、钙盐焙烧、空白焙烧。钠盐焙烧适用于大多数含钒原料的处理，不同原料仅在工艺条件上有差异。钙盐焙烧的优点是不消耗钠盐，对环境污染小，尤其适合于处理高钙含钒原料。由于钙盐焙烧使钒转化为难溶于水的钒酸钙，因此需要用碳酸盐、碱溶液浸出。

2.1 钠盐焙烧

将含钒原料与钠盐添加剂混合后于氧化性气氛中高温焙烧，其目的是破坏钒矿的组织结构，将V(Ⅲ)或V(Ⅳ)转化为五价钒的氧化物，并使五价钒的氧化物与钠盐分解出的Na_2O生成可溶于水的钒酸钠，以便于水溶液浸出。因焙烧过程中添加的添加剂为钠盐，所以该过程称为钠盐焙烧。选择添加剂的原则是：对所用钒原料能得到较好的浸出率，资源丰富，价格便宜，对环境污染小，工业生产中常用的添加剂为NaCl、Na_2CO_3、Na_2SO_4等。

NaCl熔点为801℃，分解温度为800~850℃，焙烧过程中的反应为：

$$2NaCl + 1/2O_2 = Na_2O + Cl_2 \quad (3-2-1)$$

$$V_2O_3 + O_2 = V_2O_5 \quad (3-2-2)$$

$$Na_2O + V_2O_5 = 2NaVO_3 \quad (3-2-3)$$

NaCl用作添加剂的特点是便宜易得，焙烧过程中能与原料中的钒优先反应，焙烧温度相对较低，一般为800~900℃。Na_2CO_3熔点为850℃，分解温度为1100~1200℃，加碳酸钠的焙烧温度为900~1200℃。在焙烧过程中碳酸钠与钒的作用不具有选择性，能与原料中硅、磷、铝作用生成相应的钠盐而干扰钒的回收，Na_2CO_3在焙烧过程中的反应为：

$$Na_2CO_3 + V_2O_3 = 2NaVO_3 + CO_2 \quad (3-2-4)$$

Na_2SO_4的熔点为884℃，分解温度为850~1100℃，硫酸钠比较稳定，Na_2SO_4在焙烧过程中的反应为：

$$Na_2SO_4 + V_2O_3 = 2NaVO_3 + SO_2 + 1/2O_2 \quad (3-2-5)$$

与NaCl和Na_2CO_3相比，Na_2SO_4在焙烧过程中放出O_2，有利于钒的氧化。但较高的焙烧温度（1200~1300℃）及相对较高的原料成本限制了它的应用。

为了取得较好的焙烧效果，经常将两种添加剂混合使用，由两种钠盐组成的二元系相图中都有一个低共熔点，其位置为：

NaCl-Na_2CO_3系：62%（摩尔分数）NaCl，638℃；

NaCl-Na_2SO_4系：46%（摩尔分数）NaCl，623℃；

Na_2CO_3-Na_2SO_4 系：40%（摩尔分数）Na_2CO_3，790℃。

钠盐焙烧过程中，矿物中的杂质会消耗钠盐，如硅酸盐、磷酸盐、石膏、石灰石、氧化铁、有机物等的分解都会消耗钠盐。在焙烧过程中几种钠盐的吉布斯自由能-温度图见图3-2-1。

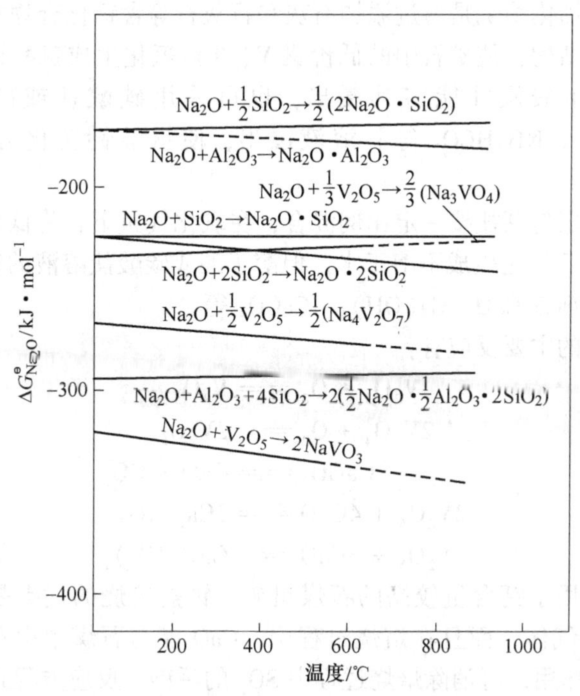

图3-2-1 几种钠盐的吉布斯自由能-温度图

由图3-2-1可得，钒酸钠较铝酸钠、硅酸钠等稳定，而在钒酸钠中则以偏钒酸钠最稳定；石灰中的钙会形成不易溶于水的钒酸钙，为防止形成钒酸钙，可在焙烧料中加入少许 FeS_2（或 Na_2PO_4），使钙被硫酸盐（或磷酸盐）固化。其反应如下：

$$4FeS_2 + 11O_2 = 2Fe_2O_3 + 8SO_2 \quad (3-2-6)$$

$$2CaO + 2SO_2 + O_2 = 2CaSO_4 \quad (3-2-7)$$

$$2MgO + 2SO_2 + O_2 = 2MgSO_4 \quad (3-2-8)$$

$$2CaO \cdot 3V_2O_5 + 2SO_2 + O_2 = 2CaSO_4 + 6V_2O_5 \quad (3-2-9)$$

另一种办法是允许生成钒酸钙，但采用硫酸或碳酸钠溶液浸出。此外，如果有足够的硅存在，则会在焙烧中形成硅酸钙，而放出 V_2O_5，形成 $NaVO_3$。反应如下；

$$H_2O + 2NaCl + Ca(VO_3)_2 + SiO_2 = CaSiO_4 + 2NaVO_3 + 2HCl \quad (3-2-10)$$

$$H_2O + 2NaCl + Ca_2V_2O_7 + 2SiO_2 = 2CaSiO_3 + 2NaVO_3 + 2HCl \quad (3-2-11)$$

在焙烧过程中，硅、钙是不利的组分，但原料中如果二者的含量分别不超过3%和1.5%，则仍可获得满意的结果。在焙烧过程中，首要的是保持氧化气氛，气相中的氧含量应保持在4%以上，以使钒足够氧化为五价状态。有些工艺则采用两段焙烧，第一段在特定温度下，使钒充分氧化，第二段在较高温度下，与钠盐形成可溶性的钒酸钠盐。

2.2 钙盐焙烧

为了避免 HCl、Cl_2 和 SO_2 等气体污染环境，提高钒的焙烧转化率，研究人员提出了钙化焙烧工艺。石煤钙化焙烧是通过添加石灰和石灰石等含钙化合物在高温氧化气氛作用下，破坏云母的晶格结构，使矿石中的低价钒 V(Ⅲ) 氧化生成钒酸钙。由于钒酸钙的溶解度很小，必须采用酸浸才能将其浸出，也可采用碳酸盐或碳酸氢盐［Na_2CO_3、$(NH_4)_2CO_3$、$NaHCO_3$、NH_4HCO_3 等］溶液浸出，使钒酸钙转化为 $CaCO_3$，从而将钒浸出。

钙盐焙烧是将石煤与钙盐按一定比例混合，在氧化气氛下，将低价钒（V^{3+}、V^{4+}）氧化成高价钒（V^{5+}）。钒氧化生成不溶于水，但溶于酸或碳酸盐溶液的钒酸钙($Ca(VO_3)_2$)，钙化焙烧使用的钙化剂有 CaO、$Ca(OH)_2$、$CaCO_3$ 等。

钙盐焙烧过程中的主要反应有：

$$V_2O_3 + O_2 = V_2O_5 \tag{3-2-12}$$

$$2V_2O_4 + O_2 = 2V_2O_5 \tag{3-2-13}$$

$$CaCO_3 = CaO + CO_2 \tag{3-2-14}$$

$$2V_2O_5 + 4CaO = 2Ca_2V_2O_7 \tag{3-2-15}$$

$$V_2O_5 + 3CaO = Ca_3(VO_4)_2 \tag{3-2-16}$$

钙盐焙烧一般适用于钙含量较高的石煤钒矿。钙盐焙烧的优点是不会产生 HCl、Cl_2 和 SO_2 等污染环境的气体，而且在焙烧过程中，CaO 能与石煤中由黄铁矿氧化所产生的 SO_2 反应，起到固硫作用，可消除焙烧过程中 SO_2 的污染。反应方程式如下：

$$4FeS_2 + 11O_2 = 2Fe_2O_3 + 8SO_2\uparrow \tag{3-2-17}$$

$$2CaO + 2SO_2 + O_2 = 2CaSO_4 \tag{3-2-18}$$

因此，钙盐焙烧是一种环境友好型的清洁提钒工艺。但钙盐焙烧提钒工艺对石煤有一定的选择性，对钒以类质同象形式存在的含钒石煤存在回收率偏低的问题，而且焙烧温度较高，酸耗量大。

2.3 空白焙烧

空白焙烧也称无盐焙烧、氧化焙烧，是在焙烧过程中不加钠盐或钙盐，通过高温和利用空气中的氧来破坏云母类矿物的晶格结构，将 V(Ⅲ) 氧化成 V(Ⅳ) 和 V(Ⅴ)，使其与矿物本身分解出的金属氧化物反应生成可溶于水、酸或碱的钒酸盐。碱金属钒酸盐可溶于水，但 $Fe(VO_3)_2$、$Fe(VO_3)_3$、$Ca_3(VO_4)_2$ 和 $Mn(VO_3)_2$ 等钒酸盐，以及矿石中未被完全氧化的 V(Ⅳ) 的化合物不溶于水而溶于酸，因此可采用酸或碱浸出。空白焙烧过程中的主要反应有：

$$V_2O_3 + O_2 = 4VO_2 \tag{3-2-19}$$

$$4VO_2 + O_2 = 2V_2O_5 \tag{3-2-20}$$

石煤空白焙烧效果的主要影响因素有石煤的矿物组成、钒的赋存状态、钒的价态分布、焙烧温度、焙烧时间、矿石粒度、氧气浓度和气流状态等。其中，石煤的矿物组成、钒的赋存状态和钒的价态分布是决定焙烧效果的最主要因素。各地含钒石煤的空白焙烧效果有较大的差别，因此空白焙烧提钒工艺对石煤原矿有较强的选择性，钒以吸附态存在才可以采用空白焙烧稀酸浸取工艺，否则钒的浸出率很低。

空白焙烧的特点是无添加剂焙烧，流程简单，生产成本较传统工艺降低了20%~25%，同时消除了对环境的污染。但钒回收率偏低，仅少部分石煤可以采用稀酸浸出，大部分石煤必须在高温下采用浓酸浸出才能有较高的回收率，且后续富集除杂工序较为复杂。

2.4　焙烧过程各因素的影响规律

焙烧过程钒价态的变化是石煤提钒工艺的关键，它直接影响石煤中V(Ⅲ)、V(Ⅳ)向V(Ⅴ)的价态转化率、V(Ⅴ)进一步向钒盐的转化率及钒的浸出与沉淀。决定焙烧过程价态转化的因素除钒本身在石煤里的赋存状态外，还受到焙烧温度、添加剂及矿物成分、焙烧气氛的影响。

2.4.1　焙烧温度

根据焙烧过程的反应原理，无论是钠盐焙烧还是钙盐焙烧，温度都是直接影响焙烧效果的关键条件。在保证炉料不烧结的情况下，尽量提高焙烧温度，对提高钒转化率是有利的。

以主要赋存于伊利石矿物中的钒的转化过程为例，钒在不同温度焙烧渣中价态分布与焙烧温度的关系如图3-2-2所示。为方便讨论，可将图3-2-2划分为3个区域：Ⅰ区、Ⅱ区和Ⅲ区。

在Ⅰ区（低于600℃），V(Ⅲ)相对含量随焙烧温度升高而逐渐降低，V(Ⅳ)相对含量随焙烧温度升高而逐渐增加，V(Ⅴ)相对含量基本保持不变。结果表明，在此区间，主要进行的是V(Ⅲ)氧化为V(Ⅳ)的反应。

在Ⅱ区（600~850℃），V(Ⅲ)相对含量继续降低，但降低趋势变缓，V(Ⅳ)相对含量急剧降低，V(Ⅴ)相对含量急剧增加，表明在此区间内，同时存在V(Ⅲ)→V(Ⅳ)和V(Ⅳ)→V(Ⅴ)的氧化反应，但主要反应是V(Ⅳ)→V(Ⅴ)。

在Ⅲ区，V(Ⅲ)、V(Ⅳ)和V(Ⅳ)相对含量均基本保持不变。其原因可能有两种：一是钒氧化还原反应达到动态平衡状态，二是氧化还原反应被中止，反应物无法参与反应（物料烧结）。由图3-2-2可见，钒氧化还原反应达到终点温度为850℃左右，继续提升焙烧温度，对钒氧化影响不大。

在400~600℃时焙烧，石煤原矿中炭质发生燃烧反应消耗完全，矿物颗粒表面没有覆盖炭质，有利于H^+与含钒矿物作用；同时，炭质燃烧完全后，会生成一定量的孔隙，这种孔隙结构为H^+的扩散提供通道，有利于H^+对含钒矿物晶体结构的破坏。在600~850℃时焙烧，石煤原矿中炭质、黄铁矿矿等还原性物质氧化完全后，随焙烧过程继续进行，伊利石等黏土矿物开始失去结晶水，赋存在含钒矿物晶体结构中的钒被完全释放出来，并被氧化为V(Ⅳ)或V(Ⅴ)，在850~1050℃时焙烧，伊利石失去羟基后，随焙烧继续进行，伊利石晶体结构中硅氧四面体骨架开始破坏。

当焙烧温度较低时，云母类矿物未完全转化为长石类矿物，还有部分钒以V(Ⅲ)的

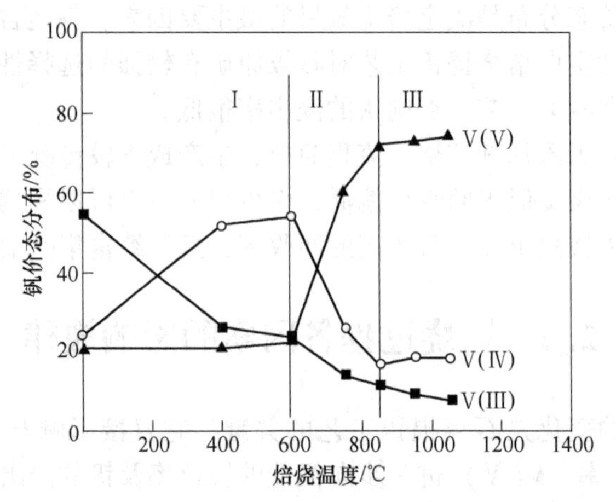

图 3-2-2 焙烧 3h 时焙烧温度与钒价态分布的关系

形式赋存在云母类矿物中，因此钒的浸出率较低。随着焙烧温度的升高，更多的钒被释放出来并氧化，钒的浸出率不断升高。但温度过高时，有大量硅酸盐玻璃相生成，将会包裹部分钒。

2.4.2 添加剂及矿物成分

2.4.2.1 NaCl

焙烧过程的实质是钒的氧化和转化，焙烧过程包括氧化和钠化过程：

$$V_2O_3 + 1/2O_2 \longrightarrow V_2O_4 \quad (3-2-21)$$

$$V_2O_4 + 1/2O_2 \longrightarrow V_2O_5 \quad (3-2-22)$$

$$2x\mathrm{NaCl} + yV_2O_5 + x/2O_2 \longrightarrow x\mathrm{Na_2O}\cdot yV_2O_5 + x\mathrm{Cl_2} \quad (3-2-23)$$

在石煤钠盐焙烧过程中，NaCl 的作用有以下几点：

（1）首先是破坏石煤中云母类矿物的晶体结构，使钒从束缚态中解离出来，为钒的氧化和转化创造有利条件：

$$2\mathrm{K(Al,\ V)_2[AlSi_3O_{10}](OH)_2} + 4\mathrm{NaCl} + 6(2-m)\mathrm{SiO_2} + m\mathrm{O_2} \longrightarrow 2(3-m)\mathrm{(K,\ Na)AlSi_3O_8} + 2m\mathrm{NaVO_3} + 4\mathrm{HCl} \quad (3-2-24)$$

式中，m 为云母类矿物八面体中钒取代铝数。

（2）NaCl 在焙烧过程中可以分解产生 Cl_2，从而加快了钒的氧化反应速度，同时又提高了 V(V) 的转化率：

$$2\mathrm{NaCl} + 1/2O_2 \longrightarrow \mathrm{Na_2O} + \mathrm{Cl_2} \quad (3-2-25)$$

$$\mathrm{Cl_2} + V_2O_4 \longrightarrow 2/3\mathrm{VOCl_3} + 2/3V_2O_5 \quad (3-2-26)$$

$$2/3\mathrm{VOCl_3} + 1/2O_2 \longrightarrow 1/3V_2O_5 + \mathrm{Cl_2} \quad (3-2-27)$$

（3）NaCl 在焙烧过程中可以分解产生 Na_2O，Na_2O 可与钒结合生成可溶性钒酸盐，提高了钒的焙烧转化率：

$$x\mathrm{Na_2O} + yV_2O_5 \longrightarrow x\mathrm{Na_2O}\cdot yV_2O_5 \quad (3-2-28)$$

2.4.2.2 氧化钙

石煤矿物中普遍含有钙盐，另外，在钙化焙烧过程中也添加钙盐进行焙烧，在石煤焙烧过程中，钙与钒之间形成钒酸钙，钒酸钙难溶于水，但能溶于酸溶液。

钙盐类添加剂及矿物中本身存在的钙盐，钙盐的主要形式有 $CaCO_3$、CaO、$CaSO_4$ 等，$CaCO_3$ 在焙烧温度下会发生分解，

$$CaCO_3 = CaO + CO_2 \qquad (3-2-29)$$

生成游离的 CaO 与钒结合生成不溶于水的钒酸钙，氧化钙及硫酸钙也会有此作用，但氧化钙和硫酸钙的活性较低，因此其生成的钒酸钙量相比于碳酸钙要少。因此，对于高钙型含钒石煤，在焙烧过程中可控制焙烧条件使碳酸钙和氧化钙生成活性小、熔点高的 $CaSO_4$，使钙得到固定，抑制不溶性钒酸盐的生成，提高钒的浸出率。

总体而言，不同的焙烧方式应采取不同的焙烧温度区间，钙化焙烧温度区间比钠盐焙烧高约 100℃。两种焙烧工艺都会出现高温烧结现象，出现这种现象有两方面的原因：一方面，随着温度的升高，矿样中的钒进行二次反应生成可溶性钒酸盐，部分与石煤中的铁、钙等元素生成钒酸铁（$FeVO_4$）、钒青铜（NaV_6O_{15}）、钒酸钙钠（$NaCa-VO_4$）、钒酸钙（$Ca(VO_4)_2$）等难溶性化合物；另一方面，随着温度的升高，组分之间相互反应，尤其是 SiO_2 参加反应，形成难溶的硅酸盐，将部分钒裹入其中。

2.4.3 焙烧气氛

石煤钒矿的焙烧时，钒在其中的价态转变是由低价钒向高价钒转化，因此在焙烧时需要保持氧化性气氛，适当增加氧化性气氛，可以提高钒向高价的转化率。另外，在焙烧时向矿物中加入 MnO_2 可以提高钒的转化率。当石煤中碳含量较高时，在焙烧过程中碳的燃烧会减弱窑内的氧化气氛，因此需要预先对石煤中过多的碳进行去除，而后进行焙烧。

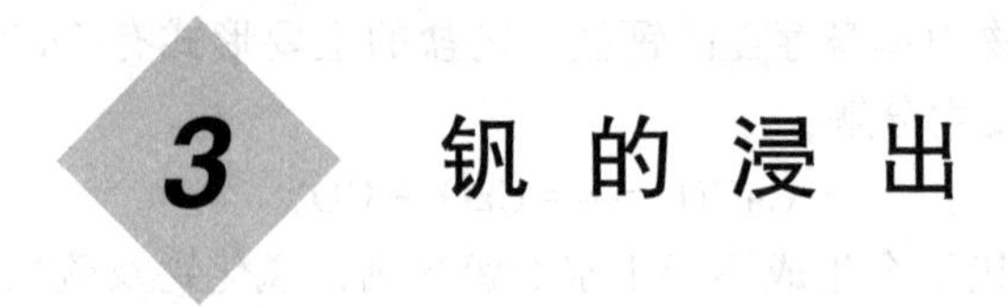

3 钒的浸出

浸出钒的方法包括：含钒焙烧熟料的水浸、酸浸和碱浸；直接酸浸石煤钒矿；直接碱浸石煤钒矿等方法。

3.1 焙烧熟料的水浸

水浸适合钠盐焙烧产出的熟料，其中大部分的钒已转化为易溶于水的五价钒的钠盐。焙烧后的熟料先经冷却，再在湿球磨中进行磨碎浸出。冷却多采用水淬的办法快速冷却，大部分的钒均可溶解，浸出渣经过滤、洗涤后，钒的收率为65%~85%。由于熟料中残留少量的碱，故溶液呈碱性，pH值为7.5~9。熟料中一些可溶性离子如Fe^{2+}、Fe^{3+}、Cr^{3+}、Mn^{2+}、Al^{3+}等均水解形成沉淀，与浸出渣一起被排除。钒转入溶液中进入后续分离富集工序。上述各离子的水解pH值见表3-3-1。

表3-3-1 溶液中离子的水解pH值

离子	Fe^{2+}	Fe^{3+}	Cr^{3+}	Mn^{2+}	AlO_2^-
水解pH值	6.5~7.5	1.5~2.3	4~4.9	7.8~8.8	3.3~4

3.2 焙烧熟料的酸浸

当焙烧料中的钒为非水溶性时，则需用酸浸。另外，如果第一段水浸的浸出率偏低，对水浸出渣可在第二段浸出时将采用酸性浸出，以提高钒的浸出率。当酸度较高时，将使低价的钒酸盐和水溶性低的钒酸盐如$Ca(VO_3)_2$、$Mn(VO_3)_2$、$Fe(VO_3)_2$、$Fe(VO_3)_3$以及某些复盐溶解。常用的溶剂为硫酸，有时也添加盐酸（因其为钠盐焙烧的副产物）；四价钒用硫酸浸出时，可生成稳定的$VOSO_4$，反应如下：

$$VO_2 + H_2SO_4 \xlongequal{} VOSO_4 + H_2O \tag{3-3-1}$$

提高酸度可以提高熟料中钒的浸出率，但浸出液中的杂质也相应增加，给净化工序增加了困难。

3.3 焙烧熟料的碱浸及碳酸化浸出

含钙高的原料及添加氧化钙焙烧的熟料中，会形成钒酸钙，可采用碱性溶液水淬，并在湿球磨中浸出钒。浸出反应如下：

$$Ca(VO_3)_2 + Na_2CO_3 \xlongequal{} CaCO_3 + 2Na_2VO_3 \tag{3-3-2}$$

$$Ca(VO_3)_2 + 2NaHCO_3 = CaCO_3 + 2NaVO_3 + CO_2 + H_2O \quad (3-3-3)$$

由于 $CaCO_3$ 的溶度积小于 $Ca(VO_3)_2$，故在上述复分解反应中，使 $Ca(VO_3)_2$ 分解形成 $CaCO_3$ 沉淀，而 VO_3^- 被浸出。通入 CO_2，则可使溶液 pH 值降低，更有利于 $Ca(VO_3)_2$ 的分解与浸出。

3.4 含钒石煤的直接浸出

当石煤中的钒以 V^{4+} 和 V^{5+} 形式存在时，可以采用酸或碱进行直接浸出，如矿物中钒主要以 V^{3+} 形式存在时，则需要进行焙烧处理，使 V^{3+} 转化为 V^{4+} 和 V^{5+} 才能浸出，也有在直接浸出过程中加入氧化剂，使 V^{3+} 转化为高价可溶于酸或碱溶液中的钒的方式，矿物中酸性化合较多时，宜采用酸浸出，碱性化合物较多时，采用碱性溶液浸出，酸性溶液浸出到目前发展较完善，工艺成熟。

酸浸出过程主要应用的酸为硫酸，在浸出过程中主要发生的反应如下：

$$V_2O_4 + 2H_2SO_4 = V_2O_2(SO_4)_2 + 2H_2O \quad (3-3-4)$$

$$2V_2O_4 \cdot MeO + 6H_2SO_4 = 2V_2O_2(SO_4)_2 + 2MeSO_4 + 6H_2O \quad (3-3-5)$$

$$xMe_2O \cdot yV_2O_5 + (x+y)H_2SO_4 = xMe_2SO_4 + y(VO_2)2SO_4 + (x+y)H_2O \quad (3-3-6)$$

$$2V_2O_3 + R_2 + 5H_2SO_4 = 2V_2O_2(SO_4)_2 + M_2SO_4 + 4H_2O + B_2 \quad (3-3-7)$$

R 和 B 分别代表浸出过程中加入的氧化剂及还原后的产物。

3.5 影响钒浸出率的因素

3.5.1 钒在矿物中的存在形式

钒在石煤中的存在形式主要分为两种类型：一种是类质同象赋存于伊利石当中的钒，此类钒通常是以 V^{3+} 形式存在，另一种是以吸附态存在于石煤中的钒，此类钒通常以 V^{5+} 形态存在。矿物中钒以吸附态钒为主要存在形式时，宜采用直接浸出法进行。石煤钒矿石中的钒大部分在云母中以类质同象形式置换六次配位的三价铝而存在于云母晶格中，分子式为 $K(Al, V)_2[Al\ Si_3O_{10}](OH)_2$，这种硅铝酸盐结构比较稳定，所以通常石煤中V(Ⅲ)难以被水、酸溶液或碱溶液溶解，只有 V(Ⅳ) 和 V(Ⅴ) 能溶于酸。直接酸浸工艺适用于碳酸盐、有机质等耗酸物及铁含量较少的石煤矿，而不适用于从钒渣中提钒。如果耗酸物含量高，必定会增大硫酸的用量，增加成本；而铁含量过高，铁离子将随硫酸进入到浸出液中，严重干扰后续钒富集工序。

3.5.2 浸出剂

直接酸浸出过程中主要应用的浸出剂为硫酸溶液，随着酸浓度的增加，钒浸出率也相应的升高。硫酸的浓度是影响浸出速度的主要因素之一，浸出速度主要取决于硫酸的初始浓度，硫酸初始浓度越高，H^+ 进入含钒石煤的云母晶格置换铝的速度越快，随着浸出过程的进行，硫酸逐渐被消耗，浸出速度也逐渐降低，浸出结束时，要求保持一定的硫酸剩余浓度，但硫酸体积浓度越大，硫酸用量越大。

3.5.3 助浸剂

3.5.3.1 氟化物对钒浸出的影响

提高钒浸出率通常加入含氟化合物作为助浸剂，如氢氟酸，NaF、NH_4F 和 CaF_2。氟化物主要添加的形式为 CaF_2，氟化钙与硫酸反应生成氢氟酸和弱电解质 $CaSO_4$，石煤中绿泥石和金云母等被氟化物完全破坏和溶解生成 SiO_2、K^+、Mg^{2+}、$[SiF_6]^{2-}$、$[AlF_5]^{2-}$ 和 Al^{3+}；释放出的V(Ⅲ)被空气中的 O_2 氧化为 V(Ⅳ)，以 VO^{2+} 形式存在于浸出液中。因为生成的 Al-F 和 Si-F 比原有 Al-O 和 Si-O 的键能大，钒浸出过程最终会趋向于生成稳定的 $[SiF_6]^{2-}$ 和 $[AlF_5]^{2-}$，同时由于 $[SiF_6]^{2-}$ 和 $[AlF_5]^{2-}$ 的生成会更有利于钒的浸出。

$$CaF_2 + 2H^+ + [SO_4]^{2-} \Longrightarrow 2HF(aq) + CaSO_4\downarrow \quad (3-3-8)$$

$$CaCO_3 + 2H^+ + [SO_4]^{2-} \Longrightarrow CaSO_4\downarrow + CO_2\uparrow + H_2O \quad (3-3-9)$$

$$KMg_3(V,\ Al)Si_3O_{10}(OH)_2 + HF(aq) + H^+ + O_2 \Longrightarrow$$
$$SiO_2\downarrow + VO^{2+} + K^+ + Mg^{2+} + [SiF_6]^{2-} + [AlF_5]^{2-} + Al^{3+} + H_2O \quad (3-3-10)$$

$$Mg_5Al_2Si_3O_{10}(OH)_8 + HF(aq) + H^+ \Longrightarrow$$
$$SiO_2\downarrow + Mg^{2+} + [SiF_6]^{2-} + [AlF_5]^{2-} + Al^{3+} + H_2O \quad (3-3-11)$$

3.5.3.2 二氧化锰对浸出的影响

在硫酸溶液浸出石煤过程中，氢离子进入云母晶格，一定程度上破坏晶体结构，而三价钒在遇到氧化剂 MnO_2 后，被氧化的趋势加强，从而加大了晶体结构的破坏程度和速度。MnO_2 能够协同氢离子破坏石煤的硅酸盐结构，提高石煤中钒的浸出率。随着氧化剂用量的增加，石煤中 V(Ⅲ) 逐渐被氧化生成 V(Ⅳ) 或 V(Ⅴ)，相应地，钒的浸出率也升高。而当 MnO_2 过量时，过量的 MnO_2 与硫酸反应降低了溶液中有效的硫酸浓度，会降低钒的浸出率。

4 含钒浸出液净化及钒的富集

若含钒浸出液为碱性，则杂质含量较低；若为中性，特别是酸性，则杂质含量较高。净化除杂质的常规方法是水解沉淀或加沉淀剂，某些情况下也使用萃取剂或离子交换树脂。

4.1 离子沉淀法

金属阳离子如铁、镁、锰等大多可水解产生沉淀后去除。阴离子如 CrO_3^{2-}、SiO_3^{2-}、PO_4^{3-} 等则可加离子沉淀剂去除，净化效果主要取决于 pH 值及沉淀剂的种类及用量。表 3-4-1 所示为净化效果与水解 pH 值、沉淀剂种类和温度的关系。

表 3-4-1 净化效果与水解 pH 值、沉淀剂种类和温度的关系

杂质	CrO_4^{2-}	SiO_3^{2-}	PO_4^{3-}	PO_4^{3-}
水解 pH 值	9~10	9~10	9.5~11	8~9②
沉淀剂①	Mg^{2+}	Mg^{2+}	Mg^{2+}，NH_4^+	Ca^{2+}
温度/℃	90	90		
沉淀物	$MgCrO_4$	$MgSiO_3$	$MgNH_4PO_4$	$Ca_3(PO_4)_2$

①Mg^{2+}沉淀剂过量，会生成 $Mg(VO_3)_2$；

②pH 值低于 8.0，PO_4^{3-} 易水解生成 HPO_4^{3-}、$H_2PO_4^{3-}$；pH 值大于 9.0，Ca^{2+}易水解生成 $Ca(OH)_2$，均会使净化效率下降。

4.2 溶剂萃取法

溶剂萃取是一种在不同相之间的物质传递过程。例如，钒酸盐的碱性水溶液（即水相）与季铵盐（加入少量仲辛醇）的煤油溶液（即有机相）混合，则钒酸盐会从水相进入季铵煤油溶液的有机相中，由于有机相与水相二者不互溶，有机相与水相会分层，在分层之后，得到的含钒有机相，用氯化铵的氨溶液反萃，钒酸盐又会从有机相中分离出来。萃取的全过程分为三个阶段：（1）将被萃取的水溶液与萃取剂接触，使被萃取物由水相转移到有机相中；（2）使有机相与水相分离；（3）用反萃剂与萃后有机相接触，回收被萃取物并再生萃取剂，以便反复使用。这三者是萃取法不可分割的阶段。

萃取过程的实质是使原来溶于水相的被萃取物在与有机相接触后，通过物理或化学过程，部分地或全部转入有机相。

用溶剂萃取可以有效地将钒萃取到有机相，最后经反萃而得到含钒溶液。同时可以使原始钒浓度较低的浸出液得到浓缩富集。有许多萃取剂对钒都有良好的选择性，可用以提取钒。目前已在工业上应用的钒的萃取剂见表3-4-2。其中，包括中性含氧酯类化合物、中性膦酸酯类化合物、酸性含磷类化合物以及中性胺类化合物，例如磷酸三丁酯（TBP）、二-2-乙基已基磷酸（D2EHPA）、季铵盐、叔胺类化合物等，常用萃取剂萃取条件见表3-4-2。

表3-4-2 分离钒用的萃取剂

萃取剂	分类	商品名或缩写	化学式	用途	D_A	$\beta_{A/B}$	条件	备注
醋酸戊酯	中性含氧酯类		$CH_3-CO-O-(CH_2)_4-CH_3$	铀钒分离	36	$\beta_{V/C}=150$ $\beta_{V/H}=1000$	3molHCl/1molV 6molHCl/1molV	萃取前加硫酸1L/L
二-2-乙基已基磷酸	酸性含磷类	P204、D2EHPA	$(RO)_2-PO-(OH)$ $R=C_4H_9CH(C_2H_5)CH_2$	铀钒分离				
磷酸三丁酯	中性磷酸酯类	TBP	$PO-(O-C_4H_9)_3$	钒钼分离			盐酸溶液	
三烷基胺	叔胺类	N235、7301、Alnmine-336	$N-(C_nH_{2n+1})_3$ $N=8\sim10$	萃取钒	>200		pH值为3 0.1kmol/m^{3}胺、正辛烷 0.1kmol/m^3SO_4^{2-}	
氯化三烷基甲基胺	季铵盐	N263、Aliquat-336	$[CH_3-N-R_3]-Cl$ $R=C_{8\sim10}H_{17\sim21}$	钒钼分离		$\beta_{V/Mo}=61.8$	pH值为3.96	萃余液7.5g/m^3 $V_2O_5$4g/m^{3}Mo

注：1. 分配系数D_A=金属离子A在有机相中的浓度、平衡水相中的浓度；

2. 分离因子$\beta_{A/B}$=A离子对B离子的分配系数=D_A/D_B。

钒的萃取反应如下：

对四价钒：$$nVO^{2+}+m[HA]_2 \Longrightarrow (VO)_nA_{2n}[HA]_{2(m-n)}+2nH^+ \quad (3-4-1)$$

对五价钒：$$HV_{10}O_{28}^{5-}+5[R_3N]+5H^+ \Longrightarrow [(R_3NH)_5HV_{10}O_{28}] \quad (3-4-2)$$

式中，[HA]代表D2EHPA，萃取剂浓度一般为0.4mol/L，pH值为2.0。因D2EHPA对四价钒选择性更高，故可在萃取前加还原剂如铁粉、Na_2S、NaSH、SO_2等，使五价钒还原为四价钒；此外，在酸性溶液中，当pH值为2.0左右时，若存在三价铁离子，也可以被萃取剂萃取，加入还原剂后，可使Fe^{3+}被还原为Fe^{2+}，从而避免被萃取。反萃剂可使用稀硫酸或10%的Na_2CO_3溶液。

当使用胺类萃取剂时，可使用仲胺、叔胺、季铵类萃取剂。水相介质为HCl、H_2SO_4，H_2SO_4浓度为0.5mol/L，pH值为3.0，金属为1g/L，有机相为0.1mol/L，稀释剂为正辛醇，此时钒的分配系数D大于200，故极易被萃取。

当使用阴离子型萃取剂时，只能萃取阴离子型的钒酸根，即五价钒离子。为此，萃取

前应使用过氧化氢（避免带入其他金属杂质离子），将低价钒全部氧化成五价钒。胺类萃取剂可以在较宽的 pH 值范围内萃取钒。典型的萃取反应如下：

$$H_2V_{10}O_{28}^{4-} + 4R_3NH - HSO_4 \xlongequal{} [R_3NH]_4H_2V_{10}O_{28} + 4HSO_4^- \quad (3-4-3)$$

叔胺（N235）在 pH 值为 2.0~3.0 时的萃取性能优于季铵，但季铵（N263）则可在更宽的 pH 值（4.0~9.5）内萃取。因其可在酸、碱条件下萃取，可使分离杂质更为有效。因胺类萃取剂对五价钒的萃取更为有效，但五价钒易氧化胺类，故在萃取时应尽量缩短其与萃取剂的接触时间。季铵盐在有机相中浓度低时，萃取率低；浓度高时易离析、分相，萃取速度加快，但分相慢。

反萃可以使用含 NH_4^+ 的氨性溶液，反萃后 $HV_{10}O_{28}^{5-}$ 在较高的 pH 值下会转变成偏钒酸铵结晶而析出。如果使用弱酸性（pH 值为 6.5）溶液反萃，则反萃液中的钒仍为十聚体（$V_{10}O_{28}^{6-}$），此后可加氨，使 pH 值升高并加热，使其迅速转变为 NH_4VO_3。

4.3 离子交换法

溶液中的 V(Ⅴ) 一般以钒酸根阴离子存在，可以使用阴离子交换树脂进行吸附。常用的树脂为含 Cl^- 或 SO_4^{2-} 离子的高交换容量树脂强碱性树脂。其交换反应如下：

$$V_4O_{12}^{4-}(aq) + [RCl_4] \xlongequal{} [R - V_4O_{12}] + 4Cl^-(aq) \quad (3-4-4)$$

式中，R 代表树脂。

上述反应是可逆的。当溶液中 Cl^- 浓度较低时（如低于 1mol/L），pH 值为 6.0~7.2，有利于反应向右进行。当 Cl^- 足够高（如 4mol/L）时，上述反应将使树脂解吸，$V_4O_{12}^{4-}$ 将被淋洗而返回溶液。

若溶液中的钒以四价态存在，因 VO^{2+} 为阳离子，不能被阴离子交换树脂吸附，需要加入氧化剂（如 $NaClO_3$），使四价钒氧化为五价钒才能被吸附；负载钒的树脂的淋洗、再生可以利用还原剂将负载树脂上的钒解吸下来，如用 SO_2 水溶液进行淋洗，则五价钒被还原的同时，会从树脂上解吸下来。

4.4 钒 沉 淀 法

沉淀法是从含钒溶液中回收钒的重要方法之一，沉淀法根据使用的沉淀剂不同而分为铵盐沉淀法、钙盐沉淀法、铁盐沉淀法、水解沉淀法。铵盐沉淀法根据沉淀时溶液的酸碱性，可分为弱碱性铵盐沉淀法、弱酸性铵盐沉淀法和酸性铵盐沉淀法等。

4.4.1 水解沉钒

水解沉淀法是基于钒酸根阴离子在酸性条件下逐步水解为砖红色沉淀，称为红饼（十二钒酸钠），其化学组成为 $Na_2V_{12}O_{31} \cdot H_2O$。水解沉钒工艺简单，操作简便，生产周期短。沉淀时，将合格钒溶液放于耐酸槽，用酸中和至一定 pH 值，然后将溶液加热（直接用蒸汽加热或间接加热）至沸腾，即有红色沉淀物产生。若含钒溶液为强酸性溶液，且有低价钒存在时，应在中和前加入氧化剂（如氯酸钾），使低价钒氧化为五价，然后按滴定分析结果加入计算所需要的碱量进行中和，再加热至沸腾进行沉淀。待钒沉淀完毕后，静置，倾出上层清液后送去过滤。经过滤后的母液中有余钒 0.1g/L 左右。

影响水解沉淀过程的主要因素是酸度。此外，钒的初浓度、沉钒温度、杂质离子，搅拌作用及操作方法等对沉钒速度、沉钒率和产品纯度都产生很大影响。

4.4.1.1 温度

钒水解沉淀应在 90℃以上进行，最好在沸腾状态，高温不仅使沉钒速度加快，也可获得有利于过滤洗涤的粗大沉淀。

4.4.1.2 钒浓度

溶液中含 V 以 5~8g/L 为宜。浓度过高，则结晶成核过快，含较多的结晶水，吸附较多杂质，易形成疏松的滤饼。沉钒前液一般含钠离子比较高，故红饼组成实为 $x\mathrm{Na_2O}\cdot 7\mathrm{V_2O_5}\cdot z\mathrm{H_2O}$（通常认为是六聚钒酸钠 $Na_2H_2V_6O_{17}$ 或 $Na_2O\cdot 3V_2O_5\cdot H_2O$），若成核速度过快，则式中的 x/y 偏大，红饼质量下降。

4.4.1.3 杂质的影响

磷与钒形成稳定的络合物 $H_7[P(V_2O_5)_6]$，还与 Fe^{3+}、Al^{3+} 形成磷酸盐沉淀，会污染红饼，要求净化后液含 P 小于 0.15g/L。当酸度较高时，可使 $FePO_4$、$AlPO_4$ 的溶解度提高，而减少磷对红饼的污染。关于浸出液除磷的方法，可加入 Mg^{2+}、Ca^{2+}、NH_4^+ 等阳离子，pH 值为 10.0 左右，使磷形成磷酸盐沉淀。

硅、铬、铝、铁等离子浓度较高时，会水解生成胶体沉淀物，妨碍 V_2O_5 晶体的长大，使水解速度变慢，生成的红饼沉降、过滤困难。适当提高酸度，可以改善此类不良影响。

如果浸出液中 SiO_4^{2-}、CrO_4^{2-} 含量过高，则可以添加 Mg^{2+}、Ca^{2+} 等阳离子，在 pH 值为 9~10 时，使之形成硅酸盐、铬酸盐沉淀。而 Fe^{3+}、Al^{3+} 含量过高时，则主要靠调整 pH 值，使其水解去除。

4.4.1.4 加酸方式

加酸方式对钒沉淀率和沉淀速度影响较大。根据工厂经验，一般采用强酸化沉钒，效果较好，即先进 1/5~1/4 料液，然后快速加入全部计量的酸耗量，再在加热搅拌下缓慢加入其余料液，使溶液酸度控制在 pH 值为 1.5~2.5，搅拌煮沸约 30min，上层液钒可降至 80mg/L 以下，经过滤用 1%NH_4Cl 洗 1~2 次即可送去烘干熔化。

与酸性铵盐沉淀法相似，浸出液中杂质离子例如磷酸根对产品纯度亦有很大影响，对磷也限制在 50mg/L 左右。因此，浸出液中含磷过高时，应进行除磷。

4.4.2 酸性铵盐沉钒

基于在酸性溶液中多钒酸盐和铵盐作用生成六聚钒酸铵沉淀。其方法是在净化后的钒溶液中加入适量铵盐（当溶液 pH 值较高时，应先用无机酸中和至 pH 值为 5.0~6.0），用无机酸通常为硫酸，中和至 pH 值为 2.0~3.0，在高于 90℃时沉钒，待钒沉淀完毕，过滤得到沉淀物，用水洗涤，将沉淀物烘干煅烧，即得高品位五氧化二钒，上层液余钒最低量约为 30mg/L。

钒在溶液中，随钒浓度和溶液酸度的变化呈复杂状态，在适量钒浓度下，随溶液酸度的变化水溶液中钒酸根离子存在下列主要平衡：

$2[VO_4]^{3-}+2H^+ \rightleftharpoons [V_2O_7]^{4-}+H_2O$	pH 值为 12~10.6	(3-4-5)
$2[V_2O_7]_4^-+4H^+ \rightleftharpoons [V_4O_{12}]^{4-}+2H_2O$	pH 值为 9.0 左右	(3-4-6)
$5[V_4O_{12}]^{4-}+8H^+ \rightleftharpoons 2[V_{10}O_{28}]^{8-}+4H_2O$	pH 值小于 7.0	(3-4-7)
$3[H_2V_{10}O_{28}]^{4-}+H_2O \rightleftharpoons 5[HV_8O_{17}]^{3-}+3H^+$		(3-4-8)
$6[H_2V_{10}O_{28}]^{4-}+24H^+ \rightleftharpoons 5H_2V_{12}O_{31}+13H_2O$	pH 值为 1.6	(3-4-9)
$[H_2V_{10}O_{28}]^{4-}+14H^+ \rightleftharpoons 10VO_2^++8H_2O$	pH 值小于 1.0	(3-4-10)

在酸性钒溶液中加酸进行水解过程中钒的聚集状态逐步发生变化：

$$V_2O_7^{4-} \rightarrow V_4O_{12}^{4-} \rightarrow V_{10}O_{28}^{8-} \rightarrow HV_{10}O_{28}^{5-} \rightarrow H_2V_{10}O_{28}^{4-} \rightarrow Na_2V_{12}O_{31}^{4-}(aq)\downarrow$$

影响酸性铵盐沉钒的因素有：溶液中的初浓度、铵离子浓度、沉钒温度和搅拌作用等。原液钒浓度高、沉钒温度高、NH^+浓度高、搅拌速度大，则沉淀速度快。此外，沉钒酸度和杂质的存在对沉钒率和最终产品纯度均有影响。沉钒历程表明，酸度控制十分重要，酸度控制不适当对沉钒率和产品纯度的影响十分明显。杂质离子中 Na^+、Mg^{2+}、Ca^{2+}、Fe^{3+}、SO_4^{2-} 等在一定浓度范围内不致影响沉淀率，但 PO_4^{3-}、Al^{3+} 影响钒的沉淀率。就产品纯度来说，Na^+、Mg^{2+}、SO_4^{2-} 等离子影响产品纯度。SiO_3^{2-} 含量不高时（SiO_2<2g/L）不致明显地影响沉淀率和产品纯度。溶液中 Al^{3+}离子的存在阻碍六聚钒酸铵晶核生成，在酸度较高条件下，有使钒生成十二钒酸钠的趋势，所以有铝存在的溶液中，沉淀酸度尤其不能控制太高，在酸度略低时沉淀，铝进入沉淀，但由于量少，对产品品位影响小。

磷的存在对酸性铵盐沉淀钒是相当有害的，它可能和钒生成 $Na_7[P(V_2O_5)_6]$ 形式的络合物，严重阻碍钒的沉淀，不仅大大降低沉钒率，而且影响产品质量，因此要求原液中的磷应控制在 20mg/L 以下。在工厂中为了除去浸出液中的磷，通常在浸出过程中加入 $MgCl_2$ 或 $CaCl_2$，使磷生成沉淀与残渣一起除去，从而达到净化溶液的目的，其反应如下：

$$2Na_3PO_4 + MgCl_2 \xlongequal{} Mg_3(PO_4)_2\downarrow + 6NaCl \quad (3-4-11)$$

在中性溶液中加入 $MgCl_2$ 时，则有白色絮状的磷酸氢镁沉淀生成：

$$Na_2HPO_4 + MgCl_2 \xlongequal{} MgHPO_4\downarrow + 2NaCl \quad (3-4-12)$$

这个沉淀有变为胶体的倾向，如果在溶液中加入铵盐（NH_4Cl），并用氨水调节 pH 值为 9.5~11，则按下列反应生成白色结晶型磷酸镁铵沉淀：

$$NH_4Cl + MgCl_2 + Na_3PO_4 \xlongequal{} NH_4MgPO_4\downarrow + 3NaCl \quad (3-4-13)$$

磷酸镁铵微溶于水，不溶于含铵的碱性溶液中。因此，控制除磷过程溶液的 pH 值是必要的。为了使磷除尽，$MgCl_2$ 用量通常比理论量大 100%，氨用量按体积计约 1%时，除磷率可达 98%~99%。由于镁钒酸盐溶解度很大，所以在采用镁盐除磷的过程中，钒损失很小。

4.4.3 弱碱性铵盐沉钒

弱碱性铵盐沉淀法是基于弱碱性偏钒酸盐溶液与铵盐作用生成偏钒酸铵的反应。用铵盐沉淀法自含钒溶液中回收钒，要求所得沉淀应有一定组成，颗粒大，沉淀纯净，这样才会使铵的钒酸盐灼烧之后的产品纯度高。因此在沉淀过程中，通常创造符合生成沉淀要求的条件。为了使沉淀完全，使用的铵盐必须过量。

铵盐与碱性钒溶液中钒酸盐的反应与溶液中钒的状态有关。在碱性钒溶液中由于 pH

值的不同，有 VO_4^{3-}、$V_2O_7^{4-}$、$V_4O_{12}^{4-}$三种离子存在。当加入铵盐时，其反应如下：

$$2Na_3VO_4 + 2NH_4Cl + H_2O = Na_4V_2O_7 + 2NaCl + 2NH_4OH \quad (3-4-14)$$

$$Na_4V_2O_7 + 2NH_4Cl + H_2O = 2NaVO_3 + 2NaCl + 2NH_4OH \quad (3-4-15)$$

$$NaVO_3 + NH_4Cl + H_2O = HVO_3 + NaCl + NH_4OH \quad (3-4-16)$$

由于 NH_4VO_3 在水中溶解度很小，所以反应式（3-4-15）同时伴随有复分解反应。

$$HVO_4 + NH_4OH = NH_4VO_3\downarrow + H_2O \quad (3-4-17)$$

$$NaVO_3 + NH_4Cl = NH_4VO_3\downarrow + NaCl \quad (3-4-18)$$

由于在弱碱性钒溶液中钒是以偏钒酸盐存在（$NaVO_3$ 的实际状况是 $Na_4V_4O_{12}$），所以弱碱性铵盐沉钒是以反应式（3-4-17）的历程进行的，铵盐的理论耗量可以按反应式（3-4-18）计算。当用强碱性（pH 值大于 12）的 Na_3VO_4 钒溶液和碱性（pH 值大于 10）的 $Na_4V_2O_7$ 钒溶液沉钒时，应按下列反应计算铵盐耗量：

$$Na_3VO_4 + 3NH_4Cl + H_2O = NH_4VO_3 + 3NaCl + 2NH_4OH \quad (3-4-19)$$

$$Na_4V_2O_7 + 4NH_4Cl + H_2O = 2NH_4VO_3 + 4NaCl + 2NH_4OH \quad (3-4-20)$$

由此可见，用正钒酸盐和焦钒酸盐沉钒时，铵盐耗量将增加，即 Na/V 比越高，铵盐耗量越大。因此采用碱性铵盐沉钒时，以在弱碱性偏钒酸钠溶液（pH 值为 8~9）中加入 NNH_4Cl 时的铵耗量最少。

4.4.4 弱酸性铵盐沉钒

弱酸性铵盐沉钒是基于钒溶液与铵盐作用生成多聚钒酸铵反应。其方法是将铵盐加入经除硅净化的90℃溶液中，在 pH 值为 6.0 条件下沉钒，在强烈搅拌下冷却结晶。所得多钒酸铵结晶，再于热水中，在 pH 值为 4.0 时进行处理，得到的最终沉淀物在 600℃ 氧化气氛中煅烧，产品含 V_2O_5 大于 99.8%。

试验研究表明，在 pH 值为 4.0~8.0 范围内，温度对沉钒率无明显影响，但反应温度低时晶粒很细，过滤操作困难，所以太低的反应温度是不适宜的。原液钒浓度和铵盐用量是影响沉钒率的主要因素：钒浓度高，铵盐用量大则沉淀速度快，沉钒率高。

铵盐类别的试验表明，NH_4Cl，$(NH_4)_2SO_4$、NH_4NO_3 的沉钒效果都很好。$(NH_4)_2CO_3$ 和 NH_4HCO_3 易于水解生成 NH_4OH 和 H_2CO_3，使 NH_4^+ 浓度降低，还由于铵的钒酸盐在 $NH_4-V_2O_5-NaHCO_3-H_2O$ 系中溶解度增大，所以用 $(NH_4)_2CO_3$ 和 NH_4HCO_3 的沉钒效果较差。

弱酸性铵盐沉钒的产物不是单一的，而是多聚钒酸铵的混合物。例如在原液钒浓度为 10~30g/L 时，在 pH 值为 4~6 范围内，按摩尔原子比 N/V=（6~3）：1，于 90℃进行沉淀时，得到的产物有 $(NH_4)_8V_{12}O_{28}\cdot 10H_2O$、$(NH_4)_2V_6O_{18}$ $(NH_4)_2V_4O_{11}$ 等。根据化学分析，在所得沉淀中可能含有化学结合的钠，例如形成二元盐 $(NH_4)_4Na_2V_{10}\cdot 10H_2O$。实际上由于操作溶液的操作条件的差别可能到组成为 $(NH_4)_6\cdot Na_8V_{10}O_{28}\cdot 10H_2O$ 的二元盐，在一般情况下 x 的波动范围 $0<x<2$。x 的大小取决于溶液中 Na^+和 NH_4^+ 的浓度。当 Na^+浓度一定时，NH_4^+ 浓度越大，x 越小；当 NH_4^+ 浓度一定时，Na^+浓度越小，x 越小。

加入铵盐在 pH 值为 4.0~6.0 沉淀时过程如下：

$$V_{10}O_{23}^{6-} + (6-x)NH_4^+ + xNa^+ + 10H_2O = (NH_4)_8\cdot NaV_{10}O_{28} + 10H_2O \quad (3-4-21)$$

此外，还可能存在其他副反应。

由于沉淀产物中化学结合钠存在，不能用简单的水洗办法除去，所以要获得纯的最终产品，可将沉淀于热水中，在 pH 值为 4.0 时进行再结晶。得到的沉淀产物为 $(NH_4)_2V_8O_{16}$，其反应如下：

$$3(NH_4)_8 \cdot NaV_{10}O_{28} + 4H_2SO_4 = 5(NH_4)_2VO_{16}\downarrow + 3/2xNa_2SO_4 + (4 - 3/2x)(NH_4)_2SO_4 + 4H_2O \quad (3\text{-}4\text{-}22)$$

这样沉淀产物中的钠就转入了溶液，使最终产品纯度提高。弱酸性铵盐沉钒的铵盐耗量高，流程和生产周期长。

对钒水解有重要影响的因素有温度、酸度、钒浓度及杂质含量等。

4.4.5 沉钒工艺过程及设备

钒的水解沉淀是一个伴有热量传递和质量传递的水解反应过程，因此必须保持适宜的搅拌速度，以达到临界悬浮状态，没有任何死角为宜。工业用的机械搅拌沉钒罐为圆柱形，内径为 2~5m，容积为 4~5m^3。罐内壁衬耐酸瓷砖或辉绿岩。中心安装不锈钢搅拌器。罐壁附近设不锈钢蒸汽加热管，搅拌桨的设计可采用不锈钢或搪瓷锚式搅拌桨，也可以采用带中心管的气体提升式搅拌器。

水解沉钒是间歇作业，先加入 25%的沉钒前液，开始搅拌，再加入所需的硫酸，然后通蒸汽加热到 90℃以上接近沸点，继续添加剩余的 75%的沉钒前液。最后分析溶液中游离酸及钒的浓度，调整酸度或补加沉钒前液，以使最后溶液中含钒小于 0.1g/L 即为终点。停止加热、搅拌，再静置 10~20min 后过滤，即得红饼。根据生产规模，过滤设备可采用吸滤盘、压滤机或鼓式真空过滤机。

4.4.5.1 V^{4+}酸性水解沉钒

如果沉钒前液是溶剂萃取所得反萃液，则杂质含量很低，溶液呈酸性，钒以四价态存在（例如 0.75mol/L H_2SO_4，0.4mol/L $VOSO_4$），加入 NH_4OH，调整酸度，当 pH 值达 3.5 时，开始水解沉淀，到 pH 值为 7.0 时沉淀完全。此四价钒沉淀，在 600℃焙烧，形成灰黑色产品，纯度高，V_2O_5 含量达 99.5%，钠含量低是其最大优点。

4.4.5.2 铵盐沉钒

水解沉钒早期用得比较普遍，但所产红饼实为 Na_2O、V_2O_5 的复盐，熔片含 V_2O_5 仅为 80%~90%，纯度较低，且耗酸量大，污水量大，故现已基本为铵盐沉钒所取代。净化后的含钒溶液，主要是 $Na_2O-V_2O_5-H_2O$ 体系，根据浸出条件的不同，可以是酸性或碱性。由于钒酸铵盐的溶度积小于钒酸钠，因此加入 NH_4Cl、$(NH_4)_2SO_4$ 等 NH^+，可以生成偏钒酸铵或多钒酸铵沉淀，其条件取决于溶液的酸度。

4.4.5.3 弱碱性铵盐沉钒

当 pH 值为 8.0~9.0 时，溶液中的钒主要以 $V_4O_{12}^{4-}$（即 VO_3^- 四聚体）的形式存在。故加入 NH_4^+ 时，形成 $(NH_4)VO_3$ [或 $2NH_3-V_2O_5-H_2O$] 结晶析出。影响铵盐沉钒的因素如下：

(1) 根据图 3-4-1，NH_4VO_3 溶解度随温度下降而降低，故 $(NH_4)VO_3$ 的结晶应在 20~30℃条件下进行；

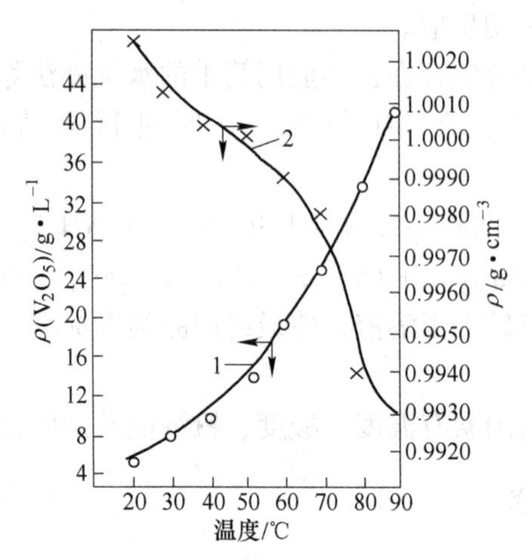

图 3-4-1　NH_4VO_3 在水中的溶解度、密度与酸度的关系

1—溶解度与温度；2—饱和溶液的密度与温度

（2）NH_4^+ 浓度应较化学计量数大，以借助同离子效应促进沉淀完全；

（3）搅拌、晶种效应：NH_4VO_3 溶液易形成过饱和溶液，为此加晶种并搅拌会加快结晶，如图 3-4-2 所示。图中可观察到 4 种条件下的结晶状态，说明搅拌加晶种可显著加快结晶的速度；

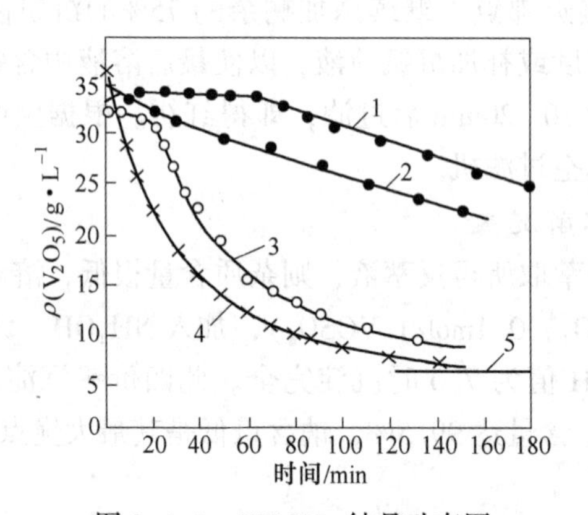

图 3-4-2　NH_4VO_3 结晶动态图

1—静置；2—加入偏钒酸铵晶种；3—搅拌；
4—搅拌下加入偏钒酸铵晶种；5—25~30℃下偏钒酸铵的平衡浓度

（4）弱碱性铵盐沉钒所得 NH_4VO_3 经煅烧后可得纯度为 99% 的 V_2O_5。每产出 1kg V_2O_5，放出的氨约为 0.187kg，应予以回收。此法常用于精制水解法制得的红饼。

弱碱性铵盐沉钒的缺点是操作时间长，能耗高，残液中含钒较高，V_2O_5 约为 1~2.5g/L。

弱酸性铵盐沉钒：在 pH 值为 4.0~6.0 时，钒主要以 $V_{10}O_{28}^{6-}$ 存在，加入 NH_4^+，则以十钒酸盐形式沉淀。由于净化后液含大量钠离子，故沉淀一般为：

$$(NH_4)_{6-x} \cdot Na_xV_{10}O_{28} \cdot 10H_2O$$

式中，x 一般为 0~2。

为获得不含钠的产品，需将其溶于热水中，在 pH 值为 2 的条件下重结晶，如此可得六聚钒酸铵 $(NH_4)_2V_6O_{16}$结晶，弱酸性铵盐沉钒的残液中 V_2O_5 含量为 0.05~0.5g/L。

4.4.5.4 酸性铵盐沉钒

当 pH 值为 2.0~3.0 时，溶液中的钒与铵离子形成以六聚钒酸铵 $[2(NH_2)-3V_2O_5-H_2O]$ 沉淀。该方法获得的产品纯度高，沉钒速度快，沉钒率高，残液含钒低，铵盐消耗低，每产出 1kg V_2O_5 约消耗 0.062kgNH_3，只为偏钒酸铵法耗氨量的 1/3。硫酸耗量较水解沉淀法少。故已成为我国目前以钒渣为原料生产 V_2O_5 的主要方法，在国外也被广泛采用。若沉钒过程从红饼开始，则采用 $Na_2CO_3+NaClO_3$ 溶液在 75℃下浸泡 3h 将红饼溶解，残渣过滤，溶液用硫酸调节 pH 值为 2，加入适量 NH_4Cl 或 $(NH_4)_2SO_4$，在 90℃下可得六聚钒酸铵沉淀。

为了获得质量更好的产品，可采用改进的流程，即加入 H_2SO_4 和 NH_4Cl，调节 pH 值为 5，25℃，0.5h，生成钒酸铵的粗晶，过滤分离后，加水和 H_2SO_4 调节 pH 值为 2，V_2O_5 浓度为 45g/L，加入 H_2SO_4 和 NH_4Cl，在 90℃下沉钒，得六聚钒酸铵沉淀，纯度提高。

4.4.5.5 钒酸钙、钒酸铁盐沉淀法

钒酸钙、钒酸铁盐沉淀法主要用于从低浓度含钒溶液中回收钒。

A 钒酸钙法

酸性含钒溶液中加入 $CaCl_2$、$Ca(OH)_2$、CaO，随溶液 pH 值的变化将生成不同的沉淀，如表 3-4-3 所示。

表 3-4-3 不同 pH 值条件下生成的沉淀物

pH 值	5.1~6.1	7.8~9.3	10.8~11
沉淀物	偏钒酸钙	焦钒酸钙	正钒酸钙
分子式	$Ca(VO_3)_2$	$Ca_2V_2O_7$	$Ca_3(VO_4)_2$
$n(CaO)/n(V_2O_5)$	1/1	2/1	3/1
溶解度	稍大	小	小

通常，在强烈搅拌下逐渐加入钙盐，从表 3-4-3 可以得出，随着溶液 pH 值的增大，沉淀物依次为偏钒酸钙、焦钒酸钙、正钒酸钙，在这三种沉淀物中，偏钒酸钙的含钒量最高，但是由于它的溶解度偏大，故沉钒率低。此外，当 pH 值提高后，溶液中的磷酸根离子、硅酸根离子等也会进入沉淀，因此，最经济有效的沉淀物为焦钒酸钙，沉钒率一般可达 97%~99.5%。反应如下：

$$2Ca(OH)_2 + 2NaVO_3 = 2CaO \cdot V_2O_5 + 2NaOH + H_2O \quad (3-4-23)$$

$$2CaCl_2 + 2NaVO_3 + 2NaOH = 2CaO \cdot V_2O_5 + 4NaCl + H_2O \quad (3-4-24)$$

钒酸钙沉淀如果作为中间原料，可以用硫酸溶解。反应条件：pH 值为 2.0、温度为 25℃，过滤除去 $CaSO_4$ 沉淀，溶液含 V_2O_5 为 25g/L，加 NaCl，升温至 90℃，反应 3h，可得红饼沉淀。

钒酸钙也可以用 $NaHCO_3$ 在当 pH 值为 9.4 时，在 90℃溶解，过滤除去杂质，滤液含 120g/V_2O_5，加 NH_4Cl，pH 值为 8.3~8.6，在 25℃，沉钒反应 6h，得偏钒酸铵，最后熔片得 V_2O_5 产品。

B 钒酸铁沉淀法

用铁盐或亚铁盐作为沉淀剂，在弱酸性条件下，将含钒溶液倒入硫酸亚铁溶液中，并不断搅拌、加热，便会析出绿色沉淀物。由于二价铁会部分氧化成三价铁，V_2O_5 会部分还原成 V_2O_4，所以沉淀物的组成多变，其中包括 $Fe(VO_3)_2$、$Fe(VO_3)_3$、$VO_2 \cdot xH_2O$、$Fe(OH)_3$等。若沉淀剂采用 $FeCl_3$ 或 $Fe_2(SO_4)_3$，则析出黄色 $xFe_2O_3 \cdot yV_2O_5 \cdot zH_2O$ 沉淀。该方法钒的沉淀率可达99%~100%。钒酸铁及钒酸钙均可作为冶炼钒铁的原料，或作为进一步提纯制取 V_2O_5 的原料。

4.5　钒沉淀物的后处理

钒沉淀物的后处理主要包括分解—煅烧—熔片。沉钒所获得的产物，如红饼、钒酸铵需先经干燥去除水分，再在反射炉内熔化，从炉顶的加料口加入干料，炉内用重油或煤气燃烧，打开炉门以保持氧化气氛，在800~1000℃温度下，熔化后物料从炉门口流出，在水冷旋转浇铸圆盘上铸成厚度5mm薄片，即可作为炼钒铁的原料，或作为产品出售。

在此过程中多钒酸铵将按下式分解、氧化，部分会生成低价钒，但大部分会再氧化为五价钒：

$$(NH_4)_2V_6O_{16} = 3V_2O_5 + 2NH_3 + H_2O \tag{3-4-25}$$

$$(NH_4)_2V_6O_{16} = 3V_2O_4 + N_2 + 4H_2O \tag{3-4-26}$$

$$V_2O_4 + 1/2O_2 = V_2O_5 \tag{3-4-27}$$

熔化的同时，某些杂质如S和P，也会部分挥发。最后熔片中 V_2O_5 含量可达99%以上，熔片中主要杂质为 Na_2O，含量为0.1%~1%，其他如S、P、Fe、Si等均在0.1%以下。

前面介绍的沉钒方法中，对于酸性水解沉钒，如果沉钒前液不是溶剂萃取或离子交换所得的反萃液或淋洗液，而是一般的浸出液，所得的钒沉淀由于钠含量比较高，只能作为初级产品，且能耗、酸耗都比较高，废水量也比较大。而在铵盐沉钒中，弱酸性、弱碱性铵盐沉钒的质量、消耗指标等都占有优势，目前得到广泛的应用。钒酸钙法、钒酸铁法等都只能作为从溶液中回收钒的辅助方法。沉钒方法的比较见表3-4-4。

表3-4-4　沉钒方法比较

项目	水解沉钒(V^{5+})	水解沉钒(V^{4+})	酸性铵盐沉钒	弱酸性铵盐沉钒	碱性铵盐沉钒	钒酸钙法	钒酸铁法
沉淀	红饼、六聚钒酸钠	四价钒酸	六聚钒酸铵	十钒酸铵	偏钒酸铵	焦钒酸钙	钒酸铁
化学式	$Na_2O_3 \cdot V_2O_5 \cdot H_2O$	$VO_2 \cdot xH_2O$	$2NH_3 \cdot 3V_2O_5 \cdot H_2O$	$(NH_4)_{6-x} \cdot Na_xV_{10}O_{28} \cdot 10H_2O$	$2NH_3 \cdot V_2O_5 \cdot H_2O$	$2CaO \cdot V_2O_5$	$xFeO_3 \cdot yV_2O_5 \cdot zH_2O$
沉钒pH值	1.5~3	3.5~7	2~3	4~6	8~9	5~11	<7
酸耗	很大	大	大	小	很小		
铵耗	无	小	小	大	很大		
初钒质量浓度/g·L⁻¹	5~8	20	可大可小	大	大	可大可小	可大可小
温度/℃	90	常温	75~90	常温	常温	常温	常温

续表 3-4-4

项目	水解沉钒（V^{5+}）	水解沉钒（V^{4+}）	酸性铵盐沉钒	弱酸性铵盐沉钒	碱性铵盐沉钒	钒酸钙法	钒酸铁法
“三废”	废液	废液	废液、废气	废液、废气	废液、废气	废液	废液
生产周期	短	短	短	长	长	短	短
沉钒率/%	约 98		>98	>98	>98	97~99.5	99~100
V_2O_5 纯度/%	80~90	99.5	>99	>99	>99	低	低

4.6 金属钒的制取

制取金属钒的首选原料为钒的氧化物，其次是钒的卤素化合物。通常使用的还原剂为 C、H、Ca、Mg、Al 等，其中 Ca、Al 适合于还原氧化钒，Mg 则适合于还原卤化钒，C、H 等则适合于钒的多数化合物。

4.6.1 钙热法和铝热法制取金属钒

用钙还原钒氧化物的反应式如下：

$$V_2O_5 + Ca = V_2O_4 + CaO \tag{3-4-28}$$
$$V_2O_4 + Ca = V_2O_3 + CaO \tag{3-4-29}$$
$$V_2O_3 + Ca = 2VO + CaO \tag{3-4-30}$$
$$VO + Ca = V + CaO \tag{3-4-31}$$
$$V_2O_5 + 5Ca = 2V + 5CaO \tag{3-4-32}$$

由图 3-4-3 可知，以上各反应的自由能变化均为负值，且为放热反应，故反应均可自动进行，如果金属钙的量充足，则反应能按总反应式（3-4-32）进行完全，生成金属钒。该反应的产出的熔渣因其中 CaO 含量较高，因此产物的熔点较高。该反应虽为强放热反应，但仍不足以使 CaO、V 熔化，故产物冷却后，将是粉末悬浮物。如果要想获得金属钒锭产品，则必须使反应产生的 CaO 渣、金属 V 呈熔融状态，其方法是加入放热反应的强化剂和渣相的稀释剂，以提高系统温度，并使之与渣形成低熔点的共熔体。常用的稀释剂有碘化钙、硫化钙等。

4.6.2 铝热法制取金属钒

铝作还原剂，钒氧化物的还原反应如下：

$$3V_2O_5 + 2Al = 3V_2O_4 + Al_2O_3 \tag{3-4-33}$$
$$3V_2O_4 + 2Al = 3V_2O_3 + Al_2O_3 \tag{3-4-34}$$
$$3V_2O_3 + 2Al = 6VO + Al_2O_3 \tag{3-4-35}$$
$$3VO + 2Al = 3V + Al_2O_3 \tag{3-4-36}$$
$$3V_2O_5 + 10Al = 6V + 5Al_2O_3 \tag{3-4-37}$$

由图 3-4-3 可知，还原反应可自发进行，同时，V、Al_2O_3 的熔点相对较低，有利于形成熔渣及金属钒锭，但当铝过量时，会形成 Al-V 合金，使脱除铝的难度加大。

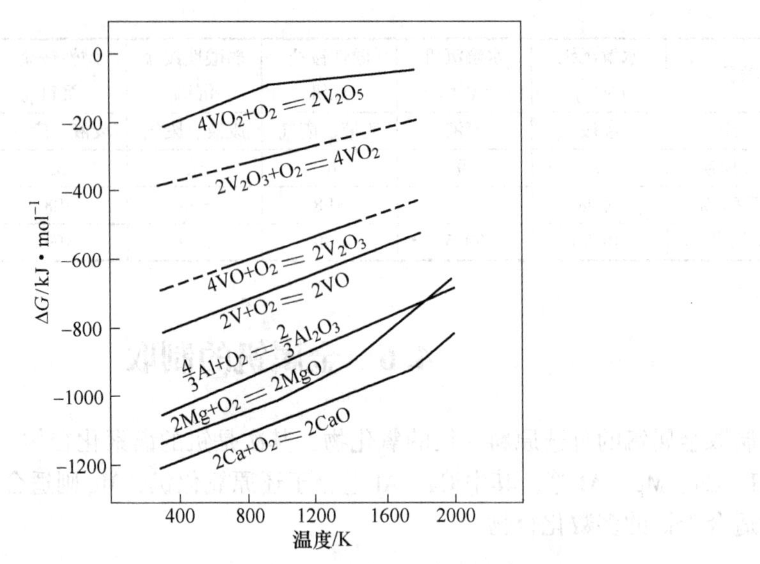

图3-4-3 V、Ca、Mg、Al氧化物的自由能与温度的关系

典型石煤提钒工艺

5.1 钠盐焙烧提钒工艺

石煤钠盐焙烧提钒具有工艺适应性强、工艺流程简单、设备投资少、生产成本低等优点。石煤钠盐焙烧法提钒按焙砂浸出工艺可分为：钠盐焙烧-水浸，钠盐焙烧-水浸-水浸渣酸浸及钠盐焙烧-酸浸工艺。

5.1.1 石煤钠盐焙烧-水浸提钒工艺

其工艺过程为石煤矿粉加入一定量的氯化钠拌匀制球团，在850℃左右焙烧2~3h，焙砂加水搅拌浸出，钒的浸出率一般可达65%以上，浸出液先加酸调pH值为5.0~6.0，并加入钠盐，搅拌溶解后，再加酸调pH值为2.0左右，加热至沸腾沉淀析出多钒酸铵，多钒酸铵煅烧得V_2O_5，钠盐焙烧-水浸是最简单的石煤提钒工艺，但是焙烧过程中产生的含氯气和氯化氢烟气对环境污染严重，而且整个工艺过程中钒的回收率不高。因此，为了提高钒的回收率，后来该工艺又有所改进，将水浸后的渣再加酸浸出，从而形成了石煤钠化焙烧-水浸-水浸渣再酸浸的提钒工艺。该工艺的V_2O_5回收率较石煤钠盐焙烧-水浸提钒工艺的V_2O_5的回收率可提高5%~15%。

通过焙烧破坏石煤钒矿的结构，使石煤中的钒转化为水溶性的钒酸钠，然后对钠盐焙烧产物直接水浸，可得到含钒及少量铝杂质的浸取液，再加入铵盐（酸性铵盐沉淀法）制得偏钒酸铵沉淀，经煅烧得到粗V_2O_5，后经碱溶，除杂并用铵盐二次沉钒得偏钒酸铵，焙烧后可得到纯度大于98%的V_2O_5，此工艺流程见图3-5-1。

石煤 → 破碎 → 球磨混料 → 制粒 → 氧化焙烧 → 浸出 → 沉粗钒 → 碱溶 → 偏钒酸铵 → 煅烧 → 五氧化二钒
（破碎 - - - 预脱碳 - - - 球磨混料；食盐 → 球磨混料；氧化焙烧 → 烟气；水 → 浸出；浸出 → 浸渣；H_2SO_4或HCl → 沉粗钒；沉粗钒 → 沉钒母液(废水)；NH_4Cl → 偏钒酸铵；偏钒酸铵 → 沉钒母液(废水)）

图3-5-1 钠盐焙烧水浸提钒工艺流程

该工艺相对成熟，具有操作简单、早期投入小等优点。但在生产规模上存在V_2O_5的转浸率和回收率（回收率为45%~55%）较低、资源浪费严重、从水浸液到取得精钒的工艺流程较长、不能连续生产、机械化程度差、食盐与燃料消耗大，因而提钒成本较高。焙烧产生Cl_2、HCl、SO_2等有毒气体，污染环境，环境治理成本高。

5.1.2 钠盐焙烧-酸浸工艺

石煤钠盐焙烧后先水浸再酸浸，工艺烦琐，后来又将水浸和酸浸两个工序合并，形成了石煤钠盐焙烧-酸浸提钒工艺。该工艺是在石煤中加入矿石质量分数为12%~16%的NaCl，在780~830℃的温度下焙烧2~3h，焙砂用4%~8%的稀H_2SO_4浸出，浸出液净化加热浓缩，调节溶液pH值，水解沉钒可以得到粗钒，粗钒经进一步提纯后可制得精钒，焙砂水浸改为酸浸后虽然钒的浸出率有所提高，但焙烧过程的污染问题仍然没有得到解决。另外，酸浸后废渣的酸度较高，不能用作建筑材料，堆放占用大量的土地，废水中含有较高浓度的有害金属离子，需要处理后才能排放，所以生产成本较高。

综上所述，石煤钠盐焙烧提钒工艺具有工艺适应性强、工艺流程短、设备投资少，生产成本低等优点。但钠盐焙烧过程产生的含Cl_2和HCl烟气对环境的污染，是制约石煤钠化焙烧提钒工艺工业应用的关键，只要解决了焙烧过程的环境污染问题，石煤钠盐焙烧提钒工艺就具有很强的竞争优势。

钠盐焙烧提钒工艺中，除了上述以食盐作为焙烧添加剂外，还有采用Na_2CO_3或者Na_2SO_4作为焙烧添加剂进行提钒，也都取得了良好的效果，同时也减少了环境污染。如用Na_2CO_3作为焙烧添加剂，将焙烧后的物料溶于80~90℃的热水中，同时按比例加$CaCl_2$除去杂质磷，经过滤固液分离后获得的含钒溶液，在pH值为8.0~9.5时，常温下在含钒酸钠溶液中加入过量的氯化铵，使钒酸钠生成偏钒酸铵沉淀，偏钒酸投入到制片炉中，在800~850℃下偏钒酸铵分解制得熔融的V_2O_5。

5.2 钙盐焙烧提钒工艺

为了消除钠盐焙烧引起的废气污染，可用石灰、石灰石或其他含钙化合物替代钠盐，添加到含钒石煤中造球、焙烧，使钒氧化成不溶于水的钒的钙盐，称为钙盐焙烧。石灰的加入量为矿重的4%~20%，焙烧温度为900~1000℃，焙烧时间为2~12h。焙烧熟料用4%~8%的碳酸钠溶液浸出，或通入CO_2气进行碳酸化浸出，浸出液可采用阳离子交换树脂吸附，然后再用15%的弱碱性NaCl溶液洗脱，洗脱液加入固体氯化铵沉钒，得偏钒酸铵，热解后得V_2O_5产品。

钙盐焙烧的添加剂可以使用石灰、石灰石或其他钙盐，也可以利用生产烧碱的废弃物——苛化泥。钙盐焙烧的难点在理想条件下形成的是偏钒酸钙，但若条件控制不当，也可能会形成难溶的焦钒酸钙或正钒酸钙。钙盐焙烧的转浸率不高，约为60%，为此需添加一些助剂，以提高转浸率，这些助剂可以是钠化剂（Na_2CO_3+NaCl）、适量的镁化合物（氧化镁、菱苦土、碳酸镁、氯化镁等）以及复合助剂等。

钙盐焙烧反应式如下：

$$V_2O_3 + O_2 = V_2O_5 \quad (3\text{-}5\text{-}1)$$

$$2V_2O_4 + O_2 = 2V_2O_5 \quad (3\text{-}5\text{-}2)$$

$$V_2O_5 + V_2O_3 + 4CaO + O_2 = 2Ca_2V_2O_7 \quad (3\text{-}5\text{-}3)$$

$$V_2O_5 + V_2O_3 + 6CaO + O_2 = 2Ca_3(VO_4) \quad (3\text{-}5\text{-}4)$$

矿石中的钒经钙化焙烧后，主要以硅钒酸钙的形式存在，浸出渣不含钠盐，富含钙，有利于综合利用。钙盐焙烧工艺具有良好的技术指标和环境效益，但对焙烧物有一定的选择性，实际生产中存在反应速度慢、回收率偏低等问题。用 Na_2CO_3，$NaHCO_3$ 或 NH_4HCO_3 的水溶液进行浸出，从环保和价格上考虑最好选择 NH_4HCO_3 溶液将其浸出，并控制合理的 pH 值，使之生成 VO_2^+、$V_{10}O_{28}^{6-}$等离子，同时净化浸出液，除去 Fe 等杂质，后采用铵盐法沉钒，制偏钒酸铵并煅烧得高纯 V_2O_5，此工艺流程见图 3-5-2。

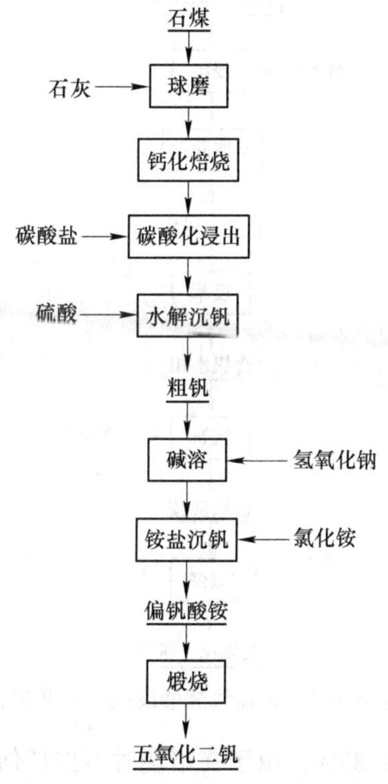

图 3-5-2 钙盐焙烧提钒工艺流程

钙盐焙烧法已应用于石煤提钒中，此法废气中不含 HCl、Cl_2 等有害气体，焙烧后的浸出渣不含钠盐，富含钙，有利于综合利用，如用于建材行业等。但钙化焙烧提钒工艺对焙烧物有一定的选择性，对一般矿石存在转化率偏低、成本偏高等问题，不适合于大规模生产。

5.3 空白焙烧提钒工艺

5.3.1 空白焙烧-酸浸

石煤矿中的钒（以 V^{3+}存在）以类质同象存在于黏土及氧化铁矿物中，另有其他金属氧化物如 Fe、Mg、Mn、Ca、Al、Na、K 等。在不加添加剂的情况下，石煤矿在 800～850℃焙烧，形成的+5 价的钒氧化物，其可与 Fe、Mn、Ca 等的氧化物形成水溶性的偏钒酸盐，少量+4 价的钒酸盐虽不溶于水，但溶于酸。

焙烧时不加任何添加剂，靠空气中的氧在高温下将低价钒直接转化为酸可溶的 V_2O_5，然后用硫酸将焙烧产物中的 V_2O_5 以五价钒离子形态浸出，再对浸出液净化，除去 Fe 等杂质，并用水解沉淀法或铵盐沉淀法得到红钒，再将红钒溶解于热的烧碱水溶液中，澄清后取上清液采用铵盐沉淀法制偏钒酸铵，再煅烧即得高纯 V_2O_5，此工艺流程见图 3-5-3。

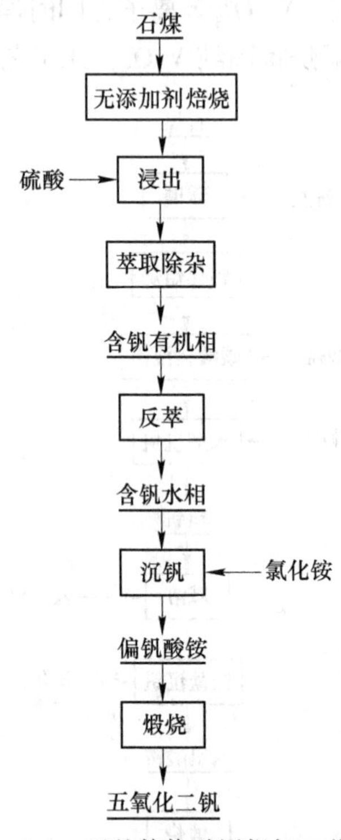

图 3-5-3 无盐焙烧酸浸提钒工艺流程

该工艺的钒回收率可达 82.87%，由于在焙烧时不加任何添加剂，生产成本降低20%～25%。此法优点是环境污染小，成本相对低。缺点是焙烧转化率低，生产规模小，热利用效率低，偏钒酸铵沉淀过程中氯化铵的消耗过高。

5.3.2 空白焙烧-碱浸

石煤氧化焙烧后生成的 V_2O_5，是两性氧化物，以酸性为主，故可用 Na_2CO_3，$NaHCO_3$ 或 NH_4HCO_3 的水溶液进行浸出，得到钒酸盐溶液，浸出液经沉钒、煅烧后制得 V_2O_5。碱浸出的主要反应：

$$V_2O_5 + 2NaOH = 2NaVO_3 + H_2O \quad (3-5-5)$$

钒矿处理流程：石煤矿样先经磨矿、造球、烘干、氧化焙烧，再进行碱浸、过滤。采用造球氧化焙烧碱浸的方法，能很好浸出矿样中的钒，浸出率可达 88.38%，而且环境友好，无污染。适宜的工艺条件为：焙烧温度 850℃，焙烧时间 3h，浸出温度 90℃，NaOH 浓度 2mol/L，浸出时间 2h，浸出液固比 3：1。

5.4 直接酸浸

当某些石煤中的钒主要以+4 价态存在时，则可以直接用硫酸浸取（图 3-5-4），如果脉石也呈酸性，酸耗量约为20%，此时由于省去焙烧，减少投资，生产成本也会相应下降，特别是消除废气的污染。如果矿石中的钒主要以+3价态存在，则需在较高温度下，使用较浓的硫酸，经较长时间浸出，此时酸耗量可能会高达40%，甚至更高。

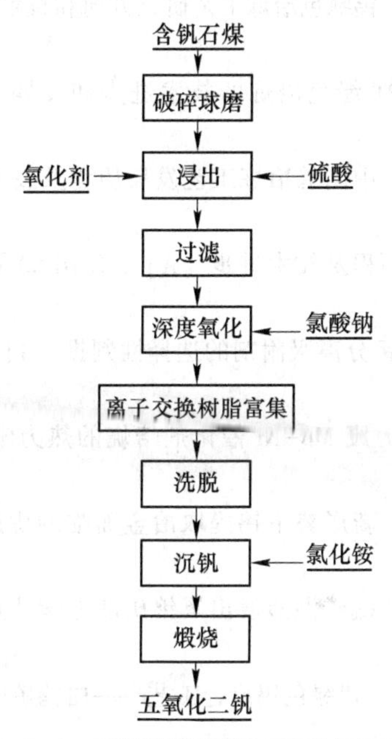

图3-5-4　石煤直接酸浸-离子交换工艺

5.5 直接碱浸

部分石煤矿由于地表氧化，其中的钒主要以+5价态存在，则可以采用直接碱浸。或当钒大部分以+4价态存在时，则经过无盐焙烧后，也可以采用稀碱液浸出，碱浓度为2mol/L，95℃，经3次逆流浸出，钒浸出率可达60%~80%。经过固液分离后，浸出液内加入三氯化铝除硅，然后水解沉钒，经热解得产品V_2O_5。总收率可达50%~70%。此工艺简单，无废气污染，但是试剂消耗量大，回收率低，而且对原料资源的适应能力差，对大多数石煤提钒不一定适用。

参考文献

[1] 李洪桂，赵中伟．实施跨越式发展战略，加速我国成为钨业强国的步伐——与钨冶金企业家谈心［J］．中国钨业，2006，21（4）：1~2.

[2] 万林生，邓登飞，赵立夫，等．钨绿色冶炼工艺研究方向和技术进展［J］．有色金属科学与工程，2013，4（5）：15~18.

[3] 万林生，赵立夫，李红超．APT 绿色冶炼的技术进步和发展［J］．中国钨业，2012，27（1）：47~49.

[4] 万林生，徐国钻，严永海，等．中国钨冶炼工艺发展历程及技术进步［J］．中国钨业，2009，24（5）：63~66.

[5] 万林生．中国钨冶炼工艺发展历程及技术进步［A］．建国 60 周年中国钨业科技进步与发展文集［C］，2009：5.

[6] 王文强，何利华，赵中伟．钨钼分离吸附剂的选择性判据［J］．中国有色金属学报，2015（8）：2236~2242.

[7] 黄少波，陈星宇，张文娟，等．废 Mo-Ni 催化剂焙烧的热力学分析［J］．稀有金属，2015，39（12）：1115~1122.

[8] 赵中伟，陈星宇，刘旭恒，等．新形势下钨提取冶金面临的挑战与发展［J］．矿产保护与利用，2017（1）：98~102.

[9] 杨凯华，张文娟，何利华，等．硫磷混酸浸出黑钨矿动力学［J］．中国有色金属学报，2018，28（1）：175~182.

[10] 何利华，赵中伟，杨金洪．新一代绿色钨冶金工艺——白钨硫磷混酸协同分解技术［J］．中国钨业，2017，32（3）：175~182.

[11] 肖连生，龚柏藩，王学文，等．一种从高浓度钼酸盐溶液中深度净化除去微量钨的方法［P］．CN 101264933A，2008-09-17.

[12] 刘亮，薛济来．盐酸-磷酸络合浸出人造白钨矿试验研究［J］．湿法冶金，2015，34（2）：109~113.

[13] 王小波，李江涛，张文娟，等．双氧水协同盐酸分解人造白钨［J］．中国有色金属学报，2014，24（12）：3142~3146.

[14] 陈星宇，肖露萍，赵中伟．钨钼冶炼过程中除钒［J］．中国有色金属学报，2014，24（7）：1883~1887.

[15] 王学文，肖连生，张贵清，等．一种钼酸铵酸沉结晶母液生产化肥的方法［P］．CN 101250067A，2008-08-27.

[16] 张家靓，赵中伟，陈星宇，等．W-Mo-H_2O 体系钨钼分离的热力学分析［J］．中国有色金属学报，2013，43（5）：1463~1470.

[17] 曹才放，赵中伟，刘旭恒，等．硅酸钠分解白钨矿的热力学研究［J］．中国有色金属学报，2012，22（9）：2636~2641.

[18] 谢昊，赵中伟，曹才放，等．硫化法除钼过程中杂质砷的行为［J］．中南大学学报（自然科学版），2012，43（2）：435~439.

[19] 张文娟，李江涛，赵中伟．热分解法从钨钼过氧酸溶液中分离钨和钼［J］．Transactions of Nonferrous Metals Society of China，2016，26（10）：2731~2737.

[20] 杨亮，赵中伟，何利华，等．钼酸铵溶液镁盐沉淀法除砷的热力学分析［J］．中南大学学报（自然科学版），2012，43（5）：1610~1615.

[21] 何贵香，何利华，曹才放，等．氢氧化钠分解白钨矿的热力学分析［J］．粉末冶金材料科学与工

程，2013，18（3）：368~372.

[22] 杨亮，赵中伟，陈爱良，等. 从钼酸铵溶液中除去砷的研究［J］. 中南大学学报（自然科学版），2011（8）：2193~2197.

[23] 赵中伟，李永立. 一种从钨酸盐溶液中除锑、钼、砷及锡的方法［P］. 2017. 201710575558. 6.

[24] 张文娟，杨金洪，赵中伟，等. Coordination leaching of tungsten from scheelite concentrate with phosphorus in nitric acid［J］. 中南大学学报（英文版），2016，23：1312~1317

[25] 赵中伟，梁勇，刘旭恒，等. 反应挤出法碱分解黑钨矿［J］. 中国有色金属学报，2011，21（11）：2946~2951.

[26] 赵中伟，李永立. 一种从含钨的硫磷混酸溶液中制备仲钨酸铵的方法［P］. 2016，201610743870. 7.

[27] 赵中伟，李永立. 一种从含钨的硫磷混酸溶液中制备磷钨酸晶体的方法［P］. 2016，201610743901. 9.

[28] 李永立，赵中伟. 一种磷钨酸晶体的纯化方法［P］. 2016，201610742490. 1.

[29] 张刚，赵中伟，曹才放. 磷酸盐分解钼酸钙的热力学［J］. 北京科技大学学报，2009（11）：1394~1399.

[30] 赵中伟，李永立，杨凯华. 一种分解黑白钨混合矿的方法［P］. 2016，201610748101. 6.

[31] 赵中伟，张文娟，等. 一种从黑钨矿或黑白钨混合矿中提取钨的方法［P］. 2015，201510243382. 5.

[32] 赵中伟，曹才放，李洪桂. 碳酸钠分解白钨矿的热力学分析［J］. 中国有色金属学报，2008（2）：1004.

[33] 高利利，赵中伟，赵红敏，等. 选择性沉淀法除钼后溶液中铜的行为研究［J］. 稀有金属，2011（3）：428~433.

[34] 何利华，刘旭恒，赵中伟，等. 钨矿物原料碱分解的理论与工艺［J］. 中国钨业，2012，27（2）：22~27.

[35] 赵中伟. 钨冶炼的理论与应用［M］. 北京：清华大学出版社，2013.

[36] 赵中伟. 用于处理高浓度钨酸钠溶液的离子交换新工艺［J］. 中国钨业，2005，20（1）：33~35.

[37] 李洪桂，赵中伟. 我国钨冶金技术的进步——纪念中国钨业100年［J］. 中国钨业，2007，22（6）：7~10.

[38] 赵中伟，李江涛，陈星宇，等. 我国白钨矿钨冶炼技术现状与发展［J］. 中国钨业，2015，230（5）：764~767.

[39] 邓声华，黄泽辉，赵立夫，等. 高杂质含量钨酸钠溶液净化试验［J］. 稀有金属与硬质合金，2008（4）：1004~0536.

[40] 何贵香，何利华，赵中伟，等. 镁盐沉淀法从钨酸盐溶液除磷的热力学研究［J］. 中国有色金属学报（英文版），2013（11）：3440~3447.

[41] 赵中伟，陈星宇. 一种逆流浸出连续分解白钨矿的方法［P］. 2014，201410706456. X.

[42] 文伟，赵中伟，梁卫东，等. 钨冶炼过程中锡行为及除锡工艺的研究［J］. 稀有金属与硬质合金，2008（3）：1004~0536.

[43] 李洪桂，李波，赵中伟. 钨冶金离子交换新工艺研究［J］. 稀有金属与硬质合金，2007，35（1）：1004.

冶金工业出版社部分图书推荐

书　名	作　者	定价(元)
稀土冶金学	廖春发	35.00
计算机在现代化工中的应用	李立清　等	29.00
化工原理简明教程	张廷安	68.00
传递现象相似原理及其应用	冯权莉　等	49.00
化工原理实验	辛志玲　等	33.00
化工原理课程设计（上册）	朱　晟　等	45.00
化工设计课程设计	郭文瑶　等	39.00
化工原理课程设计（下册）	朱　晟　等	45.00
水处理系统运行与控制综合训练指导	赵晓丹　等	35.00
化工安全与实践	李立清　等	36.00
现代表面镀覆科学与技术基础	孟　昭　等	60.00
耐火材料学（第2版）	李　楠　等	65.00
耐火材料与燃料燃烧（第2版）	陈　敏　等	49.00
生物技术制药实验指南	董　彬	28.00
涂装车间课程设计教程	曹献龙	49.00
湿法冶金——浸出技术（高职高专）	刘洪萍　等	18.00
冶金概论	宫　娜	59.00
烧结生产与操作	刘燕霞　等	48.00
钢铁厂实用安全技术	吕国成　等	43.00
金属材料生产技术	刘玉英　等	33.00
炉外精炼技术	张志超	56.00
炉外精炼技术（第2版）	张士宪　等	56.00
湿法冶金设备	黄　卉　等	31.00
炼钢设备维护（第2版）	时彦林	39.00
镍及镍铁冶炼	张凤霞　等	38.00
炼钢生产技术	韩立浩　等	42.00
炼钢生产技术	李秀娟	49.00
电弧炉炼钢技术	杨桂生　等	39.00
矿热炉控制与操作（第2版）	石　富　等	39.00
有色冶金技术专业技能考核标准与题库	贾菁华	20.00
富钛料制备及加工	李永佳　等	29.00
钛生产及成型工艺	黄　卉　等	38.00
制药工艺学	王　菲　等	39.00